電気技術者のための

電気関係法規

2024年版

一般社団法人
日本電気協会

収録法令の今回改正について

2024 年版「電気関係法規」では、下表にある収録法令の 2023 年度改正内容について、あらたに反映しています。

なお、本文中における ▨▨▨ 部分が今回の改正箇所を示しています。

「法令の名称」及び該当条文等(頁)		改正年月日（施行日）	
「電気事業法」			
目次	(2)	令和 5 年 6 月 7 日法律第 44 号	（令和 7 年 6 月 6 日）
第 54 条	(18)	〃	（ 〃 ）
第 120 条	(27)	〃	（ 〃 ）
「電気事業法施行令」			
第 41 条	(33)	令和 5 年 9 月 6 日政令第 276 号	（令和 5 年12月21日）
第 46 条	(33)	〃	（ 〃 ）
第 47 条	(34)	〃	（ 〃 ）
「電気事業法施行規則」			
目次	(42)	令和 5 年12月14日経済産業省令第 57 号	（令和 5 年12月21日）
	(43)	令和 6 年 3 月29日経済産業省令第 21 号	（令和 6 年 4 月 1 日）
第 94 条の 2	(66)	令和 5 年12月14日経済産業省令第 57 号	（令和 5 年12月21日）
第 94 条の 3	(68)	〃	（ 〃 ）
第 94 条の 4	(68)	〃	（ 〃 ）
第 94 条の 5	(69)	〃	（ 〃 ）
第 94 条の 7	(70)	〃	（ 〃 ）
第 95 条の 2	(70)	〃	（ 〃 ）
第 95 条の 3	(71)	〃	（ 〃 ）
第 95 条の 4	(71)	〃	（ 〃 ）
第 95 条の 5	(71)	〃	（ 〃 ）
第 95 条の 6	(71)	〃	（ 〃 ）
第 95 条の 7	(72)	〃	（ 〃 ）
第 95 条の 8	(72)	〃	（ 〃 ）
第 95 条の 9	(72)	〃	（ 〃 ）
第 95 条の 10	(72)	〃	（ 〃 ）
様式第 46	(78)	〃	（ 〃 ）
様式第 62 の 5	(81)	〃	（ 〃 ）
様式第 62 の 6	(81)	〃	（ 〃 ）
様式第 62 の 7	(82)	〃	（ 〃 ）
「建築基準法」			
第 4 条	(89)	令和 5 年 6 月16日法律第 58 号	（令和 6 年 4 月 1 日）
第 6 条	(90)	〃	（ 〃 ）
「建築基準法施行令」			
第 112 条	(111)	令和 5 年 9 月13日政令第 280 号	（令和 6 年 4 月 1 日）

第 126 条の 2	(119)	令和 5 年 9 月13日政令第 280 号	（令和 6 年 4 月 1 日）
第 126 条の 4	(121)	〃	（ 〃 ）
第 126 条の 5	(121)	〃	（ 〃 ）
第 128 条の 3	(123)	〃	（ 〃 ）

「排煙設備の設置を要しない火災が発生した場合に避難上支障のある高さまで煙又はガスの降下が生じない建築物の部分を定める件」

第四号	(147)	令和 6 年 3 月25日国土交通省告示第 221 号	（令和 6 年 4 月 1 日）

「非常用の照明装置を設けることを要しない避難階又は避難階の直上階若しくは直下階の居室で避難上支障がないものその他これらに類するものを定める件」

本文	(151)	令和 6 年 3 月25日国土交通省告示第 221 号	（令和 6 年 4 月 1 日）

「雷撃によって生ずる電流を建築物に被害を及ぼすことなく安全に地中に流すことができる避雷設備の構造方法を定める件」

本文	(158)	令和 6 年 3 月 8 日国土交通省告示第 151 号	（令和 7 年 4 月 1 日）

「労働安全衛生規則」

第 2 条	(180)	令和 6 年 3 月18日厚生労働省令第 45 号	（令和 7 年 1 月 1 日）
第 16 条	(181)	令和 5 年12月18日厚生労働省令第 157 号	（令和 5 年12月21日）
第 23 条	(185)	令和 5 年12月27日厚生労働省令第 165 号	（令和 5 年12月27日）
	(185)	令和 6 年 3 月18日厚生労働省令第 45 号	（令和 7 年 1 月 1 日）

「消防法」

第 7 条	(226)	令和 5 年 6 月16日法律第 58 号	（令和 6 年 4 月 1 日）

「消防法施行令」

第 8 条	(239)	令和 6 年 1 月17日政令第 7 号	（令和 6 年 4 月 1 日）
第 21 条	(253)	〃	（ 〃 ）
第 34 条の 3	(263)	〃	（ 〃 ）
別表第一	(267)	令和 6 年 3 月30日政令第 161 号	（ 〃 ）

「消防法施行規則」

第 1 款	(272)	令和 6 年 3 月29日総務省令第 25 号	（令和 6 年 4 月 1 日）
第 5 条の 2	(272)	〃	（ 〃 ）
第 5 条の 3	(272)	〃	（ 〃 ）
第 1 款の 2	(273)	〃	（ 〃 ）
第 12 条	(275)	〃	（ 〃 ）
第 23 条	(292)	〃	（ 〃 ）
第 28 条の 2	(328)	〃	（ 〃 ）
第 31 条の 6	(342)	令和 6 年 1 月26日総務省令第 5 号	（令和 6 年 1 月26日）
	(341)	令和 6 年 3 月29日総務省令第 25 号	（令和 6 年 4 月 1 日）
第 33 条の 17	(347)	令和 6 年 1 月26日総務省令第 5 号	（令和 6 年 1 月26日）

「配電盤及び分電盤の基準」

第三	(497)	令和 5 年 5 月31日消防庁告示第 9 号	（令和 5 年 5 月31日）
第四	(498)	〃	（ 〃 ）
第五	(500)	〃	（ 〃 ）
別図第3	(502)	〃	（ 〃 ）

「エネルギーの使用の合理化及び非化石エネルギーへの転換等に関する法律施行規則」

第 4 条	(568)	令和 6 年 3 月15日経済産業省令第 14 号	（令和 6 年 4 月 1 日）

目　　　次

電気事業法関係法規（抄）

建築基準法関係法規（抄）

労働安全衛生法関係法規（抄）

Ⅲ 労働安全衛生規則（抄）

消防法関係法規（抄）

省エネ法関係法規（抄）

電気事業法関係法規
（抄）

I 電気事業法（抄）

$$\begin{pmatrix}昭和39年7月11日\\法律第170号\end{pmatrix}$$

改正

昭和42年 6月12日法律第 36号	平成14年12月18日法律第179号
同 45年12月25日 同 第134号	同 15年 6月11日 同 第 76号
同 48年 7月25日 同 第 66号	同 15年 6月18日 同 第 92号
同 53年 4月24日 同 第 27号	同 16年 6月 9日 同 第 84号
同 53年 5月23日 同 第 55号	同 16年 6月 9日 同 第 88号
同 56年 5月19日 同 第 45号	同 16年 6月 9日 同 第 94号
同 58年12月 2日 同 第 78号	同 17年 7月26日 同 第 87号
同 58年12月10日 同 第 83号	同 18年 6月 2日 同 第 50号
平成 2年 6月29日 同 第 65号	同 23年 4月27日 同 第 27号
同 3年 5月 2日 同 第 61号	同 23年 8月30日 同 第109号
同 5年 6月14日 同 第 63号	同 24年 6月27日 同 第 47号
同 5年11月12日 同 第 89号	同 25年 6月12日 同 第 35号
同 7年 4月21日 同 第 75号	同 25年11月20日 同 第 74号
同 9年 4月 9日 同 第 33号	同 26年 6月13日 同 第 69号
同 9年 6月18日 同 第 88号	同 26年 6月18日 同 第 72号
同 11年 5月21日 同 第 50号	同 27年 6月24日 同 第 47号
同 11年 7月16日 同 第 87号	同 28年 6月 3日 同 第 59号
同 11年 7月16日 同 第102号	同 29年 4月14日 同 第 15号
同 11年 8月 6日 同 第121号	同 29年 5月31日 同 第 41号
同 11年12月22日 同 第160号	令和 2年 6月12日 同 第 49号
同 12年 4月28日 同 第 53号	同 4年 5月20日 同 第 46号
同 12年 5月31日 同 第 91号	同 4年 6月17日 同 第 68号
同 13年 6月27日 同 第 75号	同 4年 6月22日 同 第 74号
同 14年 6月12日 同 第 65号	同 5年 6月 7日 同 第 44号
同 14年12月18日 同 第178号	

電気事業法をここに公布する。

目 次

電気事業法関係

第1章　総　　則

（目　的）

第1条　この法律は、電気事業の運営を適正かつ合理的ならしめることによつ
て、電気の使用者の利益を保護し、及び電気事業の健全な発達を図るととも
に、電気工作物の工事、維持及び運用を規制することによつて、公共の安全
を確保し、及び環境の保全を図ることを目的とする。

（定　義）

第2条　この法律において、次の各号に掲げる用語の意義は、当該各号に定め
るところによる。

一　小売供給　一般の需要に応じ電気を供給することをいう。

二　小売電気事業　小売供給を行う事業（一般送配電事業、特定送配電事業
　及び発電事業に該当する部分を除く。）をいう。

三　小売電気事業者　小売電気事業を営むことについて次条の登録を受けた
　者をいう。

四　振替供給　他の者から受電した者が、同時に、その受電した場所以外の
　場所において、当該他の者に、その受電した電気の量に相当する量の電気
　を供給することをいう。

五　接続供給　次に掲げるものをいう。

　イ　小売供給を行う事業を営む他の者から受電した者が、同時に、その受
　　電した場所以外の場所において、当該他の者に対して、当該他の者のそ
　　の小売供給を行う事業の用に供するための電気の量に相当する量の電気
　　を供給すること。

　ロ　電気事業の用に供する発電等用電気工作物（発電用の電気工作物及び
　　蓄電用の電気工作物をいう。以下同じ。）以外の発電等用電気工作物（以
　　下このロにおいて「非電気事業用電気工作物」という。）を維持し、及
　　び運用する他の者から当該非電気事業用電気工作物（当該他の者と経済
　　産業省令で定める密接な関係を有する者が維持し、及び運用する非電気
　　事業用電気工作物を含む。）の発電又は放電に係る電気を受電した者が、
　　同時に、その受電した場所以外の場所において、当該他の者に対して、

　当該他の者があらかじめ申し出た量の電気を供給すること（当該他の者又は当該他の者と経済産業省令で定める密接な関係を有する者の需要に応ずるものに限る。）。

六　託送供給　振替供給及び接続供給をいう。

七　電力量調整供給　次のイ又はロに掲げる者に該当する他の者から、当該イ又はロに定める電気を受電した者が、同時に、その受電した場所において、当該他の者に対して、当該他の者があらかじめ申し出た量の電気を供給することをいう。

　イ　発電等用電気工作物を維持し、及び運用する者　当該発電等用電気工作物の発電又は放電に係る電気

　ロ　特定卸供給（小売供給を行う事業を営む者に対する当該小売供給を行う事業の用に供するための電気の供給であつて、電気事業の効率的な運営を確保するため特に必要なものとして経済産業省令で定める要件に該当するものをいう。以下このロにおいて同じ。）を行う事業を営む者　特定卸供給に係る電気（イに掲げる者にあつては、イに定める電気を除く。）

八　一般送配電事業　自らが維持し、及び運用する送電用及び配電用の電気工作物によりその供給区域において託送供給及び電力量調整供給を行う事業（発電事業に該当する部分を除く。）をいい、当該送電用及び配電用の電気工作物により次に掲げる小売供給を行う事業（発電事業に該当する部分を除く。）を含むものとする。

　イ　その供給区域（離島（その区域内において自らが維持し、及び運用する電線路が自らが維持し、及び運用する主要な電線路と電気的に接続されていない離島として経済産業省令で定めるものに限る。ロ及び第21条第3項第一号において単に「離島」という。）を除く。）における一般の需要（小売電気事業者又は登録特定送配電事業者（第27条の19第1項に規定する登録特定送配電事業者をいう。）から小売供給を受けているものを除く。ロにおいて同じ。）に応ずる電気の供給を保障するための電気の供給（以下「最終保障供給」という。）

　ロ　その供給区域内に離島がある場合において、当該離島における一般の需要に応ずる電気の供給を保障するための電気の供給（以下「離島供給」

という。）

九　一般送配電事業者　一般送配電事業を営むことについて第3条の許可を
　受けた者をいう。

十　送電事業　自らが維持し、及び運用する送電用の電気工作物により一般
　送配電事業者に振替供給を行う事業（一般送配電事業に該当する部分を除
　く。）であつて、その事業の用に供する送電用の電気工作物が経済産業省
　令で定める要件に該当するものをいう。

十一　送電事業者　送電事業を営むことについて第27条の4の許可を受け
　た者をいう。

十二　特定送配電事業　自らが維持し、及び運用する送電用及び配電用の電
　気工作物により特定の供給地点において小売供給又は小売電気事業若しく
　は一般送配電事業を営む他の者にその小売電気事業若しくは一般送配電事
　業の用に供するための電気に係る託送供給を行う事業（発電事業に該当す
　る部分を除く。）をいう。

十三　特定送配電事業者　特定送配電事業を営むことについて第27条の13
　第1項の規定による届出をした者をいう。

十四　発電事業　自らが維持し、及び運用する発電等用電気工作物を用いて
　小売電気事業、一般送配電事業又は特定送配電事業の用に供するための電
　気を発電し、又は放電する事業であつて、その事業の用に供する発電等用
　電気工作物が経済産業省令で定める要件に該当するものをいう。

十五　発電事業者　発電事業を営むことについて第27条の27第1項の規定
　による届出をした者をいう。

（十五の二～十五の四省略）

十六　電気事業　小売電気事業、一般送配電事業、送電事業、特定送配電事
　業及び発電事業をいう。

十七　電気事業者　小売電気事業者、一般送配電事業者、送電事業者、特定
　送配電事業者及び発電事業者をいう。

十八　電気工作物　発電、変電、送電若しくは配電又は電気の使用のために
　設置する機械、器具、ダム、水路、貯水池、電線路その他の工作物（船舶、
　車両又は航空機に設置されるものその他の政令で定めるものを除く。）を
　いう。

2　一般送配電事業者が次に掲げる事業を営むときは、その事業は、一般送配電事業とみなす。

　一　他の一般送配電事業者にその一般送配電事業の用に供するための電気を供給する事業

　二　特定送配電事業者から託送供給を受けて当該特定送配電事業者が維持し、及び運用する送電用及び配電用の電気工作物によりその供給区域において接続供給、電力量調整供給、最終保障供給又は離島供給を行う事業

　三　第24条第1項の許可を受けて行う電気を供給する事業及びその供給区域以外の地域に自らが維持し、及び運用する電線路を設置し、当該電線路により振替供給（小売電気事業若しくは特定送配電事業の用に供するための電気又は前項第五号ロに掲げる接続供給に係る電気に係るものに限る。）を行う事業

3　送電事業者が営む一般送配電事業者に振替供給を行う事業は、送電事業とみなす。

第2章　電気事業

第7節　広域的運営

第1款　電気事業者相互の協調

第28条　電気事業者は、電源開発の実施、電気の供給、電気工作物の運用等その事業の遂行に当たり、広域的運営による電気の安定供給の確保その他の電気事業の総合的かつ合理的な発達に資するように、第28条の3第2項に規定する特定自家用電気工作物設置者の能力を適切に活用しつつ、相互に協調しなければならない。

第2款　特定自家用電気工作物設置者の届出

第28条の3　発電用又は蓄電用の自家用電気工作物であつて経済産業省令で定める要件に該当するものを維持し、及び運用する者（小売電気事業者、一般送配電事業者、特定送配電事業者及び発電事業者を除く。）は、当該自家用電気工作物と一般送配電事業者が維持し、及び運用する電線路とを直接に又は一般送配電事業者以外の者が維持し、及び運用する電線路を通じて間接に

電気的に接続したときは、経済産業省令で定めるところにより、遅滞なく、氏名又は名称及び住所その他経済産業省令で定める事項を記載した書類を添えて、その旨を経済産業大臣に届け出なければならない。ただし、経済産業省令で定める場合は、この限りでない。

2　前項の規定による届出をした者（第31条第2項において「特定自家用電気工作物設置者」という。）は、次の各号のいずれかに該当するときは、経済産業省令で定めるところにより、遅滞なく、その旨を経済産業大臣に届け出なければならない。

一　前項の事項を変更したとき。

二　前項の規定による届出に係る発電用又は蓄電用の自家用電気工作物が同項の経済産業省令で定める要件に該当しなくなつたとき。

三　前項の規定による届出に係る発電用又は蓄電用の自家用電気工作物と一般送配電事業者が維持し、及び運用する電線路とを直接に又は一般送配電事業者以外の者が維持し、及び運用する電線路を通じて間接に電気的に接続されている状態でなくなつたとき。

四　その他経済産業省令で定める場合に該当するとき。

第3章　電気工作物

第1節　定　　義

第38条　この法律において「一般用電気工作物」とは、次に掲げる電気工作物であつて、構内（これに準ずる区域内を含む。以下同じ。）に設置するものをいう。ただし、小規模発電設備（低圧（経済産業省令で定める電圧以下の電圧をいう。第一号において同じ。）の電気に係る発電用の電気工作物であつて、経済産業省令で定めるものをいう。以下同じ。）以外の発電用の電気工作物と同一の構内に設置するもの又は爆発性若しくは引火性の物が存在するため電気工作物による事故が発生するおそれが多い場所として、経済産業省令で定める場所に設置するものを除く。

一　電気を使用するための電気工作物であつて、低圧受電電線路（当該電気工作物を設置する場所と同一の構内において低圧の電気を他の者から受電

し、又は他の者に受電させるための電線路をいう。次号ロ及び第3項第一号ロにおいて同じ。）以外の電線路によりその構内以外の場所にある電気工作物と電気的に接続されていないもの

二　小規模発電設備であつて、次のいずれにも該当するもの

　　イ　出力が経済産業省令で定める出力未満のものであること。

　　ロ　低圧受電電線路以外の電線路によりその構内以外の場所にある電気工作物と電気的に接続されていないものであること。

三　前二号に掲げるものに準ずるものとして経済産業省令で定めるもの

2　この法律において「事業用電気工作物」とは、一般用電気工作物以外の電気工作物をいう。

3　この法律において「小規模事業用電気工作物」とは、事業用電気工作物のうち、次に掲げる電気工作物であつて、構内に設置するものをいう。ただし、第1項ただし書に規定するものを除く。

一　小規模発電設備であつて、次のいずれにも該当するもの

　　イ　出力が第1項第二号イの経済産業省令で定める出力以上のものであること。

　　ロ　低圧受電電線路以外の電線路によりその構内以外の場所にある電気工作物と電気的に接続されていないものであること。

二　前号に掲げるものに準ずるものとして経済産業省令で定めるもの

4　この法律において「自家用電気工作物」とは、次に掲げる事業の用に供する電気工作物及び一般用電気工作物以外の電気工作物をいう。

一　一般送配電事業

二　送電事業

三　配電事業

四　特定送配電事業

五　発電事業であつて、その事業の用に供する発電等用電気工作物が主務省令で定める要件に該当するもの

第2節 事業用電気工作物

第1款 技術基準への適合

（事業用電気工作物の維持）

第39条 事業用電気工作物を設置する者は、事業用電気工作物を主務省令で定める技術基準に適合するように維持しなければならない。

2 前項の主務省令は、次に掲げるところによらなければならない。

一 事業用電気工作物は、人体に危害を及ぼし、又は物件に損傷を与えないようにすること。

二 事業用電気工作物は、他の電気的設備その他の物件の機能に電気的又は磁気的な障害を与えないようにすること。

三 事業用電気工作物の損壊により一般送配電事業者の電気の供給に著しい支障を及ぼさないようにすること。

四 事業用電気工作物が一般送配電事業の用に供される場合にあつては、その事業用電気工作物の損壊によりその一般送配電事業に係る電気の供給に著しい支障を生じないようにすること。

（技術基準適合命令）

第40条 主務大臣は、事業用電気工作物が前条第1項の主務省令で定める技術基準に適合していないと認めるときは、事業用電気工作物を設置する者に対し、その技術基準に適合するように事業用電気工作物を修理し、改造し、若しくは移転し、若しくはその使用を一時停止すべきことを命じ、又はその使用を制限することができる。

第2款 自主的な保安

（保安規程）

第42条 事業用電気工作物（小規模事業用電気工作物を除く。以下この款において同じ。）を設置する者は、事業用電気工作物の工事、維持及び運用に関する保安を確保するため、主務省令で定めるところにより、保安を一体的に確保することが必要な事業用電気工作物の組織ごとに保安規程を定め、当該組織における事業用電気工作物の使用（第51条第1項又は第52条第1項の自主検査を伴うものにあつては、その工事）の開始前に、主務大臣に届け出なければならない。

2　事業用電気工作物を設置する者は、保安規程を変更したときは、遅滞なく、変更した事項を主務大臣に届け出なければならない。

3　主務大臣は、事業用電気工作物の工事、維持及び運用に関する保安を確保するため必要があると認めるときは、事業用電気工作物を設置する者に対し、保安規程を変更すべきことを命ずることができる。

4　事業用電気工作物を設置する者及びその従業者は、保安規程を守らなければならない。

（主任技術者）

第43条　事業用電気工作物を設置する者は、事業用電気工作物の工事、維持及び運用に関する保安の監督をさせるため、主務省令で定めるところにより、主任技術者免状の交付を受けている者のうちから、主任技術者を選任しなければならない。

2　自家用電気工作物（小規模事業用電気工作物を除く。）を設置する者は、前項の規定にかかわらず、主務大臣の許可を受けて、主任技術者免状の交付を受けていない者を主任技術者として選任することができる。

3　事業用電気工作物を設置する者は、主任技術者を選任したとき（前項の許可を受けて選任した場合を除く。）は、遅滞なく、その旨を主務大臣に届け出なければならない。これを解任したときも、同様とする。

4　主任技術者は、事業用電気工作物の工事、維持及び運用に関する保安の監督の職務を誠実に行わなければならない。

5　事業用電気工作物の工事、維持又は運用に従事する者は、主任技術者がその保安のためにする指示に従わなければならない。

（主任技術者免状）

第44条　主任技術者免状の種類は、次のとおりとする。

一　第一種電気主任技術者免状

二　第二種電気主任技術者免状

三　第三種電気主任技術者免状

四　第一種ダム水路主任技術者免状

五　第二種ダム水路主任技術者免状

六　第一種ボイラー・タービン主任技術者免状

七　第二種ボイラー・タービン主任技術者免状

2　主任技術者免状は、次の各号のいずれかに該当する者に対し、経済産業大臣が交付する。

　一　主任技術者免状の種類ごとに経済産業省令で定める学歴又は資格及び実務の経験を有する者

　二　前項第一号から第三号までに掲げる種類の主任技術者免状にあつては、電気主任技術者試験に合格した者

3　経済産業大臣は、次の各号のいずれかに該当する者に対しては、主任技術者免状の交付を行わないことができる。

　一　次項の規定により主任技術者免状の返納を命ぜられ、その日から1年を経過しない者

　二　この法律又はこの法律に基づく命令の規定に違反し、罰金以上の刑に処せられ、その執行を終わり、又は執行を受けることがなくなつた日から2年を経過しない者

4　経済産業大臣は、主任技術者免状の交付を受けている者がこの法律又はこの法律に基づく命令の規定に違反したときは、その主任技術者免状の返納を命ずることができる。

5　主任技術者免状の交付を受けている者が保安について監督をすることができる事業用電気工作物の工事、維持及び運用の範囲並びに主任技術者免状の交付に関する手続的事項は、経済産業省令で定める。

　（免状交付事務の委託）

第44条の2　経済産業大臣は、政令で定めるところにより、主任技術者免状（前条第1項第一号から第三号までに掲げる種類のものに限る。）に関する事務（主任技術者免状の返納に係る事務その他政令で定める事務を除く。以下「免状交付事務」という。）の全部又は一部を次条第2項の指定試験機関に委託することができる。

2　前項の規定により免状交付事務の委託を受けた指定試験機関の役員若しくは職員又はこれらの職にあつた者は、当該委託に係る免状交付事務に関して知り得た秘密を漏らしてはならない。

　（電気主任技術者試験）

第45条　電気主任技術者試験は、主任技術者免状の種類ごとに、事業用電気工作物の工事、維持及び運用の保安に関して必要な知識及び技能について、経

済産業大臣が行う。

2　経済産業大臣は、その指定する者（以下「指定試験機関」という。）に、電気主任技術者試験の実施に関する事務（以下「試験事務」という。）を行わせることができる。

3　電気主任技術者試験の試験科目、受験手続その他電気主任技術者試験の実施細目は、経済産業省令で定める。

（小規模事業用電気工作物を設置する者の届出）

第46条　小規模事業用電気工作物を設置する者は、当該小規模事業用電気工作物の使用の開始前に、経済産業省令で定めるところにより、氏名又は名称及び住所その他経済産業省令で定める事項を記載した書類を添えて、その旨を経済産業大臣に届け出なければならない。ただし、経済産業省令で定める場合は、この限りでない。

2　前項の規定による届出をした者は、次の各号のいずれかに該当するときは、経済産業省令で定めるところにより、遅滞なく、その旨を経済産業大臣に届け出なければならない。

一　前項の事項を変更したとき。

二　前項の規定による届出に係る小規模事業用電気工作物が小規模事業用電気工作物でなくなつたとき。

三　その他経済産業省令で定める場合に該当するとき。

第4款　工事計画及び検査

（工事計画）

第47条　事業用電気工作物の設置又は変更の工事であつて、公共の安全の確保上特に重要なものとして主務省令で定めるものをしようとする者は、その工事の計画について主務大臣の認可を受けなければならない。ただし、事業用電気工作物が滅失し、若しくは損壊した場合又は災害その他非常の場合において、やむを得ない一時的な工事としてするときは、この限りでない。

2　前項の認可を受けた者は、その認可を受けた工事の計画を変更しようとするときは、主務大臣の認可を受けなければならない。ただし、その変更が主務省令で定める軽微なものであるときは、この限りでない。

3　主務大臣は、前2項の認可の申請に係る工事の計画が次の各号のいずれにも適合していると認めるときは、前2項の認可をしなければならない。

　一　その事業用電気工作物が第39条第1項の主務省令で定める技術基準に適合しないものでないこと。

　二　事業用電気工作物が一般送配電事業の用に供される場合にあつては、その事業用電気工作物が電気の円滑な供給を確保するため技術上適切なものであること。

（第三号以下省略）

4　事業用電気工作物を設置する者は、第1項ただし書の場合は、工事の開始の後、遅滞なく、その旨を主務大臣に届け出なければならない。

5　第1項の認可を受けた者は、第2項ただし書の場合は、その工事の計画を変更した後、遅滞なく、その変更した工事の計画を主務大臣に届け出なければならない。ただし、主務省令で定める場合は、この限りでない。

第48条　事業用電気工作物の設置又は変更の工事（前条第1項の主務省令で定めるものを除く。）であつて、主務省令で定めるものをしようとする者は、その工事の計画を主務大臣に届け出なければならない。その工事の計画の変更（主務省令で定める軽微なものを除く。）をしようとするときも、同様とする。

2　前項の規定による届出をした者は、その届出が受理された日から30日を経過した後でなければ、その届出に係る工事を開始してはならない。

3　主務大臣は、第1項の規定による届出のあつた工事の計画が次の各号のいずれにも適合していると認めるときは、前項に規定する期間を短縮することができる。

　一　前条第3項各号に掲げる要件

　二　水力を原動力とする発電用の事業用電気工作物に係るものにあつては、その事業用電気工作物が発電水力の有効な利用を確保するため技術上適切なものであること。

4　主務大臣は、第1項の規定による届出のあつた工事の計画が前項各号のいずれかに適合していないと認めるときは、その届出をした者に対し、その届出を受理した日から30日（次項の規定により第2項に規定する期間が延長された場合にあつては、当該延長後の期間）以内に限り、その工事の計画を変更し、又は廃止すべきことを命ずることができる。

5　主務大臣は、第1項の規定による届出のあつた工事の計画が第3項各号に適合するかどうかについて審査するため相当の期間を要し、当該審査が第2

項に規定する期間内に終了しないと認める相当の理由があるときは、当該期間を相当と認める期間に延長することができる。この場合において、主務大臣は、当該届出をした者に対し、遅滞なく、当該延長後の期間及び当該延長の理由を通知しなければならない。

（技術基準の適合性確認）

第48条の2 事業用電気工作物であつて荷重及び外力に対して安全な構造が特に必要なものとして経済産業省令で定めるもの（以下「特殊電気工作物」という。）について、前条第1項の規定による届出をする者は、当該特殊電気工作物が第39条第1項の主務省令で定める技術基準に適合するものであることについて、経済産業大臣の登録を受けた者の確認（以下「適合性確認」という。）を受けなければならない。

2　前項の登録を受けた者は、特殊電気工作物について適合性確認を行い、当該特殊電気工作物が第39条第1項の主務省令で定める技術基準に適合しているときは、その旨を記載した証明書を交付することができる。

（使用前検査）

第49条　第47条第1項若しくは第2項の認可を受けて設置若しくは変更の工事をする事業用電気工作物又は第48条第1項の規定による届出をして設置若しくは変更の工事をする事業用電気工作物（その工事の計画について、同条第4項の規定による命令があつた場合において同条第1項の規定による届出をしていないものを除く。）であつて、公共の安全の確保上特に重要なものとして主務省令で定めるもの（第112条の3第3項において「特定事業用電気工作物」という。）は、その工事について主務省令で定めるところにより主務大臣の検査を受け、これに合格した後でなければ、これを使用してはならない。ただし、主務省令で定める場合は、この限りでない。

2　前項の検査においては、その事業用電気工作物が次の各号のいずれにも適合しているときは、合格とする。

一　その工事が第47条第1項若しくは第2項の認可を受けた工事の計画（同項ただし書の主務省令で定める軽微な変更をしたものを含む。）又は第48条第1項の規定による届出をした工事の計画（同項後段の主務省令で定める軽微な変更をしたものを含む。）に従つて行われたものであること。

二　第39条第1項の主務省令で定める技術基準に適合しないものでないこ

と。

第50条　主務大臣は、前条第1項に規定する事業用電気工作物について同項の検査を行つた場合においてやむを得ない必要があると認めるときは、期間及び使用の方法を定めて、その事業用電気工作物を仮合格とすることができる。

2　前項の規定により仮合格とされた事業用電気工作物は、前条第1項の規定にかかわらず、前項の規定により定められた期間内は、同項の規定により定められた方法により使用することを妨げない。

（使用前安全管理検査）

第51条　第48条第1項の規定による届出をして設置又は変更の工事をする事業用電気工作物（その工事の計画について同条第4項の規定による命令があつた場合において同条第1項の規定による届出をしていないもの及び第49条第1項の主務省令で定めるものを除く。）であつて、主務省令で定めるものを設置する者は、主務省令で定めるところにより、その使用の開始前に、当該事業用電気工作物について自主検査を行い、その結果を記録し、これを保存しなければならない。

2　前項の自主検査（以下「使用前自主検査」という。）においては、その事業用電気工作物が次の各号のいずれにも適合していることを確認しなければならない。

　一　その工事が第48条第1項の規定による届出をした工事の計画（同項後段の主務省令で定める軽微な変更をしたものを含む。）に従つて行われたものであること。

　二　第39条第1項の主務省令で定める技術基準に適合するものであること。

3　使用前自主検査を行う事業用電気工作物を設置する者は、使用前自主検査の実施に係る体制について、主務省令で定める時期（第7項の通知を受けている場合にあつては、当該通知に係る使用前自主検査の過去の評定の結果に応じ、主務省令で定める時期）に、事業用電気工作物（原子力を原動力とする発電用のものを除く。）であつて経済産業省令で定めるものを設置する者にあつては経済産業大臣の登録を受けた者が、その他の者にあつては主務大臣が行う審査を受けなければならない。

4　前項の審査は、事業用電気工作物の安全管理を旨として、使用前自主検査

の実施に係る組織、検査の方法、工程管理その他主務省令で定める事項について行う。

5　第3項の経済産業大臣の登録を受けた者は、同項の審査を行つたときは、遅滞なく、当該審査の結果を経済産業省令で定めるところにより経済産業大臣に通知しなければならない。

6　主務大臣は、第3項の審査の結果（前項の規定により通知を受けた審査の結果を含む。）に基づき、当該事業用電気工作物を設置する者の使用前自主検査の実施に係る体制について、総合的な評定をするものとする。

7　主務大臣は、第3項の審査及び前項の評定の結果を、当該審査を受けた者に通知しなければならない。

（設置者による事業用電気工作物の自己確認）

第51条の2　事業用電気工作物であつて公共の安全の確保上重要なものとして主務省令で定めるものを設置する者は、その使用を開始しようとするときは、当該事業用電気工作物が、第39条第1項の主務省令で定める技術基準に適合することについて、主務省令で定めるところにより、自ら確認しなければならない。ただし、第47条第1項の認可（設置の工事に係るものに限る。）又は同条第4項若しくは第48条第1項の規定による届出（設置の工事に係るものに限る。）に係る事業用電気工作物を使用するとき、及び主務省令で定めるときは、この限りでない。

2　前項の規定は、同項に規定する事業用電気工作物を設置する者が当該事業用電気工作物について主務省令で定める変更をした場合であつて、当該変更をした事業用電気工作物の使用を開始しようとするときに準用する。この場合において、同項中「事業用電気工作物が」とあるのは「変更をした事業用電気工作物が」と、「設置の工事」とあるのは「変更の工事」と読み替えるものとする。

3　第1項に規定する事業用電気工作物を設置する者は、同項（前項において準用する場合を含む。）の規定による確認をした場合には、当該事業用電気工作物の使用の開始前に、主務省令で定めるところにより、当該確認の結果（当該事業用電気工作物が小規模事業用電気工作物である場合であつて、その設置者が当該確認を委託して行つた場合にあつては、その委託先の氏名又は名称及び住所その他経済産業省令で定める事項を含む。）を主務大臣に届

け出なければならない。

（溶接自主検査）

第52条　発電用のボイラー、タービンその他の主務省令で定める機械若し
くは器具（以下「ボイラー等」という。）であつて、主務省令で定める圧力以
上の圧力を加えられる部分（以下「耐圧部分」という。）について溶接をする
もの若しくは溶接をした格納容器等であつて輸入したもの（同項において「輸
入特定格納容器等」という。）を設置する者は、その溶接について主務省令で
定めるところにより、その使用の開始前に、当該電気工作物について自主検
査を行い、その結果を記録し、これを保存しなければならない。ただし、主
務省令で定める場合は、この限りでない。

2　前項の自主検査においては、その溶接が第39条第1項の主務省令で定め
る技術基準に適合していることを確認しなければならない。

（自家用電気工作物の使用の開始）

第53条　自家用電気工作物を設置する者は、その自家用電気工作物の使用の開
始の後、遅滞なく、その旨を主務大臣に届け出なければならない。ただし、
第47条第1項の認可又は第46条第1項、第47条第4項、第48条第1項若
しくは第51条の2第3項の規定による届出に係る自家用電気工作物を使用
する場合及び主務省令で定める場合は、この限りでない。

（定期検査）

第54条　特定重要電気工作物（発電用のボイラー、タービンその他の電気工作
物のうち、公共の安全の確保上特に重要なものとして主務省令で定めるもの
であつて、主務省令で定める圧力以上の圧力を加えられる部分があるもの並
びに発電用原子炉（原子炉等規制法第2条第5項に規定する発電用原子炉を
いう。次条第1項第三号において同じ。）及びその附属設備であつて主務省令
で定めるものをいう。）については、これらを設置する者は、主務省令で定め
るところにより、主務省令で定める時期ごとに、主務大臣が行う検査を受け
なければならない。ただし、主務省令で定める場合は、この限りでない。

（定期安全管理検査）

第55条　次に掲げる電気工作物（以下この条において「特定電気工作物」とい
う。）を設置する者は、主務省令で定めるところにより、定期に、当該特定電
気工作物について自主検査を行い、その結果を記録し、これを保存しなけれ

ばならない。

一　発電用のボイラー、タービンその他の主務省令で定める電気工作物であつて前条で定める圧力以上の圧力を加えられる部分があるもの

二　電気工作物のうち、屋外に設置される機械、器具その他の設備であつて主務省令で定めるもの（前号に掲げるものを除く。）

三　発電用原子炉及びその附属設備であつて主務省令で定めるもの（前二号に掲げるものを除く。）

2　前項の自主検査（以下「定期自主検査」という。）においては、その特定電気工作物が第39条第1項の主務省令で定める技術基準に適合していることを確認しなければならない。

3　定期自主検査を行う特定電気工作物を設置する者は、当該定期自主検査の際、原子力を原動力とする発電用の特定電気工作物であつて主務省令で定めるものに関し、一定の期間が経過した後に第39条第1項の主務省令で定める技術基準に適合しなくなるおそれがある部分があると認めるときは、当該部分が同項の主務省令で定める技術基準に適合しなくなると見込まれる時期その他の主務省令で定める事項について、主務省令で定めるところにより、評価を行い、その結果を記録し、これを保存するとともに、主務省令で定める事項については、これを主務大臣に報告しなければならない。

4　定期自主検査を行う特定電気工作物を設置する者は、定期自主検査の実施に係る体制について、主務省令で定める時期（第6項において準用する第51条第7項の通知を受けている場合にあつては、当該通知に係る定期事業者検査の過去の評定の結果に応じ、主務省令で定める時期）に、特定電気工作物（原子力を原動力とする発電用のものを除く。）であつて経済産業省令で定めるものを設置する者にあつては経済産業大臣の登録を受けた者が、その他の者にあつては経済産業大臣が行う審査を受けなければならない。

5　前項の審査は、特定電気工作物の安全管理を旨として、定期自主検査の実施に係る組織、検査の方法、工程管理その他主務省令で定める事項について行う。

6　第51条第5項から第7項までの規定は、第4項の審査に準用する。この場合において、同条第5項中「第3項」とあるのは「第4項」と、同条第6項中「当該事業用電気工作物」とあるのは「当該特定電気工作物」と、「使

用前自主検査」とあるのは「定期自主検査」と読み替えるものとする。

第6款　認定高度保安実施設置者

（認　定）

第55条の3　事業用電気工作物（原子力を原動力とする発電用のものを除き、経済産業省令で定めるものに限る。以下この款において同じ。）を設置する者は、経済産業省令で定めるところにより、保安を一体的に確保することが必要な事業用電気工作物の組織ごとに、高度な保安を確保することができると認められる旨の経済産業大臣の認定（以下この款において単に「認定」という。）を受けることができる。

（認定の基準）

第55条の4　経済産業大臣は、認定の申請が次の各号のいずれにも該当すると認めるときでなければ、その認定をしてはならない。

一　保安の確保のための組織がその業務遂行能力を持続的に向上させる仕組みを有することその他の経済産業省令で定める基準に適合するものであること。

二　保安の確保の方法が高度な情報通信技術を用いたものであることその他の経済産業省令で定める基準に適合するものであること。

（欠格条項）

第55条の5　次の各号のいずれかに該当する者は、認定を受けることができない。

一　認定の申請に係る組織において事業用電気工作物の使用を開始した日から2年を経過しない者

二　認定の申請に係る組織の使用する事業用電気工作物に関して、その責めに帰すべき事由により、電気その他による災害を発生させた日から2年を経過しない者

三　この法律又はこの法律に基づく命令の規定に違反し、罰金以上の刑に処せられ、その執行を終わり、又は執行を受けることがなくなつた日から2年を経過しない者

四　第55条の9の規定により認定を取り消され、その取消しの日から2年を経過しない者

五　法人であつて、その業務を行う役員のうちに前二号のいずれかに該当す

　る者があるもの

2　第55条の2第1項の規定による事業用電気工作物を設置する者の地位の承継があつた場合において、当該事業用電気工作物を設置する者が事業用電気工作物の使用を開始した日から2年を経過したときは、前項第一号の規定は、適用しない。ただし、当該承継が分割による承継であつて、認定に係る事業の全部を承継するものでない場合は、この限りでない。

　（認定の更新）

第55条の6　認定は、5年以上10年以内において政令で定める期間ごとにその更新を受けなければ、その期間の経過によつて、その効力を失う。

2　第55条の3及び第55条の4の規定は、前項の認定の更新に準用する。

　（変更の届出）

第55条の7　認定を受けた者（以下「認定高度保安実施設置者」という。）は、保安の確保のための組織又は保安の確保の方法に変更があつたときは、遅滞なく、その旨を経済産業大臣に届け出なければならない。

　（認定の取消し）

第55条の9　経済産業大臣は、認定高度保安実施設置者が次の各号のいずれかに該当するときは、認定を取り消すことができる。

　一　認定に係る組織の使用する事業用電気工作物に関して、その責めに帰すべき事由により、電気その他による災害を発生させたとき。

　二　認定に係る組織の使用する事業用電気工作物に関して、その責めに帰すべき事由により、電気その他による災害の発生のおそれのある事故を発生させたとき。

　三　第40条の規定により電気工作物の使用の一時停止の命令又は使用の制限の処分を受けたとき。

　四　第55条の4各号のいずれかに該当していないと認められるとき。

　五　第55条の5第1項第三号又は第五号に該当するに至つたとき。

　六　不正の手段により認定又はその更新を受けたとき。

　（保安規程に係る特例）

第55条の10　認定高度保安実施設置者は、保安規程を定め、又は変更したときは、第42条第1項及び第2項の規定にかかわらず、これらの規定による届出を要しない。この場合においては、経済産業省令で定めるところにより、

当該保安規程を保存し、経済産業大臣から提出を求められたときは、速やかにこれを提出しなければならない。

（主任技術者に係る特例）

第55条の11　認定高度保安実施設置者は、第43条第1項の規定による主任技術者の選任又はその解任については、同条第3項の規定にかかわらず、同項の規定による届出を要しない。この場合においては、経済産業省令で定めるところにより、当該選任又は解任に係る記録を作成し、これを保存しなければならない。

（使用前安全管理検査の特例）

第55条の12　第51条第3項から第7項までの規定は、認定高度保安実施設置者については、適用しない。

（定期安全管理検査の特例）

第55条の13　認定高度保安実施設置者であつて、第55条第1項第一号又は第二号に掲げる電気工作物を設置するものは、同項の自主検査については、同項の規定にかかわらず、これを定期に行うことを要しない。この場合においては、経済産業省令で定めるところにより、これを行わなければならない。

2　第55条第4項から第6項までの規定は、認定高度保安実施設置者については、適用しない。

第3節　一般用電気工作物

（技術基準適合命令）

第56条　経済産業大臣は、一般用電気工作物が経済産業省令で定める技術基準に適合していないと認めるときは、その所有者又は占有者に対し、その技術基準に適合するように一般用電気工作物を修理し、改造し、若しくは移転し、若しくはその使用を一時停止すべきことを命じ、又はその使用を制限することができる。

2　第39条第2項（第三号及び第四号を除く。）の規定は、前項の経済産業省令に準用する。

（調査の義務）

第57条　一般用電気工作物と直接に電気的に接続する電線路を維持し、及び運用する者（以下この条、次条及び第89条において「電線路維持運用者」と

いう。）は、経済産業省令で定める場合を除き、経済産業省令で定めるところにより、その一般用電気工作物が前条第1項の経済産業省令で定める技術基準に適合しているかどうかを調査しなければならない。ただし、その一般用電気工作物の設置の場所に立ち入ることにつき、その所有者又は占有者の承諾を得ることができないときは、この限りでない。

2　電線路維持運用者は、前項の規定による調査の結果、一般用電気工作物が前条第1項の経済産業省令で定める技術基準に適合していないと認めるときは、遅滞なく、その技術基準に適合するようにするためとるべき措置及びその措置をとらなかつた場合に生ずべき結果をその所有者又は占有者に通知しなければならない。

（第3項以下省略）

（調査業務の委託）

第57条の2　電線路維持運用者は、経済産業大臣の登録を受けた者（以下「登録調査機関」という。）に、その電線路維持運用者が維持し、及び運用する電線路と直接に電気的に接続する一般用電気工作物について、その一般用電気工作物が第56条第1項の経済産業省令で定める技術基準に適合しているかどうかを調査すること並びにその調査の結果その一般用電気工作物がその技術基準に適合していないときは、その技術基準に適合するようにするためとるべき措置及びその措置をとらなかつた場合に生ずべき結果をその所有者又は占有者に通知すること（以下「調査業務」という。）を委託することができる。

2　電線路維持運用者は、前項の規定により登録調査機関に調査業務を委託したときは、遅滞なく、その旨を経済産業大臣に届け出なければならない。委託に係る契約が効力を失つたときも、同様とする。

3　前条第1項の規定は、電線路維持運用者が第1項の規定により登録調査機関に調査業務を委託しているときは、その委託に係る一般用電気工作物については、適用しない。

第4章　土地等の使用

（準　用）

第66条　第61条第3項、第62条及び第63条の規定は、小売電気事業者及び

自家用電気工作物を設置する者に準用する。この場合において、第61条第3項中「電線路を著しく損壊して電気の供給に重大な支障を生じ、又は火災その他の災害を発生して公共の安全を阻害する」とあるのは、「火災その他の災害を発生して公共の安全を阻害する」と読み替えるものとする。

第6章 登録適合性確認機関、登録安全管理審査機関、指定試験機関及び登録調査機関

第3節 登録調査機関

（調査の義務）

第92条 登録調査機関は、第57条の2第1項の規定による調査業務の委託を受けているときは、第57条第1項の経済産業省令で定めるところにより、その調査業務を行わなければならない。ただし、一般用電気工作物の設置の場所に立ち入ることにつき、その所有者又は占有者の承諾を得ることができないときは、この限りでない。

2 経済産業大臣は、登録調査機関が第57条の2第1項の規定による調査業務の委託を受けている場合において、その調査業務を行わず、又はその方法が適当でないときは、登録調査機関に対し、その調査業務を行い、又はその方法を改善すべきことを命ずることができる。

第8章 雑 則

（報告の徴収）

第106条 （第1、2項省略）

3 経済産業大臣は、第1項の規定によるもののほか、この法律の施行に必要な限度において、政令で定めるところにより、小売電気事業者等、一般送配電事業者、特定送配電事業者又は発電事業者に対し、その業務又は経理の状況に関し報告又は資料の提出をさせることができる。

（第4、5項省略）

6 経済産業大臣は、第1項の規定によるもののほか、この法律の施行に必要な限度において、政令で定めるところにより、自家用電気工作物を設置する

者、自家用電気工作物の保守点検を行つた事業者又は登録調査機関に対し、その業務の状況に関し報告又は資料の提出をさせることができる。

（第7項以下省略）

（立入検査）

第107条　（第1項省略）

2　経済産業大臣は、前項の規定による立入検査のほか、この法律の施行に必要な限度において、その職員に、電気事業者の営業所、事務所その他の事業場に立ち入り、業務若しくは経理の状況又は電気工作物、帳簿、書類その他の物件を検査させることができる。

（第3項省略）

4　経済産業大臣は、第1項の規定による立入検査のほか、この法律の施行に必要な限度において、その職員に、自家用電気工作物を設置する者、自家用電気工作物の保守点検を行つた事業者又はボイラー等の溶接をする者の工場又は営業所、事務所その他の事業場に立ち入り、電気工作物、帳簿、書類その他の物件を検査させることができる。

5　経済産業大臣は、この法律の施行に必要な限度において、その職員に、一般用電気工作物の設置の場所（当該一般用電気工作物が小規模発電設備以外のものである場合にあつては、居住の用に供されているものを除く。）に立ち入り、一般用電気工作物を検査させることができる。ただし、居住の用に供されている場所に立ち入る場合においては、あらかじめ、その居住者の承諾を得なければならない。

（第6項・7項省略）

8　経済産業大臣は、この法律の施行に必要な限度において、その職員に、登録適合性確認機関、登録安全管理審査機関又は登録調査機関の事務所又は事業所に立ち入り、業務の状況又は帳簿、書類その他の物件を検査させることができる。

（第9項以下省略）

（主務大臣等）

第113条の2　この法律（第65条第3項及び第5項を除く。）における主務大臣は、次の各号に掲げる事項の区分に応じ、当該各号に定める大臣又は委員会とする。

　　一　原子力発電工作物に関する事項　原子力規制委員会及び経済産業大臣

　　二　前号に掲げる事項以外の事項　経済産業大臣

2　第65条第3項及び第5項における主務大臣は、同条第1項に規定する道路、橋、溝、河川、堤防その他公共の用に供せられる土地の管理を所掌する大臣とする。

3　この法律における主務省令は、第1項各号に掲げる区分に応じ、それぞれ当該各号に定める主務大臣の発する命令とする。

第9章　罰　　　則

第118条　次の各号のいずれかに該当する者は、300万円以下の罰金に処する。

　　一　第2条の12第2項（第27条の26第2項において準用する場合を含む。）、第2条の17第1項、同条第2項（第27条の26第3項において準用する場合を含む。）、第2条の17第3項（第27条の26第2項において準用する場合を含む。）、第9条第5項（第27条の12において準用する場合を含む。）、第18条第6項若しくは第11項、第20条第3項、第21条第3項、第22条の3第3項、第23条第6項、第23条の2第2項、第23条の3第2項）、第26条第2項（第27条の26第1項において準用する場合を含む。）、第27条第1項（第27条の12、第27条の26第1項及び第27条の29において準用する場合を含む。）、第27条第2項、第27条の11第3項若しくは第4項、第27条の11の3第3項、第27条の11の4第5項、第27条の11の5第2項、第27条の11の6第2項、第27条の13第5項（同条第8項において準用する場合を含む。）、第29条第6項、第31条第1項、第57条第3項又は第92条第2項の規定による命令に違反した者

　　二　第17条第3項（離島供給に係る場合を除く。）又は第27条の14の規定に違反して電気の供給を拒んだ者

　　三　第18条第2項、第21条第2項、第24条第1項又は第27条の11第2項の規定に違反して電気を供給した者

　　四　第27条の28の規定に違反して発電及び電気の供給を拒んだ者

　　五　第40条（原子力発電工作物に係る場合を除く。）の規定による命令又は処分に違反した者

六　第43条第1項の規定に違反して主任技術者を選任しなかつた者

七　第47条第1項（原子力発電工作物に係る場合を除く。）の規定に違反して電気工作物の設置又は変更の工事をした者

第119条　次の各号のいずれかに該当する者は、100万円以下の罰金に処する。

（第一～三号省略）

四　第20条第2項の規定に違反して電気を供給した者

（第五号省略）

六　第27条の19第1項の規定に違反して第27条の16第1項第四号に掲げる事項について変更をした者

七　第27条の27第1項の規定による届出をせず、又は虚偽の届出をして発電事業を営んだ者

八　第27条の30第1項の規定に違反して電気を供給する事業を営んだ者

九　第34条第1項の規定による命令に違反した者

十　第48条第4項の規定による命令に違反して電気工作物の設置又は変更の工事をした者

十一　第49条第1項（原子力発電工作物に係る場合を除く。）の規定に違反して電気工作物を使用した者

第120条　次の各号のいずれかに該当する場合には、当該違反行為をした者は、30万円以下の罰金に処する。

一　第2条の7第2項（第27条の29において準用する場合を含む。）、第2条の8第1項、第7条第4項（第8条第2項（第27条の12において準用する場合を含む。）及び第27条の12において準用する場合を含む。）、第20条第1項、第21条第1項、第27条の11第1項、第27条の20第1項、第27条の24第2項、第27条の25第1項（第27条の29において準用する場合を含む。）、第27条の29の3第5項、第28条の3第1項、第29条第1項若しくは第3項、第42条第1項若しくは第2項、第43条第3項、第46条第1項若しくは第2項、第47条第4項若しくは第5項、第51条の2第3項、第55条の7、第57条の2第2項又は第74条（第80条の6において準用する場合を含む。）の規定による届出をせず、又は虚偽の届出をしたとき。

二　第2条の14第1項（第27条の26第3項において準用する場合を含む。

以下この号において同じ。）の規定に違反して第2条の14第1項に規定する書面を交付せず、又は虚偽の記載若しくは表示をした書面を交付したとき。

三　第18条第12項（第20条第4項及び第21条第4項において準用する場合を含む。）の規定に違反したとき。

四　第23条の4第2項（第27条の12において準用する場合を含む。）又は第34条第2項の規定による報告をせず、又は虚偽の報告をしたとき。

五　第26条第3項（第27条の26第1項において準用する場合を含む。）又は第51条第1項、第52条第1項若しくは第55条第1項（原子力発電工作物に係る場合を除く。）若しくは第55条の11の規定に違反して、記録をせず、虚偽の記録をし、又は記録を保存しなかつたとき。

（第六号省略）

七　第42条第3項の規定による命令に違反したとき。

八　第48条第1項又は第2項の規定に違反して電気工作物の設置又は変更の工事をしたとき。

八の二　第55条の10の規定に違反して保安規程を保存せず、又は保安規程の提出を拒んだとき。

九　第51条第3項、第52条第3項、第54条若しくは第55条第4項（原子力発電工作物に係る場合を除く。）又は第107条第2項から第5項まで若しくは第7項までの規定による審査又は検査を拒み、妨げ、又は忌避したとき。

十　第56条第1項の規定による命令又は処分に違反したとき。

十一　第57条第4項又は第79条第1項（第80条の6及び第96条において準用する場合を含む。）の規定に違反して第57条第4項、第79条第1項又は第96条において準用する第79条第1項に規定する事項の記載をせず、又は虚偽の記載をしたとき。

十二　第57条第5項又は第79条第2項（第80条の6及び第96条において準用する場合を含む。）の規定に違反して帳簿を保存しなかつたとき。

十三　第102条又は第106条第2項から第6項まで若しくは第8項までの規定による報告若しくは資料の提出をせず、又は虚偽の報告をしたとき。

第128条　次の各号のいずれかに該当する者は、10万円以下の過料に処する。

一　第 2 条の 6 第 4 項、第 2 条の 8 第 2 項、第 9 条第 2 項若しくは第 13 条第 1 項（これらの規定を第 27 条の 12 において準用する場合を含む。）、第 27 条の 13 第 9 項、第 27 条の 19 第 4 項、第 27 条の 25 第 2 項（第 27 条の 29 において準用する場合を含む。）、第 27 条の 27 第 3 項、第 27 条の 30 第 4 項若しくは第 5 項、第 28 条の 3 第 2 項、第 53 条、第 55 条の 2 第 2 項又は第 93 条の規定による届出をせず、又は虚偽の届出をした者

二　第 13 条第 2 項（第 27 条の 12 において準用する場合を含む。）において準用する第 9 条第 3 項の規定に違反して設備を譲り渡し、又は所有権以外の権利の目的とした者

三　正当な理由がないのに第 44 条第 4 項の規定による命令に違反して主任技術者免状を返納しなかつた者

II　電気事業法施行令（抄）

$$\left(\begin{array}{c}\text{昭和 40 年 6 月 15 日}\\\text{政 令 第 206 号}\end{array}\right)$$

改正

昭和45年 9月10日 政令第259号	平成23年10月14日政令第316号
同 46年 4月 1日 同 第116号	同 23年12月26日 同 第427号
同 47年 7月15日 同 第281号	同 24年 3月14日 同 第 46号
同 50年12月11日 同 第352号	同 24年 9月14日 同 第235号
同 53年 5月23日 同 第193号	同 24年10月24日 同 第265号
同 55年 2月 1日 同 第 7号	同 25年 6月26日 同 第191号
同 59年 2月21日 同 第 19号	同 26年 2月13日 同 第 35号
同 62年 3月20日 同 第 54号	同 26年 7月 2日 同 第244号
平成元年 6月28日 同 第197号	同 27年 4月 1日 同 第170号
同 2年 4月10日 同 第102号	同 27年 8月28日 同 第308号
同 4年 7月 1日 同 第238号	同 28年 2月17日 同 第 43号
同 6年 3月24日 同 第 79号	同 28年 2月24日 同 第 48号
同 6年 9月19日 同 第303号	同 29年 3月23日 同 第 40号
同 7年10月18日 同 第359号	同 29年 9月 1日 同 第232号
同 9年 4月 9日 同 第161号	同 29年11月10日 同 第275号
同 10年 6月10日 同 第204号	令和 2年 3月31日 同 第130号
同 10年 8月12日 同 第273号	同 3年 3月24日 同 第 66号
同 11年12月27日 同 第431号	同 4年 2月 2日 同 第 37号
同 12年 3月29日 同 第134号	同 4年10月 6日 同 第327号
同 12年 6月 7日 同 第311号	同 4年11月30日 同 第362号
同 15年 3月14日 同 第 54号	同 4年11月30日 同 第364号
同 15年 6月 4日 同 第243号	同 5年 3月23日 同 第 68号
同 15年 6月 4日 同 第244号	同 5年 9月 6日 同 第276号
同 15年12月 3日 同 第474号	同 6年 3月 6日 同 第 45号
同 15年12月17日 同 第526号	同 6年 3月25日 同 第 62号
同 16年10月27日 同 第328号	

電気事業法施行令をここに公布する。

（電気工作物から除かれる工作物）

第1条　電気事業法（以下「法」という。）第2条第1項第十八号の政令で定める工作物は、次のとおりとする。

一　鉄道営業法（明治33年法律第65号）、軌道法（大正10年法律第76号）若しくは鉄道事業法（昭和61年法律第92号）が適用され若しくは準用される車両若しくは搬器、船舶安全法（昭和8年法律第11号）が適用される船舶、陸上自衛隊の使用する船舶（水陸両用車両を含む。）若しくは海上自衛隊の使用する船舶又は道路運送車両法（昭和26年法律第185号）第2条第2項に規定する自動車に設置される工作物であつて、これらの車両、搬器、船舶及び自動車以外の場所に設置される電気的設備に電気を供給するためのもの以外のもの

二　航空法（昭和27年法律第231号）第2条第1項に規定する航空機に設置される工作物

三　前二号に掲げるもののほか、電圧30V未満の電気的設備であつて、電圧30V以上の電気的設備と電気的に接続されていないもの

（費用の負担の特例等）

第36条　法第41条第1項の政令で定める物件の設置は、次の各号に掲げる工事による物件の設置であつて、その設置により法第39条第1項の主務省令で定める技術基準に適合しないこととなる電気工作物について次の各号に規定する法律が適用され又は準用される場合におけるものとする。

一　砂防法（明治30年法律第29号）が適用される砂防工事

二　道路法（昭和27年法律第180号）が適用される道路に関する工事、道路に関する工事により必要を生じた工事又は道路に関する工事を施行するために必要を生じた工事

三　都市公園法（昭和31年法律第79号）が適用される都市公園に関する工事

四　海岸法（昭和31年法律第101号）が適用される海岸保全施設に関する工事、海岸保全施設に関する工事により必要を生じた工事又は海岸保全施設に関する工事を施行するために必要を生じた工事

五　地すべり等防止法（昭和33年法律第30号）が適用される地すべり防止工事（ぼた山崩壊防止工事を含む。以下同じ。）、地すべり防止工事により

必要を生じた工事又は地すべり防止工事を施行するために必要を生じた工事

六　下水道法（昭和 33 年法律第 79 号）が適用される公共下水道に関する工事又は都市下水路に関する工事

七　河川法（昭和 39 年法律第 167 号）が適用され又は準用される河川工事、河川工事により必要を生じた工事又は河川工事を施行するために必要を生じた工事

八　津波防災地域づくりに関する法律（平成 23 年法律第 123 号）が適用される津波防護施設に関する工事、津波防護施設に関する工事により必要を生じた工事又は津波防護施設に関する工事を施行するために必要を生じた工事

2　主務大臣が法第 41 条第 3 項の規定により協議しなければならない関係大臣は、裁定に係る者の事業を所管する大臣とする。

（委託の方法）

第37条　法第 44 条の 2 第 1 項の規定による委託は、次に定めるところにより行うものとする。

一　次に掲げる事項についての条項を含む委託契約書を作成すること。

イ　委託に係る免状交付事務の内容に関する事項

ロ　委託に係る免状交付事務を処理する場所及び方法に関する事項

ハ　委託契約の期間及びその解除に関する事項

ニ　その他経済産業省令で定める事項

二　委託をしたときは、経済産業省令で定めるところにより、その旨を公示すること。

（委託することのできない事務）

第38条　法第 44 条の 2 第 1 項の政令で定める事務は、法第 44 条第 3 項の規定による主任技術者免状の交付の拒否に係る事務とする。

（認定高度保安実施設置者の認定の有効期間）

第41条　法第 55 条の 6 第 1 項の政令で定める期間は、7 年とする。

（報告の徴収）

第46条　（第 1、2 項省略）

3　法第 106 条第 6 項の規定により経済産業大臣が自家用電気工作物を設置す

る者に対し報告又は資料の提出をさせることができる事項は、次のとおりとする。

一　自家用電気工作物の工事、維持及び運用の保安に関する事項（第１項に規定する事項を除く。）並びに自家用電気工作物における電気の使用の状況

二　法第 27 条の 33 第１項に規定する事業の運営に関する事項

三　法第 28 条の 3 第１項の接続に係る発電用の自家用電気工作物における発電又はその発電による電気の供給に関する事項

四　調査業務の運営に関する事項

4　法第 106 条第 6 項の規定により経済産業大臣が自家用電気工作物の保守点検を行つた事業者に対し報告又は資料の提出をさせることができる事項は、その自家用電気工作物の維持及び運用（維持又は運用に必要な工事を含む。）の保安に関する事項とする。

5　法第 106 条第 6 項の規定により経済産業大臣が登録調査機関に対し報告をさせることができる事項は、その事業の運営に関する事項とする。

（権限の委任）

第47条　（第１項省略）

2　法第 114 条第 2 項に規定する権限は、次に掲げるものを除き、委員会が行うものとする。ただし、経済産業大臣が自らその権限を行うことを妨げない。

一　法第 106 条第 3 項及び第 107 条第 2 項の規定による権限（法第 26 条及び第 34 条の規定に関するもの、電気事業の用に供する電気工作物の工事、維持及び運用の保安に関するもの（原子力発電工作物の工事、維持及び運用の保安に関するものを除く。）並びに調査業務の運営に関するものに限る。）

（第二号省略）

3　次の表の左欄に定める経済産業大臣の権限は、それぞれ同表の右欄に掲げる経済産業局長又は産業保安監督部長が行うものとする。ただし、同表第一号、第四号から第六号まで、第八号、第九号及び第二十八号から第四十号までに掲げる権限については、経済産業大臣が自ら行うことを妨げない。

（第一～十一号省略）	
十二　法第28条の3の規定に基づく権限（同条第1項の接続に係る発電用又は蓄電用の自家用電気工作物が一の経済産業局の管轄区域内のみにある場合に限る。）	電気工作物の設置の場所を管轄する経済産業局長
十三　法第40条の規定に基づく権限であつて、次に掲げるもの（一の産業保安監督部の管轄区域内のみにある電気工作物に関するものに限る。） ㈠　出力900,000kW未満の水力発電所に関するもの ㈡　火力発電所（汽力、ガスタービン、内燃力その他経済産業省令で定めるもの又はこれらを組み合わせたものを原動力とするものをいう。以下同じ。）に関するもの ㈢　燃料電池発電所に関するもの ㈣　太陽電池発電所に関するもの ㈤　風力発電所に関するもの ㈥　蓄電用の電気工作物（専ら電力の貯蔵を目的とするものとして経済産業省令で定めるものに限る。第十七号㈥において同じ。）に関するもの ㈦　電圧300,000V未満の変電所（容量300,000kVA以上若しくは出力300,000kW以上の周波数変換機器又は出力100,000kW以上の整流機器を設置するものを除く。）に関するもの ㈧　電圧300,000V（直流にあつては、100,000V）未満の送電線路に関するもの ㈨　配電線路に関するもの ㈩　電圧300,000V（直流にあつては、100,000V）未満の電力系統に係る保安通信設備に関するもの (十一)　需要設備（電気を使用するために、その使用の場所と同一の構内（発電所又は変電所の構内を除く。）に設置する電気工作物の総合体をいう。以下同じ。）に関するもの	電気工作物の設置の場所を管轄する産業保安監督部長

十四　法第42条第1項から第3項まで及び第55条の2第2項の規定に基づく権限であつて、自家用電気工作物を設置する者（原子力発電所を設置する者を除く。）のうち自家用電気工作物が一の産業保安監督部の管轄区域内のみにあるものに関するもの	電気工作物の設置の場所を管轄する産業保安監督部長
十五　法第43条第2項及び第3項の規定に基づく権限であつて、その監督に係る電気工作物（原子力発電工作物を除く。）が一の産業保安監督部の管轄区域内のみにある主任技術者に関するもの	電気工作物の設置の場所を管轄する産業保安監督部長
十六　法第46条の規定に基づく権限	電気工作物の設置の場所を管轄する産業保安監督部長
十七　法第47条第1項、第2項、第4項及び第5項、第48条第1項及び第3項から第5項まで、第49条第1項並びに第50条第1項の規定に基づく権限であつて、次に掲げるもの（一の産業保安監督部の管轄区域内のみにおいて行われる電気工作物の工事に関するものに限る。） ㈠　出力900,000kW 未満の水力発電所の工事（出力を900,000kW 以上とする変更の工事を除く。）に関するもの ㈡　火力発電所の工事に関するもの ㈢　燃料電池発電所の工事に関するもの ㈣　太陽電池発電所の工事に関するもの ㈤　風力発電所の工事に関するもの ㈥　蓄電用の電気工作物の工事に関するもの ㈦　電圧300,000V 未満の変電所（容量300,000kVA 以上若しくは出力300,000kW 以上の周波数変換機器又は出力100,000kW 以上の整流機器を設置するものを除く。）の工事（電圧を300,000V 以上とする変更の工事及び周波数変換機器の容量を300,000kVA 以上とし若しくは出力を300,000kW 以上とし、又は整流機器の出力を100,000kW 以上とする変更の工事を除く。）に関するもの	電気工作物の工事が行われる場所を管轄する産業保安監督部長

㈧　電圧300,000 V（直流にあつては、100,000 V）未満の送電線路の工事（電圧を300,000 V（直流にあつては、100,000 V）以上とする変更の工事を除く。）に関するもの	
㈨　電圧300,000 V（直流にあつては、100,000 V）未満の電力系統に係る保安通信設備の工事に関するもの	
㈩　需要設備の工事に関するもの	
十八　法第51条第3項（登録に係る部分を除く。）及び第5項から第7項までの規定に基づく権限であつて、前号㈠から㈩までに掲げるもの（一の産業保安監督部の管轄区域内のみにある電気工作物に関するものに限る。）	電気工作物の設置の場所を管轄する産業保安監督部長
十九　法第51条の2第3項の規定に基づく権限であつて、一の産業保安監督部の管轄区域内のみにある事業用電気工作物に関するもの	電気工作物の設置の場所を管轄する産業保安監督部長
二十　法第53条の規定に基づく権限であつて、一の産業保安監督部の管轄区域内のみにある自家用電気工作物に関するもの	電気工作物の設置の場所を管轄する産業保安監督部長
二十一　法第54条第1項の規定に基づく権限であつて、次に掲げるもの ㈠　火力発電所に関するもの ㈡　燃料電池発電所に関するもの	特定重要電気工作物の設置の場所を管轄する産業保安監督部長
二十二　法第55条第4項（登録に係る部分を除く。）及び同条第6項において準用する法第51条第5項から第7項までの規定に基づく権限であつて、第十三号㈡、㈢及び㈤に掲げるもの（一の産業保安監督部の管轄区域内のみにある電気工作物に関するものに限る。）	電気工作物の設置の場所を管轄する産業保安監督部長
二十三　法第56条第1項の規定に基づく権限	電気工作物の設置の場所を管轄する産業保安監督部長
二十四　法第57条第3項及び第92条第2項の規定に基づく権限	電気工作物の設置の場所を管轄する産業保安監督部長

（第二十五～二十六号省略）

二十七　法第61条第1項、同条第3項（法第66条において読み替えて準用する場合を含む。）及び法第61条第4項において準用する法第58条第3項の規定に基づく権限であつて、一の経済産業局の管轄区域内のみにある植物に関するもの	植物の所在地を管轄する経済産業局長及び産業保安監督部長
二十八　法第106条第3項及び第107条第2項の規定に基づく権限（法第114条第1項又は第2項の規定により委員会に委任されたものを除く。）	小売電気事業若しくは特定卸供給事業に係る業務を行う区域、供給区域、供給地点若しくは電気工作物の設置の場所を管轄する経済産業局長又は電気工作物の設置の場所若しくはボイラー等の検査の場所を管轄する産業保安監督部長
二十九　法第106条第6項の規定に基づく権限であつて、自家用電気工作物を設置する者に関するもの	電気工作物の設置の場所を管轄する経済産業局長又は産業保安監督部長
三十　法第106条第6項の規定に基づく権限であつて、自家用電気工作物の保守点検を行つた事業者に関するもの	電気工作物の設置の場所を管轄する産業保安監督部長
三十一　法第106条第6項の規定に基づく権限であつて、登録調査機関に関するもの	登録調査機関が調査する電気工作物の設置の場所を管轄する産業保安監督部長
三十二　法第106条第7項の規定に基づく権限	電気工作物の設置の場所を管轄する産業保安監督部長

（第三十三号省略）

三十四　法第107条第4項の規定に基づく権限であつて、自家用電気工作物を設置する者に関するもの	電気工作物の設置の場所を管轄する経済産業局長又は産業保安監督部長
三十五　法第107条第4項の規定に基づく権限であつて、自家用電気工作物の保守点検を行つた事業者に関するもの	電気工作物の設置の場所を管轄する産業保安監督部長
三十六　法第107条第4項の規定に基づく権限であつて、ボイラー等の溶接をする者に関するもの	ボイラー等の検査の場所を管轄する産業保安監督部長
三十七　法第107条第5項の規定に基づく権限	電気工作物の設置の場所を管轄する産業保安監督部長
三十八　法第107条第8項の規定に基づく権限であつて、登録調査機関に関するもの	登録調査機関が調査する電気工作物の設置の場所を管轄する産業保安監督部長
（第三十九号省略） 四十　法第111条第3項の規定に基づく権限及び同条第5項の規定に基づく権限（同条第3項の申出に係るものに限る。）	登録調査機関が調査する電気工作物の設置の場所を管轄する産業保安監督部長

4　次の表の左欄に掲げる法第114条第1項又は第2項の規定により委員会に委任された権限は、それぞれ同表の右欄に定める経済産業局長が行うものとする。ただし、委員会が自らその権限を行うことを妨げない。

一　法第105条の規定に基づく権限	供給区域又は電気工作物の設置の場所を管轄する経済産業局長

二　法第106条第3項及び第107条第2項の規定に基づく権限	小売電気事業に係る業務を行う区域、供給区域、供給地点又は電気工作物の設置の場所を管轄する経済産業局長

Ⅲ　電気事業法施行規則（抄）

$$\left(\begin{array}{l}\text{平成 7 年 10 月 18 日}\\\text{通商産業省令第77号}\end{array}\right)$$

改正

〜【略】			平成28年	3月22日経済産業省令第	24号
平成18年10月27日経済産業省令第		94号	同 28年	4月 1日 同	第 64号
同 19年 8月 9日	同	第 56号	同 28年11月30日 同	第108号
同 19年 9月 3日	同	第 59号	同 29年 3月14日 同	第 13号
同 20年 1月 8日	同	第 1号	同 29年 3月31日 同	第 32号
同 20年 4月 7日	同	第 31号	同 29年 9月28日 同	第 77号
同 20年 8月29日	同	第 62号	同 30年 3月30日 同	第 17号
同 20年10月 1日	同	第 73号	同 30年 5月 1日 同	第 26号
同 20年12月 1日	同	第 82号	同 30年 7月 6日 同	第 45号
同 20年12月18日	同	第 87号	同 30年12月27日 同	第 73号
同 21年 2月19日	同	第 9号	同 31年 3月29日 同	第 33号
同 21年 2月26日	同	第 10号	令和元年 7月 1日 同	第 17号
同 21年12月18日	同	第 69号	同 元年12月13日 同	第 49号
同 22年 6月24日	同	第 37号	同 元年12月17日 同	第 50号
同 22年 7月30日	同	第 46号	同 2年 3月18日 同	第 16号
同 23年 3月 7日	同	第 2号	同 2年 3月31日 同	第 23号
同 23年 3月14日	同	第 3号	同 2年 3月31日 同	第 29号
同 23年 3月31日	同	第 14号	同 2年 4月10日 同	第 37号
同 23年 6月30日	同	第 34号	同 2年12月28日 同	第 92号
同 24年 3月16日	同	第 14号	同 3年 3月 9日 同	第 11号
同 24年 3月23日	同	第 16号	同 3年 3月10日 同	第 12号
同 24年 4月17日	同	第 35号	同 3年 3月31日 同	第 27号
同 24年 6月 1日	同	第 44号	同 4年 3月31日 同	第 24号
同 24年 6月29日	同	第 47号	同 4年 4月 1日 同	第 39号
同 24年 9月14日	同	第 68号	同 4年 5月20日 同	第 48号
同 24年10月 1日	同	第 75号	同 4年 7月22日 同	第 62号
同 24年10月 5日	同	第 77号	同 4年11月 1日 同	第 82号
同 24年11月16日	同	第 83号	同 4年11月11日 同	第 86号
同 25年 3月21日	同	第 3号	同 4年11月22日 同	第 87号
同 25年 6月28日	同	第 32号	同 4年11月30日 同	第 88号
同 25年 7月 8日	同	第 36号	同 4年12月14日 同	第 94号
同 25年12月 6日	同	第 59号	同 4年12月14日 同	第 96号
同 25年12月11日	同	第 60号	同 5年 3月10日 同	第 9号
同 25年12月26日	同	第 65号	同 5年 3月28日 同	第 11号
同 26年 2月26日	同	第 7号	同 5年10月31日 同	第 47号
同 26年 5月29日	同	第 29号	同 5年12月13日 同	第 56号
同 26年 8月 1日	同	第 38号	同 5年12月14日 同	第 57号
同 26年11月 5日	同	第 55号	同 5年12月28日 同	第 63号
同 27年 3月 4日	同	第 9号	同 6年 2月29日 同	第 9号
同 27年 4月30日	同	第 43号	同 6年 3月29日 同	第 21号
同 27年 8月31日	同	第 63号		

目　　次

電気事業法関係

第3章　電気工作物

第3章の2　土地等の使用

**第4章　登録適合性確認機関、登録安全管理審査機関、指定試験機関及び
　　　　登録調査機関**

第5章　卸電力取引所

第6章　雑則

附　則

第1章　総　　則

（定　義）

第1条　この省令において使用する用語は、電気事業法（昭和39年法律第170号。以下「法」という。）、電気事業法施行令（昭和40年政令第206号。以下「令」という。）及び電気設備に関する技術基準を定める省令（平成9年通商産業省令第52号）において使用する用語の例による。

2　この省令において、次の各号に掲げる用語の意義は、それぞれ当該各号に定めるところによる。

一　「変電所」とは、構内以外の場所から伝送される電気を変成し、これを構内以外の場所に伝送するため、又は構内以外の場所から伝送される電圧100,000V以上の電気を変成するために設置する変圧器その他の電気工作物の総合体（蓄電所を除く。）をいう。

二　「送電線路」とは、発電所相互間、蓄電所相互間、変電所相互間、発電所と蓄電所との間、発電所と変電所との間又は蓄電所と変電所との間の電線路（専ら通信の用に供するものを除く。以下同じ。）及びこれに附属する開閉所その他の電気工作物をいう。

三　「配電線路」とは、発電所、蓄電所、変電所若しくは送電線路と需要設備との間又は需要設備相互間の電線路及びこれに附属する開閉所その他の電気工作物をいう。

四　「液化ガス」とは、通常の使用状態での温度における飽和圧力が196kPa以上であって、現に液体の状態であるもの又は圧力が196kPaにおける飽和温度が35℃以下であつて、現に液体の状態であるものをいう。

五　「導管」とは、燃料若しくはガス又は液化ガスを輸送するための管及びその附属機器であって、構外に施設するものをいう。

（第六号以下省略）

第2章　電気事業

第2節　一般送配電事業

第2款　業　　務

（電圧及び周波数の値）

第38条　法第26条第1項（法第27条の12の13及び法第27条の26第1項において準用する場合を含む。次項において同じ。）の経済産業省令で定める電圧の値は、その電気を供給する場所において次の表の左欄に掲げる標準電圧に応じて、それぞれ同表の右欄に掲げるとおりとする。

標準電圧	維 持 す べ き 値
100 V	101 V の上下6 V を超えない値
200 V	202 V の上下20 V を超えない値

2　法第26条第1項の経済産業省令で定める周波数の値は、その者が供給する電気の標準周波数に等しい値とする。

第7節　広域的運営

第1款　特定自家用電気工作物設置者の届出

（特定自家用電気工作物）

第45条の27　法第28条の3第1項の経済産業省令で定める要件は、その出力が1,000kW以上である発電用又は蓄電用の自家用電気工作物（太陽電池発電設備及び風力発電設備を除く。以下「特定自家用電気工作物」という。）であることとする。

（特定自家用電気工作物設置者の届出）

第45条の28　法第28条の3第1項の規定による届出をしようとする者は、様式第31の25の特定自家用電気工作物接続届出書を提出しなければならない。

2　法第28条の3第1項の経済産業省令で定める事項は、次に掲げるものとする。

一　電話番号、電子メールアドレスその他連絡先

　二　発電用の自家用電気工作物（太陽電池発電設備及び風力発電設備を除く。）の設置の場所、原動力の種類、周波数、出力及びその用途

　三　蓄電用の自家用電気工作物の設置の場所、周波数、出力、容量及びその用途

　四　逆潮流防止装置（特定自家用電気工作物の発電又は放電に係る電気を、一般送配電事業者又は配電事業者が維持し、及び運用する電線路とを直接又は一般送配電事業者若しくは配電事業者以外の者が維持し、及び運用する電線路を通じて間接に送電できないようにするための装置をいう。以下同じ。）の有無

3　法第28条の3第2項の規定による届出をしようとする者は、次の各号に掲げる場合の区分に応じ、当該各号に定める届出書を提出しなければならない。

　一　当該届出が法第28条の3第2項第一号に係るものである場合　様式第31の26の特定自家用電気工作物設置者変更届出書

　二　当該届出が法第28条の3第2項第二号に係るものである場合　様式第31の27の特定自家用電気工作物の要件に該当しなくなった場合の届出書

　三　当該届出が法第28条の3第2項第三号に係るものである場合　様式第31の28の特定自家用電気工作物が一般送配電事業者又は配電事業者が維持し、及び運用する電線路とを直接又は一般送配電事業者若しくは配電事業者以外の者が維持し、及び運用する電線路を通じて間接に電気的に接続されている状態でなくなった場合の届出書

第3章　電気工作物

第1節　適用範囲及び定義

（適用範囲）

第47条の8　この章（第56条及び第2款の2を除く。）の規定は、原子力発電工作物以外の電気工作物について適用する。

（一般用電気工作物の範囲）

第48条　法第38条第1項ただし書の経済産業省令で定める電圧は、600Vと

する。

2 法第38条第1項ただし書の経済産業省令で定める発電用の電気工作物は、次のとおりとする。ただし、次の各号に定める設備であって、同一の構内に設置する次の各号に定める他の設備と電気的に接続され、それらの設備の出力の合計が50kW以上となるものを除く。

一 太陽電池発電設備であって出力50kW未満のもの

二 風力発電設備であって出力20kWの未満のもの

三 次のいずれかに該当する水力発電設備であって、出力20kW未満のもの

　　イ 最大使用水量が毎秒1m³未満のもの（ダムを伴うものを除く。）

　　ロ 特定の施設内に設置されるものであって別に告示するもの

四 内燃力を原動力とする火力発電設備であって出力10kW未満のもの

五 次のいずれかに該当する燃料電池発電設備であって、出力10kW未満のもの

　　イ 固体高分子型又は固体酸化物型の燃料電池発電設備であって、燃料・改質系統設備の最高使用圧力が0.1MPa（液体燃料を通ずる部分にあっては、1.0MPa）未満のもの

　　ロ 道路運送車両法（昭和26年法律第185号）第2条第2項に規定する自動車（二輪自動車、側車付二輪自動車、三輪自動車、カタピラ及びそりを有する軽自動車、大型特殊自動車、小型特殊自動車並びに被牽引自動車を除く。）に設置される燃料電池発電設備（当該自動車の動力源として用いる電気を発電するものであって、圧縮水素ガスを燃料とするものに限る。）であって、道路運送車両の保安基準（昭和26年運輸省令第67号）第17条第1項及び第17条の2第5項の基準に適合するもの

六 発電用火力設備に関する技術基準を定める省令（平成9年通商産業省令第51号）第73条の2第1項に規定するスターリングエンジンで発生させた運動エネルギーを原動力とする発電設備であって、出力10kW未満のもの

3 法第38条第1項ただし書の経済産業省令で定める場所は、次のとおりとする。

一 火薬類取締法（昭和25年法律第149号）第2条第1項に規定する火薬

類（煙火を除く。）を製造する事業場

二　鉱山保安法施行規則（平成 16 年経済産業省令第 96 号）が適用される鉱山のうち、同令第 1 条第 2 項第八号に規定する石炭坑

4　法第 38 条第 1 項第二号イの経済産業省令で定める出力は、次の各号に掲げる設備の区分に応じ、当該各号に定める出力とする。

一　太陽電池発電設備　10kW（2 以上の太陽電池発電設備を同一構内に、かつ、電気的に接続して設置する場合にあっては、当該太陽電池発電設備の出力の合計が 10kW）

二　風力発電設備　0kW

三　第 2 項第三号イ又はロに該当する水力発電設備　20kW

四　内燃力を原動力とする火力発電設備　10kW

五　第 2 項第五号イ又はロに該当する燃料電池発電設備　10kW

六　発電用火力設備に関する技術基準を定める省令第 73 条の 2 第 1 項に規定するスターリングエンジンで発生させた運動エネルギーを原動力とする発電設備　10kW

第48条の 2　法第 38 条第 4 項第五号の主務省令で定める要件は、次の各号のいずれかに該当することとする。

一　特定発電等用電気工作物の小売電気事業等用接続最大電力の合計が 200 万 kW（沖縄電力株式会社の供給区域にあっては、10 万 kW）を超えること。

二　一般送配電事業者が離島等供給の用に供するため又はその供給する電気の電圧及び周波数の値を一定の値に維持するため、当該一般送配電事業者が維持し、及び運用するものであること。

第 2 節　事業用電気工作物

第 2 款　自主的な保安

（保安規程）

第50条　法第 42 条第 1 項の保安規程は、次の各号に掲げる事業用電気工作物の種類ごとに定めるものとする。

一　事業用電気工作物であって、一般送配電事業、送電事業、配電事業又は発電事業（法第 38 条第 4 項第五号に掲げる事業に限る。次項において同じ。）の用に供するもの

二　事業用電気工作物であって、前号に掲げるもの以外のもの

2　前項第一号に掲げる事業用電気工作物を設置する者は、法第 42 条第 1 項の保安規程において、次の各号（その者が発電事業（その事業の用に供する発電等用電気工作物が第 48 条の 2 第一号に掲げる要件に該当するものに限る。）を営むもの以外の者である場合にあっては、第五号から第七号まで及び第十一号を除く。）に掲げる事項を定めるものとする。

一　事業用電気工作物の工事、維持又は運用に関する保安のための関係法令及び保安規程の遵守のための体制（経営責任者の関与を含む。）に関すること。

二　事業用電気工作物の工事、維持又は運用を行う者の職務及び組織に関すること（次号に掲げるものを除く。）。

三　主任技術者の職務の範囲及びその内容並びに主任技術者が保安の監督を行う上で必要となる権限及び組織上の位置付けに関すること。

四　事業用電気工作物の工事、維持又は運用を行う者に対する保安教育に関することであって次に掲げるもの

　イ　関係法令及び保安規程の遵守に関すること。

　ロ　保安のための技術に関すること。

　ハ　保安教育の計画的な実施及び改善に関すること。

五　発電用の事業用電気工作物の工事、維持又は運用に関する保安を計画的に実施し、及び改善するための措置であって次に掲げるもの（前号に掲げるものを除く。）

　イ　発電用の事業用電気工作物の工事、維持又は運用に関する保安についての方針及び体制に関すること。

　ロ　発電用の事業用電気工作物の工事、維持又は運用に関する保安についての計画に関すること。

　ハ　発電用の事業用電気工作物の工事、維持又は運用に関する保安についての実施に関すること。

　ニ　発電用の事業用電気工作物の工事、維持又は運用に関する保安についての評価に関すること。

　ホ　発電用の事業用電気工作物の工事、維持又は運用に関する保安についての改善に関すること。

六　発電用の事業用電気工作物の工事、維持又は運用に関する保安のために

　　必要な文書の作成、変更、承認及び保存の手順に関すること。

七　前号に規定する文書についての保安規程上の位置付けに関すること。

八　事業用電気工作物の工事、維持又は運用に関する保安についての適正な記録に関すること。

九　事業用電気工作物の保安のための巡視、点検及び検査に関すること。

十　事業用電気工作物の運転又は操作に関すること。

十一　発電用の事業用電気工作物の保安に係る外部からの物品又は役務の調達の内容及びその重要度に応じた管理に関すること。

十二　発電所又は蓄電所の運転を相当期間停止する場合における保全の方法に関すること。

十三　災害その他非常の場合に採るべき措置に関すること。

十四　保安規程の定期的な点検及びその必要な改善に関すること。

十五　その他事業用電気工作物の工事、維持及び運用に関する保安に関し必要な事項

3　第1項第二号に掲げる事業用電気工作物を設置する者は、法第42条第1項の保安規程において、次の各号に掲げる事項を定めるものとする。ただし、鉱山保安法（昭和24年法律第70号）、鉄道営業法（明治33年法律第65号）、軌道法（大正10年法律第76号）又は鉄道事業法（昭和61年法律第92号）が適用され又は準用される自家用電気工作物については発電所、蓄電所、変電所及び送電線路に係る次の事項について定めることをもって足りる。

一　事業用電気工作物の工事、維持又は運用に関する業務を管理する者の職務及び組織に関すること。

二　事業用電気工作物の工事、維持又は運用に従事する者に対する保安教育に関すること。

三　事業用電気工作物の工事、維持及び運用に関する保安のための巡視、点検及び検査に関すること。

四　事業用電気工作物の運転又は操作に関すること。

五　発電所又は蓄電所の運転を相当期間停止する場合における保全の方法に関すること。

六　災害その他非常の場合に採るべき措置に関すること。

七　事業用電気工作物の工事、維持及び運用に関する保安についての記録に

関すること。

八　事業用電気工作物（使用前自主検査、溶接自主検査若しくは定期自主検査（以下「法定自主検査」と総称する。）又は法第51条の2第1項若しくは第2項の確認（以下「使用前自己確認」という。）を実施するものに限る。）の法定自主検査又は使用前自己確認に係る実施体制及び記録の保存に関すること。

九　その他事業用電気工作物の工事、維持及び運用に関する保安に関し必要な事項

4　大規模地震対策特別措置法（昭和53年法律第73号）第2条第四号に規定する地震防災対策強化地域（以下「強化地域」という。）内に法第38条第4項各号に掲げる事業の用に供する電気工作物を設置する電気事業者（大規模地震対策措置法第6条第1項に規定する者を除く。次項において同じ。）にあっては、前2項に掲げる事項のほか、次の各号に掲げる事項について保安規程に定めるものとする。

一　大規模地震対策特別措置法第2条第三号に規定する地震予知情報及び同条第十三号に規定する警戒宣言（以下「警戒宣言」という。）の伝達に関すること。

二　警戒宣言が発せられた場合における防災に関する業務を管理する者の職務及び組織に関すること。

三　警戒宣言が発せられた場合における保安要員の確保に関すること。

四　警戒宣言が発せられた場合における電気工作物の巡視、点検及び検査に関すること。

五　警戒宣言が発せられた場合における防災に関する設備及び資材の確保、点検及び整備に関すること。

六　警戒宣言が発せられた場合に地震防災に関し採るべき措置に係る教育、訓練及び広報に関すること。

七　その他地震災害の発生の防止又は軽減を図るための措置に関すること。

5　大規模地震対策特別措置法第3条第1項の規定による強化地域の指定の際、現に当該強化地域内において法第38条第4項各号に掲げる事業の用に供する電気工作物を設置している電気事業者は、当該指定のあった日から6月以内に保安規程において前項に掲げる事項について定め、法第42条第2項の規定による届出をしなければならない。

（第6項以下省略）

第51条　法第42条第1項の規定による届出をしようとする者は、様式第41の保安規程届出書に保安規程を添えて提出しなければならない。

2　法第42条第2項の規定による届出をしようとする者は、様式第42の保安規程変更届出書に変更を必要とする理由を記載した書類を添えて提出しなければならない。

3　情報通信技術を活用した行政の推進等に関する法律（平成14年法律第151号。以下「情報通信技術活用法」という。）第6条第1項の規定により電子情報処理組織（経済産業省の所管する法令に係る情報通信技術を活用した行政の推進等に関する法律施行規則（平成15年経済産業省令第8号。以下「情報通信技術活用法施行規則」という。）第3条に規定する電子情報処理組織をいう。以下同じ。）を使用して第2項の届出をする場合は、情報通信技術活用法施行規則第4条第3項の規定は、適用しない。

（主任技術者の選任等）

第52条　法第43条第1項の規定による主任技術者の選任は、次の表の左欄に掲げる事業場又は設備ごとに、それぞれ同表の右欄に掲げる者のうちから行うものとする。

一　水力発電所（小型のもの又は特定の施設内に設置されるものであって別に告示するものを除く。）の設置の工事のための事業場	第一種電気主任技術者免状、第二種電気主任技術者免状又は第三種電気主任技術者免状の交付を受けている者及び第一種ダム水路主任技術者免状又は第二種ダム水路主任技術者免状の交付を受けている者
二　火力発電所（アンモニア又は水素以外を燃料として使用する火力発電所のうち、小型の汽力を原動力とするものであって別に告示するもの、小型のガスタービンを原動力とするものであって別に告示するもの及び内燃力を原動力とするものを除く。）又は燃料電池発電所（改質器の最高使用圧力が98kPa以上のものに限る。）の設置の工事のための事業場	第一種電気主任技術者免状、第二種電気主任技術者免状又は第三種電気主任技術者免状の交付を受けている者及び第一種ボイラー・タービン主任技術者免状又は第二種ボイラー・タービン主任技術者免状の交付を受けている者
三　燃料電池発電所（二に規定するものを除く。）、蓄電所、変電所、送電線路又は需要設備の設置の工事のための事業場	第一種電気主任技術者免状、第二種電気主任技術者免状又は第三種電気主任技術者免状の交付を受けている者

四　水力発電所（小型のもの又は特定の施設内に設置されるものであって別に告示するものを除く。）であって、高さ15m以上のダム若しくは圧力392kPa以上の導水路、サージタンク若しくは放水路を有するもの又は高さ15m以上のダムの設置の工事を行うもの	第一種ダム水路主任技術者免状又は第二種ダム水路主任技術者免状の交付を受けている者
五　火力発電所（アンモニア又は水素以外を燃料として使用する火力発電所のうち、小型の汽力を原動力とするものであって別に告示するもの、内燃力を原動力とするもの及び出力10,000kW未満のガスタービンを原動力とするものを除く。）及び燃料電池発電所（改質器の最高使用圧力が98kPa以上のものに限る。）	第一種ボイラー・タービン主任技術者免状又は第二種ボイラー・タービン主任技術者免状の交付を受けている者
六　発電所、蓄電所、変電所、需要設備又は送電線路若しくは配電線路を管理する事業場を直接統括する事業場	第一種電気主任技術者免状、第二種電気主任技術者免状又は第三種電気主任技術者免状の交付を受けている者、その直接統括する発電所のうちに四の水力発電所（小型のもの又は特定の施設内に設置されるものであって別に告示するものを除く。）以外の水力発電所がある場合は、第一種ダム水路主任技術者免状又は第二種ダム水路主任技術者免状の交付を受けている者及びその直接統括する発電所のうちに五のガスタービンを原動力とする火力発電所以外のガスタービンを原動力とする火力発電所（小型のガスタービンを原動力とするものであって別に告示するものを除く。）がある場合は、第一種ボイラー・タービン主任技術者免状又は第二種ボイラー・タービン主任技術者免状の交付を受けている者

2　次の各号のいずれかに掲げる自家用電気工作物に係る当該各号に定める事業場のうち、当該自家用電気工作物の工事、維持及び運用に関する保安の監督に係る業務（以下「保安管理業務」という。）を委託する契約（以下「委託契約」という。）が次条に規定する要件に該当する者と締結されているものであって、保安上支障がないものとして経済産業大臣（事業場が一の産業保安監督部の管轄区域内のみにある場合は、その所在地を管轄する産業保安監督部長。次項並びに第53条第1項、第2項及び第5項において同じ。）の承認を受けたもの並びに発電所、蓄電所、変電所及び送電線路以外の自家用電気工作物であって鉱山保安法が適用されるもののみに係る前項の表第三号又は第六号の事業場については、同項の規定にかかわらず、電気主任技術者を選任しないことができる。

　一　出力5,000kW未満の太陽電池発電所又は蓄電所であって電圧7,000V以下で連系等をするもの　前項の表第三号又は第六号の事業場

　二　出力2,000kW未満の発電所（水力発電所、火力発電所及び風力発電所に限る。）であって電圧7,000V以下で連系等をするもの　前項の表第一号、第二号又は第六号の事業場

　三　出力1,000kW未満の発電所（前2号に掲げるものを除く。）であって電圧7,000V以下で連系等をするもの　前項の表第三号又は第六号の事業場

　四　電圧7,000V以下で受電する需要設備　前項の表第三号又は第六号の事業場

　五　電圧600V以下の配電線路　当該配電線路を管理する事業場

3　出力2,000kW未満の水力発電所（自家用電気工作物であるものに限る。）に係る第1項の表第一号又は第六号に掲げる事業場のうち、当該水力発電所の保安管理業務の委託契約が次条に規定する要件に該当する者と締結されているものであって、保安上支障がないものとして経済産業大臣の承認を受けたものについては、同項の規定にかかわらず、ダム水路主任技術者を選任しないことができる。

4　事業用電気工作物を設置する者は、主任技術者に2以上の事業場又は設備の主任技術者を兼ねさせてはならない。ただし、事業用電気工作物の工事、維持及び運用の保安上支障がないと認められる場合であって、経済産業大臣（監督に係る事業用電気工作物が一の産業保安監督部の管轄区域内のみにある場合は、その設置の場所を管轄する産業保安監督部長。第53条の2において同じ。）の承認を受けた場合は、この限りでない。

第52条の2　前条第2項又は第3項の要件は、次の各号に掲げる事業者の区分に応じ、当該各号に定める要件とする。

　一　個人事業者（事業を行う個人をいう。）

　　イ　前条第2項の場合にあっては電気主任技術者免状の交付を、同条第3項の場合にあってはダム水路主任技術者免状の交付を、それぞれ受けていること。

　　ロ　別に告示する要件に該当していること。

　　ハ　別に告示する機械器具を有していること。

　　ニ　保安管理業務を実施する事業場の種類及び規模に応じて別に告示する

算定方法で算定した値が別に告示する値未満であること。

　ホ　保安管理業務の適確な遂行に支障を及ぼすおそれがないこと。

　ヘ　次条第5項の規定による取消しにつき責めに任ずべき者であって、その取消しの日から2年を経過しないものでないこと。

　二　法人

　イ　前条第2項の承認の申請に係る事業場（以下「申請事業場」という。）の保安管理業務に従事する者（以下「保安業務従事者」という。）が前号イ及びロの要件に該当していること。

　ロ　別に告示する機械器具を有していること。

　ハ　保安業務従事者であって申請事業場を担当する者（以下「保安業務担当者」という。）ごとに、担当する事業場の種類及び規模に応じて別に告示する算定方法で算定した値が別に告示する値未満であること。

　ニ　保安管理業務を遂行するための体制が、保安管理業務の適確な遂行に支障を及ぼすおそれがないこと。

　ホ　次条第5項の規定により取り消された承認に係る委託契約の相手方で、その取消しの日から2年を経過しない者でないこと。ただし、その取消しにつき、委託契約の相手方の責めに帰することができないときは、この限りでない。

　ヘ　次条第5項の規定による取消しにつき責めに任ずべき者であって、その取消しの日から2年を経過しないものを保安管理業務に従事させていないこと。

第53条　第52条第2項又は第3項の承認を受けようとする者は、様式第43の保安管理業務外部委託承認申請書に次の書類を添え、経済産業大臣に提出しなければならない。

　一　委託契約の相手方の執務に関する説明書

　二　委託契約書の写し

　三　委託契約の相手方が前条の要件に該当することを証する書類

2　経済産業大臣は、第52条第2項又は第3項の承認の申請が次の各号のいずれにも適合していると認めるときでなければ、同項の承認をしてはならない。

　一　委託契約の相手方が前条の要件に該当していること。

　二　委託契約の相手方が前条第二号の要件に該当する者である場合は、保安

業務担当者が定められていること。

三　委託契約は、保安管理業務を委託することのみを内容とする契約であること。

四　申請事業場の電気工作物が、第48条第3項各号に掲げる場所に設置する電気工作物でないこと。

五　申請事業場の電気工作物の点検を、別に告示する頻度で行うこと並びに災害、事故その他非常の場合における当該事業場の電気工作物を設置する者（以下「設置者」という。）と委託契約の相手方（委託契約の相手方が前条第二号の要件に該当する者の場合にあっては保安業務担当者を含む。）との連絡その他電気工作物の工事、維持及び運用の保安に関し、設置者及び委託契約の相手方の相互の義務及び責任その他必要事項が委託契約に定められていること。

六　委託契約の相手方（委託契約の相手方が前条第二号の要件に該当する者の場合にあっては保安業務担当者）の主たる連絡場所が当該事業場に遅滞なく到達し得る場所にあること。

3　次の各号に掲げる者は、その職務を誠実に行わなければならない。また、第二号又は第四号に掲げる者は、その保安業務従事者にその職務を誠実に行わせなければならない。

一　第52条第2項の承認に係る委託契約の相手方のうち前条第一号の要件に該当する者（以下「電気管理技術者」という。）

二　第52条第2項の承認に係る委託契約の相手方のうち前条第二号の要件に該当する者（以下「電気保安法人」という。）

三　第52条第3項の承認に係る委託契約の相手方のうち前条第一号の要件に該当する者（以下「ダム水路管理技術者」という。）

四　第52条第3項の承認に係る委託契約の相手方のうち前条第二号の要件に該当する者（以下「ダム水路保安法人」という。）

五　保安業務従事者

4　第52条第2項又は第3項の承認を受けた者は、その承認に係る事業場の電気工作物の工事、維持及び運用の保安を確保するに当たり、その承認に係る委託契約の相手方の意見を尊重しなければならない。

5　経済産業大臣は、第52条第2項又は第3項の承認を受けた者が次の各号

のいずれかに該当するときは、その承認を取り消すことができる。

一　第2項各号のいずれかに該当しなくなったとき。

二　電気管理技術者又は電気保安法人が、第52条第2項の承認に係る委託契約によらないで保安管理業務を行ったとき。

三　ダム水路管理技術者又はダム水路保安法人が、第52条第3項の承認に係る委託契約によらないで保安管理業務を行ったとき。

四　電気管理技術者及び電気保安法人、ダム水路管理技術者及びダム水路保安法人並びに保安業務従事者が第3項の規定に違反したとき。

五　不正の手段により第52条第2項又は第3項の承認を受けたとき。

第53条の2　第52条第4項ただし書の承認を受けようとする者は、様式第44の主任技術者兼任承認申請書に次の書類を添え、経済産業大臣に提出しなければならない。

一　兼任を必要とする理由を記載した書類

二　主任技術者の執務に関する説明書

第54条　法第43条第2項の許可を受けようとする者は、様式第45の主任技術者選任許可申請書に次の書類を添えて提出しなければならない。

一　選任を必要とする理由を記載した書類

二　選任しようとする者の事業用電気工作物の工事、維持及び運用の保安に関する知識及び技能に関する説明書

第55条　法第43条第3項の規定による届出をしようとする者は、様式第46の主任技術者選任又は解任届出書を提出しなければならない。

　（免状の種類による監督の範囲）

第56条　法第44条第5項の経済産業省令で定める事業用電気工作物の工事、維持及び運用の範囲は、次の表の左欄に掲げる主任技術者免状の種類に応じて、それぞれ同表の右欄に掲げるとおりとする。

主任技術者免状の種類	保安の監督をすることができる範囲
一　第一種電気主任技術者免状	事業用電気工作物の工事、維持及び運用（四又は六に掲げるものを除く。）
二　第二種電気主任技術者免状	電圧 170,000V 未満の事業用電気工作物の工事、維持及び運用（四又は六に掲げるものを除く。）
三　第三種電気主任技術者免状	電圧 50,000V 未満の事業用電気工作物（出力 5,000kW 以上の発電所又は蓄電所を除く。）の工事、維持及び運用（四又は六に掲げるものを除く。）
四　第一種ダム水路主任技術者免状	水力設備（小型のもの又は特定の施設内に設置されるものであって別に告示するものを除く。）の工事、維持及び運用（電気的設備に係るものを除く。）
五　第二種ダム水路主任技術者免状	水力設備小型のもの又は特定の施設内に設置されるものであって別に告示するもの又はダム、導水路、サージタンク及び放水路を除く。）、高さ 70m 未満のダム並びに圧力 588kPa 未満の導水路、サージタンク及び放水路の工事、維持及び運用（電気的設備に係るものを除く。）
六　第一種ボイラー・タービン主任技術者免状	火力設備（アンモニア又は水素以外を燃料として使用する火力設備のうち、（小型の汽力を原動力とするものであって別に告示するもの、小型のガスタービンを原動力とするものであって別に告示するもの及び内燃力を原動力とするものを除く。）、原子力設備及び燃料電池設備（改質器の最高使用圧力が 98kPa 以上のものに限る。）の工事、維持及び運用（電気的設備に係るものを除く。）
七　第二種ボイラー・タービン主任技術者免状	火力設備（アンモニア又は水素以外を燃料として使用する火力設備のうち、汽力を原動力とするものであって圧力 5,880kPa 以上のもの及び小型の汽力を原動力とするものであって別に告示するもの、小型のガスタービンを原動力とするものであって別に告示するもの及び内燃力を原動力とするものを除く。）、圧力 5,880kPa 未満の原子力設備及び燃料電池設備（改質器の最高使用圧力が 98kPa 以上のものに限る。）の工事、維持及び運用（電気的設備に係るものを除く。）

（免状交付事務に係る委託契約書の記載事項）

第56条の2　令第 37 条第一号ニの経済産業省令で定める事項は、次のとおりとする。

一　委託契約代金に関する事項

二　指定試験機関による経済産業大臣への報告に関する事項

（免状交付事務に係る公示）

第56条の3　令第 37 条第二号の規定による公示は、次に掲げる事項を明らかにすることにより行うものとする。

一　委託に係る免状交付事務の内容

二　委託に係る免状交付事務を処理する場所

（小規模事業用電気工作物を設置する者の届出）

第57条　法第 46 条第 1 項の規定による届出をしようとする者は、様式第 46 の 2 の小規模事業用電気工作物設置届出書を提出しなければならない。

2　法第 46 条第 1 項の経済産業省令で定める事項は、次に掲げるものとする。

一　小規模事業用電気工作物を設置する者の氏名又は名称及び住所並びに法人にあっては、その代表者の氏名

二　小規模事業用電気工作物を設置する者の電話番号、電子メールアドレスその他の連絡先

三　小規模事業用電気工作物の設置の場所、原動力の種類及び出力

四　小規模事業用電気工作物の工事、維持及び運用に関する保安の監督に係る業務を担当する者（当該業務を委託する場合にあっては、その委託先。次号において同じ。）の氏名又は名称及び住所並びに法人にあっては、その代表者の氏名

五　小規模事業用電気工作物の工事、維持及び運用に関する保安の監督に係る業務を担当する者の電話番号、電子メールアドレスその他の連絡先

六　小規模事業用電気工作物の点検の頻度

第58条　法第 46 条第 2 項の規定による届出をしようとする者は、次の各号に掲げる場合の区分に応じ、当該各号に定める届出書を提出しなければならない。

一　当該届出が法第 46 条第 2 項第一号に係るものである場合　様式第 46 の 2 の 2 の小規模事業用電気工作物変更届出書

二　当該届出が法第 46 条第 2 項第二号に係るものである場合　様式第 46 の 2 の 3 の小規模事業用電気工作物でなくなった場合の届出書

第3款　工事計画及び検査

（工事計画の認可等）

第62条　法第 47 条第 1 項の主務省令で定める事業用電気工作物（小規模事業

用電気工作物を除く。）の設置又は変更の工事は、別表第二の上欄に掲げる工事の種類に応じて、それぞれ同表の中欄に掲げるもの及びこれ以外のものであって急傾斜地の崩壊による災害の防止に関する法律（昭和44年法律第57号）第3条第1項の規定により指定された急傾斜地崩壊危険区域（以下「急傾斜地崩壊危険区域」という。）内において行う同法第7条第1項各号に掲げる行為（当該急傾斜地崩壊危険区域の指定の際既に着手しているもの及び急傾斜地の崩壊による災害の防止に関する法律施行令（昭和44年政令第206号）第2条第一号から第八号までに掲げるものを除く。）に係るもの（以下「制限工事」という。）とする。

2　法第47条第2項ただし書の経済産業省令で定める軽微な変更は、別表第二の中欄若しくは下欄に掲げる変更の工事、別表第四の下欄に掲げる工事又は急傾斜地崩壊危険区域内において行う制限工事を伴う変更以外の変更とする。

3　法第47条第5項ただし書の経済産業省令で定める場合は、次条第1項第一号の工事計画書の記載事項の変更を伴う場合以外の場合とする。

第63条　法第47条第1項又は第2項の認可を受けようとする者は、様式第47の工事計画（変更）認可申請書に次の書類を添えて提出しなければならない。ただし、その申請が変更の工事に係る場合であって、取替えの工事に係るときは第二号の書類を、廃止の工事に係るときは同号及び第三号の書類を添付することを要しない。

一　工事計画書

二　当該事業用電気工作物の属する別表第三の上欄に掲げる種類に応じて、同表の下欄に掲げる書類

三　工事工程表

四　変更の工事又は工事の計画の変更に係る場合は、変更を必要とする理由を記載した書類

2　前項第一号の工事計画書には、申請に係る事業用電気工作物の種類に応じて、別表第三の中欄に掲げる事項（その申請が修理の工事に係る場合は、修理の方法）を記載しなければならない。この場合において、その申請が変更の工事（取替え、修理又は廃止の工事を除く。）又は工事の計画の変更に係るものであるときは、変更前と変更後とを対照しやすいように記載しなければならない。

3　別表第二の中欄に掲げる工事の計画を分割して法第47条第1項の認可の申請をする場合は、第1項各号の書類のほか、当該申請に係る部分以外の工事の計画の概要を記載した書類を添えてその申請をしなければならない。

4　第1項の申請書並びに同項及び前項の添付書類の提出部数は、正本1通とする。

（工事計画の事前届出）

第65条　法第48条第1項の主務省令で定めるものは、次のとおりとする。

一　事業用電気工作物の設置又は変更の工事であって、別表第二の上欄に掲げる工事の種類に応じてそれぞれ同表の下欄に掲げるもの（事業用電気工作物が滅失し、若しくは損壊した場合又は災害その他非常の場合において、やむを得ない一時的な工事としてするものを除く。）

二　事業用電気工作物の設置又は変更の工事であって、別表第四の上欄に掲げる工事の種類に応じてそれぞれ同表の下欄に掲げるもの（別表第二の中欄若しくは下欄に掲げるもの、及び事業用電気工作物が滅失し、若しくは損壊した場合又は災害その他非常の場合において、やむを得ない一時的な工事としてするものを除く。）

2　法第48条第1項の主務省令で定める軽微な変更は、別表第二の下欄に掲げる変更の工事又は別表第四の下欄に掲げる工事を伴う変更以外の変更とする。

（使用前検査）

第68条　法第49条第1項の主務省令で定める事業用電気工作物は、発電所に係るものであつて次に掲げるもの以外のものとする。

一　水力発電所に係るもの

二　火力発電所に係るもの

三　燃料電池発電所に係るもの

四　太陽電池発電所に係るもの

五　風力発電所に係るもの

六　第一号から第五号までに規定する発電所に係るもののほか、変更の工事を行う発電所に属する電力用コンデンサー、分路リアクトル又は限流リアクトル

七　第62条第1項に規定する制限工事に係るもの

八　第65条第1項第二号に規定する工事に係るもの

第70条　法第49条第1項ただし書の主務省令で定める場合は、次のとおりとする。

一　事業用電気工作物を試験のために使用する場合

二　事業用電気工作物の一部が完成した場合であって、その完成した部分を使用しなければならない特別の理由がある場合（前号に掲げる場合を除く。）において、その使用の期間及び方法について経済産業大臣の承認を受け、その承認を受けた期間内においてその承認を受けた方法により使用するとき。

三　事業用電気工作物の設置の場所の状況又は工事の内容により、経済産業大臣が支障がないと認めて検査を受けないで使用することができる旨を指示した場合

（設置者による事業用電気工作物の自己確認）

第74条　法第51条の2第1項の主務省令で定める事業用電気工作物は、別表第六に掲げる電気工作物とする。

第75条　法第51条の2第1項の主務省令で定めるときは、事業用電気工作物が滅失し、若しくは損壊した場合又は災害その他非常の場合において、やむを得ない一時的な工事を行った場合の当該工事に係る事業用電気工作物を使用するときとする。

第76条　使用前自己確認は、電気工作物の各部の損傷、変形等の状況並びに機能及び作動の状況について、法第39条第1項の技術基準に適合するものであることを確認するために十分な方法で行うものとする。

第77条　法第51条の2第2項の主務省令で定める変更は、別表第七に掲げる電気工作物の変更とする。

第78条　法第51条の2第3項の届出をしようとする者は、様式第53の使用前自己確認結果届出書に次に掲げる事項を記載した書類を添えて提出しなければならない。

一　使用前自己確認を行った年月日

二　使用前自己確認の対象

三　使用前自己確認の方法

四　使用前自己確認の結果

五　使用前自己確認を実施した者及び主任技術者（当該事業用電気工作物が

電気事業法関係

小規模事業用電気工作物である場合を除く。）の氏名

六　当該事業用電気工作物が小規模事業用電気工作物である場合であって、その設置者が使用前自己確認に係る業務を委託して行った場合にあっては、その委託先の氏名又は名称、住所及び電話番号、電子メールアドレスその他の連絡先

七　使用前自己確認の結果に基づいて補修等の措置を講じたときは、その内容

八　当該事業用電気工作物の属する別表第三の上欄に掲げる電気工作物の種類に応じて、同表の下欄に掲げる添付書類（別表第六第2項に掲げる電気工作物の設置及び別表第七第3項に掲げる電気工作物の変更をしようとする場合にあっては、別表第三の第一号の(六)及び(七)の下欄に掲げる添付書類を除く。）

2　使用前自己確認の結果の記録は、使用前自己確認を行った後5年間保存するものとする。ただし、使用前自己確認に係る事業用電気工作物を廃止した場合は、この限りでない。

（溶接自主検査）

第79条　法第52条第1項の主務省令で定めるボイラー等に属する機械又は器具は、次のとおりとする。

一　火力発電所（アンモニア又は水素以外を燃料として使用する火力発電所のうち、液化ガスを熱媒体として用いる小型の汽力を原動力とするものであって別に告示するもの及び内燃力を原動力とするものを除く。）に係る次の機械又は器具

　イ　ボイラー、独立過熱器、独立節炭器、蒸気貯蔵器、蒸気だめ、熱交換器若しくはガス化炉設備に属する容器又は液化ガス設備（原動力設備に係るものに限る。）に属する液化ガス用貯槽、液化ガス用気化器、ガスホルダー若しくは冷凍設備（受液器及び油分離器に限る。）

　ロ　外径150mm以上の管（液化ガス設備にあつては、液化ガス用燃料設備に係るものに限る。）

二　燃料電池発電所に係る次の機械又は器具

　イ　容器、熱交換器又は改質器であって、内径が200mmを超えかつ長さが1,000mmを超えるもの又は内容積が0.04m³を超えるもの

　　ロ　外径 150 mm 以上の管

第80条　法第 52 条第 1 項の主務省令で定める圧力は、次のとおりとする。

　一　水用の容器又は管であって、最高使用温度 100℃ 未満のものについては、最高使用圧力 1,960 kPa

　二　液化ガス用の容器又は管については、最高使用圧力 0 kPa

　三　前各号に規定する容器以外の容器については、最高使用圧力 98 kPa

　四　第一号及び第二号に規定する管以外の管については、最高使用圧力 980 kPa（燃料電池設備に属さない管の長手継手の部分にあっては、490 kPa）

第82条　溶接自主検査は、溶接の状況について、法第 39 条第 1 項に規定する技術基準に適合するものであることを確認するために十分な方法で行うものとする。

第82条の2　溶接自主検査の結果の記録は、次に掲げる事項を記載するものとする。

　一　検査年月日

　二　検査の対象

　三　検査の方法

　四　検査の結果

　五　検査を実施した者の氏名

　六　検査の結果に基づいて補修等の措置を講じたときは、その内容

2　溶接自主検査の結果の記録は、5 年間保存するものとする。

第83条　法第 52 条第 1 項ただし書の主務省令で定める場合は、次のとおりとする。

　一　溶接作業の標準化、溶接に使用する材料の規格化等の状況により、その検査の場所を管轄する産業保安監督部長が支障がないと認めて溶接自主検査を行わないで使用することができる旨の指示をした場合

　二　次に掲げる工作物を、あらかじめ、その設置の場所を管轄する産業保安監督部長に届け出て事業用電気工作物として使用する場合

　　イ　ボイラー及び圧力容器安全規則（昭和 47 年労働省令第 33 号）第 7 条第 1 項若しくは第 53 条第 1 項の溶接検査に合格した工作物又は同規則第 84 条第 1 項若しくは第 90 条の 2 において準用する第 84 条第 1 項の

検定を受けた工作物

ロ　発電所の原動力設備に属する工作物（一般高圧ガス保安規則（昭和41年通商産業省令第53号）第2条第一号、第二号又は第四号に規定するガスを内包する液化ガス設備に係るものに限る。）であつて、高圧ガス保安法（昭和26年法律第204号）第56条の3の特定設備検査に合格し、又は同法第56条の6の14第2項の規定若しくは第56条の6の22第2項において準用する第56条の6の14第2項の規定による特定設備基準適合証の交付を受けたもの

三　耐圧部分について径61mm以下の連続しない穴に管台若しくは座を取り付けるための溶接のみをした第79条第一号に規定する機械若しくは器具（耐圧部分についてその溶接のみを新たにするものを含む。）又は漏止め溶接のみをした同条に規定する機械若しくは器具（耐圧部分についてその溶接のみを新たにするものを含む。）を使用する場合

（自家用電気工作物の使用開始の届出）

第87条　法第53条ただし書の主務省令で定める場合は、法第47条第1項の認可又は法第48条第1項の規定による届出に係る電気工作物を他から譲り受け、又は借り受けて自家用電気工作物として使用する場合以外の場合とする。

第88条　法第53条の規定による届出をしようとする者は、様式第60の自家用電気工作物使用開始届出書を提出しなければならない。

（定期検査）

第89条の2　法第54条の主務省令で定める圧力は、最高使用圧力0kPaとする。

（定期安全管理検査）

第94条　法第55条第1項の主務省令で定める電気工作物は、次に掲げるものとする。ただし、非常用予備発電装置に属するものを除く。

一　火力発電設備又は燃料電池発電設備のうち、次に掲げるもの

イ　蒸気タービン本体（出力1,000kW以上の発電設備に限る。）及びその附属設備（以下「蒸気タービン及びその附属設備」という。）

ロ　ボイラー及びその附属設備

ハ　独立過熱器及びその附属設備

ニ　蒸気貯蔵器及びその附属設備

　　ホ　ガスタービン（アンモニア又は水素以外を燃料として使用するガス
　　　タービンにあっては、出力1,000kW以上の発電設備に係るもの（内燃
　　　ガスタービンにあってはガス圧縮機及びガス圧縮機と一体となって燃焼
　　　用の圧縮ガスをガスタービンに供給する設備の総合体であって、高圧ガ
　　　ス保安法第2条に定める高圧ガスを用いる機械又は器具に限る。）に限
　　　る。）
　　ヘ　液化ガス設備（液化ガス用燃料設備以外の液化ガス設備にあっては、
　　　高圧ガス保安法第5条第1項及び第2項並びに第24条の2に規定する
　　　事業所に該当する火力発電所（アンモニア又は水素以外を燃料として使
　　　用する火力発電所にあっては、液化ガスを熱媒体として用いる小型の汽
　　　力を原動力とするものであって別に告示するものを除く。）の原動力設
　　　備に係るものに限る。）
　　ト　ガス化炉設備
　　チ　脱水素設備
　　リ　燃料電池用改質器（最高使用圧力98kPa以上の圧力を加えられる部
　　　分がある燃料電池用改質器のうち、出力500kW以上の発電設備に係る
　　　ものであって、内径が200mmを超え、かつ、長さが1,000mmを超え
　　　るもの及び内容積が0.04m³を超えるものに限る。）
　二　風力発電設備（出力500kW以上の発電設備に係るものに限る。）のうち、
　　次に掲げるもの
　　イ　風力機関及びその附属設備
　　ロ　発電機
　　ハ　変圧器
　　ニ　電力用コンデンサー
（第2項省略）
第94条の2　定期自主検査は、次に掲げる時期に行うものとする。
　一　蒸気タービン本体及びその附属設備についての定期自主検査にあって
　　は、運転が開始された日又は定期自主検査若しくは認定高度保安実施設置
　　者が行う法第55条第1項の自主検査（法第55条の13第1項の規定によ
　　り定期に行うことを要しないこととされるものに限る。第94条の4第3
　　項において同じ。）（以下「定期自主検査等」という。）が終了した日以降

４年を超えない時期

二　ガスタービン（出力 10,000 kW 未満の発電設備に係るものに限る。）についての定期自主検査にあっては、運転が開始された日又は定期自主検査等が終了した日以降３年を超えない時期

三　ボイラー及びその附属設備、独立過熱器及びその附属設備、蒸気貯蔵器及びその附属設備、ガスタービン（出力 10,000 kW 以上の発電設備に係るものに限る。）、液化ガス設備、ガス化炉設備又は脱水素設備についての定期自主検査にあっては、運転が開始された日又は定期自主検査等が終了した日以降２年を超えない時期

四　燃料電池用改質器についての定期自主検査等にあっては、運転が開始された日又は定期自主検査が終了した日以降１年１月を超えない時期

五　風力機関及びその附属設備、発電機、変圧器並びに電力用コンデンサーについての定期自主検査にあっては、運転が開始された日又は定期自主検査等が終了した日以降３年を超えない時期

２　次に掲げる場合にあっては、前項の規定にかかわらず、経済産業大臣又は特定電気工作物の設置の場所を管轄する産業保安監督部長（以下この条において単に「産業保安監督部長」という。）が定める時期に定期自主検査を行うものとする。

一　第 94 条の５第１項第一号に規定する組織であると評定されたとき。

二　使用の状況から前項第一号から第四号までに規定する時期に定期自主検査を行う必要がないと認めて、産業保安監督部長が定期自主検査を行うべき時期を定めて承認したとき。

三　法第 55 条の３の認定（第 94 条の４第３項、第５款及び別表第８において単に「認定」という。）が法第 55 条の９の規定による取消しその他の事由によりその効力を失った場合であって、検査を行う体制の確保が困難であることその他の事情により前項に規定する時期に定期自主検査を行うことが著しく困難であると認めて、産業保安監督部長が定期自主検査を行うべき時期を定めて承認したとき。

四　災害その他やむを得ない事由により前項に規定する時期又は前三号の規定により経済産業大臣又は産業保安監督部長が定める時期に定期自主検査を行うことが著しく困難であると認めて、産業保安監督部長が定期自主検

査を行うべき時期を定めて承認したとき。

3　前項第二号又は第四号の承認を受けようとする者は、様式第61の2の定期自主検査時期変更承認申請書に使用の状況を記載した書類を添えて、産業保安監督部長に提出しなければならない。ただし、前項第三号又は第四号の承認を受けようとする場合には、当該書類を添付することを要しない。

第94条の3　定期自主検査等は、次に掲げる方法で行うものとする。

一　開放、分解、非破壊検査その他の各部の損傷、変形、摩耗及び異常の発生状況を確認するために十分な方法

二　試運転その他の機能及び作動の状況を確認するために十分な方法

第94条の4　定期自主検査等の結果の記録は、次に掲げる事項を記載するものとする。

一　検査年月日

二　検査の対象

三　検査の方法

四　検査の結果

五　検査を実施した者の氏名

六　検査の結果に基づいて補修等の措置を講じたときは、その内容

七　検査の実施に係る組織

八　検査の実施に係る工程管理

九　検査において協力した事業者がある場合には、当該事業者の管理に関する事項

十　検査記録の管理に関する事項

十一　検査に係る教育訓練に関する事項

2　定期自主検査の結果の記録は、前項第一号から第六号までに掲げる事項については法第55条第6項において準用する法第51条第7項の通知（以下この項及び次条において単に「通知」という。）を受けるまでの期間又は5年のいずれか長い期間、前項第七号から第十一号までに掲げる事項については当該定期自主検査を行った後最初の通知を受けるまでの期間保存するものとする。

3　認定高度保安実施設置者が行う法第55条第1項の自主検査の結果の記録は、第1項第一号から第六号までに掲げる事項については当該自主検査を

行った日からその認定が法第 55 条の 9 の規定による取消しその他の事由によりその効力を失う日までの期間又は当該自主検査を行った日から起算して 5 年を経過する日までの期間のいずれか長い期間、第 1 項第七号から第十一号までに掲げる事項については当該自主検査を行った日からその認定が法第 55 条の 9 の規定による取消しその他の事由によりその効力を失う日までの期間保存するものとする。

第94条の5　第 94 条第一号に掲げる電気工作物の法第 55 条第 4 項の主務省令で定める時期は、次のとおりとする。ただし、災害その他やむを得ない事由により当該時期に法第 55 条第 4 項の審査（以下「定期安全管理審査」という。）を受けることが困難であるときは、経済産業大臣又は電気工作物の設置の場所を管轄する産業保安監督部長が当該事由を勘案して定める時期に受けなければならない。

一　前回の通知において定期自主検査の実施につき十分な体制がとられており、かつ、保守管理に関する十分な取組を実施していると評定された組織であって、前回の定期安全管理審査に係る定期自主検査が終了した日と前回の通知を受けた日から起算して 4 年を超えない日との間に定期自主検査を行ったものについては、前回の通知を受けた日から 4 年 3 月を超えない時期

二　前号に規定する組織であって、定期自主検査の実施につき十分な体制を維持すること又は保守管理に関する十分な取組を実施することが困難となった組織については、当該体制を維持すること又は当該取組を実施することが困難となった時期

三　第一号に規定する組織であって、前回の定期安全管理審査に係る定期自主検査が終了した日と前回の通知を受けた日から起算して 4 年を超えない日との間に定期自主検査の時期が到来しなかったものについては、定期自主検査を行う時期

四　前三号に規定する組織以外の組織については、定期自主検査を行う時期

2　第 94 条第二号に掲げる電気工作物の法第 55 条第 4 項の主務省令で定める時期は、次のとおりとする。ただし、災害その他やむを得ない事由により当該時期に定期安全管理審査を受けることが困難であるときは、経済産業大臣又は電気工作物の設置の場所を管轄する産業保安監督部長が当該事由を勘案

して定める時期に受けなければならない。

　一　前回の通知において定期自主検査の実施につき十分な体制がとられており、かつ、保守管理に関する十分かつ高度な取組を実施していると評定された組織については、前回の通知を受けた日から6年3月を超えない時期

　二　前号に規定する組織以外の組織については、前回の通知を受けた日（通知を受けていないものにあっては、法第51条第7項の通知を受けた日）から3年3月を超えない時期

　三　前二号に規定する組織であって、定期自主検査の実施につき体制を維持することが困難となった組織については、当該体制を維持することが困難となった時期

第94条の6　定期安全管理審査であって、登録安全管理審査機関が行うもの以外のものを受けようとする者は、様式第62の定期安全管理審査申請書を提出しなければならない。

2　登録安全管理審査機関が行う定期安全管理審査を受けようとする者は、当該指定安全管理審査機関が定めるところにより、定期安全管理審査申請書を当該登録安全管理審査機関に提出しなければならない。

　（準　用）

第94条の7　第73条の8及び第73条の9の規定は、定期安全管理検査に準用する。この場合において、第73条の8中「法第51条第4項」とあるのは「法第55条第5項」と、第73条の9中「法第51条第5項」とあるのは「法第55条第6項において準用する法第51条第5項」と読み替えるものとする。

第5款　認定高度保安実施設置者

（認定高度保安実施設置者が設置する事業用電気工作物）

第95条の2　法第55条の3の経済産業省令で定める事業用電気工作物は、次のとおりとする。

　一　水力発電所に係るもの

　二　火力発電所に係るもの

　三　燃料電池発電所に係るもの

　四　太陽電池発電所に係るもの

　五　風力発電所に係るもの

　六　蓄電所に係るもの

七　変電所に係るもの

八　送電線路に係るもの

九　配電線路に係るもの

十　需要設備に係るもの

（認定の申請）

第95条の3　認定を受けようとする者（第二号及び次条第3項において「申請者」という。）は、様式第62の5の認定高度保安実施設置者認定申請書に次の書類を添えて、経済産業大臣に提出しなければならない。

一　認定の申請に係る組織の体制並びにその使用する事業用電気工作物の設置の場所及び種類を記載した書類

二　申請者が次条第1項及び第2項に規定する基準に適合することを説明した書類

（認定の基準等）

第95条の4　法第55条の4第一号の経済産業省令で定める基準は、別表第8に定めるところによるものとする。

2　法第55条の4第二号の経済産業省令で定める基準は、次の各号に掲げるものとする。

一　保安の確保の方法が高度な情報通信技術を用いたものであること。

二　前号に掲げる高度な情報通信技術を用いた保安の確保の方法の効果を検証し、必要に応じて当該技術の活用について見直しを行う体制を整備していること。

三　第一号に掲げる高度な情報通信技術を用いた保安の確保の方法を積極的に推進していること。

3　経済産業大臣は、前条の申請の内容が前2項に規定する基準に適合していると認めるときは、申請者に様式第62の6の認定高度保安実施設置者認定証を交付するものとする。

（認定の更新）

第95条の5　前2条の規定は、法第55条の6第1項の認定の更新に準用する。

（変更の届出）

第95条の6　法第55条の7の規定による届出をしようとする認定高度保安実施設置者は、様式第62の7の認定高度保安実施設置者変更届出書に変更を必

要とする理由を記載した書類を添えて、経済産業大臣に提出しなければならない。

（認定の取消し等に伴う定期自主検査）

第95条の7　認定高度保安実施設置者に係る認定が法第55条の9の規定による取消しその他の事由によりその効力を失ったときは、当該認定高度保安実施設置者であった者は、当該認定に係る特定電気工作物（次の各号に掲げる電気工作物ごとに、当該電気工作物についての前回の定期自主検査等が終了した日（定期自主検査等を行っていないものにあっては、その運転が開始された日）から起算して当該各号に定める期間を経過したものに限る。）について、第94条の2第1項の規定にかかわらず、遅滞なく、定期自主検査を行わなけなければならない。

一　蒸気タービン本体及びその附属設備　4年間

二　ガスタービン（出力10,000kW未満の発電設備に係るものに限る。）　3年間

三　ボイラー及びその附属設備、独立過熱器及びその附属設備、蒸気貯蔵器及びその附属設備、ガスタービン（出力10,000kW以上の発電設備に係るものに限る。）、液化ガス設備、ガス化炉設備又は脱水素設備　2年間

四　燃料電池用改質器　1年1月間

五　風力機関及びその附属設備、発電機、変圧器並びに電力用コンデンサー　3年間

（保安規程の保存の方法）

第95条の8　認定高度保安実施設置者は、法第55条の10前段の場合においては、その認定を受けた日から当該認定が法第55条の9の規定による取消しその他の事由によりその効力を失う日までの期間、その定めた保安規程（保安規程を変更したときは、その変更後のもの。第95条の10第1項第一号において同じ。）を保存するものとする。

2　認定高度保安実施設置者は、法第55条の10前段の場合（保安規程を変更した場合に限る。）においては、その日付、内容及び理由を記録し、これを保安規程とともに保存しなければならない。

（主任技術者の選任等に係る記録の保存の方法）

第95条の9　認定高度保安実施設置者は、法第55条の11前段の場合において

は、次に掲げる事項（主任技術者を解任した場合にあっては、第一号から第四号までに掲げる事項）を記載した主任技術者の選任又はその解任に係る記録（次項及び次条第1項第三号において「主任技術者の選任等に係る記録」という。）を作成するものとする。

一　主任技術者を選任し、又は解任した事業場又は設備の名称及び所在地

二　主任技術者を選任し、又は解任した年月日

三　主任技術者の氏名、生年月日及び住所

四　主任技術者免状の種類及び番号

五　主任技術者が主任技術者の職務以外の職務を行っているときは、その職務の内容

六　主任技術者の監督に係る電気工作物の概要

2　認定高度保安実施設置者は、その認定を受けた日から当該認定が法第55条の9の規定による取消しその他の事由によりその効力を失う日までの期間、主任技術者の選任等に係る記録を保存するものとする。

（電磁的方法による保存）

第95条の10　次の各号に掲げる規程又は記録が、電磁的方法により記録され、当該記録が必要に応じ電子計算機その他の機器を用いて直ちに表示されることができるようにして保存されるときは、当該記録の保存をもって当該各号に定める保存に代えることができる。

一　保安規程　法第55条の10に規定する保存

二　第95条の8第2項に規定する記録　第95条の8第2項に規定する保存

三　主任技術者の選任等に係る記録　法第55条の11に規定する保存

2　前項の規定による保存をする場合には、経済産業大臣が定める基準を確保するよう努めなければならない。

第3節　一般用電気工作物

（一般用電気工作物の調査）

第96条　法第57条第1項の経済産業省令で定める場合は、次のとおりとする。

一　電線路維持運用者が維持し、及び運用する電線路と直接に電気的に接続する一般用電気工作物が、当該電線路を介して供給される電気を使用するものである場合以外の場合

　二　電線路維持運用者が維持し、及び運用する電線路が、災害その他非常の
　　場合に、一時的に、当該電線路と直接に電気的に接続する一般用電気工作
　　物に供給される電気の電路となる場合
2　法第57条第1項の規定による調査は、次の各号により行うものとする。
　一　調査は、一般用電気工作物が設置された時及び変更の工事（ロに掲げる
　　一般用電気工作物にあっては、受電電力の容量の変更を伴う変更の工事に
　　限る。）が完成した時に行うほか、次に掲げる頻度で行うこと。ただし、
　　災害その他やむを得ない事由により当該頻度で行うことができなかった場
　　合には、当該災害その他やむを得ない事情がやんだ後速やかに調査を行う
　　ものとする。
　　イ　ロに掲げる一般用電気工作物以外の一般用電気工作物にあっては、4
　　　年に1回以上
　　ロ　一般用電気工作物の所有者又は占有者から一般用電気工作物の点検の
　　　業務（以下「点検業務」という。）を受託する事業を行うことについて、
　　　当該受託事業を行う区域を管轄する産業保安監督部長（当該受託事業を
　　　行う区域が2以上の産業保安監督部の管轄区域にわたるときは、経済産
　　　業大臣。以下「所轄産業保安監督部長」という。）の登録を受けた法人
　　　（以下「登録点検業務受託法人」という。）が点検業務を受託している一
　　　般用電気工作物（以下「受託電気工作物」という。）にあっては、5年に
　　　1回以上
　二　法第57条第2項の規定による通知をしたときは、その通知に係る一般
　　用電気工作物について、その通知後相当の期間を経過したときに、その一
　　般用電気工作物の所有者又は占有者の求めに応じて再び調査を行うこと。
　三　調査は、法第90条第1項第二号イからハまでのいずれかに該当する者
　　が行うこと。
　四　調査を行う者（以下「調査員」という。）は、その身分を示す証明書を携
　　帯し、関係人の請求があったときは、これを提示すること。
　五　調査は、測定器又は目視による方法その他の適切な方法により行うこと。

第6章　雑　　則

（立入検査の身分証明書）

第133条　法第 107 条第 11 項の証明書は、様式第 84 によるものとする。

（申請書等の写しの提出）

第138条　経済産業大臣に対し次の表の左欄に掲げる申請又は届出をしようとする者は、その申請又は届出に係る書類の写し 1 通をそれぞれ同表の右欄に定める経済産業局長又は産業保安監督部長に提出しなければならない。

一　法第 3 条及び第 27 条の 4 の許可の申請	申請に係る電気工作物の設置の場所を管轄する経済産業局長
二　法第 42 条第 1 項又は第 2 項による届出（原子力発電所に係るものを除く。）	届出に係る電気工作物の設置の場所を管轄する産業保安監督部長
三　法第 47 条第 1 項又は第 2 項の認可の申請（原子力発電所に係る工事に関するものを除く。）	申請に係る電気工作物の設置の場所を管轄する産業保安監督部長
四　法第 47 条第 4 項若しくは第 5 項又は第 48 条第 1 項の規定による届出（原子力発電所に係る工事に関するものを除く。）	届出に係る電気工作物の設置の場所を管轄する産業保安監督部長

2　情報通信技術活用法第 6 条第 1 項の規定により電子情報処理組織を使用して前項の表中第二号に掲げる届出（法第 42 条第 2 項の規定による届出に限る。）に係る書類の写しを提出する場合は、情報通信技術活用法施行規則第 4 条第 3 項の規定は、適用しない。

様式第41（第51条関係）

保　安　規　程　届　出　書

　　　　　　　　　　　　　　　　年　　月　　日

　　　　　　　　　殿

　　　　　　　　　　住所

　　　　　　　　　　氏名（名称及び代表者の氏名）

電気事業法第42条第1項の規定により別紙のとおり保安規程を定めたので届け出ます。

備考1　用紙の大きさは、日本産業規格A4とすること。

様式第42（第51条関係）

保　安　規　程　変　更　届　出　書

　　　　　　　　　　　　　　　　年　　月　　日

　　　　　　　　　殿

　　　　　　　　　　住所

　　　　　　　　　　氏名（名称及び代表者の氏名）

次のとおり保安規程を変更したので、電気事業法第42条第2項の規定により届け出ます。

変更の内容	
変更年月日	

備考　用紙の大きさは、日本産業規格A4とすること。

電気事業法関係

様式第44（第53条の2関係）

主任技術者兼任承認申請書

年　月　日

殿

住所

氏名（名称及び代表者の氏名）

電気事業法施行規則第52条第4項ただし書の規定により次のとおり主任技術者の兼任の承認を受けたいので申請します。

兼任させようとする主任技術者	名称及び生年月日	
	住所	
	主任技術者免状の種類及び番号	
選任しようとする事業所の名称及び所在地		
既に選任されている事業場	名称及び所在地	
	選任された期日	

備考1　法附則第7項又は第8項の規定により法第44条第1項の主任技術者免状の交付を受けている者とみなされた者に係る場合は、その旨を主任技術者免状の種類及び番号の欄に記載すること。
　　2　用紙の大きさは、日本産業規格A4とすること。

様式第43（第53条関係）

保安管理業務外部委託承認申請書

年　月　日

殿

住所

氏名（名称及び代表者の氏名）

電気事業法施行規則第52条第2項又は第3項の規定により承認を受けたいので申請します。

主任技術者を選任しない事業場	名称及び所在地	
	電気工作物の概要	
委託契約の相手方	氏名及び生年月日（名称）	
	住所	
	主任技術者免状の種類及び番号	
委託契約を締結した年月日		

備考1　主任技術者免状の種類及び番号の欄は、委託契約の相手方が法人である場合は、省略すること。
　　2　用紙の大きさは、日本産業規格A4とすること。

様式第46（第56条関係）

主任技術者選任又は解任届出書

　　　　　　　　　　　年　月　日

　　　　　　殿

　　　　　　　住　所

　　　　　　　氏　名（名称及び代表者の氏名）

次のとおり主任技術者の選任又は解任をしたので、電気事業法第43条第3項の規定により届け出ます。

主任技術者を選任又は解任した事業場又は設備の名称及び所在地		
選任した主任技術者	氏名及び生年月日	年　月　日
	住　所	
	主任技術者免状の種類及び番号	
	主任技術者が他の職務を行っているときは、その職務の内容	
	主任技術者の監督に係る電気工作物の概要	
解任した主任技術者	氏名及び生年月日	年　月　日
	住　所	
	主任技術者免状の種類及び番号	
	解任年月日	

備考　1　法附則第7項又は第8項の規定により法第44条第1項の主任技術者免状の交付を受けている者とみなされた者に係る場合は、その旨を主任技術者免状の種類及び番号の欄に記載すること。
　　　2　届出の内容が選任又は解任に限られるときは、それぞれ解任した主任技術者又は選任した主任技術者の欄を削除すること。
　　　3　用紙の大きさは、日本産業規格A4とすること。

様式第45（第54条関係）

主任技術者選任許可申請書

　　　　　　　　　　　年　月　日

　　　　　　殿

　　　　　　　住所

　　　　　　　氏名（名称及び代表者の氏名）

電気事業法第43条第2項の規定により次のとおり主任技術者の選任の許可を受けたいので申請します。

主任技術者を選任する事業場の名称及び所在地		
選任する主任技術者	氏名及び生年月日	
	住　所	
主任技術者の監督に係る電気工作物の概要		

備考　1　用紙の大きさは、日本産業規格A4とすること。

電気事業法関係

様式第46の2 （第57条関係）

小規模事業用電気工作物設置届出書

殿

年　月　日

住　所
氏　名　（氏名又は名称及び代表者の氏名）
連絡先　（電話番号、メールアドレスその他の連絡先）

電気事業法第46条第1項の規定により次のとおり届け出ます。

設備	小規模事業用電気工作物の名称	
	小規模事業用電気工作物の設置の場所	
	小規模事業用電気工作物の種類	
	小規模事業用電気工作物の出力	
保安体制	保安監督業務担当者の氏名又は名称（※）	
	保安監督業務担当者の住所（※）	
	保安監督業務担当者の電話番号（※）	
	保安監督業務担当者のメールアドレス（※）	
	点検の頻度	

（※）保安の監督に係る業務を委託して行う場合は、その委託先の情報を記載すること。

備考　用紙の大きさは、日本産業規格A4とすること。

様式第46の2の2 （第58条関係）

小規模事業用電気工作物変更届出書

殿

年　月　日

住　所
氏　名　（氏名又は名称及び代表者の氏名）
連絡先　（電話番号、メールアドレスその他の連絡先）

次のとおり小規模事業用電気工作物に係る届出事項を変更したので、電気事業法第46条第2項第1号の規定により届け出ます。

変更事項	変更前	変更後

備考　用紙の大きさは、日本産業規格A4とすること。

様式第60（第88条関係）

自家用電気工作物使用開始届出書

年　月　日

殿

住所

氏名（名称及び代表者の氏名）

次のとおり自家用電気工作物の使用を開始したので、電気事業法第53条の規定により届け出ます。

電気工作物を設置する事業場の名称及び所在地	
電気工作物の概要	
使用開始年月日	

備考　1　譲受け又は借受けに係る電気工作物の場合は、その旨及び譲受け先又は借受け先の氏名又は名称を電気工作物の概要の欄に付記すること。
　　　2　用紙の大きさは、日本産業規格A4とすること。

様式第46の2の3（第58条関係）　小規模事業用電気工作物でなくなった場合の届出書

年　月　日

殿

住所

氏名（氏名又は名称及び代表者の氏名）

連絡先（電話番号、メールアドレスその他の連絡先）

次のとおり届出に係る小規模事業用電気工作物が小規模事業用電気工作物でなくなったので、電気事業法第46条第2項第2号の規定により届け出ます。

小規模事業用電気工作物の名称	
小規模事業用電気工作物でなくなった理由	

備考　用紙の大きさは、日本産業規格A4とすること。

電気事業法関係

様式第62の6 （第95条の4関係）

認定高度保安実施設置者認定証

殿

経済産業大臣　名

年　月　日

電気事業法第55条の3の規定により次のとおり認定します。

組　織　の　名　称	
認　定　年　月　日	
認定の有効期限	

備考　用紙の大きさは、日本産業規格A4とすること。

様式第62の5 （第95条の3関係）

認定高度保安実施設置者認定申請書

殿

住　所

名称及び代表者、認定に係る組織の長の氏名

年　月　日

電気事業法第55条の3の規定により次のとおり同条の規定の認定を受けたいので申請します。

審査を受けようとする組織の名称	
申　請　の　種　類	

遵守事項	法人の代表者は、申請者を第95条の4に規定する基準に適合させる責任を有すること。	□
（注）	認定に係る組織の長は、申請その他の認定に関する業務を統括し、認定業務の責任者となること。	□

(注)右記の事項を遵守することに同意する場合には、ボックスにチェックを付けること。

備考　1　申請の種類の欄には、当該認定が新規又は更新のいずれであるかを記載すること。
　　　2　用紙の大きさは、日本産業規格A4とすること。

様式第55条の7（第55条の6関係）

認定高度保安実施設置者変更届出書

年　月　日

　　　　　殿

住所

名称及び代表者、認定に係る組織の長の氏名

次のとおり認定に係る事項（保安の確保のための組織又は保安の確保の方法）を変更したので、電気事業法第55条の7の規定により届け出ます。

変更の内容	
変更年月日	

備考　1　変更を必要とする理由を記載した書類を添付すること。
　　　2　用紙の大きさは、日本産業規格A4とすること。

様式第84（第133条関係）

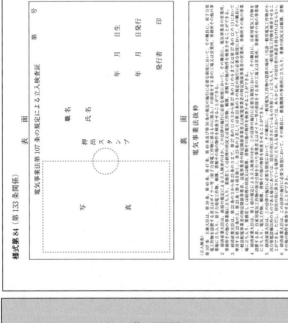

電気事業法第107条の規定による立入検査証

表面

第　　　号

職名

氏名

写真

押
ス
タ
ン
プ
出

年　月　日生

年　月　日発行

発行者　　印

裏面

電気事業法抜粋

建築基準法関係法規（抄）

Ⅰ　建 築 基 準 法 （抄）

$$\left(\begin{array}{l}\text{昭和25年5月24日}\\\text{法 律 第 201 号}\end{array}\right)$$

改正

建築基準法関係

第1章 総 則

（目 的）

第1条 この法律は、建築物の敷地、構造、設備及び用途に関する最低の基準を定めて、国民の生命、健康及び財産の保護を図り、もつて公共の福祉の増進に資することを目的とする。

（用語の定義）

第2条 この法律において次の各号に掲げる用語の意義は、当該各号に定めるところによる。

一 建築物 土地に定着する工作物のうち、屋根及び柱若しくは壁を有するもの（これに類する構造のものを含む。）、これに附属する門若しくは塀、観覧のための工作物又は地下若しくは高架の工作物内に設ける事務所、店舗、興行場、倉庫その他これらに類する施設（鉄道及び軌道の線路敷地内の運転保安に関する施設並びに跨線橋、プラットホームの上家、貯蔵槽その他これらに類する施設を除く。）をいい、建築設備を含むものとする。

二 特殊建築物 学校（専修学校及び各種学校を含む。以下同様とする。）、体育館、病院、劇場、観覧場、集会場、展示場、百貨店、市場、ダンスホール、遊技場、公衆浴場、旅館、共同住宅、寄宿舎、下宿、工場、倉庫、自動車車庫、危険物の貯蔵場、と畜場、火葬場、汚物処理場その他これらに類する用途に供する建築物をいう。

三 建築設備 建築物に設ける電気、ガス、給水、排水、換気、暖房、冷房、消火、排煙若しくは汚物処理の設備又は煙突、昇降機若しくは避雷針をいう。

四 居室 居住、執務、作業、集会、娯楽その他これらに類する目的のために継続的に使用する室をいう。

五 主要構造部 壁、柱、床、はり、屋根又は階段をいい、建築物の構造上重要でない間仕切壁、間柱、付け柱、揚げ床、最下階の床、回り舞台の床、小ばり、ひさし、局部的な小階段、屋外階段その他これらに類する建築物の部分を除くものとする。

六 延焼のおそれのある部分 隣地境界線、道路中心線又は同一敷地内の2

以上の建築物（延べ面積の合計が500m²以内の建築物は、一の建築物とみなす。）相互の外壁間の中心線（ロにおいて「隣地境界線等」という。）から、1階にあつては3m以下、2階以上にあつては5m以下の距離にある建築物の部分をいう。

ただし、次のイ又はロのいずれかに該当する部分を除く。

イ　防火上有効な公園、広場、川その他の空地又は水面、耐火構造の壁その他これらに類するものに面する部分

ロ　建築物の外壁面と隣地境界線等との角度に応じて、当該建築物の周囲において発生する通常の火災時における火熱により燃焼するおそれのないものとして国土交通大臣が定める部分

七　耐火構造　壁、柱、床その他の建築物の部分の構造のうち、耐火性能（通常の火災が終了するまでの間当該火災による建築物の倒壊及び延焼を防止するために当該建築物の部分に必要とされる性能をいう。）に関して政令で定める技術的基準に適合する鉄筋コンクリート造、れんが造その他の構造で、国土交通大臣が定めた構造方法を用いるもの又は国土交通大臣の認定を受けたものをいう。

七の二　準耐火構造　壁、柱、床その他の建築物の部分の構造のうち、準耐火性能（通常の火災による延焼を抑制するために当該建築物の部分に必要とされる性能をいう。第九号の三ロ及び第26条第2項第二号において同じ。）に関して政令で定める技術的基準に適合するもので、国土交通大臣が定めた構造方法を用いるもの又は国土交通大臣の認定を受けたものをいう。

八　防火構造　建築物の外壁又は軒裏の構造のうち、防火性能（建築物の周囲において発生する通常の火災による延焼を抑制するために当該外壁又は軒裏に必要とされる性能をいう。）に関して政令で定める技術的基準に適合する鉄網モルタル塗、しつくい塗その他の構造で、国土交通大臣が定めた構造方法を用いるもの又は国土交通大臣の認定を受けたものをいう。

九　不燃材料　建築材料のうち、不燃性能（通常の火災時における火熱により燃焼しないことその他の政令で定める性能をいう。）に関して政令で定める技術的基準に適合するもので、国土交通大臣が定めたもの又は国土交通大臣の認定を受けたものをいう。

建築基準法関係

九の二　耐火建築物　次に掲げる基準に適合する建築物をいう。

イ　その主要構造部のうち、防火上及び避難上支障がないものとして政令で定める部分以外の部分（以下「特定主要構造部」という）が、(1)又は(2)のいずれかに該当すること。

(1)　耐火構造であること。

(2)　次に掲げる性能（外壁以外の特定主要構造部にあつては、(i)に掲げる性能に限る。）に関して政令で定める技術的基準に適合するものであること。

(i)　当該建築物の構造、建築設備及び用途に応じて屋内において発生が予測される火災による火熱に当該火災が終了するまで耐えること。

(ii)　当該建築物の周囲において発生する通常の火災による火熱に当該火災が終了するまで耐えること。

ロ　その外壁の開口部で延焼のおそれのある部分に、防火戸その他の政令で定める防火設備（その構造が遮炎性能（通常の火災時における火炎を有効に遮るために防火設備に必要とされる性能をいう。第27条第1項において同じ。）に関して政令で定める技術的基準に適合するもので、国土交通大臣が定めた構造方法を用いるもの又は国土交通大臣の認定を受けたものに限る。）を有すること。

九の三　準耐火建築物　耐火建築物以外の建築物で、イ又はロのいずれかに該当し、外壁の開口部で延焼のおそれのある部分に前号ロに規定する防火設備を有するものをいう。

イ　主要構造部を準耐火構造としたもの

ロ　イに掲げる建築物以外の建築物であつて、イに掲げるものと同等の準耐火性能を有するものとして主要構造部の防火の措置その他の事項について政令で定める技術的基準に適合するもの

十　設計　建築士法（昭和25年法律第202号）第2条第6項に規定する設計をいう。

十一　工事監理者　建築士法第2条第8項に規定する工事監理をする者をいう。

十二　設計図書　建築物、その敷地又は第88条第1項から第3項までに規定する工作物に関する工事用の図面（現寸図その他これに類するものを除

　く。）及び仕様書をいう。

十三　建築　建築物を新築し、増築し、改築し、又は移転することをいう。

十四　大規模の修繕　建築物の主要構造部の1種以上について行う過半の修
　　繕をいう。

十五　大規模の模様替　建築物の主要構造部の1種以上について行う過半の
　　模様替をいう。

十六　建築主　建築物に関する工事の請負契約の注文者又は請負契約により
　　ないで自らその工事をする者をいう。

十七　設計者　その者の責任において、設計図書を作成した者をいい、建築
　　士法第20条の2第3項又は第20条の3第3項の規定により建築物が構造
　　関係規定（同法第20条の2第2項に規定する構造関係規定をいう。以下に
　　おいて同じ。）又は設備関係規定（同法第20条の3第2項に規定する設備
　　関係規定をいう。第5条の6第3項及び同号において同じ。）に適合する
　　ことを確認した構造設計一級建築士（同法第10条の3第4項に規定する
　　構造設計一級建築士をいう。第5条の6第2項及び第6条第3項第二号に
　　おいて同じ。）又は設備設計一級建築士（同法第10条の3第4項に規定す
　　る設備設計一級建築士をいう。第5条の6第3項及び第6条第3項第三号
　　において同じ。）を含むものとする。

十八　工事施工者　建築物、その敷地若しくは第88条第1項から第3項ま
　　でに規定する工作物に関する工事の請負人又は請負契約によらないで自ら
　　これらの工事をする者をいう。

（第十九～三十五号省略）

（建築主事又は建築副主事）

第4条　政令で指定する人口250,000以上の市は、その長の指揮監督の下に、
　第6条第1項の規定による確認に関する事務その他のこの法律の規定により
　建築主事の権限に属するものとされている事務（以下この条において「確認
　等事務」という。）をつかさどらせるために、建築主事を置かなければなら
　ない。

（第2項以下省略）

（建築物の建築等に関する申請及び確認）

第6条　建築主は、第一号から第三号までに掲げる建築物を建築しようとする

場合（増築しようとする場合においては、建築物が増築後において第一号から第三号までに掲げる規模のものとなる場合を含む。）、これらの建築物の大規模の修繕若しくは大規模の模様替をしようとする場合又は第三号に掲げる建築物を建築しようとする場合においては、当該工事に着手する前に、その計画が建築基準関係規定（この法律並びにこれに基づく命令及び条例の規定（以下「建築基準法令の規定」という。）その他建築物の敷地、構造又は建築設備に関する法律並びにこれに基づく命令及び条例の規定で政令で定めるものをいう。以下同じ。）に適合するものであることについて、確認の申請書を提出して建築主事又は建築副主事（以下「建築主事等」という。）の確認（建築副主事の確認にあつては、大規模建築物以外の建築物に係るものに限る。以下この項において同じ。）を受け、確認済証の交付を受けなければならない。当該確認を受けた建築物の計画の変更（国土交通省令で定める軽微な変更を除く。）をして、第一号から第三号までに掲げる建築物を建築しようとする場合（増築しようとする場合においては、建築物が増築後において第一号から第三号までに掲げる規模のものとなる場合を含む。）、これらの建築物の大規模の修繕若しくは大規模の模様替をしようとする場合又は第四号に掲げる建築物を建築しようとする場合も、同様とする。

一　別表第一(い)欄に掲げる用途に供する特殊建築物で、その用途に供する部分の床面積の合計が200m²を超えるもの

二　前号に掲げる建築物を除くほか、2以上の階数を有し、又は延べ面積が200m²を超える建築物

三　前二号に掲げる建築物を除くほか、都市計画区域若しくは準都市計画区域（いずれも都道府県知事が都道府県都市計画審議会の意見を聴いて指定する区域を除く。）若しくは景観法（平成16年法律第110号）第74条第1項の準景観地区（市町村長が指定する区域を除く。）内又は都道府県知事が関係市町村の意見を聴いてその区域の全部若しくは一部について指定する区域内における建築物

（第2項以下省略）

（維持保全）

第8条　建築物の所有者、管理者又は占有者は、その建築物の敷地、構造及び建築設備を常時適法な状態に維持するように努めなければならない。

2　次の各号のいずれかに該当する建築物の所有者又は管理者は、その建築物の敷地、構造及び建築設備を常時適法な状態に維持するため、必要に応じ、その建築物の維持保全に関する準則又は計画を作成し、その他適切な措置を講じなければならない。

　　ただし、国、都道府県又は建築主事を置く市町村が所有し、又は管理する建築物については、この限りでない。

一　特殊建築物で安全上、防火上又は衛生上特に重要であるものとして政令で定めるもの

二　前号の特殊建築物以外の特殊建築物その他政令で定める建築物で、特定行政庁が指定するもの

3　国土交通大臣は、前項各号のいずれかに該当する建築物の所有者又は管理者による同項の準則又は計画の適確な作成に資するため、必要な指針を定めることができる。

　（報告、検査等）

第12条　第6条第1項第一号に掲げる建築物で安全上、防火上又は衛生上特に重要であるものとして政令で定めるもの（国、都道府県及び建築主事を置く市町村が所有し、又は管理する建築物（以下この項及び第3項において「国等の建築物」という。）を除く。）及び当該政令で定めるもの以外の特定建築物（同号に掲げる建築物その他政令で定める建築物をいう。以下この条において同じ。）で特定行政庁が指定するもの（国等の建築物を除く。）の所有者（所有者と管理者が異なる場合においては、管理者。第3項において同じ。）は、これらの建築物の敷地、構造及び建築設備について、国土交通省令で定めるところにより、定期に、一級建築士若しくは二級建築士又は建築物調査員資格者証の交付を受けている者（次項及び次条第3項において「建築物調査員」という。）にその状況の調査（当該建築物の敷地及び構造についての損傷、腐食その他の劣化の状況の点検を含み、当該建築物の建築設備及び防火戸その他の政令で定める防火設備（以下「建築設備等」という。）についての第3項の検査を除く。）をさせて、その結果を特定行政庁に報告しなければならない。

2　国、都道府県又は建築主事を置く市町村が所有し、又は管理する特定建築物の管理者である国、都道府県若しくは市町村の機関の長又はその委任を受

けた者（以下この章において「国の機関の長等」という。）は、当該特定建築物の敷地及び構造について、国土交通省令で定めるところにより、定期に、一級建築士若しくは二級建築士又は建築物調査員に、損傷、腐食その他の劣化の状況の点検（当該特定建築物の防火戸その他の前項の政令で定める防火設備についての第4項の点検を除く。）をさせなければならない。

　　ただし、当該特定建築物（第6条第1項第一号に掲げる建築物で安全上、防火上又は衛生上特に重要であるものとして前項の政令で定めるもの及び同項の規定により特定行政庁が指定するものを除く。）のうち特定行政庁が安全上、防火上及び衛生上支障がないと認めて建築審査会の同意を得て指定したものについては、この限りでない。

3　特定建築設備等（昇降機及び特定建築物の昇降機以外の建築設備等をいう。以下この項及び次項において同じ。）で安全上、防火上又は衛生上特に重要であるものとして政令で定めるもの（国等の建築物に設けるものを除く。）及び当該政令で定めるもの以外の特定建築設備等で特定行政庁が指定するもの（国等の建築物に設けるものを除く。）の所有者は、これらの特定建築設備等について、国土交通省令で定めるところにより、定期に、一級建築士若しくは二級建築士又は建築設備等検査員資格者証の交付を受けている者（次項及び第12条の3第2項において「建築設備等検査員」という。）に検査（これらの特定建築設備等についての損傷、腐食その他の劣化の状況の点検を含む。）をさせて、その結果を特定行政庁に報告しなければならない。

（第4項以下省略）

第2章　建築物の敷地、構造及び建築設備

（敷地の衛生及び安全）

第19条　建築物の敷地は、これに接する道の境より高くなければならず、建築物の地盤面は、これに接する周囲の土地より高くなければならない。ただし、敷地内の排水に支障がない場合又は建築物の用途により防湿の必要がない場合においては、この限りでない。

2　湿潤な土地、出水のおそれの多い土地又はごみその他これに類する物で埋め立てられた土地に建築物を建築する場合においては、盛土、地盤の改良そ

の他衛生上又は安全上必要な措置を講じなければならない。

3　建築物の敷地には、雨水及び汚水を排出し、又は処理するための適当な下水管、下水溝又はためますその他これらに類する施設をしなければならない。

4　建築物ががけ崩れ等による被害を受けるおそれのある場合においては、擁壁の設置その他安全上適当な措置を講じなければならない。

（構造耐力）

第20条　建築物は、自重、積載荷重、積雪荷重、風圧、土圧及び水圧並びに地震その他の震動及び衝撃に対して安全な構造のものとして、次の各号に掲げる建築物の区分に応じ、当該各号に定める基準に適合するものでなければならない。

一　高さが 60 m を超える建築物　当該建築物の安全上必要な構造方法に関して政令で定める技術的基準に適合するものであること。この場合において、その構造方法は、荷重及び外力によつて建築物の各部分に連続的に生ずる力及び変形を把握することその他の政令で定める基準に従つた構造計算によつて安全性が確かめられたものとして国土交通大臣の認定を受けたものであること。

二　高さが 60 m 以下の建築物のうち、木造の建築物（地階を除く階数が 4 以上であるもの又は高さが 16 m を超えるものに限る。）又は木造以外の建築物（地階を除く階数が 4 以上である鉄骨造の建築物、高さが 20 m を超える鉄筋コンクリート造又は鉄骨鉄筋コンクリート造の建築物その他これらの建築物に準ずるものとして政令で定める建築物に限る。）次に掲げる基準のいずれかに適合するものであること。

　イ　当該建築物の安全上必要な構造方法に関して政令で定める技術的基準に適合すること。この場合において、その構造方法は、地震力によつて建築物の地上部分の各階に生ずる水平方向の変形を把握することその他の政令で定める基準に従つた構造計算で、国土交通大臣が定めた方法によるもの又は国土交通大臣の認定を受けたプログラムによるものによつて確かめられる安全性を有すること。

　ロ　前号に定める基準に適合すること。

三　高さが 60 m 以下の建築物（前号に掲げる建築物を除く。）のうち、第 6 条第 1 項第一号又は第二号に掲げる建築物（木造の建築物にあつては、地

階を除く階数が3以上であるもの又は延べ面積が300m²を超えるものに限る。）次に掲げる基準のいずれかに適合するものであること。

　　イ　当該建築物の安全上必要な構造方法に関して政令で定める技術的基準に適合すること。この場合において、その構造方法は、構造耐力上主要な部分ごとに応力度が許容応力度を超えないことを確かめることその他の政令で定める基準に従つた構造計算で、国土交通大臣が定めた方法によるもの又は国土交通大臣の認定を受けたプログラムによるものによつて確かめられる安全性を有すること。

　　ロ　前二号に定める基準のいずれかに適合すること。

　四　前三号に掲げる建築物以外の建築物　次に掲げる基準のいずれかに適合するものであること。

　　イ　当該建築物の安全上必要な構造方法に関して政令で定める技術的基準に適合すること。

　　ロ　前三号に定める基準のいずれかに適合すること。

2　前項に規定する基準の適用上一の建築物であつても別の建築物とみなすことができる部分として政令で定める部分が二以上ある建築物の当該建築物の部分は、同項の規定の適用については、それぞれ別の建築物とみなす。

　（防火壁等）

第26条　延べ面積が1,000m²を超える建築物は、防火上有効な構造の防火壁又は防火床によつて有効に区画し、かつ、各区画における床面積の合計をそれぞれ1,000m²以内としなければならない。

　　ただし、次の各号のいずれかに該当する建築物については、この限りでない。

　一　耐火建築物又は準耐火建築物

　二　卸売市場の上家、機械製作工場その他これらと同等以上に火災の発生のおそれが少ない用途に供する建築物で、次のイ又はロのいずれかに該当するもの

　　イ　主要構造部が不燃材料で造られたものその他これに類する構造のもの

　　ロ　構造方法、主要構造部の防火の措置その他の事項について防火上必要な政令で定める技術的基準に適合するもの

　三　畜舎その他の政令で定める用途に供する建築物で、その周辺地域が農業

上の利用に供され、又はこれと同様の状況にあつて、その構造及び用途並びに周囲の状況に関し避難上及び延焼防止上支障がないものとして国土交通大臣が定める基準に適合するもの

2　防火上有効な構造の防火壁又は防火床によつて他の部分と有効に区画されている部分（以下この項において「特定部分」という。）を有する建築物であつて、当該建築物の特定部分が次の各号のいずれかに該当し、かつ、当該特定部分の外壁の開口部で延焼のおそれのある部分に第2条第九号のニロに規定する防火設備を有するものに係る前項の規定の適用については、当該建築物の特定部分及び他の部分をそれぞれ別の建築物とみなし、かつ、当該特定部分を同項第一号に該当する建築物とみなす。

一　当該特定部分の特定主要構造部が耐火構造であるもの又は第2条第九号のニイ(2)に規定する性能と同等の性能を有するものとして国土交通大臣が定める基準に適合するもの

二　当該特定部分の主要構造部が準耐火構造であるもの又はこれと同等の準耐火性能を有するものとして国土交通大臣が定める基準に適合するもの（前号に該当するものを除く。）

（居室の採光及び換気）

第28条　住宅、学校、病院、診療所、寄宿舎、下宿その他これらに類する建築物で政令で定めるものの居室（居住のための居室、学校の教室、病院の病室その他これらに類するものとして政令で定めるものに限る。）には、採光のための窓その他の開口部を設け、その採光に有効な部分の面積は、その居室の床面積に対して、1/5から1/10までの間において居室の種類に応じ政令で定める割合以上としなければならない。ただし、地階若しくは地下工作物内に設ける居室その他これらに類する居室又は温湿度調整を必要とする作業を行う作業室その他用途上やむを得ない居室については、この限りでない。

2　居室には換気のための窓その他の開口部を設け、その換気に有効な部分の面積は、その居室の床面積に対して、1/20以上としなければならない。ただし、政令で定める技術的基準に従つて、換気設備を設けた場合においては、この限りでない。

3　別表第一(い)欄(一)項に掲げる用途に供する特殊建築物の居室又は建築物の調理室、浴室その他の室でかまど、こんろその他火を使用する設備若しくは器

具を設けたもの（政令で定めるものを除く。）には、政令で定める技術的基準に従つて、換気設備を設けなければならない。

4　ふすま、障子その他随時開放することができるもので仕切られた2室は、前3項の規定の適用については、1室とみなす。

　（便　所）

第31条　下水道法（昭和33年法律第79号）第2条第八号に規定する処理区域内においては、便所は、水洗便所（汚水管が下水道法第2条第三号に規定する公共下水道に連結されたものに限る。）以外の便所としてはならない。

2　便所から排出する汚物を下水道法第2条第六号に規定する終末処理場を有する公共下水道以外に放流しようとする場合においては、屎尿浄化槽（その構造が汚物処理性能（当該汚物を衛生上支障がないように処理するために屎尿浄化槽に必要とされる性能をいう。）に関して政令で定める技術的基準に適合するもので、国土交通大臣が定めた構造方法を用いるもの又は国土交通大臣の認定を受けたものに限る。）を設けなければならない。

　（電気設備）

第32条　建築物の電気設備は、法律又はこれに基く命令の規定で電気工作物に係る建築物の安全及び防火に関するものの定める工法によつて設けなければならない。

　（避雷設備）

第33条　高さ20mをこえる建築物には、有効に避雷設備を設けなければならない。ただし、周囲の状況によつて安全上支障がない場合においては、この限りでない。

　（昇降機）

第34条　建築物に設ける昇降機は、安全な構造で、かつ、その昇降路の周壁及び開口部は、防火上支障がない構造でなければならない。

2　高さ31mをこえる建築物（政令で定めるものを除く。）には、非常用の昇降機を設けなければならない。

　（特殊建築物等の避難及び消火に関する技術的基準）

第35条　別表第一（い）欄（一）項から（四）項までに掲げる用途に供する特殊建築物、階数が3以上である建築物、政令で定める窓その他の開口部を有しない居室を有する建築物又は延べ面積（同一敷地内に2以上の建築物がある場合におい

ては、その延べ面積の合計）が1,000m²を超える建築物については、廊下、階段、出入口その他の避難施設、消火栓、スプリンクラー、貯水槽その他の消火設備、排煙設備、非常用の照明装置及び進入口並びに敷地内の避難上及び消火上必要な通路は、政令で定める技術的基準に従つて、避難上及び消火上支障がないようにしなければならない。

（この章の規定を実施し、又は補足するために必要な技術的基準）

第36条 居室の採光面積、天井及び床の高さ、床の防湿方法、階段の構造、便所、防火壁又は防火床、防火区画、消火設備、避雷設備及び給水、排水その他の配管設備の設置及び構造並びに浄化槽、煙突及び昇降機の構造に関して、この章の規定を実施し、又は補足するために安全上、防火上及び衛生上必要な技術的基準は、政令で定める。

建築基準法関係

第3章 都市計画区域等における建築物の敷地、構造、建築設備及び用途

第2節 建築物又はその敷地と道路又は壁面線との関係等

（敷地等と道路との関係）

第43条 建築物の敷地は、道路（次に掲げるものを除く。第44条第1項を除き、以下同じ。）に2m以上接しなければならない。

一 自動車のみの交通の用に供する道路

二 地区計画の区域（地区整備計画が定められている区域のうち都市計画法第12条の11の規定により建築物その他の工作物の敷地として併せて利用すべき区域として定められている区域に限る。）内の道路

（第2項省略）

第3節 建築物の用途

（用途地域等）

第48条 第一種低層住居専用地域内においては、別表第二(い)項に掲げる建築物以外の建築物は、建築してはならない。ただし、特定行政庁が第一種低層住居専用地域における良好な住居の環境を害するおそれがないと認め、又は公益上やむを得ないと認めて許可した場合においては、この限りでない。

2 第二種低層住居専用地域内においては、別表第二(ろ)項に掲げる建築物以外の建築物は、建築してはならない。ただし、特定行政庁が第二種低層住居専用地域における良好な住居の環境を害するおそれがないと認め、又は公益上やむを得ないと認めて許可した場合においては、この限りでない。

3 第一種中高層住居専用地域内においては、別表第二(は)項に掲げる建築物以外の建築物は、建築してはならない。ただし、特定行政庁が第一種中高層住居専用地域における良好な住居の環境を害するおそれがないと認め、又は公益上やむを得ないと認めて許可した場合においては、この限りでない。

4 第二種中高層住居専用地域内においては、別表第二(に)項に掲げる建築物は、建築してはならない。ただし、特定行政庁が第二種中高層住居専用地域における良好な住居の環境を害するおそれがないと認め、又は公益上やむを

得ないと認めて許可した場合においては、この限りでない。

5　第一種住居地域内においては、別表第二(ほ)項に掲げる建築物は、建築してはならない。ただし、特定行政庁が第一種住居地域における住居の環境を害するおそれがないと認め、又は公益上やむを得ないと認めて許可した場合においては、この限りでない。

6　第二種住居地域内においては、別表第二(へ)項に掲げる建築物は、建築してはならない。ただし、特定行政庁が第二種住居地域における住居の環境を害するおそれがないと認め、又は公益上やむを得ないと認めて許可した場合においては、この限りでない。

7　準住居地域内においては、別表第二(と)項に掲げる建築物は、建築してはならない。ただし、特定行政庁が準住居地域における住居の環境を害するおそれがないと認め、又は公益上やむを得ないと認めて許可した場合においては、この限りでない。

8　田園住居地域内においては、別表第二(ち)項に掲げる建築物以外の建築物は、建築してはならない。ただし、特定行政庁が農業の利便及び田園住居地域における良好な住居の環境を害するおそれがないと認め、又は公益上やむを得ないと認めて許可した場合においては、この限りでない。

9　近隣商業地域内においては、別表第二(り)項に掲げる建築物は、建築してはならない。ただし、特定行政庁が近隣の住宅地の住民に対する日用品の供給を行うことを主たる内容とする商業その他の業務の利便及び当該住宅地の環境を害するおそれがないと認め、又は公益上やむを得ないと認めて許可した場合においては、この限りでない。

10　商業地域内においては、別表第二(ぬ)項に掲げる建築物は、建築してはならない。ただし、特定行政庁が商業の利便を害するおそれがないと認め、又は公益上やむを得ないと認めて許可した場合においては、この限りでない。

11　準工業地域内においては、別表第二(る)項に掲げる建築物は、建築してはならない。ただし、特定行政庁が安全上若しくは防火上の危険の度若しくは衛生上の有害の度が低いと認め、又は公益上やむを得ないと認めて許可した場合においては、この限りでない。

12　工業地域内においては、別表第二(を)項に掲げる建築物は、建築してはならない。ただし、特定行政庁が工業の利便上又は公益上必要と認めて許可した

建築基準法関係

場合においては、この限りでない。

13　工業専用地域内においては、別表第二㋬項に掲げる建築物は、建築しては
　　ならない。ただし、特定行政庁が工業の利便を害するおそれがないと認め、
　　又は公益上やむを得ないと認めて許可した場合においては、この限りでな
　　い。

14　第一種低層住居専用地域、第二種低層住居専用地域、第一種中高層住居専
　　用地域、第二種中高層住居専用地域、第一種住居地域、第二種住居地域、準
　　住居地域、田園住居地域、近隣商業地域、商業地域、準工業地域、工業地域
　　又は工業専用地域（以下「用途地域」と総称する。）の指定のない区域（都市
　　計画法第7条第1項に規定する市街化調整区域を除く。）内においては、別
　　表第二㋕項に掲げる建築物は、建築してはならない。ただし、特定行政庁が
　　当該区域における適正かつ合理的な土地利用及び環境の保全を図る上で支障
　　がないと認め、又は公益上やむを得ないと認めて許可した場合においては、
　　この限りでない。

15　特定行政庁は、前各項のただし書の規定による許可（次項において「特例
　　許可」という。）をする場合においては、あらかじめ、その許可に利害関係
　　を有する者の出頭を求めて公開により意見を聴取し、かつ、建築審査会の同
　　意を得なければならない。

16　前項の規定にかかわらず、特定行政庁は、第一号に該当する場合において
　　は同項の規定による意見の聴取及び同意の取得を要せず、第二号に該当する
　　場合においては同項の規定による同意の取得を要しない。

　一　特例許可を受けた建築物の増築、改築又は移転（これらのうち、政令で
　　　定める場合に限る。）について特例許可をする場合

　二　日常生活に必要な政令で定める建築物で、騒音又は振動の発生その他の
　　　事象による住居の環境の悪化を防止するために必要な国土交通省令で定め
　　　る措置が講じられているものの建築について特例許可（第1項から第7項
　　　までの規定のただし書の規定によるものに限る。）をする場合

17　特定行政庁は、第15項の規定により意見を聴取する場合においては、そ
　　の許可しようとする建築物の建築の計画並びに意見の聴取の期日及び場所を
　　期日の3日前までに公告しなければならない。

第7章　罰　　則

第98条　次の各号のいずれかに該当する者は、3年以下の拘禁刑又は300万円以下の罰金に処する。

一　第9条第1項又は第10項前段（これらの規定を第88条第1項から第3項まで又は第90条第3項において準用する場合を含む。）の規定による特定行政庁又は建築監視員の命令に違反した者

二　第20条（第1項第一号から第三号までに係る部分に限る。）、第21条、第26条、第27条、第35条又は第35条の2の規定に違反した場合における当該建築物又は建築設備の設計者（設計図書に記載された認定建築材料等（型式適合認定に係る型式の建築材料若しくは建築物の部分、構造方法等の認定に係る構造方法を用いる建築物の部分若しくは建築材料又は特殊構造方法等認定に係る特殊の構造方法を用いる建築物の部分若しくは特殊の建築材料をいう。以下同じ。）の全部又は一部として当該認定建築材料等の全部又は一部と異なる建築材料又は建築物の部分を引き渡した場合においては当該建築材料又は建築物の部分を引き渡した者、設計図書を用いないで工事を施工し、又は設計図書に従わないで工事を施工した場合（設計図書に記載された認定建築材料等と異なる建築材料又は建築物の部分を引き渡された場合において、当該建築材料又は建築物の部分を使用して工事を施工した場合を除く。）においては当該建築物又は建築設備の工事施工者）

三　第36条（防火壁、防火床及び防火区画の設置及び構造に係る部分に限る。）の規定に基づく政令の規定に違反した場合における当該建築物の設計者（設計図書に記載された認定建築材料等の全部又は一部として当該認定建築材料等の全部又は一部と異なる建築材料又は建築物の部分を引き渡した場合においては当該建築材料又は建築物の部分を引き渡した者、設計図書を用いないで工事を施工し、又は設計図書に従わないで工事を施工した場合（設計図書に記載された認定建築材料等と異なる建築材料又は建築物の部分を引き渡された場合において、当該建築材料又は建築物の部分を使用して工事を施工した場合を除く。）においては当該建築物の工事施工者）

（第四号以下省略）

建築基準法関係

別表第一　耐火建築物等としなければならない特殊建築物

	(い)	(ろ)	(は)	(に)
	用途	(い)欄の用途に供する階	(い)欄の用途に供する部分（(一)項の場合にあつては客席、(二)項及び(四)項の場合にあつては2階、(五)項の場合にあつては3階以上の部分に限り、かつ、病院及び診療所についてはその部分に患者の収容施設がある場合に限る。）の床面積の合計	(い)欄の用途に供する部分の床面積の合計
(一)	劇場、映画館、演芸場、観覧場、公会堂、集会場その他これらに類するもので政令で定めるもの	3階以上の階	200m² （屋外観覧席にあつては、1,000m²）以上	
(二)	病院、診療所（患者の収容施設があるものに限る。）、ホテル、旅館、下宿、共同住宅、寄宿舎、その他これらに類するもので政令で定めるもの	3階以上の階	300m² 以上	
(三)	学校、体育館その他これらに類するもので政令で定めるもの	3階以上の階	2,000m² 以上	
(四)	百貨店、マーケット、展示場、キャバレー、カフェー、ナイトクラブ、バー、ダンスホール、遊技場その他これらに類するもので政令で定めるもの	3階以上の階	500m² 以上	
(五)	倉庫その他これに類するもので政令で定めるもの		200m² 以上	1,500m² 以上
(六)	自動車車庫、自動車修理工場その他これらに類するもので政令で定めるもの	3階以上の階		150m² 以上

II　建築基準法施行令（抄）

$$\left(\begin{array}{c}\text{昭和 25 年 11 月 16 日}\\\text{政 令 第 3 3 8 　号}\end{array}\right)$$

改正

〜【略】

平成10年10月30日 政令第351号	平成23年　1月28日政令第 10号
同 10年11月26日 同 第372号	同 23年　3月30日 同 第 46号
同 11年 1月13日 同 第 5号	同 23年　8月30日 同 第282号
同 11年10月 1日 同 第312号	同 23年11月28日 同 第282号
同 11年11月10日 同 第352号	同 24年　7月25日 同 第202号
同 11年11月17日 同 第371号	同 24年　9月20日 同 第239号
同 11年12月27日 同 第431号	同 25年　7月12日 同 第217号
同 12年 4月26日 同 第211号	同 26年　6月25日 同 第221号
同 12年 6月 7日 同 第312号	同 26年　6月27日 同 第232号
同 12年 9月22日 同 第434号	同 26年　7月 2日 同 第239号
同 13年 3月 2日 同 第 42号	同 26年12月24日 同 第412号
同 13年 3月28日 同 第 85号	同 27年　1月15日 同 第 6号
同 13年 3月30日 同 第 98号	同 27年　1月21日 同 第 11号
同 13年 7月11日 同 第239号	同 27年　1月21日 同 第 13号
同 14年 5月31日 同 第191号	同 27年　7月17日 同 第273号
同 14年11月 7日 同 第329号	同 27年11月13日 同 第382号
同 14年11月13日 同 第331号	同 27年11月26日 同 第392号
同 14年12月26日 同 第393号	同 27年12月16日 同 第421号
同 15年 7月24日 同 第321号	同 28年　1月15日 同 第 6号
同 15年 9月25日 同 第423号	同 28年　2月17日 同 第 43号
同 15年12月 3日 同 第476号	同 28年　8月29日 同 第288号
同 15年12月17日 同 第523号	同 29年　3月23日 同 第 40号
同 16年 2月 6日 同 第 19号	同 29年　6月14日 同 第156号
同 16年 3月24日 同 第 59号	同 30年　7月11日 同 第202号
同 16年 6月23日 同 第210号	同 30年　9月12日 同 第255号
同 16年10月27日 同 第325号	令和元年　6月19日 同 第 30号
同 16年12月15日 同 第399号	同 元年　6月28日 同 第 44号
同 17年 3月25日 同 第 74号	同 元年　9月 6日 同 第 91号
同 17年 5月25日 同 第182号	同 元年12月11日 同 第181号
同 17年 5月27日 同 第192号	同 3年　7月14日 同 第205号
同 17年 7月21日 同 第246号	同 3年10月29日 同 第296号
同 17年11月 7日 同 第334号	同 4年　5月27日 同 第203号
同 18年 9月22日 同 第308号	同 4年　9月 2日 同 第295号
同 18年 9月22日 同 第310号	同 4年11月16日 同 第351号
同 18年 9月26日 同 第320号	同 4年12月14日 同 第381号
同 18年11月 6日 同 第350号	同 4年12月23日 同 第393号
同 19年 3月16日 同 第 49号	同 5年 2月10日 同 第 34号
同 19年 3月28日 同 第 69号	同 5年 4月 7日 同 第163号
同 19年 8月 3日 同 第235号	同 5年 9月13日 同 第280号
同 20年 9月19日 同 第290号	同 5年 9月29日 同 第293号
同 20年10月31日 同 第338号	同 5年11月10日 同 第324号
	同 6年 1月 4日 同 第 1号

第1章　総　　　則

第1節　用語の定義等

（用語の定義）

第1条　この政令において次の各号に掲げる用語の意義は、それぞれ当該各号に定めるところによる。

　一　敷地　一の建築物又は用途上不可分の関係にある2以上の建築物のある一団の土地をいう。

　二　地階　床が地盤面下にある階で、床面から地盤面までの高さがその階の天井の高さの1/3以上のものをいう。

　三　構造耐力上主要な部分　基礎、基礎ぐい、壁、柱、小屋組、土台、斜材（筋かい、方づえ、火打材その他これらに類するものをいう。）、床版、屋根版又は横架材（はり、けたその他これらに類するものをいう。）で、建築物の自重若しくは積載荷重、積雪荷重、風圧、土圧若しくは水圧又は地震その他の震動若しくは衝撃を支えるものをいう。

　四　耐水材料　れんが、石、人造石、コンクリート、アスファルト、陶磁器、ガラスその他これらに類する耐水性の建築材料をいう。

　五　準不燃材料　建築材料のうち、通常の火災による火熱が加えられた場合に、加熱開始後10分間第108条の2各号（建築物の外部の仕上げに用いるものにあつては、同条第一号及び第二号）に掲げる要件を満たしているものとして、国土交通大臣が定めたもの又は国土交通大臣の認定を受けたものをいう。

　六　難燃材料　建築材料のうち、通常の火災による火熱が加えられた場合に、加熱開始後5分間第108条の2各号（建築物の外部の仕上げに用いるものにあつては、同条第一号及び第二号）に掲げる要件を満たしているものとして、国土交通大臣が定めたもの又は国土交通大臣の認定を受けたものをいう。

第2章　一般構造

第1節　採光に必要な開口部

（居室の採光）

第19条　（第1項省略）

2　法第28条第1項の政令で定める居室は、次に掲げるものとする。

一　保育所及び幼保連携型認定こども園の保育室

二　診療所の病室

三　児童福祉施設等の寝室（入所する者の使用するものに限る。）

四　児童福祉施設等（保育所を除く。）の居室のうちこれらに入所し、又は通う者に対する保育、訓練、日常生活に必要な便宜の供与その他これらに類する目的のために使用されるもの

五　病院、診療所及び児童福祉施設等の居室のうち入院患者又は入所する者の談話、娯楽その他これらに類する目的のために使用されるもの

3　法第28条第1項の政令で定める割合は、次の表の上欄に掲げる居室の種類の区分に応じ、それぞれ同表の下欄に掲げる割合とする。

　　　ただし、同表の㈠の項から㈥の項までの上欄に掲げる居室のうち、国土交通大臣が定める基準に従い、照明設備の設置、有効な採光方法の確保その他これらに準ずる措置が講じられているものにあつては、それぞれ同表の下欄に掲げる割合から1/10までの範囲内において国土交通大臣が別に定める割合以上とする。

居　室　の　種　類		割合
㈠	幼稚園、小学校、中学校、義務教育学校、高等学校、中等教育学校又は幼保連携型認定こども園の教室	1/5
㈡	前項第一号に掲げる居室	
㈢	住宅の居住のための居室	
㈣	病院又は診療所の病室	
㈤	寄宿舎の寝室又は下宿の宿泊室	1/7
㈥	前項第三号及び第四号に掲げる居室	

建築基準法関係

(七)	(一)に掲げる学校以外の学校の教室	1/10
(八)	前項第五号に掲げる居室	

第1節の2　開口部の少ない建築物等の換気設備

（換気設備の技術的基準）

第20条の2　法第28条第2項ただし書の政令で定める技術的基準及び同条第3項（法第87条第3項において準用する場合を含む。以下この条及び次条第1項において同じ。）の政令で定める法第28条第3項に規定する特殊建築物（第一号において「特殊建築物」という。）の居室に設ける換気設備の技術的基準は、次に掲げるものとする。

一　換気設備の構造は、次のイからニまで（特殊建築物の居室に設ける換気設備にあつては、ロからニまで）のいずれかに適合するものであること。

　イ　自然換気設備にあつては、第129条の2の5第1項の規定によるほか、次に掲げる構造とすること。

　　(1)　排気筒の有効断面積（m²で表した面積とする。）が、次の式によつて計算した必要有効断面積以上であること。

$$A_v = \frac{A_f}{250\sqrt{h}}$$

　　　この式において、A_v、A_f及びhは、それぞれ次の数値を表すものとする。

　　　A_v　必要有効断面積（単位　m²）

　　　A_f　居室の床面積（当該居室が換気上有効な窓その他の開口部を有する場合においては、当該開口部の換気上有効な面積に20を乗じて得た面積を当該居室の床面積から減じた面積）（単位　m²）

　　　h　給気口の中心から排気筒の頂部の外気に開放された部分の中心までの高さ（単位　m）

　　(2)　給気口及び排気口の有効開口面積（m²で表した面積とする。）が、(1)の式によつて計算した必要有効断面積以上であること。

　　(3)　(1)及び(2)に掲げるもののほか、衛生上有効な換気を確保することが

できるものとして国土交通大臣が定めた構造方法を用いるものであること。

ロ　機械換気設備（中央管理方式の空気調和設備（空気を浄化し、その温度、湿度及び流量を調節して供給（排出を含む。）することができる設備をいう。以下同じ。）を除く。以下同じ。）にあつては、第129条の2の5第2項の規定によるほか、次に掲げる構造とすること。

(1)　有効換気量（m³ 毎時で表した量とする。(2)において同じ。）が、次の式によつて計算した必要有効換気量以上であること。

$$V = \frac{20A_f}{N}$$

この式において、V、A_f 及び N は、それぞれ次の数値を表すものとする。

　　V　必要有効換気量（単位　1時間につき m³）

　　A_f　居室の床面積（特殊建築物の居室以外の居室が換気上有効な窓その他の開口部を有する場合においては、当該開口部の換気上有効な面積に 20 を乗じて得た面積を当該居室の床面積から減じた面積）（単位　m²）

　　N　実況に応じた1人当たりの占有面積（特殊建築物の居室にあつては、3を超えるときは3と、その他の居室にあつては、10を超えるときは10とする。）（単位　m²）

(2)　一の機械換気設備が二以上の居室に係る場合にあつては、当該換気設備の有効換気量が、当該2以上の居室その他の建築物の部分のそれぞれの必要有効換気量の合計以上であること。

(3)　(1)及び(2)に掲げるもののほか、衛生上有効な換気を確保することができるものとして国土交通大臣が定めた構造方法を用いるものであること。

ハ　中央管理方式の空気調和設備にあつては、第129条の2の5第3項の規定によるほか、衛生上有効な換気を確保することができるものとして国土交通大臣が定めた構造方法を用いるものとすること。

ニ　イからハまでに掲げる構造とした換気設備以外の換気設備にあつては、次に掲げる基準に適合するものとして、国土交通大臣の認定を受け

建築基準法関係

たものとすること。

(1)　当該居室で想定される通常の使用状態において、当該居室内の人が通常活動することが想定される空間の炭酸ガスの含有率をおおむね100万分の1,000以下に、当該空間の一酸化炭素の含有率をおおむね100万分の6以下に保つ換気ができるものであること。

(2)　給気口及び排気口には、雨水の浸入又はねずみ、ほこりその他衛生上有害なものの侵入を防ぐための設備を設ける。

(3)　風道から発散する物質及びその表面に付着する物質によつて居室の内部の空気が汚染されないものであること。

(4)　中央管理方式の空気調和設備にあつては、第129条の2の5第3項の表の㈠の項及び㈣の項から㈥の項までの中欄に掲げる事項がそれぞれ同表の下欄に掲げる基準に適合するものであること。

二　法第34条第2項に規定する建築物又は各構えの床面積の合計が1,000m²を超える地下街に設ける機械換気設備（一の居室のみに係るものを除く。）又は中央管理方式の空気調和設備にあつては、これらの制御及び作動状態の監視を中央管理室（当該建築物、同一敷地内の他の建築物又は一団地内の他の建築物の内にある管理事務所、守衛所その他常時当該建築物を管理する者が勤務する場所で避難階又はその直上階若しくは直下階に設けたものをいう。以下同じ。）において行うことができるものであること。

（火を使用する室に設けなければならない換気設備等）

第20条の3　法第28条第3項の規定により政令で定める室は、次に掲げるものとする。

一　火を使用する設備又は器具で直接屋外から空気を取り入れ、かつ、廃ガスその他の生成物を直接屋外に排出する構造を有するものその他室内の空気を汚染するおそれがないもの（以下この項及び次項において「密閉式燃焼器具等」という。）以外の火を使用する設備又は器具を設けていない室

二　床面積の合計が100m²以内の住宅又は住戸に設けられた調理室（発熱量の合計（密閉式燃焼器具等又は煙突を設けた設備若しくは器具に係るものを除く。次号において同じ。）が12kW以下の火を使用する設備又は器具を設けたものに限る。）で、当該調理室の床面積の1/10（0.8m²未満のときは、0.8m²とする。）以上の有効開口面積を有する窓その他の開口部を換気

上有効に設けたもの

三　発熱量の合計が6kW以下の火を使用する設備又は器具を設けた室（調理室を除く。）で換気上有効な開口部を設けたもの

2　建築物の調理室、浴室、その他の室でかまど、こんろその他火を使用する設備又は器具を設けたもの（前項に規定するものを除く。第一号イ及び第129条の2の5第1項において「換気設備を設けるべき調理室等」という。）に設ける換気設備は、次に定める構造としなければならない。

一　換気設備の構造は、次のイ又はロのいずれかに適合するものとすること。

　イ　次に掲げる基準に適合すること。

　　(1)　給気口は、換気設備を設けるべき調理室等の天井の高さの1/2以下の高さの位置（煙突を設ける場合又は換気上有効な排気のための換気扇その他これに類するもの（以下このイにおいて「換気扇等」という。）を設ける場合には、適当な位置）に設けること。

　　(2)　排気口は、換気設備を設けるべき調理室等の天井又は天井から下方80cm以内の高さの位置（煙突又は排気フードを有する排気筒を設ける場合には、適当な位置）に設け、かつ、換気扇等を設けて、直接外気に開放し、若しくは排気筒に直結し、又は排気上有効な立上り部分を有する排気筒に直結すること。

　　(3)　給気口の有効開口面積又は給気筒の有効断面積は、国土交通大臣が定める数値以上とすること。

　　(4)　排気口又は排気筒に換気扇等を設ける場合にあつては、その有効換気量は国土交通大臣が定める数値以上とし、換気扇等を設けない場合にあつては、排気口の有効開口面積又は排気筒の有効断面積は国土交通大臣が定める数値以上とすること。

　　(5)　風呂釜又は発熱量が12kWを超える火を使用する設備若しくは器具（密閉式燃焼器具等を除く。）を設けた換気設備を設けるべき調理室等には、当該風呂釜又は設備若しくは器具に接続して煙突を設けること。ただし、用途上、構造上その他の理由によりこれによることが著しく困難である場合において、排気フードを有する排気筒を設けたときは、この限りでない。

建築基準法関係

　⑹　火を使用する設備又は器具に煙突（第115条第1項第七号の規定が
　　適用される煙突を除く。）を設ける場合において、煙突に換気扇等を設
　　ける場合にあつてはその有効換気量は国土交通大臣が定める数値以上
　　とし、換気扇等を設けない場合にあつては煙突の有効断面積は国土交
　　通大臣が定める数値以上とすること。

　⑺　火を使用する設備又は器具の近くに排気フードを有する排気筒を設
　　ける場合において、排気筒に換気扇等を設ける場合にあつてはその有
　　効換気量は国土交通大臣が定める数値以上とし、換気扇等を設けない
　　場合にあつては排気筒の有効断面積は国土交通大臣が定める数値以上
　　とすること。

　⑻　直接外気に開放された排気口又は排気筒の頂部は、外気の流れによ
　　つて排気が妨げられない構造とすること。

　ロ　火を使用する設備又は器具の通常の使用状態において、異常な燃焼が
　　生じないよう当該室内の酸素の含有率をおおむね20.5％以上に保つ換気
　　ができるものとして、国土交通大臣の認定を受けたものとすること。

二　給気口は、火を使用する設備又は器具の燃焼を妨げないように設けるこ
　と。

三　排気口及びこれに接続する排気筒並びに煙突の構造は、当該室に廃ガス
　その他の生成物を逆流させず、かつ、他の室に廃ガスその他の生成物を漏
　らさないものとして国土交通大臣が定めた構造方法を用いるものとするこ
　と。

四　火を使用する設備又は器具の近くに排気フードを有する排気筒を設ける
　場合においては、排気フードは、不燃材料で造ること。

第3章　構造強度

第8節　構造計算

第2款　荷重及び外力

（荷重及び外力の種類）

第83条　建築物に作用する荷重及び外力としては、次の各号に掲げるものを採

用しなければならない。

一　固定荷重

二　積載荷重

三　積雪荷重

四　風圧力

五　地震力

2　前項に掲げるもののほか、建築物の実況に応じて、土圧、水圧、震動及び
衝撃による外力を採用しなければならない。

建築基準法関係

第4章　耐火構造、準耐火構造、防火構造、防火区画等

（防火区画）

第112条　法第2条第九号の三イ若しくはロのいずれかに該当する建築物（特
定主要構造部を耐火構造とした建築物を含む。）又は第136条の2第一号ロ
若しくは第二号ロに掲げる基準に適合する建築物で、延べ面積（スプリンク
ラー設備、水噴霧消火設備、泡消火設備その他これらに類するもので自動式
のものを設けた部分の床面積の1/2に相当する床面積を除く。以下この条
において同じ。）が1,500m²を超えるものは、床面積の合計（スプリンクラー
設備、水噴霧消火設備、泡消火設備その他これらに類するもので自動式の
ものを設けた部分の床面積の1/2に相当する床面積を除く。以下この条に
おいて同じ。）1,500m²以内ごとに一時間準耐火基準に適合する準耐火構造
の床若しくは壁又は特定防火設備（第109条に規定する防火設備であつて、
これに通常の火災による火熱が加えられた場合に、加熱開始後1時間当該加
熱面以外の面に火炎を出さないものとして、国土交通大臣が定めた構造方法
を用いるもの又は国土交通大臣の認定を受けたものをいう。以下同じ。）で
区画しなければならない。ただし、次の各号のいずれかに該当する建築物の
部分でその用途上やむを得ないものについては、この限りでない。

一　劇場、映画館、演芸場、観覧場、公会堂又は集会場の客席、体育館、工
　　場その他これらに類する用途に供する建築物の部分

二　階段室の部分等（階段室の部分又は昇降機の昇降路の部分（当該昇降機
　　の乗降のための乗降ロビーの部分を含む。）をいう。第14項において同

じ。）で耐火構造若しくは１時間準耐火基準に適合する準耐火構造の床若
しくは壁又は特定防火設備で区画されたもの

（第２～３項省略）

4　法第21条第１項若しくは第２項（これらの規定を同条第３項の規定によ
りみなして適用する場合を含む。次項において同じ。）若しくは法第27条第
１項（同条第４項の規定によりみなして適用する場合を含む。以下この項及
び次項において同じ。）の規定により第109条の５第一号に掲げる基準に適
合する建築物（通常火災終了時間が１時間以上であるものを除く。）とした
建築物、法第27条第１項の規定により第110条第一号に掲げる基準に適合
する特殊建築物（特定避難時間が１時間以上であるものを除く。）とした建
築物、法第27条第３項（同条第４項の規定によりみなして適用する場合を
含む。次項において同じ。）の規定により準耐火建築物（第109条の３第二
号に掲げる基準又は１時間準耐火基準（第２項に規定する１時間準耐火基準
をいう。以下同じ。）に適合するものを除く。）とした建築物、法第61条第１
項（同条第２項の規定によりみなして適用する場合を含む。次項において同
じ。）の規定により第136条の２第二号に定める基準に適合する建築物（準防
火地域内にあるものに限り、第109条の３第二号に掲げる基準又は１時間準
耐火基準に適合するものを除く。）とした建築物又は法第67条第１項の規定
により準耐火建築物等（第109条の３第二号に掲げる基準又は１時間準耐火
基準に適合するものを除く。）とした建築物で、述べ面積が500㎡を超える
ものについては、第１項の規定にかかわらず、床面積の合計500㎡以内ごと
に一時間準耐火基準に適合する準耐火構造の床若しくは壁又は特定防火設備
で区画し、かつ、防火上主要な間仕切壁（自動スプリンクラー設備等設置部
分（床面積が200㎡以下の階又は床面積200㎡以内ごとに準耐火構造の壁
若しくは法第２条第九号の二ロに規定する防火設備で区画されている部分
で、スプリンクラー設備、水噴霧消火設備、泡消火設備その他これらに類す
るもので自動式のものを設けたものをいう。第114条第１項及び第２項にお
いて同じ。）その他防火上支障がないものとして国土交通大臣が定める部分
の間仕切壁を除く。）を準耐火構造とし、次の各号のいずれかに該当する部
分を除き、小屋裏又は天井裏に達せしめなければならない。

一　天井の全部が強化天井（天井のうち、その下方からの通常の火災時の加

熱に対してその上方への延焼を有効に防止することができるものとして、国土交通大臣が定めた構造方法を用いるもの又は国土交通大臣の認定を受けたものをいう。次号及び第114条第3項において同じ。）である階

二　準耐火構造の壁又は法第2条第九号の二ロに規定する防火設備で区画されている部分で、当該部分の天井が強化天井であるもの

5　法第21条第1項若しくは第2項若しくは法第27条第1項の規定により第109条の5第一号に掲げる基準に適合する建築物（通常火災終了時間が1時間以上であるものに限る。）とした建築物、同項の規定により第110条第一号に掲げる基準に適合する特殊建築物（特定避難時間が1時間以上であるものに限る。）とした建築物、法第27条第3項の規定により準耐火建築物（第109条の3第二号に掲げる基準又は1時間準耐火基準に適合するものに限る。）とした建築物、法第61条第1項の規定により第136条の2第二号に定める基準に適合する建築物（準防火地域内にあり、かつ、第109条の3第二号に掲げる基準又は1時間準耐火基準に適合するものに限る。）とした建築物又は法第67条第1項の規定により準耐火建築物等（第109条の3第二号に掲げる基準又は1時間準耐火基準に適合するものに限る。）とした建築物で、延べ面積が1,000m²を超えるものについては、第1項の規定にかかわらず、床面積の合計1,000m²以内ごとに1時間準耐火基準に適合する準耐火構造の床若しくは壁又は特定防火設備で区画しなければならない。

（第6～10項省略）

11　主要構造部を準耐火構造とした建築物（特定主要構造部を耐火構造とした建築物を含む。）又は第136条の2第一号ロ若しくは第二号ロに掲げる基準に適合する建築物であつて、地階又は3階以上の階に居室を有するものの竪穴部分（長屋又は共同住宅の住戸でその階数が2以上であるもの、吹抜きとなつている部分、階段の部分（当該部分からのみ人が出入りすることのできる便所、公衆電話所その他これらに類するものを含む。）、昇降機の昇降路の部分、ダクトスペースの部分その他これらに類する部分をいう。以下この条において同じ。）については、当該竪穴部分以外の部分（直接外気に開放されている廊下、バルコニーその他これらに類する部分を除く。次項及び第13項において同じ。）と準耐火構造の床若しくは壁又は法第2条第九号の二ロに規定する防火設備で区画しなければならない。ただし、次の各号のいずれかに該

当する竪穴部分については、この限りでない。

一　避難階からその直上階又は直下階のみに通ずる吹抜きとなつている部分、階段の部分その他これらに類する部分でその壁及び天井の室内に面する部分の仕上げを不燃材料でし、かつ、その下地を不燃材料で造つたもの

二　階数が3以下で延べ面積が200m²以内の一戸建ての住宅又は長屋若しくは共同住宅の住戸のうちその階数が3以下で、かつ、床面積の合計が200m²以内であるものにおける吹抜きとなつている部分、階段の部分、昇降機の昇降路の部分その他これらに類する部分

（第12～18項省略）

19　第1項、第4項、第5項、第10項又は前項の規定による区画に用いる特定防火設備、第7項、第10項、第11項又は第12項本文の規定による区画に用いる法第2条第九号の二ロに規定する防火設備、同項ただし書の規定による区画に用いる10分間防火設備及び第13項の規定による区画に用いる戸は、次の各号に掲げる区分に応じ、当該各号に定める構造のものとしなければならない。

一　第1項本文、第4項若しくは第5項の規定による区画に用いる特定防火設備又は第7項の規定による区画に用いる法第2条第九号の二ロに規定する防火設備　次に掲げる要件を満たすものとして、国土交通大臣が定めた構造方法を用いるもの又は国土交通大臣の認定を受けたもの

イ　常時閉鎖若しくは作動をした状態にあるか、又は随時閉鎖若しくは作動をできるものであること。

ロ　閉鎖又は作動をするに際して、当該特定防火設備又は防火設備の周囲の人の安全を確保することができるものであること。

ハ　居室から地上に通ずる主たる廊下、階段その他の通路の通行の用に供する部分に設けるものにあつては、閉鎖又は作動をした状態において避難上支障がないものであること。

ニ　常時閉鎖又は作動をした状態にあるもの以外のものにあつては、火災により煙が発生した場合又は火災により温度が急激に上昇した場合のいずれかの場合に、自動的に閉鎖又は作動をするものであること。

二　第1項第二号、第10項若しくは前項の規定による区画に用いる特定防火設備、第10項、第11項若しくは第12項本文の規定による区画に用い

　　る法第2条第九号の二ロに規定する防火設備、同項ただし書の規定による
　　区画に用いる10分間防火設備又は第13項の規定による区画に用いる戸
　　次に掲げる要件を満たすものとして、国土交通大臣が定めた構造方法を用
　　いるもの又は国土交通大臣の認定を受けたもの
　イ　前号イからハまでに掲げる要件を満たしているものであること。
　ロ　避難上及び防火上支障のない遮煙性能を有し、かつ、常時閉鎖又は作
　　　動をした状態にあるもの以外のものにあつては、火災により煙が発生し
　　　た場合に自動的に閉鎖又は作動をするものであること。

20　給水管、配電管その他の管が第1項、第4項から第6項まで若しくは第18
　　項の規定による1時間準耐火基準に適合する準耐火構造の床若しくは壁、第
　　7項若しくは第10項の規定による耐火構造の床若しくは壁、第11項本文若
　　しくは第16項本文の規定による準耐火構造の床若しくは壁又は同項ただし
　　書の場合における同項ただし書のひさし、床、袖壁その他これらに類するも
　　の（以下この条において「準耐火構造の防火区画」という。）を貫通する場
　　合においては、当該管と準耐火構造の防火区画との隙間をモルタルその他の
　　不燃材料で埋めなければならない。

21　換気、暖房又は冷房の設備の風道が準耐火構造の防火区画を貫通する場
　　合（国土交通大臣が防火上支障がないと認めて指定する場合を除く。）にお
　　いては、当該風道の準耐火構造の防火区画を貫通する部分又はこれに近接
　　する部分に、特定防火設備（法第2条第九号の二ロに規定する防火設備に
　　よつて区画すべき準耐火構造の防火区画を貫通する場合にあつては、同号
　　ロに規定する防火設備）であつて、次に掲げる要件を満たすものとして、
　　国土交通大臣が定めた構造方法を用いるもの又は国土交通大臣の認定を受
　　けたものを国土交通大臣が定める方法により設けなければならない。
　一　火災により煙が発生した場合又は火災により温度が急激に上昇した場
　　　合に自動的に閉鎖するものであること。
　二　閉鎖した場合に防火上支障のない遮煙性能を有するものであること。

22　建築物が火熱遮断壁等で区画されている場合における当該火熱遮断壁等に
　　より分離された部分は、第1項又は第11項から第13項までの規定の適用に
　　ついては、それぞれ別の建築物とみなす。

（第23項省略）

（建築物に設ける煙突）

第115条　建築物に設ける煙突は、次に定める構造としなければならない。

　一　煙突の屋上突出部は、屋根面からの垂直距離を 60cm 以上とすること。

　二　煙突の高さは、その先端からの水平距離 1m 以内に建築物がある場合
　　　で、その建築物に軒がある場合においては、その建築物の軒から 60cm 以
　　　上高くすること。

　三　煙突は、次のイ又はロのいずれかに適合するものとすること。

　　イ　次に掲げる基準に適合するものであること。

　　　(1)　煙突の小屋裏、天井裏、床裏等にある部分は、煙突の上又は周囲にた
　　　　　まるほこりを煙突内の廃ガスその他の生成物の熱により燃焼させな
　　　　　いものとして国土交通大臣が定めた構造方法を用いるものとするこ
　　　　　と。

　　　(2)　煙突は、建築物の部分である木材その他の可燃材料から 15cm 以
　　　　　上離して設けること。ただし、厚さが 10cm 以上の金属以外の不燃材
　　　　　料で造り、又は覆う部分その他当該可燃材料を煙突内の廃ガスその他
　　　　　の生成物の熱により燃焼させないものとして国土交通大臣が定めた構
　　　　　造方法を用いる部分は、この限りでない。

　　ロ　その周囲にある建築物の部分（小屋裏、天井裏、床裏等にある部分に
　　　　あつては、煙突の上又は周囲にたまるほこりを含む。）を煙突内の廃ガス
　　　　その他の生成物の熱により燃焼させないものとして、国土交通大臣の認
　　　　定を受けたものであること。

　（第四号以下省略）

第5章　避難施設等

第1節　総　　則

（窓その他の開口部を有しない居室等）

第116条の2　法第 35 条（法第 87 条第 3 項において準用する場合を含む。第
　　127 条において同じ。）の規定により政令で定める窓その他の開口部を有し
　　ない居室は、次の各号に該当する窓その他の開口部を有しない居室とする。

一　面積（第20条の規定により計算した採光に有効な部分の面積に限る。）の合計が、当該居室の床面積の1/20以上のもの

二　開放できる部分（天井又は天井から下方80cm以内の距離にある部分に限る。）の面積の合計が、当該居室の床面積の1/50以上のもの

2　ふすま、障子その他随時開放することができるもので仕切られた2室は、前項の規定の適用については、1室とみなす。

第2節　廊下、避難階段及び出入口

（避難階段及び特別避難階段の構造）

第123条　室内に設ける避難階段は、次に定める構造としなければならない。

一　階段室は、第四号の開口部、第五号の窓又は第六号の出入口の部分を除き、耐火構造の壁で囲むこと。

二　階段室の天井（天井のない場合にあつては、屋根。第3項第四号において同じ。）及び壁の室内に面する部分は、仕上げを不燃材料でし、かつ、その下地を不燃材料で造ること。

三　階段室には、窓その他の採光上有効な開口部又は予備電源を有する照明設備を設けること。

（第四号以下省略）

2　屋外に設ける避難階段は、次に定める構造としなければならない。

一　階段は、その階段に通ずる出入口以外の開口部（開口面積が各々1m²以内で、法第2条第九号の二ロに規定する防火設備ではめごろし戸であるものが設けられたものを除く。）から2m以上の距離に設けること。

二　屋内から階段に通ずる出入口には、前項第六号の防火設備を設けること。

三　階段は、耐火構造とし、地上まで直通すること。

3　特別避難階段は、次に定める構造としなければならない。

一　屋内と階段室とは、バルコニー又は付室を通じて連絡すること。

二　屋内と階段室とが付室を通じて連絡する場合においては、階段室又は付室の構造が、通常の火災時に生ずる煙が付室を通じて階段室に流入することを有効に防止できるものとして、国土交通大臣が定めた構造方法を用いるもの又は国土交通大臣の認定を受けたものであること。

建築基準法関係

三　階段室、バルコニー及び付室は、第六号の開口部、第八号の窓又は第十号
　の出入口の部分（第129条の13の3第3項に規定する非常用エレベーター
　の乗降ロビーの用に供するバルコニー又は付室にあつては、当該エレベー
　ターの昇降路の出入口の部分を含む。）を除き、耐火構造の壁で囲むこと。

四　階段室及び付室の天井及び壁の室内に面する部分は、仕上げを不燃材料
　でし、かつ、その下地を不燃材料で造ること。

五　階段室には、付室に面する窓その他の採光上有効な開口部又は予備電源
　を有する照明設備を設けること。

（第六号以下省略）

第3節　排 煙 設 備

（設　置）

第126条の2　法別表第一(い)欄(一)項から(四)項までに掲げる用途に供する特殊建
　築物で延べ面積が500m²を超えるもの、階数が3以上で延べ面積が500m²を
　超える建築物（建築物の高さが31m以下の部分にある居室で、床面積100m²
　以内ごとに、間仕切壁、天井面から50cm以上下方に突出した垂れ壁その他
　これらと同等以上に煙の流動を妨げる効力のあるもので不燃材料で造り、又
　は覆われたもの（以下「防煙壁」という。）によつて区画されたものを除く。）、
　第116条の2第1項第二号に該当する窓その他の開口部を有しない居室又は
　延べ面積が1,000m²を超える建築物の居室で、その床面積が200m²を超える
　もの（建築物の高さが31m以下の部分にある居室で、床面積100m²以内ごと
　に防煙壁で区画されたものを除く。）には、排煙設備を設けなければならな
　い。ただし、次の各号のいずれかに該当する建築物又は建築物の部分につい
　ては、この限りでない。

一　法別表第一(い)欄(二)項に掲げる用途に供する特殊建築物のうち、準耐火構
　　造の床若しくは壁又は法第2条第九号の二ロに規定する防火設備で区画さ
　　れた部分で、その床面積が100m²（共同住宅の住戸にあつては、200m²）以
　　内のもの

二　学校（幼保連携型認定こども園を除く。）、体育館、ボーリング場、スキー
　　場、スケート場、水泳場又はスポーツの練習場（以下「学校等」という。）

三　階段の部分、昇降機の昇降路の部分（当該昇降機の乗降のための乗降ロ

7

ビーの部分を含む。）その他これらに類する建築物の部分

　四　機械製作工場、不燃性の物品を保管する倉庫その他これらに類する用途に供する建築物で主要構造部が不燃材料で造られたものその他これらと同等以上に火災の発生のおそれの少ない構造のもの

　五　火災が発生した場合に避難上支障のある高さまで煙又はガスの降下が生じない建築物の部分として、天井の高さ、壁及び天井の仕上げに用いる材料の種類等を考慮して国土交通大臣が定めるもの

2　次に掲げる建築物の部分は、この節の規定の適用については、それぞれ別の建築物とみなす。

　一　建築物が開口部のない準耐火構造の床若しくは壁又は法第2条第九号の二ロに規定する防火設備でその構造が第112条第19項第一号イ及びロ並びに第二号ロに掲げる要件を満たすものとして、国土交通大臣が定めた構造方法を用いるもの若しくは国土交通大臣の認定を受けたもので区画されている場合における当該床若しくは壁又は防火設備により分離された部分

　二　建築物の2以上の部分の構造が通常の火災時において相互に煙又はガスによる避難上有害な影響を及ぼさないものとして国土交通大臣が定めた構造方法を用いるものである場合における当該部分

　（構　造）

第126条の3　前条第1項の排煙設備は、次に定める構造としなければならない。

　一　建築物をその床面積500m²以内ごとに、防煙壁で区画すること。

　二　排煙設備の排煙口、風道その他煙に接する部分は、不燃材料で造ること。

　三　排煙口は、第一号の規定により区画された部分（以下「防煙区画部分」という。）のそれぞれについて、当該防煙区画部分の各部分から排煙口の一に至る水平距離が30m以下となるように、天井又は壁の上部（天井から80cm（たけの最も短い防煙壁のたけが80cmに満たないときは、その値）以内の距離にある部分をいう。）に設け、直接外気に接する場合を除き、排煙風道に直結すること。

　四　排煙口には、手動開放装置を設けること。

　五　前号の手動開放装置のうち手で操作する部分は、壁に設ける場合においては床面から80cm以上1.5m以下の高さの位置に、天井からつり下げて

設ける場合においては床面からおおむね1.8mの高さの位置に設け、か
つ、見やすい方法でその使用方法を表示すること。

六　排煙口には、第四号の手動開放装置若しくは煙感知器と連動する自動開
放装置又は遠隔操作方式による開放装置により開放された場合を除き閉鎖
状態を保持し、かつ、開放時に排煙に伴い生ずる気流により閉鎖されるお
それのない構造の戸その他これに類するものを設けること。

七　排煙風道は、第115条第1項第三号に定める構造とし、かつ、防煙壁を
貫通する場合においては、当該風道と防煙壁とのすき間をモルタルその他
の不燃材料で埋めること。

八　排煙口が防煙区画部分の床面積の1/50以上の開口面積を有し、かつ、直
接外気に接する場合を除き、排煙機を設けること。

九　前号の排煙機は、一の排煙口の開放に伴い自動的に作動し、かつ、1分間
に、120m²以上で、かつ、防煙区画部分の床面積1m²につき1m³（2以上の
防煙区画部分に係る排煙機にあつては、当該防煙区画部分のうち床面積の
最大のものの床面積1m²につき2m³）以上の空気を排出する能力を有する
ものとすること。

十　電源を必要とする排煙設備には、予備電源を設けること。

十一　法第34条第2項に規定する建築物又は各構えの床面積の合計が
1,000m²をこえる地下街における排煙設備の制御及び作動状態の監視は、
中央管理室において行なうことができるものとすること。

十二　前各号に定めるもののほか、火災時に生ずる煙を有効に排出すること
ができるものとして国土交通大臣が定めた構造方法を用いるものとするこ
と。

2　前項の規定は、送風機を設けた排煙設備その他の特殊な構造の排煙設備
で、通常の火災時に生ずる煙を有効に排出することができるものとして国土
交通大臣が定めた構造方法を用いるものについては、適用しない。

第4節　非常用の照明装置

（設　置）

第126条の4　法別表第一(い)欄(一)項から(四)項までに掲げる用途に供する特殊建
築物の居室、階数が3以上で延べ面積が500m²を超える建築物の居室、第

116条の2第1項第一号に該当する窓その他の開口部を有しない居室又は延べ面積が1,000m²を超える建築物の居室及びこれらの居室から地上に通ずる廊下、階段その他の通路（採光上有効に直接外気に開放された通路を除く。）並びにこれらに類する建築物の部分で照明装置の設置を通常要する部分には、非常用の照明装置を設けなければならない。ただし、次の各号のいずれかに該当する建築物又は建築物の部分については、この限りでない。

一　一戸建の住宅又は長屋若しくは共同住宅の住戸

二　病院の病室、下宿の宿泊室又は寄宿舎の寝室その他これらに類する居室

三　学校等

四　避難階又は避難階の直上階若しくは直下階の居室で避難上支障がないものその他これらに類するものとして国土交通大臣が定めるもの

2　第117条第2項各号に掲げる建築物の部分は、この節の規定の適用については、それぞれ別の建築物とみなす。

（構　造）

第126条の5　前条第1項の非常用の照明装置は、次の各号のいずれかに定める構造としなければならない。

一　次に定める構造とすること。

イ　照明は、直接照明とし、床面において1lx以上の照度を確保することができるものとすること。

ロ　照明器具の構造は、火災時において温度が上昇した場合であつても著しく光度が低下しないものとして国土交通大臣が定めた構造方法を用いるものとすること。

ハ　予備電源を設けること。

ニ　イからハまでに定めるもののほか、非常の場合の照明を確保するために必要があるものとして国土交通大臣が定めた構造方法を用いるものとすること。

二　火災時において、停電した場合に自動的に点灯し、かつ、避難するまでの間に、当該建築物の室内の温度が上昇した場合にあつても床面において1lx以上の照度を確保することができるものとして、国土交通大臣の認定を受けたものとすること。

建築基準法関係

第5節　非常用の進入口

（設　置）

第126条の6　建築物の高さ31m以下の部分にある3階以上の階（不燃性の物品の保管その他これと同等以上に火災の発生のおそれの少ない用途に供する階又は国土交通大臣が定める特別の理由により屋外からの進入を防止する必要がある階で、その直上階又は直下階から進入することができるものを除く。）には、非常用の進入口を設けなければならない。ただし、次の各号のいずれかに該当する場合においては、この限りでない。

　一　第129条の13の3の規定に適合するエレベーターを設置している場合

　二　道又は道に通ずる幅員4m以上の通路その他の空地に面する各階の外壁面に窓その他の開口部（直径1m以上の円が内接することができるもの又はその幅及び高さが、それぞれ、75cm以上及び1.2m以上のもので、格子その他の屋外からの進入を妨げる構造を有しないものに限る。）を当該壁面の長さ10m以内ごとに設けている場合

　三　吹抜きとなつている部分その他の一定の規模以上の空間で国土交通大臣が定めるものを確保し、当該空間から容易に各階に進入することができるよう、通路その他の部分であつて、当該空間との間に壁を有しないことその他の高い開放性を有するものとして、国土交通大臣が定めた構造方法を用いるもの又は国土交通大臣の認定を受けたものを設けている場合

（構　造）

第126条の7　前条の非常用の進入口は、次の各号に定める構造としなければならない。

　一　進入口は、道又は道に通ずる幅員4m以上の通路その他の空地に面する各階の外壁面に設けること。

　二　進入口の間隔は、40m以下であること。

　三　進入口の幅、高さ及び下端の床面からの高さが、それぞれ、75cm以上、1.2m以上及び80cm以下であること。

　四　進入口は、外部から開放し、又は破壊して室内に進入できる構造とすること。

　五　進入口には、奥行き1m以上、長さ4m以上のバルコニーを設けること。

六　進入口又はその近くに、外部から見やすい方法で赤色灯の標識を掲示
し、及び非常用の進入口である旨を赤色で表示すること。

七　前各号に定めるもののほか、国土交通大臣が非常用の進入口としての機
能を確保するために必要があると認めて定める基準に適合する構造とする
こと。

第6節　敷地内の避難上及び消火上必要な通路等

（地下街）

第128条の3　地下街の各構えは、次の各号に該当する地下道に2m以上接しな
ければならない。ただし、公衆便所、公衆電話所その他これらに類するもの
にあつては、その接する長さを2m未満とすることができる。

一　壁、柱、床、はり及び床版は、国土交通大臣が定める耐火に関する性能
を有すること。

二　幅員5m以上、天井までの高さ3m以上で、かつ、段及び1/8をこえる
勾配の傾斜路を有しないこと。

三　天井及び壁の内面の仕上げを不燃材料でし、かつ、その下地を不燃材料
で造つていること。

四　長さが60mをこえる地下道にあつては、避難上安全な地上に通ずる直
通階段で第23条第1項の表の㈡に適合するものを各構えの接する部分か
らその一に至る歩行距離が30m以下となるように設けていること。

五　末端は、当該地下道の幅員以上の幅員の出入口で道に通ずること。ただ
し、その末端の出入口が2以上ある場合においては、それぞれの出入口の
幅員の合計が当該地下道の幅員以上であること。

六　非常用の照明設備、排煙設備及び排水設備で国土交通大臣が定めた構造
方法を用いるものを設けていること。

（第2項以下省略）

建築基準法関係

第5章の4　建築設備等

第1節の2　給水、排水その他の配管設備

（給水、排水その他の配管設備の設置及び構造）

第129条の2の4　建築物に設ける給水、排水その他の配管設備の設置及び構造は、次に定めるところによらなければならない。

一　コンクリートへの埋設等により腐食するおそれのある部分には、その材質に応じ有効な腐食防止のための措置を講ずること。

二　構造耐力上主要な部分を貫通して配管する場合においては、建築物の構造耐力上支障を生じないようにすること。

三　第129条の3第1項第一号又は第三号に掲げる昇降機の昇降路内に設けないこと。ただし、地震時においても昇降機の籠（人又は物を乗せ昇降する部分をいう。以下同じ。）の昇降、籠及び出入口の戸の開閉その他の昇降機の機能並びに配管設備の機能に支障が生じないものとして、国土交通大臣が定めた構造方法を用いるもの及び国土交通大臣の認定を受けたものは、この限りでない。

四　圧力タンク及び給湯設備には、有効な安全装置を設けること。

五　水質、温度その他の特性に応じて安全上、防火上及び衛生上支障のない構造とすること。

六　地階を除く階数が3以上である建築物、地階に居室を有する建築物又は延べ面積が3,000m²を超える建築物に設ける換気、暖房又は冷房の設備の風道及びダストシュート、メールシュート、リネンシュートその他これらに類するもの（屋外に面する部分その他防火上支障がないものとして国土交通大臣が定める部分を除く。）は、不燃材料で造ること。

七　給水管、配電管その他の管が、第112条第20項の準耐火構造の防火区画、第113条第1項の防火壁若しくは防火床、第114条第1項の界壁、同条第2項の間仕切壁又は同条第3項若しくは第4項の隔壁（ハにおいて「防火区画等」という。）を貫通する場合においては、これらの管の構造は、次のイからハまでのいずれかに適合するものとすること。ただし、1時間準耐

火基準に適合する準耐火構造の床若しくは壁又は特定防火設備で建築物の他の部分と区画されたパイプシャフト、パイプダクトその他これらに類するものの中にある部分については、この限りでない。（以下省略）

（換気設備）

第129条の2の5 建築物（換気設備を設けるべき調理室等を除く。以下この条において同じ。）に設ける自然換気設備は、次に定める構造としなければならない。

一 換気上有効な給気口及び排気筒を有すること。

二 給気口は、居室の天井の高さの1/2以下の高さの位置に設け、常時外気に開放された構造とすること。

三 排気口（排気筒の居室に面する開口部をいう。以下この頂において同じ。）は、給気口より高い位置に設け、常時開放された構造とし、かつ、排気筒の立上り部分に直結すること。

四 排気筒は、排気上有効な立上り部分を有し、その頂部は、外気の流れによつて排気が妨げられない構造とし、かつ、直接外気に開放すること。

五 排気筒には、その頂部及び排気口を除き、開口部を設けないこと。

六 給気口及び排気口並びに排気筒の頂部には、雨水の浸入又はねずみ、虫、ほこりその他衛生上有害なものの侵入を防ぐための設備を設けること。

2 建築物に設ける機械換気設備は、次に定める構造としなければならない。

一 換気上有効な給気機及び排気機、換気上有効な給気機及び排気口又は換気上有効な給気口及び排気機を有すること。

二 給気口及び排気口の位置及び構造は、当該居室内の人が通常活動することが想定される空間における空気の分布を均等にし、かつ、著しく局部的な空気の流れを生じないようにすること。

三 給気機の外気取入口並びに直接外気に開放された給気口及び排気口には、雨水の浸入又はねずみ、虫、ほこりその他衛生上有害なものの侵入を防ぐための設備を設けること。

四 直接外気に開放された給気口又は排気口に換気扇を設ける場合には、外気の流れによつて著しく換気能力が低下しない構造とすること。

五 風道は、空気を汚染するおそれのない材料で造ること。

建築基準法関係

3　建築物に設ける中央管理方式の空気調和設備の構造は、前項の規定による
　ほか、居室における次の表の各項の中欄に掲げる事項がそれぞれおおむね同
　表の右欄に掲げる基準に適合するように空気を浄化し、その温度、湿度又は
　流量を調節して供給（排出を含む。）をすることができる性能を有し、かつ、
　安全上、防火上及び衛生上支障がないものとして国土交通大臣が定めた構造
　方法を用いるものとしなければならない。

㈠	浮 遊 粉 じ ん の 量	空気 1m³ につき 0.15mg 以下であること。
㈡	一酸化炭素の含有率	6/1,000,000 以下であること。
㈢	炭 酸 ガ ス の 含 有 率	1,000/1,000,000 以下であること。
㈣	温　　　　　　度	一　18°C 以上 28°C 以下であること。 二　居室における温度を外気の温度より低くする場合は、その差を著しくしないものであること。
㈤	相　対　湿　度	40% 以上 70% 以下であること。
㈥	気　　　　　　流	1 秒間につき 0.5m 以下であること。

（冷却塔設備）

第129条の2の6　地階を除く階数が 11 以上である建築物の屋上に設ける冷房
　のための冷却塔設備の設置及び構造は、次の各号のいずれかに掲げるものと
　しなければならない。

一　主要な部分を不燃材料で造るか、又は防火上支障がないものとして国土
　交通大臣が定めた構造方法を用いるものとすること。

二　冷却塔の構造に応じ、建築物の他の部分までの距離を国土交通大臣が定
　める距離以上としたものとすること。

三　冷却塔設備の内部が燃焼した場合においても建築物の他の部分を国土交
　通大臣が定める温度以上に上昇させないものとして国土交通大臣の認定を
　受けたものとすること。

第3節　避雷設備

（設　置）

第129条の14　法第33条の規定による避雷設備は、建築物の高さ20mを超える部分を雷撃から保護するように設けなければならない。

（構　造）

第129条の15　前条の避雷設備の構造は、次に掲げる基準に適合するものとしなければならない。

一　雷撃によつて生ずる電流を建築物に被害を及ぼすことなく安全に地中に流すことができるものとして、国土交通大臣が定めた構造方法を用いるもの又は国土交通大臣の認定を受けたものであること。

二　避雷設備の雨水等により腐食のおそれのある部分にあつては、腐食しにくい材料を用いるか、又は有効な腐食防止のための措置を講じたものであること。

建築基準法関係

Ⅲ　国土交通省告示

1. 換気設備の構造方法を定める件

2. 火災時に生ずる煙を有効に排出することができる排煙設備の構造
   方法を定める件

3. 非常用の照明装置の構造方法を定める件

4. 建築基準法施行令第 126 条の 7 第 7 号の規定に基づく非常用の進
   入口の機能を確保するために必要な構造の基準

5. 地下街の各構えの接する地下道に設ける非常用の照明設備、排煙
   設備及び排水設備の構造方法を定める件

6. 排煙設備の設置を要しない火災が発生した場合に避難上支障のあ
   る高さまで煙又はガスの降下が生じない建築物の部分を定める件

7. 非常用の照明装置を設けることを要しない避難階又は避難階の直
   上階若しくは直下階の居室で避難上支障がないものその他これら
   に類するものを定める件

8. 防火区画に用いる防火設備等の構造方法を定める件

9. 雷撃によって生ずる電流を建築物に被害を及ぼすことなく安全に
   地中に流すことができる避雷設備の構造方法を定める件

建築基準法関係

1．換気設備の構造方法を定める件

$$\left(\begin{array}{l}昭和45年12月28日\\建設省告示第1826号\end{array}\right)$$

改正　昭和46年 6月29日建 設 省 告 示第1105号
同　52年10月31日　　　同　　　　第1420号
同　52年11月29日　　　同　　　　第1551号
同　56年 6月 1日　　　同　　　　第1112号
同　57年10月16日　　　同　　　　第1673号
平成12年 5月30日　　　同　　　　第1403号
同　12年12月26日　　　同　　　　第2465号
令和 5年 3月20日国土交通省告示第 207号

第一　居室に設ける自然換気設備

　建築基準法施行令（以下「令」という。）第20条の2第一号イ(3)の規定に基づき定める衛生上有効な換気を確保するための自然換気あ設備の構造方法は、次の各号に適合するものとする。

一　令第20条の2第一号イ(1)に規定する排気筒の必要有効断面積の計算式によつて算出された Av が0.00785未満のときは、0.00785とすること。

二　排気筒の断面の形状及び排気口の形状は、短形、だ円形、円形その他これらに類するものとし、かつ、短辺又は短径の長辺又は長径に対する割合を1/2以上とすること。

三　排気筒の頂部が排気シャフトその他これらに類するもの（以下「排気シャフト」という。）に開放されている場合においては、当該排気シャフト内にある立上り部分は、当該排気筒に排気上有効な逆流防止のための措置を講ずる場合を除き、2m以上のものとすること。この場合において、当該排気筒は、直接外気に開放されているものとみなす。

四　給気口及び排気口の位置及び構造は、室内に取り入れられた空気の分布を均等にするとともに、著しく局部的な空気の流れが生じないようにすること。

第二　居室に設ける機械換気設備

　令第20条の2第一号ロ(3)の規定に基づき定める衛生上有効な換気を確保するための機械換気設備の構造方法は、次の各号に適合するものとする。

一　給気機又は排気機の構造は、換気経路の全圧力損失（直管部損失、局部損失、諸機器その他における圧力損失の合計をいう。）を考慮して計算により確かめられた給気又は排気能力を有するものとすること。ただし、居室の規模若しくは構造又は換気経路その他換気設備の構造により衛生上有効な換気を確保できることが明らかな場合においては、この限りでない。

二　給気口及び排気口の位置及び構造は、室内に取り入れられた空気の分布を均等にするとともに、著しく局部的な空気の流れが生じないようにすること。

第三　調理室等に設ける換気設備

一　令第20条の3第2項第一号イ(3)の規定により給気口の有効開口面積又は給気筒の有効断面積について国土交通大臣が定める数値は、次のイからホまでに掲げる場合に応じ、それぞれ次のイからホまでに定める数値（排気口、排気筒（排気フードを有するものを含む。）若しくは煙突又は給気口若しくは給気筒に換気上有効な換気扇その他これに類するもの（以下「換気扇等」という。）を設けた場合には、適当な数値）とすること。

イ　ロからホまでに掲げる場合以外の場合　第二号ロの式によつて計算した数値

ロ　火を使用する設備又は器具に煙突（令第115条第1項第七号の規定が適用される煙突を除く。ハにおいて同じ。）を設ける場合であつて、常時外気又は通気性の良い玄関等に開放された給気口又は給気筒（以下この号において「常時開放型給気口等」という。）を設けるとき　第三号ロの式によつて計算した数値

ハ　火を使用する設備又は器具に煙突を設ける場合であつて、常時開放型給気口等以外の給気口又は給気筒を設けるとき　第二号ロの式（この場合においてn、I及びhの数値は、それぞれ第三号ロの式のn、I及びhの数値を用いるものとする。）によつて計算した数値

ニ　火を使用する設備又は器具の近くに排気フードを有する排気筒を設ける場合であつて、常時開放型給気口等を設けるとき　第四号ロの式によつて計算した数値

ホ　火を使用する設備又は器具の近くに排気フードを有する排気筒を設ける場合であつて、常時開放型給気口等以外の給気口又は給気筒を設ける

　　とき　第二号ロの式（この場合において n、I及び h の数値は、それぞれ
　　第四号ロの式の n、I及び h の数値を用いるものとする。）によつて計算
　　した数値

二　令第20条の３第２項第一号イ⑷の規定により国土交通大臣が定める数
　値は、次のイ又はロに掲げる場合に応じ、それぞれイ又はロに定める数値
　とすること。

　イ　排気口又は排気筒に換気扇等を設ける場合　次の式によつて計算した
　　換気扇等の必要有効換気量の数値

$$V = 40KQ$$

　　　この式において、V、K及び Q は、それぞれ次の数値を表すものと
　　する。
　　V　換気扇等の必要有効換気量（単位　１時間につき m^3）
　　K　燃料の単位燃焼量当たりの理論廃ガス量（別表(い)欄に掲げる燃料
　　　　の種類については、同表(ろ)欄に掲げる数値によることができる。以
　　　　下同じ。）（単位　m^3）
　　Q　火を使用する設備又は器具の実況に応じた燃料消費量
　　　　　　　　　　　　　　　　　　　（単位　kW 又は１時間につき kg）

　ロ　排気口又は排気筒に換気扇等を設けない場合　次の式によつて計算し
　　た排気口の必要有効開口面積又は排気筒の必要有効断面積の数値

$$A_v = \frac{40KQ}{3\,600} \sqrt{\frac{3 + 5n + 0.2\,l}{h}}$$

　　　この式において、A_v、K、Q、n、l及び h は、それぞれ次の数値を
　　表すものとする。
　　A_v　排気口の必要有効開口面積又は排気筒の必要有効断面積（単位
　　　　m^2）
　　K　イに定める K の量（単位　m^3）
　　Q　イに定める Q の量（単位　kW 又は１時間につき kg）
　　n　排気筒の曲りの数
　　l　排気口の中心から排気筒の頂部の外気に開放された部分の中心ま
　　　　での長さ（単位　m）

h 排気口の中心から排気筒の頂部の外気に開放された部分の中心までの高さ（単位 m）

三 令第20条の3第2項第一号イ(6)の規定により国土交通大臣が定める数値は、次のイ又はロに掲げる場合に応じ、それぞれイ又はロに定める数値とすること。

イ 煙突に換気扇等を設ける場合 次の式によつて計算した換気扇等の必要有効換気量の数値（火を使用する設備又は器具が煙突に直結しており、かつ、正常な燃焼を確保するための給気機等が設けられている場合には、適当な数値）

$$V = 2KQ$$

この式において、V、K及びQは、それぞれ次の数値を表すものとする。

V 換気扇等の必要有効換気量（単位 1時間につき m³）

K 燃料の単位燃焼量当たりの理論廃ガス量（単位 m³）

Q 火を使用する設備又は器具の実況に応じた燃料消費量

（単位 kW 又は1時間につき kg）

ロ 煙突に換気扇等を設けない場合 次の式によつて計算した煙突の必要有効断面積の数値

$$A_v = \frac{2KQ}{3\,600} \sqrt{\frac{0.5 + 0.4n + 0.1\,l}{h}}$$

この式において、A_v、K、Q、n、l及びhは、それぞれ次の数値を表すものとする。

A_v 煙突の必要有効断面積（単位 m²）

K イに定めるKの量（単位 m³）

Q イに定めるQの量（単位 kW 又は1時間につき kg）

n 煙突の曲りの数

l 火源（煙突又は火を使用する設備若しくは器具にバフラー等の開口部を排気上有効に設けた場合にあつては当該開口部の中心。以下この号において同じ。）から煙突の頂部の外気に開放された部分の中心までの長さ（単位 m）

> h　火源から煙突の頂部の外気に開放された部分の中心（lが8を超
> える場合にあつては火源からの長さが8mの部分の中心）までの高
> さ（単位　m）

四　令第20条の3第2項第一号イ(7)の規定により国土交通大臣が定める数
　値は、次のイ又はロに掲げる場合に応じ、それぞれイ又はロに定める数値
　とすること。

　イ　排気フードを有する排気筒に換気扇等を設ける場合　次の式によつて
　　計算した換気扇等の必要有効換気量の数値

　　　　$V=NKQ$

> この式において、V、N、K及びQは、それぞれ次の数値を表すもの
> とする。
> V　換気扇等の必要有効換気量（単位　1時間につき m^3）
> N　(イ)に定める構造の排気フードを有する排気筒にあつては30と、
> 　(ロ)に定める構造の排気フードを有する排気筒にあつては20とする。
> 　(イ)　次の(i)から(iii)までにより設けられた排気フード又は廃ガスの捕
> 　　集についてこれと同等以上の効力を有するように設けられた排気
> 　　フードとすること。
> 　　(i)　排気フードの高さ（火源又は火を使用する設備若しくは器具
> 　　　に設けられた排気のための開口部の中心から排気フードの下端
> 　　　までの高さをいう。以下同じ。）は、1m以下とすること。
> 　　(ii)　排気フードは、火源又は火を使用する設備若しくは器具に設
> 　　　けられた排気のための開口部（以下「火源等」という。）を覆う
> 　　　ことができるものとすること。ただし、火源等に面して下地及
> 　　　び仕上げを不燃材料とした壁その他これに類するものがある場
> 　　　合には、当該部分についてはこの限りでない。
> 　　(iii)　排気フードの集気部分は、廃ガスを一様に捕集できる形状を
> 　　　有するものとすること。
> 　(ロ)　次の(i)から(iii)までにより設けられた排気フード又は廃ガスの捕
> 　　集についてこれと同等以上の効力を有するように設けられた排気
> 　　フードとすること。
> 　　(i)　排気フードの高さは、1m以下とすること。

(ii) 排気フードは、火源等及びその周囲（火源等から排気フードの高さの1/2以内の水平距離にある部分をいう。）を覆うことができるものとすること。ただし、火源等に面して下地及び仕上げを不燃材料とした壁その他これに類するものがある場合には、当該部分についてはこの限りでない。

(iii) 排気フードは、その下部に5cm以上の垂下り部分を有し、かつ、その集気部分は、水平面に対し10度以上の傾斜を有するものとすること。

K　燃料の単位燃焼量当たりの理論廃ガス量（単位　m³）

Q　火を使用する設備又は器具の実況に応じた燃料消費量

（単位　kW又は1時間につきkg）

ロ　排気フードを有する排気筒に換気扇等を設けない場合　次の式によって計算した排気筒の必要有効断面積

$$A_v = \frac{NKQ}{3\,600}\sqrt{\frac{2+4n+0.2\,l}{h}}$$

この式において、A_v、N、K、Q、n、l及びhは、それぞれ次の数値を表すものとする。

A_v　排気筒の必要有効断面積（単位　m²）

N　イに定めるNの値

K　イに定めるKの量（単位　m³）

Q　イに定めるQの量（単位　kW又は1時間につきkg）

n　排気筒の曲りの数

l　排気フードの下端から排気筒の頂部の外気に開放された部分の中心までの長さ（単位　m）

h　排気フードの下端から排気筒の頂部の外気に開放された部分の中心までの高さ（単位　m）

第四　令第20条の3第2項第三号の規定に基づき定める居室に廃ガスその他の生成物を逆流させず、かつ、他の室に廃ガスその他の生成物を漏らさない排気口及びこれに接続する排気筒並びに煙突の構造方法は、次に定めるものとする。

一　排気筒又は煙突の頂部が排気シャフトに開放されている場合において
　　は、当該排気シャフト内にある立上り部分は、逆流防止ダンパーを設け
　　る等当該排気筒又は煙突に排気上有効な逆流防止のための措置を講ずる
　　こと。この場合において、当該排気筒又は煙突は、直接外気に開放され
　　ているものとみなす。

二　煙突には、防火ダンパーその他温度の上昇により排気を妨げるおそれ
　　のあるものを設けないこと。

三　火を使用する設備又は器具を設けた室の排気筒又は煙突は、他の換気
　　設備の排気筒、風道その他これらに類するものに連結しないこと。

四　防火ダンパーその他温度の上昇により排気を妨げるおそれのあるもの
　　を設けた排気筒に煙突を連結する場合にあつては、次に掲げる基準に適
　　合すること。

　　イ　排気筒に換気上有効な換気扇等が設けられており、かつ、排気筒は
　　　　換気上有効に直接外気に開放されていること。

　　ロ　煙突内の廃ガスの温度は、排気筒に連結する部分において65℃以下
　　　　とすること。

　　ハ　煙突に連結する設備又は器具は、半密閉式瞬間湯沸器又は半密閉式
　　　　の常圧貯蔵湯沸器若しくは貯湯湯沸器とし、かつ、故障等により煙突
　　　　内の廃ガスの温度が排気筒に連結する部分において65℃を超えた場
　　　　合に自動的に作動を停止する装置が設けられていること。

別　表

(い) 燃　料　の　種　類			(ろ)理論廃ガス量
燃 料 の 名 称	発　　熱　　量		
(一)　都　市　ガ　ス			1kWh につき 0.93m³
(二)　Ｌ　Ｐ　ガ　ス （プロパン主体）	1kg につき 50.2MJ		1kWh につき 0.93m³
(三)　灯　　　　　油	1kg につき 43.1MJ		1kg につき 12.1m³

2. 火災時に生ずる煙を有効に排出することができる排煙設備の構造方法を定める件

（昭和45年12月28日　　）
（建設省告示第1829号）

改正　平成 5年 6月25日建設省告示第1445号
　　　同 12年 5月26日　　同　　第1382号

一　排煙設備の電気配線は、他の電気回路（電源に接続する部分を除く。）に接続しないものとし、かつ、その途中に一般の者が容易に電源を遮断することのできる開閉器を設けないこと。

二　排煙設備の電気配線は、耐火構造の主要構造部に埋設した配線、次のイからニまでの一に該当する配線又はこれらと同等以上の防火措置を講じたものとすること。

　イ　下地を不燃材料で造り、かつ、仕上げを不燃材料でした天井の裏面に鋼製電線管を用いて行う配線

　ロ　準耐火構造の床若しくは壁又は建築基準法（昭和25年法律第201号）第2条第九号の二ロに規定する防火設備で区画されたダクトスペースその他これに類する部分に行う配線

　ハ　裸導体バスダクト又は耐火バスダクトを用いて行う配線

　ニ　MIケーブルを用いて行う配線

三　排煙設備に用いる電線は、600V二種ビニル絶縁電線又はこれと同等以上の耐熱性を有するものとすること。

四　電源を必要とする排煙設備の予備電源は、自動充電装置又は時限充電装置を有する蓄電池（充電を行なうことなく30分間継続して排煙設備を作動させることができる容量以上で、かつ、開放型の蓄電池にあつては、減液警報装置を有するものに限る。）、自家用発電装置その他これらに類するもので、かつ、常用の電源が断たれた場合に自動的に切り替えられて接続されるものとすること。

3.　非常用の照明装置の構造方法を定める件

$$\left(\begin{array}{l}昭和45年12月28日\\建設省告示第1830号\end{array}\right)$$

改正　平成　5年　6月25日建設省告示第1446号
　　　　同　12年　5月30日　　　同　　　第1405号
　　　　同　22年　3月29日国土交通省告示第242号
　　　　同　28年12月16日　　　同　　　第1419号
　　　　同　29年　6月　2日　　　同　　　第　600号
　　　　令和元年　6月25日　　　同　　　第　203号

第一　照明器具

一　照明器具は、耐熱性及び即時点灯性を有するものとして、次のイからハまでのいずれかに掲げるものとしなければならない。

　イ　白熱灯（そのソケットの材料がセラミックス、フェノール樹脂、不飽和ポリエステル樹脂、芳香族ポリエステル樹脂、ポリフェニレンサルファイド樹脂又はポリブチレンテレフタレート樹脂であるものに限る。）

　ロ　蛍光灯（即時点灯性回路に接続していないスターター型蛍光ランプを除き、そのソケットの材料がフェノール樹脂、ポリアミド樹脂、ポリカーボネート樹脂、ポリフェニレンサルファイド樹脂、ポリブチレンテレフタレート樹脂、ポリプロピレン樹脂、メラミン樹脂、メラミンフェノール樹脂又はユリア樹脂であるものに限る。）

　ハ　LEDランプ（次の(1)又は(2)に掲げるものに限る。）

　(1)　日本産業規格C8159-1（一般照明用GX16t-5口金付直管LEDランプ－第一部：安全仕様）-2013に規定するGX16t-5口金付直管LEDランプを用いるもの（そのソケットの材料がフェノール樹脂、ポリアミド樹脂、ポリカーボネート樹脂、ポリフェニレンサルファイド樹脂、ポリブチレンテレフタレート樹脂、ポリプロピレン樹脂、メラミン樹脂、メラミンフェノール樹脂又はユリア樹脂であるものに限る。）

　(2)　日本産業規格C8154（一般照明用LEDモジュール－安全仕様）-2015に規定するLEDモジュールで難燃材料で覆われたものを用い、

かつ、口金を有しないもの（その接続端子部（当該 LED モジュールの受け口をいう。第三号ロにおいて同じ。）の材料がセラミックス、銅、銅合金、フェノール樹脂、不飽和ポリエステル樹脂、芳香族ポリエステル樹脂、ポリアミド樹脂、ポリカーボネート樹脂、ポリフェニレンサルファイド樹脂、ポリフタルアミド樹脂、ポリブチレンテレフタレート樹脂、ポリプロピレン樹脂、メラミン樹脂、メラミンフェノール樹脂又はユリア樹脂であるものに限る。）

二　照明器具内の電線（次号ロに掲げる電線を除く。）は、二種ビニル絶縁電線、架橋ポリエチレン絶縁電線、けい素ゴム絶縁電線、又はふっ素樹脂絶縁電線としなければならない。

三　照明器具内に予備電源を有し、かつ、差込みプラグにより常用の電源に接続するもの（ハにおいて「予備電源内蔵コンセント型照明器具」という。）である場合は、次のイからハまでに掲げるものとしなければならない。

　イ　差込みプラグを壁等に固定されたコンセントに直接接続し、かつ、コンセントから容易に抜けない措置を講じること。

　ロ　ソケット（第一号ハ(2)に掲げる LED ランプにあつては、接続端子部）から差込みプラグまでの電線は、前号に規定する電線その他これらと同等以上の耐熱性を有するものとすること。

　ハ　予備電源内蔵コンセント型照明器具である旨を表示すること。

四　照明器具（照明カバーその他照明器具に付属するものを含む。）のうち主要な部分は、難燃材料で造り、又は覆うこと。

第二　電気配線

一　電気配線は、他の電気回路（電源又は消防法施行令（昭和 36 年政令第 37 号）第 7 条第 4 項第二号に規定する誘導灯に接続する部分を除く。）に接続しないものとし、かつ、その途中に一般の者が、容易に電源を遮断することのできる開閉器を設けてはならない。

二　照明器具の口出線と電気配線は、直接接続するものとし、その途中にコンセント、スイッチその他これらに類するものを設けてはならない。

建築基準法関係

三　電気配線は、耐火構造の主要構造部に埋設した配線、次のイからニまでのいずれかに該当する配線又はこれらと同等以上の防火措置を講じたものとしなければならない。

イ　下地を不燃材料で造り、かつ、仕上げを不燃材料でした天井の裏面に鋼製電線管を用いて行う配線

ロ　準耐火構造の床若しくは壁又は建築基準法（昭和25年法律第201号）第2条第九号のニロに規定する防火設備で区画されたダクトスペースその他これに類する部分に行う配線

ハ　裸導体バスダクト又は耐火バスダクトを用いて行う配線

ニ　MIケーブルを用いて行う配線

四　電線は、600V二種ビニル絶縁電線その他これと同等以上の耐熱性を有するものとしなければならない。

五　照明器具内に予備電源を有する場合は、電気配線の途中にスイッチを設けてはならない。この場合において、前各号の規定は適用しない。

第三　電　源

一　常用の電源は、蓄電池又は交流低圧屋内幹線によるものとし、その開閉器には非常用の照明装置用である旨を表示しなければならない。

ただし、照明器具内に予備電源を有する場合は、この限りでない。

二　予備電源は、常用の電源が断たれた場合に自動的に切り替えられて接続され、かつ、常用の電源が復旧した場合に自動的に切り替えられて復帰するものとしなければならない。

三　予備電源は、自動充電装置時限充電装置を有する蓄電池（開放型のものにあつては、予備電源室その他これに類する場合に定置されたもので、かつ、減液警報装置を有するものに限る。以下この号において同じ。）又は蓄電池と自家用発電装置を組み合わせたもの（常用の電源が断たれた場合に直ちに蓄電池により非常用の照明装置を点灯させるものに限る。）で充電を行うことなく30分間継続して非常用の照明装置を点灯させることができるものその他これに類するものによるものとし、その開閉器には非常用の照明装置用である旨を表示しなければならない。

第四　そ　の　他

一　非常用の照明装置は、常温下で床面において水平面照度で1lx（蛍光灯

又は LED ランプを用いる場合にあつては、2 lx）以上を確保することが
できるものとしなければならない。

二　前号の水平面照度は、十分に補正された低照度測定用照度計を用いた物
　理測定方法によつて測定されたものとする。

建築基準法関係

4. 建築基準法施行令第 126 条の 7 第 7 号の規定に基づく非常用の進入口の機能を確保するために必要な構造の基準

$$\left(\begin{array}{c}\text{昭和 45 年 12 月 28 日}\\\text{建設省告示第 1831 号}\end{array}\right)$$

第一　非常用の進入口又はその近くに掲示する赤色燈は、次の各号に適合しなければならない。

一　常時点燈（フリッカー状態を含む。以下同じ。）している構造とし、かつ、一般の者が容易に電源を遮断することができる開閉器を設けないこと。

二　自動充電装置又は時限充電装置を有する蓄電池（充電を行なうことなく30 分間継続して点燈させることができる容量以上のものに限る。）その他これに類するものを用い、かつ、常用の電源が断たれた場合に自動的に切り替えられて接続される予備電源を設けること。

三　赤色燈の明るさ及び取り付け位置は、非常用の進入口の前面の道又は通路その他の空地の幅員の中心から点燈していることが夜間において明らかに識別できるものとすること。

四　赤色燈の大きさは、直径 10 cm 以上の半球が内接する大きさとすること。

第二　非常用の進入口である旨の表示は、赤色反射塗料による一辺が 20 cm の正三角形によらなければならない。

5. 地下街の各構えの接する地下道に設ける非常用の照明設備、排煙設備及び排水設備の構造方法を定める件

$$\left(\begin{array}{l}昭和44年5月1日\\建設省告示第1730号\end{array}\right)$$

改正 昭和45年12月28日建設省告示第1835号
平成12年 5月26日 同 第1383号
同 12年12月26日 同 第2465号

第一 非常用の照明設備の構造方法

一 地下道の床面において10lx以上の照度を確保しうるものとすること。

二 照明設備には、常用の電源が断たれた場合に自動的に切り替えられて接続される予備電源（自動充電装置又は時限充電装置を有する蓄電池（充電を行なうことなく30分間継続して照明設備を作動させることのできる容量を有し、かつ、開放型の蓄電池にあつては、減液警報装置を有するものに限る。）、自家用発電装置その他これらに類するもの）を設けること。

三 照明器具（照明カバーその他照明器具に附属するものを含む。）は、絶縁材料で軽微なものを除き、不燃材料で造り、又はおおい、かつ、その光源（光の拡散のためのカバーその他これに類するものがある場合には、当該部分）の最下部は、天井（天井のない場合においては、床版。以下同じ。）面から50cm以上下方の位置に設けること。

四 照明設備の電気配線は、他の電気回路（電源に接続する部分を除く。）に接続しないものとし、かつ、その途中に地下道の一般歩行者が、容易に電線を遮断することのできる開閉器を設けないこと。

五 照明設備に用いる電線は、600V二種ビニル絶縁電線又はこれと同等以上の耐熱性を有するものを用い、かつ、地下道の耐火構造の主要構造部に埋設した配線、次のイからニまでの一に該当する配線又はこれらと同等以上の防火措置を講じたものとすること。

　イ 下地を不燃材料で造り、かつ、仕上げを不燃材料でした天井の裏面に鋼製電線管を用いて行なう配線

　ロ 耐火構造の床若しくは壁又は建築基準法（昭和25年法律第201号）第

　　　2条第九号の二ロに規定する防火設備で区画されたダクトスペースその
　　　他これに類する部分に行なう配線

　ハ　裸導体バスダクト又は耐火バスダクトを用いて行なう配線

　ニ　MIケーブルを用いて行なう配線

六　前各号に定めるほか、非常用の照明設備として有効な構造のものとする
　　こと。

第二　非常用の排煙設備の構造方法

一　地下道は、その床面積300m² 以内ごとに、天井面から80cm以上下方に
　　突出した垂れ壁その他これと同等以上の煙の流動を妨げる効力のあるもの
　　で、不燃材料で造り、又はおおわれたもので区画すること。

二　排煙設備の排煙口、排煙風道その他排煙時に煙に接する排煙設備の部分
　　は、不燃材料で造ること。

三　排煙口は、第一号により区画された部分（以下「防煙区画部分」という。）
　　のそれぞれに一以上を、天井又は「壁の上部」（天井から80cm以内の距離
　　にある部分をいう。）に設け、かつ、排煙風道に直結すること。

四　排煙口には、手動開放装置を設けること。

五　前号の手動開放装置のうち手で操作する部分は、壁面に設ける場合にお
　　いては、床面から0.8m以上1.5m以下の高さの位置に、天井から吊り下
　　げて設ける場合においては床面からおおむね1.8mの高さの位置に、それ
　　ぞれ設け、かつ、見やすい方法でその使用方法を示す標識を設けること。

六　排煙口は、第四号の手動開放装置、煙感知器と連動する自動開放装置又
　　は遠隔操作方法による開放装置により開放された場合を除き、閉鎖状態を
　　保持し、かつ、開放時に排煙に伴い生ずる気流により閉鎖されるおそれの
　　ない構造の戸その他これに類するものを有すること。

七　排煙風道が防煙区画部分を区画する壁等を貫通する場合においては、当
　　該風道と防煙区画部分を区画する壁等とのすき間をモルタルその他の不燃
　　材料で埋めること。

八　排煙は、排煙口の一の開放に伴い、自動的に作動を開始する構造を有し、
　　かつ、1秒間に5m³（一の排煙機が二以上の防煙区画部分に係る場合にあ
　　つては10m³）以上の室内空気を排出する能力を有する排煙機により行な
　　うこと。ただし、排煙口が当該排煙口の設けられた防煙区画部分の床面積

の1/50以上の開口面積を有し、かつ、直接外気に接する場合においては、この限りでない。

九　電源を必要とする排煙設備には、第一第二号の例により予備電源を設けること。

十　排煙設備の電気配線は、第一第四号の例によること。

十一　排煙設備に用いる電線には、第一第五号の例により防火措置を講ずること。

十二　排煙設備は、前各号に定めるほか、火災時に生ずる煙を地下道内から地上に有効に排出することができるものとすること。

第三　非常用の排水設備の構造方法

一　排水設備の下水管、下水溝、ためますその他汚水に接する部分は、耐水材料でかつ、不燃材料であるもので造ること。

二　排水設備の下水管、下水溝等の末端は、公共下水道、都市下水路その他これらに類する施設に、排水上有効に連結すること。

三　排水設備（排水ポンプを含む。以下同じ。）の処理能力は、当該排水設備に係る地下道及びこれに接する地下街の各構えの汚水排出量の合計（地下水の湧出又は地表水の浸出がある場合においては、これを含む。）の2倍の水量を排出し得るものとすること。

四　電源を必要とする排水設備には、第一第二号の例により予備電源を設けること。

五　排水設備の電気配線は、第一第四号の例によること。

六　排水設備に用いる電線には、第一第五号の例により防火措置を講ずること。

七　排水設備は、前各号に定めるほか、非常用の排水設備として有効な構造とすること。

建築基準法関係

6. 排煙設備の設置を要しない火災が発生した場合に避難上支障のある高さまで煙又はガスの降下が生じない建築物の部分を定める件

$$\begin{pmatrix} \text{平成 12 年 5 月 31 日} \\ \text{建設省告示第 1436 号} \end{pmatrix}$$

改正　平成13年2月 1日国土交通省告示第　 67号
　　　同 27年1月29日　　 同　　 第 184号
　　　同 27年3月18日　　 同　　 第 402号
　　　同 27年3月27日　　 同　　 第 442号
　　　同 30年9月12日　　 同　　 第1098号
　　　令和元年6月21日　　 同　　 第 200号
　　　同 2年3月 6日　　 同　　 第 251号
　　　同 2年4月 1日　　 同　　 第 508号
　　　同 6年3月25日　　 同　　 第 221号

　建築基準法施行令（以下「令」という。）第126条の2第1項第五号に規定する火災が発生した場合に避難上支障のある高さまで煙又はガスの降下が生じない建築物の部分は、次に掲げるものとする。

一　次に掲げる基準に適合する排煙設備を設けた建築物の部分
　イ　令第126条の3第1項第一号から第三号まで、第七号から第十号まで及び第十二号に定める基準
　ロ　当該排煙設備は、一の防煙区画部分（令第126条の3第1項第三号に規定する防煙区画部分をいう。以下同じ。）にのみ設置されるものであること。
　ハ　排煙口は、常時開放状態を保持する構造のものであること。
　ニ　排煙機を用いた排煙設備にあっては、手動始動装置を設け、当該装置のうち手で操作する部分は、壁に設ける場合においては床面から80cm以上1.5m以下の高さの位置に、天井からつり下げて設ける場合においては床面からおおむね1.8mの高さの位置に設け、かつ、見やすい方法でその使用する方法を表示すること。

二　令第112条第1項第一号に掲げる建築物の部分（令第126条の2第1項第二号及び第四号に該当するものを除く。）で、次に掲げる基準に適合するもの

　イ　令第126条の3第1項第二号から第八号まで及び第十号から第十二号までに掲げる基準

　ロ　防煙壁（令第126条の2第1項に規定する防煙壁をいう。以下同じ。）によって区画されていること。

　ハ　天井（天井のない場合においては、屋根。以下同じ。）の高さが3m以上であること。

　ニ　壁及び天井の室内に面する部分の仕上げを準不燃材料でしてあること。

　ホ　排煙機を設けた排煙設備にあっては、当該排煙機は、1分間に500m³以上で、かつ、防煙区画部分の床面積（2以上の防煙区画部分に係る場合にあっては、それらの床面積の合計）1m²につき1m³以上の空気を排出する能力を有するものであること。

三　次に掲げる基準に適合する排煙設備を設けた建築物の部分（天井の高さが3m以上のものに限る。）

　イ　令第126条の3第1項各号（第三号中排煙口の壁における位置に関する規定を除く。）に掲げる基準

　ロ　排煙口が、床面からの高さが、2.1m以上で、かつ、天井（天井のない場合においては、屋根）の高さの1/2以上の壁の部分に設けられていること。

　ハ　排煙口が、当該排煙口に係る防煙区画部分に設けられた防煙壁の下端より上方に設けられていること。

　ニ　排煙口が、排煙上、有効な構造のものであること。

四　次のイからトまでのいずれかに該当する建築物の部分

　イ　階数が2以下で、延べ面積が200m²以下の住宅又は床面積の合計が200m²以下の長屋の住戸の居室で、当該居室の床面積の1/20以上の換気上有効な窓その他の開口部を有するもの

　ロ　階数が2以下で、かつ、延べ面積が500m²以下の建築物（令第110条の5に規定する技術的基準に従って警報設備を設けたものに限り、次の(1)又は(2)のいずれかに該当するもの（以下「特定配慮特殊建築物」という。）を除く。）の部分であって、各居室に屋外への出口等（屋外への出口、バルコニー又は屋外への出口に近接した出口をいう。以下同じ。）（当該各居

室の各部分から当該屋外への出口等まで及び当該屋外への出口等から道ま
での避難上支障がないものに限る。）その他当該各居室に存する者が容易
に道に避難することができる出口が設けられているもの

(1)　建築基準法（昭和25年法律第201号。以下「法」という。）別表第一
　(い)欄(一)項に掲げる用途又は病院、診療所（患者の収容施設があるものに
　限る。）若しくは児童福祉施設等（令第115条の3第一号に規定する児
　童福祉施設等をいう。以下同じ。）（入所する者の使用するものに限る。）
　の用途に供するもの

(2)　令第128条の4第1項第二号又は第三号に掲げる用途に供するもの

ハ　階数が2以下で、かつ、延べ面積が500m²以下の建築物（令第110条
　の5に規定する技術的基準に従って警報設備を設けたものに限り、特定配
　慮特殊建築物を除く。）の部分（当該部分以外の部分と間仕切壁又は令第
　112条第12項に規定する10分間防火設備（当該部分にスプリンクラー設
　備その他これに類するものを設け、若しくは消火上有効な措置が講じられ
　ている場合又は当該部分の壁及び天井の室内に面する部分の仕上げを難燃
　材料でした場合にあっては、戸（ふすま、障子その他これらに類するもの
　を除く。））で同条第19項第二号に規定する構造であるもので区画されて
　いるものに限る。）で、次に掲げる基準に適合する部分

(1)　床面積が50m²（天井の高さが3m以上である場合にあつては、100m²）
　以内であること。

(2)　各居室の各部分から避難階における屋外への出口又は令第123条第2
　項に規定する屋外に設ける避難階段に通ずる出入口の一に至る歩行距離
　が25m以下であること。

ニ　避難階又は避難階の直上階で、次に掲げる基準に適合する部分（当該基
　準に適合する当該階の部分（以下「適合部分」という。）以外の建築物の部分
　の全てが令第126条の2第1項第一号から第三号までのいずれか、前各号に
　掲げるもののいずれか若しくはイからハまで及びホからトまでのいずれかに
　該当する場合又は適合部分と適合部分以外の建築物の部分とが準耐火構造
　の床若しくは壁若しくは同条第2項に規定する防火設備で区画されている場
　合に限る。）

(1)　次の(一)又は(二)のいずれかに該当するものであること。

㈠　法別表第一⒤欄に掲げる用途以外の用途に供するもの

㈡　児童福祉施設等（入所する者の利用するものを除く。）、博物館、美術館、図書館、展示場又は飲食店の用途に供するもの

⑵　⑴に規定する用途に供する部分における主たる用途に供する各居室に屋外への出口等（当該各居室の各部分から当該屋外への出口等まで及び当該屋外への出口等から道までの避難上支障がないものに限る。）その他当該各居室に存する者が容易に道に避難することができる出口が設けられていること。

ホ　法第27条第3項第二号の危険物の貯蔵場又は処理場、自動車車庫、通信機械室、繊維工場その他これらに類する建築物の部分で、法令の規定に基づき、不燃性ガス消火設備又は粉末消火設備を設けたもの

ヘ　高さ31ｍ以下の建築物の部分（法別表第一⒤欄に掲げる用途に供する特殊建築物の主たる用途に供する部分で、地階に存するものを除く。）で、室（居室を除く。）にあっては⑴又は⑵のいずれか、居室にあっては⑶から⑸まで（特定配慮特殊建築物の居室にあっては、⑷又は⑸）のいずれかに該当するもの

⑴　壁及び天井の室内に面する部分の仕上げを準不燃材料でし、かつ、屋外に面する開口部以外の開口部のうち、居室又は避難の用に供する部分に面するものに法第2条第九号の二ロに規定する防火設備で令第112条第19項第一号に規定する構造であるものを、それ以外のものに戸又は扉を、それぞれ設けたもの

⑵　床面積が100㎡以下で、令第126条の2第1項に掲げる防煙壁により区画されたもの

⑶　床面積が50㎡（天井の高さが3ｍ以上である場合にあっては、100㎡）以内で、当該部分以外の部分と準耐火構造の間仕切壁又は法第2条第九号の二ロに規定する防火設備（当該部分にスプリンクラー設備その他これに類するものを設け、若しくは消火上有効な措置が講じられている場合又は当該部分の壁及び天井の室内に面する部分の仕上げを準不燃材料でした場合にあっては、間仕切壁又は令第112条第12項に規定する10分間防火設備）で同条第19項第二号に規定する構造であるもので区画されていること。

⑷　床面積100m²以内ごとに準耐火構造の床若しくは壁又は法第2条第
九号の二ロに規定する防火設備で令第112条第19項第一号に規定する
構造であるものによって区画され、かつ、壁及び天井の室内に面する部
分の仕上げを準不燃材料でしたもの

⑸　床面積が100m²以下で、壁及び天井の室内に面する部分の仕上げを
不燃材料でし、かつ、その下地を不燃材料で造ったもの

ト　高さ31mを超える建築物の床面積100m²以下の室で、耐火構造の床若
しくは壁又は法第2条第九号の二に規定する防火設備で令第112条第19
項第一号に規定する構造であるもので区画され、かつ、壁及び天井の室内
に面する部分の仕上げを準不燃材料でしたもの

7. 非常用の照明装置を設けることを要しない避難階又は避難階の直上階若しくは直下階の居室で避難上支障がないものその他これらに類するものを定める件

（平成 12 年 5 月 31 日 建設省告示第 1411 号）

改正　平成30年 3月29日 国土交通省告示 第516号
　　　令和 6年 3月25日　　　同　　　　第221号

建築基準法施行令（以下「令」という。）第126条の4第1項第四号に規定する避難階又は避難階の直上階若しくは直下階の居室で避難上支障がないものその他これらに類するものは、次の各号のいずれかに該当するものとする。

一　令第116条の2第1項第一号に該当する窓その他の開口部を有する居室及びこれに類する建築物の部分（以下「居室等」という。）で、次のイ又はロのいずれかに該当するもの

　イ　避難階に存する居室等にあっては、当該居室等の各部分から屋外への出口の一に至る歩行距離が30m以下であり、かつ、避難上支障がないもの

　ロ　避難階の直下階又は直上階に存する居室等にあっては、当該居室等から避難階における屋外への出口又は令第123条第2項に規定する屋外に設ける避難階段に通ずる出入口に至る歩行距離が20m以下であり、かつ、避難上支障がないもの

二　床面積が30m²以下の居室（ふすま、障子その他随時開放することができるもので仕切られた2室は、1室とみなす。）で、地上への出口を有するもの又は当該居室から地上に通ずる建築物の部分が次のイ又はロに該当するもの

　イ　令第126条の5に規定する構造の非常用の照明装置を設けた部分

　ロ　採光上有効に直接外気に開放された部分

8.　防火区画に用いる防火設備等の構造方法を定める件

$$\left(\begin{array}{l}\text{昭和 48 年 12 月 28 日}\\\text{建設省告示第 2563 号}\end{array}\right)$$

改正　昭和60年10月 1日　建設省告示　第1305号
　　　平成12年 5月25日　　 同　　　　第1370号
　　　同 13年 2月 1日国土交通省告示第65号
　　　同 17年12月 1日　　 同　　　　第1392号
　　　同 30年 3月27日　　 同　　　　第 502号
　　　同 30年 9月12日　　 同　　　　第1098号
　　　令和元年 6月21日　　 同　　　　第 200号
　　　同 2年 4月 1日　　 同　　　　第 508号

第一　建築基準法施行令（以下「令」という。）第 112 条第 19 項第一号に規定する同号イからニまでに掲げる要件（ニに掲げる要件にあつては、火災により煙が発生した場合に、自動的に閉鎖又は作動をするものであることに限る。）を満たす防火設備の構造方法は、次の各号のいずれかに定めるものとする。

一　次に掲げる基準に適合する常時閉鎖状態を保持する構造の防火設備とすること。

　イ　次の(1)又は(2)のいずれかに適合するものであること。

　　(1)　面積が 3 m² 以内の防火戸で、直接手で開くことができ、かつ、自動的に閉鎖するもの（以下「常時閉鎖式防火戸」という。）であること。

　　(2)　面積が 3 m² 以内の防火戸で、昇降路の出入口に設けられ、かつ、人の出入りの後 20 秒以内に閉鎖するものであること。

　ロ　当該防火設備が開いた後に再び閉鎖するに際して、次に掲げる基準に適合するものであること。ただし、人の通行の用に供する部分以外の部分に設ける防火設備にあつては、この限りでない。

　　(1)　当該防火設備の質量（単位 kg）に当該防火設備の閉鎖時の速度（単位 m/s）の二乗を乗じて得た値が 20 以下となるものであること。

　　(2)　当該防火設備の質量が 15 kg 以下であること。ただし、水平方向に閉鎖をするものであつてその閉鎖する力が 150 N 以下であるもの又は

周囲の人と接触することにより停止するもの（人との接触を検知してから停止するまでの移動距離が5cm以下であり、かつ、接触した人が当該防火設備から離れた後に再び閉鎖又は作動をする構造であるものに限る。）にあつては、この限りでない。

二　次に掲げる基準に適合する随時閉鎖することができる構造の防火設備とすること。

イ　当該防火設備が閉鎖するに際して、前号ロ(1)及び(2)に掲げる基準に適合するものであること。ただし、人の通行の用に供する部分以外の部分に設ける防火設備にあつては、この限りでない。

ロ　居室から地上に通ずる主たる廊下、階段その他の通路に設けるものにあつては、当該防火設備に近接して当該通路に常時閉鎖式防火戸が設けられている場合を除き、直接手で開くことができ、かつ、自動的に閉鎖する部分を有し、その部分の幅、高さ及び下端の床面からの高さが、それぞれ、75cm以上、1.8m以上及び15cm以下である構造の防火設備とすること。

ハ　煙感知器又は熱煙複合式感知器、連動制御器、自動閉鎖装置及び予備電源を備えたものであること。

ニ　煙感知器又は熱煙複合式感知器は、次に掲げる基準に適合するものであること。

(1)　消防法（昭和23年法律第186号）第21条の2第1項の規定による検定に合格したものであること。

(2)　次に掲げる場所に設けるものであること。

　(i)　防火戸からの水平距離が10m以内で、かつ、防火設備と煙感知器又は熱煙複合式感知器との間に間仕切壁等がない場所

　(ii)　壁（天井から50cm以上下方に突出したたれ壁等を含む。）から60cm以上離れた天井等の室内に面する部分（廊下等狭い場所であるために60cm以上離すことができない場合にあつては、当該廊下等の天井等の室内に面する部分の中央の部分）

　(iii)　次に掲げる場所以外の場所

　　(イ)　換気口等の空気吹出口に近接する場所

　　(ロ)　じんあい、微粉又は水蒸気が多量に滞留する場所

建築基準法関係

   (ハ) 腐食性ガスの発生するおそれのある場所

   (ニ) 厨房等正常時において煙等が滞留する場所

   (ホ) 排気ガスが多量に滞留する場所

   (ヘ) 煙が多量に流入するおそれのある場所

   (ト) 結露が発生する場所

(3) 倉庫の用途に供する建築物で、その用途に供する部分の床面積の合計が5万 m² 以上のものの当該用途に供する部分に設ける火災情報信号（火災によつて生ずる熱又は煙の程度その他火災の程度に係る信号をいう。）を発信する煙感知器又は熱煙複合式感知器（スプリンクラー設備、水噴霧消火設備、泡消火設備その他これらに類するもので自動式のものを設けた部分に設けるものを除く。）にあつては、煙感知器又は熱煙複合式感知器に用いる電気配線が、次の(i)又は(ii)のいずれかに定めるものであること。

   (i) 煙感知器又は熱煙複合式感知器に接続する部分に、耐熱性を有する材料で被覆することその他の短絡を有効に防止する措置を講じたもの

   (ii) 短絡した場合にあつても、その影響が準耐火構造の床若しくは壁又は建築基準法（昭和25年法律第201号）第2条第九号のニロに規定する防火設備で区画された建築物の部分でその床面積が3千 m² 以内のもの以外の部分に及ばないように断路器その他これに類するものを設けたもの

ホ 連動制御器は、次に定めるものであること。

  (1) 煙感知器又は熱煙複合式感知器から信号を受けた場合に自動閉鎖装置に起動指示を与えるもので、随時、制御の監視ができるもの

  (2) 火災による熱により機能に支障をきたすおそれがなく、かつ、維持管理が容易に行えるもの

  (3) 連動制御器に用いる電気配線及び電線が、次に定めるものであるもの

   (i) 昭和45年建設省告示第1829号第二号及び第三号に定める基準によるもの

   (ii) 常用の電源の電気配線は、他の電気回路（電源に接続する部分及

び消防法施行令（昭和 36 年政令第 37 号）第 7 条第 3 項第一号に規定する自動火災報知設備の中継器又は受信機に接続する部分を除く。）に接続しないもので、かつ、配電盤又は分電盤の階別主開閉器の電源側で分岐しているもの

ヘ　自動閉鎖装置は、次に定めるものであること。

(1)　連動制御器から起動指示を受けた場合に防火設備を自動的に閉鎖させるもの

(2)　自動閉鎖装置に用いる電気配線及び電線が、ホの(3)に定めるものであるもの

ト　予備電源は、昭和 45 年建設省告示第 1829 号第四号に定める基準によるものであること。

第二　令第 112 条第 19 項第一号に規定する同号イからニまでに掲げる要件（ニに掲げる要件にあつては、火災により温度が急激に上昇した場合に、自動的に閉鎖又は作動をするものであることに限る。）を満たす防火設備の構造方法は、次の各号のいずれかに定めるものとする。

一　第一第一号に定める構造の防火設備とすること。

二　次に掲げる基準に適合する随時閉鎖することができる構造の防火設備とすること。

イ　第一第二号イ及びロに掲げる基準に適合すること。

ロ　熱感知器又は熱煙複合式感知器と連動して自動的に閉鎖する構造のものにあつては、次に掲げる基準に適合すること。

(1)　熱感知器又は熱煙複合式感知器、連動制御器、自動閉鎖装置及び予備電源を備えたものであること。

(2)　熱感知器は、次に定めるものであること。

(ⅰ)　消防法第 21 条の 2 第 1 項の規定による検定に合格した熱複合式若しくは定温式のもので特種の公称作動温度（補償式（熱複合式のもののうち多信号機能を有しないものをいう。）のものにあつては公称定温点、以下同じ。）が 60℃ から 70℃ までのもの（ボイラー室、厨房等最高周囲温度が 50℃ を超える場所にあつては、当該最高周囲温度より 20℃ 高い公称作動温度のもの）

(ⅱ)　第一第二号ニ(2)(ⅰ)及び(ⅱ)に掲げる場所に設けるもの

　　　(ⅲ)　第一第二号ニ(3)に定めるもの

　　(3)　熱煙複合式感知器は、次に定めるものであること。

　　　(ⅰ)　消防法第21条の2第1項の規定による検定に合格したもののうち、定温式の性能を有するもので特種の公称作動温度が60℃から70℃までのもの（ボイラー室等最高周囲温度が50℃を超える場所にあつては、当該最高周囲温度より20℃高い公称作動温度のもの）

　　　(ⅱ)　第一第二号ニ(2)に掲げる場所に設けられたもの

　　　(ⅲ)　第一第二号ニ(3)に定めるもの

　　(4)　連動制御器、自動閉鎖装置及び予備電源は、第一第二号ホからトまでに定めるものであること。

　ハ　温度ヒューズと連動して自動的に閉鎖する構造のものにあつては、次に掲げる基準に適合すること。

　　(1)　温度ヒューズ、連動閉鎖装置及びこれらの取付部分を備えたもので、別記に規定する試験に合格したものであること。

　　(2)　温度ヒューズが、天井の室内に面する部分又は防火戸若しくは防火戸の枠の上部で熱を有効に感知できる場所において、断熱性を有する不燃材料に露出して堅固に取り付けられたものであること。

　　(3)　連動閉鎖装置の可動部部材が、腐食しにくい材料を用いたものであること。

第三　令第129条の13の2第三号に規定する令第112条第19項第一号イ、ロ及びニに掲げる要件（ニに掲げる要件にあつては、火災により煙が発生した場合に、自動的に閉鎖又は作動をするものであることに限る。）を満たす防火設備の構造方法は、次の各号のいずれかに定めるものとする。

一　第一第一号に定める構造の防火設備とすること。

二　第一第二号イ及びハからトまでに掲げる基準に適合する随時閉鎖することができる構造の防火設備とすること。

第四　令第129条の13の2第三号に規定する令第112条第19項第一号イ、ロ及びニに掲げる要件（ニに掲げる要件にあつては、火災により温度が急激に上昇した場合に、自動的に閉鎖又は作動をするものであることに限る。）を満たす防火設備の構造方法は、次の各号のいずれかに定めるものとする。

一　第一第一号に定める構造の防火設備とすること。

二　第一第二号イ並びに第二第二号ロ及びハに掲げる基準に適合する随時閉
　鎖することができる構造の防火設備とすること。

9. 雷撃によって生ずる電流を建築物に被害を及ぼすことなく安全に地中に流すことができる避雷設備の構造方法を定める件

$$\binom{平成\ 12\ 年\ 5\ 月\ 31\ 日}{建設省告示第\ 1425\ 号}$$

改正　平成17年　7月　4日　国土交通省告示　第650号
　　　令和元年　6月25日　　　同　　　　　第203号
　　　同　　6年　3月　8日　　　同　　　　　第151号

　雷撃によって生ずる電流を建築物に被害を及ぼすことなく安全に地中に流すことができる避雷設備の構造方法は、日本産業規格 Z 9290（雷保護）－ 3 － 2019 に規定する外部雷保護システムに適合する構造とすることとする。

労働安全衛生法関係法規（抄）

Ⅰ 労働安全衛生法 （抄）

（昭和47年6月8日）
（法律第57号）

改正 昭和50年 5月 1日法律第 28号
　　　同 52年 7月 1日 同 第 76号
　　　同 55年 6月 2日 同 第 78号
　　　同 58年 5月25日 同 第 57号
　　　同 60年 6月 8日 同 第 56号
　　　同 63年 5月17日 同 第 37号
　　　平成 4年 5月22日 同 第 55号
　　　同 　5年11月12日 同 第 89号
　　　同 　5年11月19日 同 第 92号
　　　同 　6年11月11日 同 第 97号
　　　同 　8年 6月19日 同 第 89号
　　　同 10年 9月30日 同 第112号
　　　同 11年 5月21日 同 第 45号
　　　同 11年 7月16日 同 第 87号
　　　同 11年12月 8日 同 第151号
　　　同 11年12月22日 同 第160号
　　　同 12年 5月31日 同 第 91号
　　　同 13年 6月29日 同 第 87号
　　　同 13年12月12日 同 第153号
　　　同 14年 8月 2日 同 第103号
　　　同 15年 7月 2日 同 第102号
　　　同 16年12月 1日 同 第150号
　　　同 17年 3月31日 同 第 21号
　　　同 17年 7月26日 同 第 87号
　　　同 17年11月 2日 同 第108号
　　　同 18年 3月31日 同 第 10号
　　　同 18年 3月31日 同 第 25号
　　　同 18年 6月 2日 同 第 50号
　　　同 26年 6月13日 同 第 69号
　　　同 26年 6月25日 同 第 82号
　　　同 27年 5月 7日 同 第 17号
　　　同 29年 5月31日 同 第 41号
　　　同 30年 7月 6日 同 第 71号
　　　同 30年 7月25日 同 第 78号
　　　令和元年 6月14日 同 第 37号
　　　同 　4年 6月17日 同 第 68号

労働安全衛生法関係

労働安全衛生法をここに公布する。

第1章　総　　　則

（目　的）

第1条　この法律は、労働基準法（昭和22年法律第49号）と相まつて、労働
　　災害の防止のための危害防止基準の確立、責任体制の明確化及び自主的活動
　　の促進の措置を講ずる等その防止に関する総合的計画的な対策を推進するこ
　　とにより職場における労働者の安全と健康を確保するとともに、快適な職場
　　環境の形成を促進することを目的とする。

（定　義）

第2条　この法律において、次の各号に掲げる用語の意義は、それぞれ当該各
　　号に定めるところによる。

　　一　労働災害　労働者の就業に係る建築物、設備、原材料、ガス、蒸気、粉
　　　　じん等により、又は作業行動その他業務に起因して、労働者が負傷し、疾
　　　　病にかかり、又は死亡することをいう。

　　二　労働者　労働基準法第9条に規定する労働者をいう。

　　三　事業者　事業を行う者で、労働者を使用するものをいう。

　　三の二　化学物質　元素及び化合物をいう。

　　四　作業環境測定　作業環境の実態をは握するため空気環境その他の作業環
　　　　境について行うデザイン、サンプリング及び分析（解析を含む。）をいう。

（事業者等の責務）

第3条　事業者は、単にこの法律で定める労働災害の防止のための最低基準を
　　守るだけでなく、快適な職場環境の実現と労働条件の改善を通じて職場にお
　　ける労働者の安全と健康を確保するようにしなければならない。また、事業
　　者は、国が実施する労働災害の防止に関する施策に協力するようにしなけれ
　　ばならない。

　2　機械、器具その他の設備を設計し、製造し、若しくは輸入する者、原材料
　　を製造し、若しくは輸入する者又は建設物を建設し、若しくは設計する者は、
　　これらの物の設計、製造、輸入又は建設に際して、これらの物が使用される
　　ことによる労働災害の発生の防止に資するように努めなければならない。

　3　建設工事の注文者等仕事を他人に請け負わせる者は、施工方法、工期等に

ついて、安全で衛生的な作業の遂行をそこなうおそれのある条件を附さない
ように配慮しなければならない。

第4条 労働者は、労働災害を防止するため必要な事項を守るほか、事業者そ
の他の関係者が実施する労働災害の防止に関する措置に協力するように努め
なければならない。

（事業者に関する規定の適用）

第5条 2以上の建設業に属する事業の事業者が、一の場所において行われる
当該事業の仕事を共同連帯して請け負つた場合においては、厚生労働省令で
定めるところにより、そのうちの1人を代表者として定め、これを都道府県
労働局長に届け出なければならない。

2　前項の規定による届出がないときは、都道府県労働局長が代表者を指名す
る。

3　前2項の代表者の変更は、都道府県労働局長に届け出なければ、その効力
を生じない。

4　第1項に規定する場合においては、当該事業を同項又は第2項の代表者の
みの事業と、当該代表者のみを当該事業の事業者と、当該事業の仕事に従事
する労働者を当該代表者のみが使用する労働者とそれぞれみなして、この法
律を適用する。

第3章　安全衛生管理体制

（総括安全衛生管理者）

第10条 事業者は、政令で定める規模の事業場ごとに、厚生労働省令で定める
ところにより、総括安全衛生管理者を選任し、その者に安全管理者、衛生管
理者又は第25条の2第2項の規定により技術的事項を管理する者の指揮を
させるとともに、次の業務を総括管理させなければならない。

　一　労働者の危険又は健康障害を防止するための措置に関すること。

　二　労働者の安全又は衛生のための教育の実施に関すること。

　三　健康診断の実施その他健康の保持増進のための措置に関すること。

　四　労働災害の原因の調査及び再発防止対策に関すること。

　五　前各号に掲げるもののほか、労働災害を防止するため必要な業務で、厚

労働安全衛生法関係

　　生労働省令で定めるもの

2　総括安全衛生管理者は、当該事業場においてその事業の実施を統括管理する者をもつて充てなければならない。

3　都道府県労働局長は、労働災害を防止するため必要があると認めるときは、総括安全衛生管理者の業務の執行について事業者に勧告することができる。

（作業主任者）

第14条　事業者は、高圧室内作業その他の労働災害を防止するための管理を必要とする作業で、政令で定めるものについては、都道府県労働局長の免許を受けた者又は都道府県労働局長の登録を受けた者が行う技能講習を修了した者のうちから、厚生労働省令で定めるところにより、当該作業の区分に応じて、作業主任者を選任し、その者に当該作業に従事する労働者の指揮その他の厚生労働省令で定める事項を行わせなければならない。

（統括安全衛生責任者）

第15条　事業者で、一の場所において行う事業の仕事の一部を請負人に請け負わせているもの（当該事業の仕事の一部を請け負わせる契約が2以上あるため、その者が2以上あることとなるときは、当該請負契約のうちの最も先次の請負契約における注文者とする。以下「元方事業者」という。）のうち、建設業その他政令で定める業種に属する事業（以下「特定事業」という。）を行う者（以下「特定元方事業者」という。）は、その労働者及びその請負人（元方事業者の当該事業の仕事が数次の請負契約によつて行われるときは、当該請負人の請負契約の後次のすべての請負契約の当事者である請負人を含む。以下「関係請負人」という。）の労働者が当該場所において作業を行うときは、これらの労働者の作業が同一の場所において行われることによつて生ずる労働災害を防止するため、統括安全衛生責任者を選任し、その者に元方安全衛生管理者の指揮をさせるとともに、第30条第1項各号の事項を統括管理させなければならない。ただし、これらの労働者の数が政令で定める数未満であるときは、この限りでない。

2　統括安全衛生責任者は、当該場所においてその事業の実施を統括管理する者をもつて充てなければならない。

3　第30条第4項の場合において、同項のすべての労働者の数が政令で定め

る数以上であるときは、当該指名された事業者は、これらの労働者に関し、これらの労働者の作業が同一の場所において行われることによつて生ずる労働災害を防止するため、統括安全衛生責任者を選任し、その者に元方安全衛生管理者の指揮をさせるとともに、同条第1項各号の事項を統括管理させなければならない。この場合においては、当該指名された事業者及び当該指名された事業者以外の事業者については、第1項の規定は、適用しない。

（第4項以下省略）

（元方安全衛生管理者）

第15条の2 前条第1項又は第3項の規定により統括安全衛生責任者を選任した事業者で、建設業その他政令で定める業種に属する事業を行うものは、厚生労働省令で定める資格を有する者のうちから、厚生労働省令で定めるところにより、元方安全衛生管理者を選任し、その者に第30条第1項各号の事項のうち技術的事項を管理させなければならない。

2 第11条第2項の規定は、元方安全衛生管理者について準用する。この場合において、同項中「事業者」とあるのは、「当該元方安全衛生管理者を選任した事業者」と読み替えるものとする。

（店社安全衛生管理者）

第15条の3 建設業に属する事業の元方事業者は、その労働者及び関係請負人の労働者が一の場所（これらの労働者の数が厚生労働省令で定める数未満である場所及び第15条第1項又は第3項の規定により統括安全衛生責任者を選任しなければならない場所を除く。）において作業を行うときは、当該場所において行われる仕事に係る請負契約を締結している事業場ごとに、これらの労働者の作業が同一の場所で行われることによつて生ずる労働災害を防止するため、厚生労働省令で定める資格を有する者のうちから、厚生労働省令で定めるところにより、店社安全衛生管理者を選任し、その者に、当該事業場で締結している当該請負契約に係る仕事を行う場所における第30条第1項各号の事項を担当する者に対する指導その他厚生労働省令で定める事項を行わせなければならない。

2 第30条第4項の場合において、同項のすべての労働者の数が厚生労働省令で定める数以上であるとき（第15条第1項又は第3項の規定により統括安全衛生責任者を選任しなければならないときを除く。）は、当該指名された

事業者で建設業に属する事業の仕事を行うものは、当該場所において行われる仕事に係る請負契約を締結している事業場ごとに、これらの労働者に関し、これらの労働者の作業が同一の場所で行われることによつて生ずる労働災害を防止するため、厚生労働省令で定める資格を有する者のうちから、厚生労働省令で定めるところにより、店社安全衛生管理者を選任し、その者に、当該事業場で締結している当該請負契約に係る仕事を行う場所における第30条第1項各号の事項を担当する者に対する指導その他厚生労働省令で定める事項を行わせなければならない。この場合においては、当該指名された事業者及び当該指名された事業者以外の事業者については、前項の規定は適用しない。

（安全衛生責任者）

第16条　第15条第1項又は第3項の場合において、これらの規定により統括安全衛生責任者を選任すべき事業者以外の請負人で、当該仕事を自ら行うものは、安全衛生責任者を選任し、その者に統括安全衛生責任者との連絡その他の厚生労働省令で定める事項を行わせなければならない。

2　前項の規定により安全衛生責任者を選任した請負人は、同項の事業者に対し、遅滞なく、その旨を通報しなければならない。

（安全委員会）

第17条　事業者は、政令で定める業種及び規模の事業場ごとに、次の事項を調査審議させ、事業者に対し意見を述べさせるため、安全委員会を設けなければならない。

一　労働者の危険を防止するための基本となるべき対策に関すること。

二　労働災害の原因及び再発防止対策で、安全に係るものに関すること。

三　前二号に掲げるもののほか、労働者の危険の防止に関する重要事項。

2　安全委員会の委員は、次の者をもつて構成する。ただし、第一号の者である委員（以下「第一号の委員」という。）は、1人とする。

一　総括安全衛生管理者又は総括安全衛生管理者以外の者で当該事業場においてその事業の実施を統括管理するもの若しくはこれに準ずる者のうちから事業者が指名した者

二　安全管理者のうちから事業者が指名した者

三　当該事業場の労働者で、安全に関し経験を有するもののうちから事業者

が指名した者

3 安全委員会の議長は、第一号の委員がなるものとする。

4 事業者は、第一号の委員以外の委員の半数については、当該事業場に労働者の過半数で組織する労働組合があるときにおいてはその労働組合、労働者の過半数で組織する労働組合がないときにおいては労働者の過半数を代表する者の推薦に基づき指名しなければならない。

5 前二項の規定は、当該事業場の労働者の過半数で組織する労働組合との間における労働協約に別段の定めがあるときは、その限度において適用しない。

第4章 労働者の危険又は健康障害を 防止するための措置

（事業者の講ずべき措置等）

第20条 事業者は、次の危険を防止するため必要な措置を講じなければならない。

一 機械、器具その他の設備（以下「機械等」という。）による危険

二 爆発性の物、発火性の物、引火性の物等による危険

三 電気、熱その他のエネルギーによる危険

第21条 事業者は、掘削、採石、荷役、伐木等の業務における作業方法から生ずる危険を防止するため必要な措置を講じなければならない。

2 事業者は、労働者が墜落するおそれのある場所、土砂等が崩壊するおそれのある場所等に係る危険を防止するため必要な措置を講じなければならない。

第22条 事業者は、次の健康障害を防止するため必要な措置を講じなければならない。

一 原材料、ガス、蒸気、粉じん、酸素欠乏空気、病原体等による健康障害

二 放射線、高温、低温、超音波、騒音、振動、異常気圧等による健康障害

三 計器監視、精密工作等の作業による健康障害

四 排気、排液又は残さい物による健康障害

第23条 事業者は、労働者を就業させる建設物その他の作業場について、通路、床面、階段等の保全並びに換気、採光、照明、保温、防湿、休養、避難及び

労働安全衛生法関係

清潔に必要な措置その他労働者の健康、風紀及び生命の保持のため必要な措置を講じなければならない。

第24条　事業者は、労働者の作業行動から生ずる労働災害を防止するため必要な措置を講じなければならない。

第25条　事業者は、労働災害発生の急迫した危険があるときは、直ちに作業を中止し、労働者を作業場から退避させる等必要な措置を講じなければならない。

第26条　労働者は、事業者が第20条から第25条まで及び第25条の2第1項の規定に基づき講ずる措置に応じて、必要な事項を守らなければならない。

第27条　第20条から第25条まで及び第25条の2第1項の規定により事業者が講ずべき措置及び前条の規定により労働者が守らなければならない事項は、厚生労働省令で定める。

2　前項の厚生労働省令を定めるに当たつては、公害（環境基本法（平成5年法律第91号）第2条第3項に規定する公害をいう。）その他一般公衆の災害で、労働災害と密接に関連するものの防止に関する法令の趣旨に反しないように配慮しなければならない。

（技術上の指針等の公表等）

第28条　厚生労働大臣は、第20条から第25条まで及び第25条の2第1項の規定により事業者が講ずべき措置の適切かつ有効な実施を図るため必要な業種又は作業ごとの技術上の指針を公表するものとする。

2　厚生労働大臣は、前項の技術上の指針を定めるに当たつては、中高年齢者に関して、特に配慮するものとする。

3　厚生労働大臣は、次の化学物質で厚生労働大臣が定めるものを製造し、又は取り扱う事業者が当該化学物質による労働者の健康障害を防止するための指針を公表するものとする。

　一　第57条の4第4項の規定による勧告又は第57条の5第1項の規定による指示に係る化学物質

　二　前号に掲げる化学物質以外の化学物質で、がんその他の重度の健康障害を労働者に生ずるおそれのあるもの

4　厚生労働大臣は、第1項又は前項の規定により、技術上の指針又は労働者の健康障害を防止するための指針を公表した場合において必要があると認め

るときは、事業者又はその団体に対し、当該技術上の指針又は労働者の健康
障害を防止するための指針に関し必要な指導等を行うことができる。

（事業者の行うべき調査等）

第28条の2　事業者は、厚生労働省令で定めるところにより、建設物、設備、原
材料、ガス、蒸気、粉じん等による、又は作業行動その他業務に起因する危
険性又は有害性等（第57条第1項の政令で定める物及び第57条の2第1項
に規定する通知対象物による危険性又は有害性等を除く。）を調査し、その
結果に基づいて、この法律又はこれに基づく命令の規定による措置を講ずる
ほか、労働者の危険又は健康障害を防止するため必要な措置を講ずるように
努めなければならない。ただし、当該調査のうち、化学物質、化学物質を含
有する製剤その他の物で労働者の危険又は健康障害を生ずるおそれのあるも
のに係るもの以外のものについては、製造業その他厚生労働省令で定める業
種に属する事業者に限る。

2　厚生労働大臣は、前条第1項及び第3項に定めるもののほか、前項の措置
に関して、その適切かつ有効な実施を図るため必要な指針を公表するものと
する。

3　厚生労働大臣は、前項の指針に従い、事業者又はその団体に対し、必要な
指導、援助等を行うことができる。

（元方事業者の講ずべき措置等）

第29条　元方事業者は、関係請負人及び関係請負人の労働者が、当該仕事に関
し、この法律又はこれに基づく命令の規定に違反しないよう必要な指導を行
なわなければならない。

2　元方事業者は、関係請負人又は関係請負人の労働者が、当該仕事に関し、
この法律又はこれに基づく命令の規定に違反していると認めるときは、是正
のため必要な指示を行なわなければならない。

3　前項の指示を受けた関係請負人又はその労働者は、当該指示に従わなけれ
ばならない。

第29条の2　建設業に属する事業の元方事業者は、土砂等が崩壊するおそれの
ある場所、機械等が転倒するおそれのある場所その他の厚生労働省令で定め
る場所において関係請負人の労働者が当該事業の仕事の作業を行うときは、
当該関係請負人が講ずべき当該場所に係る危険を防止するための措置が適正

労働安全衛生法関係

に講ぜられるように、技術上の指導その他の必要な措置を講じなければならない。

（特定元方事業者等の講ずべき措置）

第30条 特定元方事業者は、その労働者及び関係請負人の労働者の作業が同一の場所において行われることによつて生ずる労働災害を防止するため、次の事項に関する必要な措置を講じなければならない。

一　協議組織の設置及び運営を行うこと。

二　作業間の連絡及び調整を行うこと。

三　作業場所を巡視すること。

四　関係請負人が行う労働者の安全又は衛生のための教育に対する指導及び援助を行うこと。

五　仕事を行う場所が仕事ごとに異なることを常態とする業種で、厚生労働省令で定めるものに属する事業を行う特定元方事業者にあつては、仕事の工程に関する計画及び作業場所における機械、設備等の配置に関する計画を作成するとともに、当該機械、設備等を使用する作業に関し関係請負人がこの法律又はこれに基づく命令の規定に基づき講ずべき措置についての指導を行うこと。

六　前各号に掲げるもののほか、当該労働災害を防止するため必要な事項

2　特定事業の仕事の発注者（注文者のうち、その仕事を他の者から請け負わないで注文している者をいう。以下同じ。）で、特定元方事業者以外のものは、一の場所において行なわれる特定事業の仕事を2以上の請負人に請け負わせている場合において、当該場所において当該仕事に係る2以上の請負人の労働者が作業を行なうときは、厚生労働省令で定めるところにより、請負人で当該仕事を自ら行なう事業者であるもののうちから、前項に規定する措置を講ずべき者として1人を指名しなければならない。一の場所において行なわれる特定事業の仕事の全部を請け負つた者で、特定元方事業者以外のもののうち、当該仕事を2以上の請負人に請け負わせている者についても、同様とする。

3　前項の規定による指名がされないときは、同項の指名は、労働基準監督署長がする。

4　第2項又は前項の規定による指名がされたときは、当該指名された事業者

は、当該場所において当該仕事の作業に従事するすべての労働者に関し、第1項に規定する措置を講じなければならない。この場合においては、当該指名された事業者及び当該指名された事業者以外の事業者については、第1項の規定は、適用しない。

第30条の2 製造業その他政令で定める業種に属する事業（特定事業を除く。）の元方事業者は、その労働者及び関係請負人の労働者の作業が同一の場所において行われることによつて生ずる労働災害を防止するため、作業間の連絡及び調整を行うことに関する措置その他必要な措置を講じなければならない。

2 前条第2項の規定は、前項に規定する事業の仕事の発注者について準用する。この場合において、同条第2項中「特定元方事業者」とあるのは「元方事業者」と、「特定事業の仕事を2以上」とあるのは「仕事を2以上」と、「前項」とあるのは「次条第1項」と、「特定事業の仕事の全部」とあるのは「仕事の全部」と読み替えるものとする。

3 前項において準用する前条第2項の規定による指名がされないときは、同項の指名は、労働基準監督署長がする。

4 第2項において準用する前条第2項又は前項の規定による指名がされたときは、当該指名された事業者は、当該場所において当該仕事の作業に従事するすべての労働者に関し、第1項に規定する措置を講じなければならない。この場合においては、当該指名された事業者及び当該指名された事業者以外の事業者については、同項の規定は、適用しない。

（注文者の講ずべき措置）

第31条 特定事業の仕事を自ら行う注文者は、建設物、設備又は原材料（以下「建設物等」という。）を、当該仕事を行う場所においてその請負人（当該仕事が数次の請負契約によつて行われるときは、当該請負人の請負契約の後次のすべての請負契約の当事者である請負人を含む。第31条の4において同じ。）の労働者に使用させるときは、当該建設物等について、当該労働者の労働災害を防止するため必要な措置を講じなければならない。

2 前項の規定は、当該事業の仕事が数次の請負契約によつて行なわれることにより同一の建設物等について同項の措置を講ずべき注文者が2以上あることとなるときは、後次の請負契約の当事者である注文者については、適用しない。

（機械等貸与者等の講ずべき措置等）

第33条　機械等で、政令で定めるものを他の事業者に貸与する者で、厚生労働省令で定めるもの（以下「機械等貸与者」という。）は、当該機械等の貸与を受けた事業者の事業場における当該機械等による労働災害を防止するため必要な措置を講じなければならない。

2　機械等貸与者から機械等の貸与を受けた者は、当該機械等を操作する者がその使用する労働者でないときは、当該機械等の操作による労働災害を防止するため必要な措置を講じなければならない。

3　前項の機械等を操作する者は、機械等の貸与を受けた者が同項の規定により講ずる措置に応じて、必要な事項を守らなければならない。

（建築物貸与者の講ずべき措置）

第34条　建築物で、政令で定めるものを他の事業者に貸与する者（以下「建築物貸与者」という。）は、当該建築物の貸与を受けた事業者の事業に係る当該建築物による労働災害を防止するため必要な措置を講じなければならない。ただし、当該建築物の全部を一の事業者に貸与するときは、この限りでない。

第6章　労働者の就業に当たつての措置

（安全衛生教育）

第59条　事業者は、労働者を雇い入れたときは、当該労働者に対し、厚生労働省令で定めるところにより、その従事する業務に関する安全又は衛生のための教育を行なわなければならない。

2　前項の規定は、労働者の作業内容を変更したときについて準用する。

3　事業者は、危険又は有害な業務で、厚生労働省令で定めるものに労働者をつかせるときは、厚生労働省令で定めるところにより、当該業務に関する安全又は衛生のための特別の教育を行なわなければならない。

第60条　事業者は、その事業場の業種が政令で定めるものに該当するときは、新たに職務につくこととなつた職長その他の作業中の労働者を直接指導又は監督する者（作業主任者を除く。）に対し、次の事項について、厚生労働省令で定めるところにより、安全又は衛生のための教育を行なわなければならない。

　一　作業方法の決定及び労働者の配置に関すること。

　二　労働者に対する指導又は監督の方法に関すること。

　三　前二号に掲げるもののほか、労働災害を防止するため必要な事項で、厚
　　生労働省令で定めるもの

　（就業制限）

第61条　事業者は、クレーンの運転その他の業務で、政令で定めるものについ
　ては、都道府県労働局長の当該業務に係る免許を受けた者又は都道府県労働
　局長の登録を受けた者が行う当該業務に係る技能講習を修了した者その他厚
　生労働省令で定める資格を有する者でなければ、当該業務に就かせてはなら
　ない。

2　前項の規定により当該業務につくことができる者以外の者は、当該業務を
　行なつてはならない。

3　第1項の規定により当該業務につくことができる者は、当該業務に従事す
　るときは、これに係る免許証その他その資格を証する書面を携帯していなけ
　ればならない。

4　職業能力開発促進法（昭和44年法律第64号）第24条第1項（同法第27条
　の2第2項において準用する場合を含む。）の認定に係る職業訓練を受ける
　労働者について必要がある場合においては、その必要の限度で、前3項の規
　定について、厚生労働省令で別段の定めをすることができる。

第11章　雑　　　則

　（法令等の周知）

第101条　事業者は、この法律及びこれに基づく命令の要旨を常時各作業場の
　見やすい場所に掲示し、又は備え付けることその他の厚生労働省令で定める
　方法により、労働者に周知させなければならない。

　（ガス工作物等設置者の義務）

第102条　ガス工作物その他政令で定める工作物を設けている者は、当該工作
　物の所在する場所又はその附近で工事その他の仕事を行なう事業者から、当
　該工作物による労働災害の発生を防止するためにとるべき措置についての教
　示を求められたときは、これを教示しなければならない。

労働安全衛生法関係

（書類の保存等）

第103条　事業者は、厚生労働省令で定めるところにより、この法律又はこれに基づく命令の規定に基づいて作成した書類（次項及び第3項の帳簿を除く。）を、保存しなければならない。

2　登録製造時等検査機関、登録性能検査機関、登録個別検定機関、登録型式検定機関、検査業者、指定試験機関、登録教習機関、指定コンサルタント試験機関又は指定登録機関は、厚生労働省令で定めるところにより、製造時等検査、性能検査、個別検定、型式検定、特定自主検査、免許試験、技能講習、教習、労働安全コンサルタント試験、労働衛生コンサルタント試験又はコンサルタントの登録に関する事項で、厚生労働省令で定めるものを記載した帳簿を備え、これを保存しなければならない。

3　コンサルタントは、厚生労働省令で定めるところにより、その業務に関する事項で、厚生労働省令で定めるものを記載した帳簿を備え、これを保存しなければならない。

第12章　罰　　則

第119条　次の各号のいずれかに該当する者は、6月以下の拘禁刑又は500,000円以下の罰金に処する。

一　第14条、第20条から第25条まで、第25条の2第1項、第30条の3第1項若しくは第4項、第31条第1項、第31条の2、第33条第1項若しくは第2項、第34条、第35条、第38条第1項、第40条第1項、第42条、第43条、第44条第6項、第44条の2第7項、第56条第3項若しくは第4項、第57条の4第5項、第57条の5第5項、第59条第3項、第61条第1項、第65条第1項、第65条の4、第68条、第89条第5項（第89条の2第2項において準用する場合を含む。）、第97条第2項、第105条又は第108条の2第4項の規定に違反した者

（第二号以下省略）

第120条　次の各号のいずれかに該当する者は、500,000円以下の罰金に処する。

一　第10条第1項、第11条第1項、第12条第1項、第13条第1項、第15

条第1項、第3項若しくは第4項、第15条の2第1項、第16条第1項、第17条第1項、第18条第1項、第25条の2第2項（第30条の3第5項において準用する場合を含む。）、第26条、第30条第1項若しくは第4項、第30条の2第1項若しくは第4項、第32条第1項から第6項まで、第33条第3項、第40条第2項、第44条第5項、第44条の2第6項、第45条第1項若しくは第2項、第57条の4第1項、第59条第1項（同条第2項において準用する場合を含む。）、第61条第2項、第66条第1項から第3項まで、第66条の3、第66条の6、第66条の8の2第1項、第66条の8の4第1項、第87条第6項、第88条第1項から第4項まで、第101条第1項又は第103条第1項の規定に違反した者

（第二〜五号省略）

六　第103条第3項の規定による帳簿の備付け若しくは保存をせず、又は同項の帳簿に虚偽の記載をした者

第121条　次の各号のいずれかに該当するときは、その違反行為をした登録製造時等検査機関等の役員又は職員は、500,000円以下の罰金に処する。

（第一〜四号省略）

五　第103条第2項の規定による帳簿の備付け若しくは保存をせず、又は同項の帳簿に虚偽の記載をしたとき。

第122条　法人の代表者又は法人若しくは人の代理人、使用人その他の従業者が、その法人又は人の業務に関して、第116条、第117条、第119条又は第120条の違反行為をしたときは、行為者を罰するほか、その法人又は人に対しても、各本条の罰金刑を科する。

労働安全衛生法関係

Ⅱ　労働安全衛生法施行令（抄）

$$\begin{pmatrix} 昭和47年8月19日 \\ 政令第\ 318\ 号 \end{pmatrix}$$

改正

昭和50年 1月14日政令第　4号	平成15年12月19日政令第535号
同 50年 8月 1日 同 第244号	同 18年 1月 5日 同 第　2号
同 51年 1月 7日 同 第　1号	同 18年 8月 2日 同 第257号
同 51年 2月17日 同 第 20号	同 18年10月20日 同 第331号
同 52年 1月 7日 同 第　1号	同 19年 9月 7日 同 第281号
同 52年11月15日 同 第307号	同 19年12月14日 同 第375号
同 53年 3月10日 同 第 33号	同 20年11月12日 同 第349号
同 53年 6月 5日 同 第226号	同 21年12月24日 同 第295号
同 54年 1月12日 同 第　2号	同 23年 1月14日 同 第　4号
同 54年 3月13日 同 第 31号	同 24年 1月25日 同 第 13号
同 55年11月14日 同 第297号	同 24年 9月20日 同 第241号
同 57年 4月20日 同 第124号	同 25年 8月13日 同 第234号
同 58年12月26日 同 第271号	同 26年 7月30日 同 第269号
同 60年11月12日 同 第297号	同 26年 8月20日 同 第288号
同 62年 3月20日 同 第 54号	同 26年10月 1日 同 第326号
同 63年 3月25日 同 第 52号	同 27年 6月10日 同 第250号
同 63年12月20日 同 第343号	同 27年 8月12日 同 第294号
平成 2年 8月31日 同 第253号	同 28年 2月24日 同 第 50号
同　4年 7月15日 同 第246号	同 28年11月 2日 同 第343号
同　7年 1月25日 同 第　9号	同 29年 3月29日 同 第 60号
同　8年 3月27日 同 第 60号	同 29年 8月 3日 同 第218号
同　8年 9月13日 同 第271号	同 30年 4月 6日 同 第156号
同　9年 2月19日 同 第 20号	同 30年 6月 8日 同 第184号
同 10年12月11日 同 第390号	同 31年 4月10日 同 第149号
同 11年 1月29日 同 第 16号	令和元年 6月 5日 同 第 19号
同 11年 7月28日 同 第240号	同　2年12月 2日 同 第340号
同 11年12月 3日 同 第390号	同　4年 2月18日 同 第 43号
同 12年 3月24日 同 第 93号	同　4年 2月24日 同 第 51号
同 12年 6月 7日 同 第309号	同　5年 1月18日 同 第　8号
同 12年 9月29日 同 第438号	同　5年 3月23日 同 第 69号
同 13年 3月28日 同 第 78号	同　5年 8月30日 同 第265号
同 15年10月16日 同 第457号	同　5年 9月 6日 同 第276号
同 15年12月19日 同 第533号	

（職長等の教育を行うべき業種）

第19条　法第 60 条の政令で定める業種は、次のとおりとする。

一　建設業

二　製造業。ただし、次に掲げるものを除く。

　イ　たばこ製造業

　ロ　繊維工業（紡績業及び染色整理業を除く。）

　ハ　衣服その他の繊維製品製造業

　ニ　紙加工品製造業（セロファン製造業を除く。）

三　電気業

四　ガス業

五　自動車整備業

六　機械修理業

（法第 102 条の政令で定める工作物）

第25条　法第 102 条の政令で定める工作物は、次のとおりとする。

一　電気工作物

二　熱供給施設

三　石油パイプライン

Ⅲ　労働安全衛生規則（抄）

（昭和47年9月30日
労働省令第32号）

改正

〜【略】
平成23年 1月14日厚生労働省令第 5号
同 23年 3月29日　同　　第 30号
同 23年 9月30日　同　　第119号
同 23年12月22日　同　　第152号
同 24年 1月20日　同　　第 6号
同 24年 3月22日　同　　第 32号
同 24年 6月15日　同　　第 94号
同 24年 7月31日　同　　第111号
同 24年 9月14日　同　　第129号
同 24年10月 1日　同　　第143号
同 25年 1月 9日　同　　第 3号
同 25年 4月12日　同　　第 57号
同 25年 4月12日　同　　第 58号
同 25年 7月 8日　同　　第 89号
同 25年 8月13日　同　　第 96号
同 25年11月29日　同　　第125号
同 26年 7月30日　同　　第 87号
同 26年 8月25日　同　　第101号
同 26年11月28日　同　　第131号
同 26年12月 1日　同　　第132号
同 27年 3月 5日　同　　第 30号
同 27年 3月31日　同　　第 73号
同 27年 4月15日　同　　第 94号
同 27年 6月23日　同　　第115号
同 27年 8月 5日　同　　第129号
同 27年 8月31日　同　　第134号
同 27年 9月17日　同　　第141号
同 27年12月28日　同　　第175号
同 28年 2月 3日　同　　第 12号
同 28年 2月24日　同　　第 24号
同 28年 3月31日　同　　第 59号
同 28年 6月30日　同　　第121号
同 28年11月30日　同　　第172号
同 29年 3月10日　同　　第 16号
同 29年 3月29日　同　　第 29号
同 29年 4月27日　同　　第 60号
同 29年 8月 3日　同　　第 89号
同 29年11月27日　同　　第127号
同 30年 2月 9日　同　　第 14号
同 30年 2月16日　同　　第 15号

平成30年 4月 6日厚生労働省令第59号
同 30年 6月19日　同　　第 75号
同 30年 8月 9日　同　　第108号
同 30年 9月 7日　同　　第112号
同 31年 1月 8日　同　　第 2号
同 31年 2月12日　同　　第 11号
同 31年 3月25日　同　　第 29号
同 31年 4月10日　同　　第 68号
令和元年 5月 7日　同　　第 1号
同 元年 6月 5日　同　　第 8号
同 元年 6月28日　同　　第 20号
同 元年 8月 8日　同　　第 33号
同 元年 8月30日　同　　第 37号
同 元年12月13日　同　　第 80号
同 2年 3月 3日　同　　第 20号
同 2年 3月31日　同　　第 61号
同 2年 3月31日　同　　第 66号
同 2年 7月 1日　同　　第134号
同 2年 8月28日　同　　第154号
同 2年12月 2日　同　　第193号
同 2年12月15日　同　　第200号
同 3年 2月25日　同　　第 40号
同 3年 3月22日　同　　第 53号
同 3年12月 1日　同　　第188号
同 4年 1月19日　同　　第 8号
同 4年 2月24日　同　　第 25号
同 4年 4月15日　同　　第 82号
同 4年 4月28日　同　　第 83号
同 4年 5月31日　同　　第 91号
同 4年 8月22日　同　　第112号
同 5年 1月18日　同　　第 5号
同 5年 3月14日　同　　第 22号
同 5年 3月27日　同　　第 29号
同 5年 3月28日　同　　第 33号
同 5年 3月30日　同　　第 38号
同 5年 4月 3日　同　　第 66号
同 5年 8月30日　同　　第108号
同 5年 9月29日　同　　第121号
同 5年12月18日　同　　第157号
同 5年12月27日　同　　第165号
同 6年 3月18日　同　　第 45号

労働安全衛生法関係

第1編　通　　則

第2章　安全衛生管理体制

第1節　総括安全衛生管理者

（総括安全衛生管理者の選任）

第2条　法第10条第1項の規定による総括安全衛生管理者の選任は、総括安全衛生管理者を選任すべき事由が発生した日から14日以内に行なわなければならない。

2　事業者は、総括安全衛生管理者を選任したときは、遅滞なく、情報通信技術を活用した行政の推進等に関する法律（平成14年法律第151号）第6条第1項に規定する電子情報処理組織（以下「電子情報処理組織」という。）を使用して、次に掲げる事項を、当該事業場の所在地を管轄する労働基準監督署長（以下「所轄労働基準監督署長」という。）に報告しなければならない。

一　労働保険番号

二　事業の種類並びに事業場の名称、所在地及び電話番号

三　常時使用する労働者の数

四　総括安全衛生管理者の氏名、生年月日及び選任年月日

五　総括安全衛生管理者の経歴の概要

六　前任者がいる場合はその氏名及び辞任、解任等の年月日

七　初めて総括安全衛生管理者を選任した場合はその旨

八　報告年月日及び事業者の職氏名

第5節　作業主任者

（作業主任者の選任）

第16条　法第14条の規定による作業主任者の選任は、別表第一の左欄に掲げる作業の区分に応じて、同表の中欄に掲げる資格を有する者のうちから行なうものとし、その作業主任者の名称は、同表の右欄に掲げるとおりとする。

2　　事業者は、令第 6 条第十七号の作業のうち、圧縮水素、圧縮天然ガス又は液化天然ガスを燃料とする自動車（道路運送車両法（昭和 26 年法律第 185 号）に規定する普通自動車、小型自動車又は軽自動車（同法第 58 条第 1 項に規定する検査対象外軽自動車を除く。）であつて、同法第 2 条第 5 項に規定する運行（以下「運行」という。）の用に供するものに限る。）の燃料装置のうち同法第 41 条第 1 項の技術基準に適合するものに用いられる第一種圧力容器及び高圧ガス保安法（昭和 26 年法律第 204 号）、ガス事業法（昭和 29 年法律第 51 号）又は電気事業法（昭和 39 年法律第 170 号）の適用を受ける第 1 種圧力容器の取扱いの作業については、前項の規定にかかわらず、ボイラー及び圧力容器安全規則（昭和 47 年労働省令第 33 号。以下「ボイラー則」という。）の定めるところにより、特定第 1 種圧力容器取扱作業主任者免許を受けた者のうちから第 1 種圧力容器取扱作業主任者を選任することができる。

（作業主任者の職務の分担）

第17条　事業者は、別表第一の左欄に掲げる一の作業を同一の場所で行なう場合において、当該作業に係る作業主任者を 2 人以上選任したときは、それぞれの作業主任者の職務の分担を定めなければならない。

（別表第一省略）

（作業主任者の氏名等の周知）

第18条　事業者は、作業主任者を選任したときは、当該作業主任者の氏名及びその者に行なわせる事項を作業場の見やすい箇所に掲示する等により関係労働者に周知させなければならない。

第 6 節　統括安全衛生責任者、元方安全衛生管理者、店社安全衛生管理者及び安全衛生責任者

（令第 7 条第 2 項第一号の厚生労働省令で定める場所）

第18条の 2　令第 7 条第 2 項第一号の厚生労働省令で定める場所は、人口が集中している地域内における道路上若しくは道路に隣接した場所又は鉄道の軌道上若しくは軌道に隣接した場所とする。

（元方安全衛生管理者の選任）

第18条の 3　法第 15 条の 2 第 1 項の規定による元方安全衛生管理者の選任は、

労働安全衛生法関係

その事業場に専属の者を選任して行わなければならない。

（元方安全衛生管理者の資格）

第18条の4　法第15条の2第1項の厚生労働省令で定める資格を有する者は、次のとおりとする。

一　学校教育法による大学又は高等専門学校における理科系統の正規の課程を修めて卒業した者で、その後3年以上建設工事の施工における安全衛生の実務に従事した経験を有するもの

二　学校教育法による高等学校又は中等教育学校において理科系統の正規の学科を修めて卒業した者で、その後5年以上建設工事の施工における安全衛生の実務に従事した経験を有するもの

三　前二号に掲げる者のほか、厚生労働大臣が定める者

（権限の付与）

第18条の5　事業者は、元方安全衛生管理者に対し、その労働者及び関係請負人の労働者の作業が同一場所において行われることによつて生ずる労働災害を防止するため必要な措置をなし得る権限を与えなければならない。

（店社安全衛生管理者の選任に係る労働者数等）

第18条の6　法第15条の3第1項及び第2項の厚生労働省令で定める労働者の数は、次の各号の仕事の区分に応じ、当該各号に定める数とする。

一　令第7条第2項第一号の仕事及び主要構造部が鉄骨造又は鉄骨鉄筋コンクリート造である建築物の建設の仕事　常時20人

二　前号の仕事以外の仕事　常時50人

2　建設業に属する事業の仕事を行う事業者であつて、法第15条第2項に規定するところにより、当該仕事を行う場所において、統括安全衛生責任者の職務を行う者を選任し、並びにその者に同条第1項又は第3項及び同条第4項の指揮及び統括管理をさせ、並びに法第15条の2第1項の資格を有する者のうちから元方安全衛生管理者の職務を行う者を選任し、及びその者に同項の事項を管理させているもの（法第15条の3第1項又は第2項の規定により店社安全衛生管理者を選任しなければならない事業者に限る。）は、当該場所において同条第1項又は第2項の規定により店社安全衛生管理者を選任し、その者に同条第1項又は第2項の事項を行わせているものとする。

（店社安全衛生管理者の資格）

第18条の7　法第15条の3第1項及び第2項の厚生労働省令で定める資格を有する者は、次のとおりとする。

一　学校教育法による大学又は高等専門学校を卒業した者（大学改革支援・学位授与機構により学士の学位を授与された者若しくはこれと同等以上の学力を有すると認められる者又は専門職大学前期課程を修了した者を含む。別表第五第一号の表及び別表第五第一号の二の表において同じ。）で、その後3年以上建設工事の施工における安全衛生の実務に従事した経験を有するもの

二　学校教育法による高等学校又は中等教育学校を卒業した者（学校教育法施行規則（昭和22年文部省令第11号）第150条に規定する者又はこれと同等以上の学力を有すると認められる者を含む。別表第五第一号の表及び第一号の二の表において同じ。）で、その後5年以上建設工事の施工における安全衛生の実務に従事した経験を有するもの

三　8年以上建設工事の施工における安全衛生の実務に従事した経験を有する者

四　前三号に掲げる者のほか、厚生労働大臣が定める者

（店社安全衛生管理者の職務）

第18条の8　法第15条の3第1項及び第2項の厚生労働省令で定める事項は、次のとおりとする。

一　少なくとも毎月1回法第15条の3第1項又は第2項の労働者が作業を行う場所を巡視すること。

二　法第15条の3第1項又は第2項の労働者の作業の種類その他作業の実施の状況を把握すること。

三　法第30条第1項第一号の協議組織の会議に随時参加すること。

四　法第30条第1項第五号の計画に関し同号の措置が講ぜられていることについて確認すること。

（安全衛生責任者の職務）

第19条　法第16条第1項の厚生労働省令で定める事項は、次のとおりとする。

一　統括安全衛生責任者との連絡

二　統括安全衛生責任者から連絡を受けた事項の関係者への連絡

三　前号の統括安全衛生責任者からの連絡に係る事項のうち当該請負人に係るものの実施についての管理

四　当該請負人がその労働者の作業の実施に関し計画を作成する場合における当該計画と特定元方事業者が作成する法第 30 条第 1 項第五号の計画との整合性の確保を図るための統括安全衛生責任者との調整

五　当該請負人の労働者の行う作業及び当該労働者以外の者の行う作業によつて生ずる法第 15 条第 1 項の労働災害に係る危険の有無の確認

六　当該請負人がその仕事の一部を他の請負人に請け負わせている場合における当該他の請負人の安全衛生責任者との作業間の連絡及び調整

第 7 節　安全委員会、衛生委員会等

（安全委員会の付議事項）

第21条　法第 17 条第 1 項第三号の労働者の危険の防止に関する重要事項には、次の事項が含まれるものとする。

一　安全に関する規程の作成に関すること。

二　法第 28 条の 2 第 1 項の危険性又は有害性等の調査及びその結果に基づき講ずる措置のうち、安全に係るものに関すること。

三　安全衛生に関する計画（安全に係る部分に限る。）の作成、実施、評価及び改善に関すること。

四　安全教育の実施計画の作成に関すること。

五　厚生労働大臣、都道府県労働基準局長、労働基準監督署長、労働基準監督官又は産業安全専門官から文書により命令、指示、勧告又は指導を受けた事項のうち、労働者の危険の防止に関すること。

（委員会の会議）

第23条　事業者は、安全委員会、衛生委員会又は安全衛生委員会（以下「委員会」という。）を毎月 1 回以上開催するようにしなければならない。

2　前項に定めるもののほか、委員会の運営について必要な事項は、委員会が定める。

3　事業者は、委員会の開催の都度、遅滞なく、委員会における議事の概要を次に掲げるいずれかの方法によつて労働者に周知させなければならない。

一　常時各作業場の見やすい場所に掲示し、又は備え付けること。

二　書面を労働者に交付すること。

三　事業者の使用に係る電子計算機に備えられたファイル又は電磁的記録媒体（電磁的記録に係る記録媒体をいう。以下同じ。）をもつて調製するファイルに記録し、かつ、各作業場に労働者が当該記録の内容を常時確認できる機器を設置すること。

4　事業者は、委員会の開催の都度、次に掲げる事項を記録し、これを３年間保存しなければならない。

一　委員会の意見及び当該意見を踏まえて講じた措置の内容

二　前号に掲げるもののほか、委員会における議事で重要なもの

（第５項省略）

第3章　機械等並びに危険物及び有害物に関する規制

第1節　機械等に関する規制

（安全装置等の有効保持）

第28条　事業者は、法及びこれに基づく命令により設けた安全装置、覆い、囲い等（以下「安全装置等」という。）が有効な状態で使用されるようそれらの点検及び整備を行なわなければならない。

第29条　労働者は、安全装置等について、次の事項を守らなければならない。

一　安全装置等を取りはずし、又はその機能を失わせないこと。

二　臨時に安全装置等を取りはずし、又はその機能を失わせる必要があるときは、あらかじめ、事業者の許可を受けること。

三　前号の許可を受けて安全装置等を取りはずし、又はその機能を失わせたときは、その必要がなくなつた後、直ちにこれを原状に復しておくこと。

四　安全装置等が取りはずされ、又はその機能を失つたことを発見したときは、すみやかに、その旨を事業者に申し出ること。

2　事業者は、労働者から前項第四号の規定による申出があつたときは、すみやかに、適当な措置を講じなければならない。

労働安全衛生法関係

第4章　安全衛生教育

（雇入れ時等の教育）

第35条　事業者は、労働者を雇い入れ、又は労働者の作業内容を変更したとき
は、当該労働者に対し、遅滞なく、次の事項のうち当該労働者が従事する業
務に関する安全又は衛生のため必要な事項について、教育を行なわなければ
ならない。

一　機械等、原材料等の危険性又は有害性及びこれらの取扱い方法に関する
　　こと。

二　安全装置、有害物抑制装置又は保護具の性能及びこれらの取扱い方法に
　　関すること。

三　作業手順に関すること。

四　作業開始時の点検に関すること。

五　当該業務に関して発生するおそれのある疾病の原因及び予防に関すること。

六　整理、整頓及び清潔の保持に関すること。

七　事故時等における応急措置及び退避に関すること。

八　前各号に掲げるもののほか、当該業務に関する安全又は衛生のために必
　　要な事項

2　事業者は、前項各号に掲げる事項の全部又は一部に関し十分な知識及び技
　能を有していると認められる労働者については、当該事項についての教育を
　省略することができる。

（特別教育を必要とする業務）

第36条　法第59条第3項の厚生労働省令で定める危険又は有害な業務は、次
　のとおりとする。

一　研削といしの取替え又は取替え時の試運転の業務

二　動力により駆動されるプレス機械（以下「動力プレス」という。）の金型、
　　シヤーの刃部又はプレス機械若しくはシヤーの安全装置若しくは安全囲い
　　の取付け、取外し又は調整の業務

三　アーク溶接機を用いて行う金属の溶接、溶断等（以下「アーク溶接等」

という。）の業務

四　高圧（直流にあつては 750 V を、交流にあつては 600 V を超え、7,000 V
以下である電圧をいう。以下同じ。）若しくは特別高圧（7,000 V を超える
電圧をいう。以下同じ。）の充電電路若しくは当該充電電路の支持物の敷
設、点検、修理若しくは操作の業務、低圧（直流にあつては 750 V 以下、交
流にあつては 600 V 以下である電圧をいう。以下同じ。）の充電電路（対
地電圧が 50 V 以下であるもの及び電信用のもの、電話用のもの等で感電
による危害を生ずるおそれのないものを除く。）の敷設若しくは修理の業
務（次号に掲げる業務を除く。）又は配電盤室、変電室等区画された場所
に設置する低圧の電路（対地電圧が 50 V 以下であるもの及び電信用のも
の、電話用のもの等で感電による危害の生ずるおそれのないものを除く。）
のうち充電部分が露出している開閉器の操作の業務

四の二　対地電圧が 50 V を超える低圧の蓄電池を内蔵する自動車の整備の
業務

（第五号以下省略）

（特別教育の科目の省略）

第37条　事業者は、法第 59 条第 3 項の特別の教育（以下「特別教育」という。）
の科目の全部又は一部について十分な知識及び技能を有していると認められ
る労働者については、当該科目についての特別教育を省略することができる。

（特別教育の記録の保存）

第38条　事業者は、特別教育を行なつたときは、当該特別教育の受講者、科目
等の記録を作成して、これを 3 年間保存しておかなければならない。

（特別教育の細目）

第39条　前二条及び第 592 条の 7 に定めるもののほか、第 36 条第一号から第
十三号まで、第二十七号、第三十号から第三十六号まで及び第三十九号から第
四十一号までに掲げる業務に係る特別教育の実施について必要な事項は、厚生
労働大臣が定める。

（職長等の教育）

第40条　法第 60 条第三号の厚生労働省令で定める事項は、次のとおりとする。

一　法第 28 条の 2 第 1 項又は第 57 条の 3 第 1 項及び第 2 項の危険性又は有
害性等の調査及びその結果に基づき講ずる措置に関すること。

労働安全衛生法関係

　二　異常時等における措置に関すること。

　三　その他現場監督者として行うべき労働災害防止活動に関すること。

2　法第60条の安全又は衛生のための教育は、次の表の左欄に掲げる事項について、同表の右欄に掲げる時間以上行わなければならないものとする。

事　　　　　　　　項	時　　間
法第60条第一号に掲げる事項 　一　作業手順の定め方 　二　労働者の適正な配置の方法	2時間
法第60条第二号に掲げる事項 　一　指導及び教育の方法 　二　作業中における監督及び指示の方法	2.5時間
前項第一号に掲げる事項 　一　危険性又は有害性等の調査の方法 　二　危険性又は有害性等の調査の結果に基づき講ずる措置 　三　設備、作業等の具体的な改善の方法	4時間
前項第二号に掲げる事項 　一　異常時における措置 　二　災害発生時における措置	1.5時間
前項第三号に掲げる事項 　一　作業に係る設備及び作業場所の保守管理の方法 　二　労働災害防止についての関心の保持及び労働者の創意工夫を引き出す方法	2時間

3　事業者は、前項の表の左欄に掲げる事項の全部又は一部について十分な知識及び技能を有していると認められる者については、当該事項に関する教育を省略することができる。

　（指定事業場等における安全衛生教育の計画及び実施結果報告）

第40条の3　事業者は、指定事業場又は所轄都道府県労働局長が労働災害の発生率等を考慮して指定する事業場について、法第59条又は第60条の規定に基づく安全又は衛生のための教育に関する具体的な計画を作成しなければならない。

2　前項の事業者は、4月1日から翌年3月31日までに行つた法第59条又は第60条の規定に基づく安全又は衛生のための教育の実施結果を、毎年4月

30 日までに、様式第 4 号の 5 により、所轄労働基準監督署長に報告しなければならない。

第 5 章　就 業 制 限

（就業制限についての資格）

第41条　法第 61 条第 1 項に規定する業務につくことができる者は、別表第三の左欄に掲げる業務の区分に応じて、それぞれ、同表の右欄に掲げる者とする。（別表第三省略）

第 2 編　安 全 基 準

第 4 章　爆発、火災等の防止

第 2 節　危険物等の取扱い等

（通風等による爆発又は火災の防止）

第261条　事業者は、引火性の物の蒸気、可燃性ガス又は可燃性の粉じんが存在して爆発又は火災が生ずるおそれのある場所については、当該蒸気、ガス又は粉じんによる爆発又は火災を防止するため、通風、換気、除じん等の措置を講じなければならない。

第 4 節　火気等の管理

（危険物等がある場所における火気等の使用禁止）

第279条　事業者は、危険物以外の可燃性の粉じん、火薬類、多量の易燃性の物又は危険物が存在して爆発又は火災が生ずるおそれのある場所においては、火花若しくはアークを発し、若しくは高温となつて点火源となるおそれのある機械等又は火気を使用してはならない。

2　労働者は、前項の場所においては、同項の点火源となるおそれのある機械等又は火気を使用してはならない。

（爆発の危険のある場所で使用する電気機械器具）

第280条　事業者は、第261条の場所のうち、同条の措置を講じても、なお、引火性の物の蒸気又は可燃性ガスが爆発の危険のある濃度に達するおそれのある箇所において電気機械器具（電動機、変圧器、コード接続器、開閉器、分電盤、配電盤等電気を通ずる機械、器具その他の設備のうち配線及び移動電線以外のものをいう。以下同じ。）を使用するときは、当該蒸気又はガスに対しその種類及び爆発の危険のある濃度に達するおそれに応じた防爆性能を有する防爆構造電気機械器具でなければ、使用してはならない。

2　労働者は、前項の箇所においては、同項の防爆構造電気機械器具以外の電気機械器具を使用してはならない。

第281条　事業者は、第261条の場所のうち、同条の措置を講じても、なお、可燃性の粉じん（マグネシウム粉、アルミニウム粉等爆燃性の粉じんを除く。）が爆発の危険のある濃度に達するおそれのある箇所において電気機械器具を使用するときは、当該粉じんに対し防爆性能を有する防爆構造電気機械器具でなければ、使用してはならない。

2　労働者は、前項の箇所においては、同項の防爆構造電気機械器具以外の電気機械器具を使用してはならない。

第282条　事業者は、爆燃性の粉じんが存在して爆発の危険のある場所において電気機械器具を使用するときは、当該粉じんに対して防爆性能を有する防爆構造電気機械器具でなければ、使用してはならない。

2　労働者は、前項の場所においては、同項の防爆構造電気機械器具以外の電気機械器具を使用してはならない。

（修理作業等の適用除外）

第283条　前四条の規定は、修理、変更等臨時の作業を行なう場合において、爆発又は火災の危険が生ずるおそれのない措置を講ずるときは、適用しない。

（点　検）

第284条　事業者は、第280条から第282条までの規定により、当該各条の防爆構造電気機械器具（移動式又は可搬式のものに限る。）を使用するときは、その日の使用を開始する前に、当該防爆構造電気機械器具及びこれに接続する移動電線の外装並びに当該防爆構造電気機械器具と当該移動電線との接続部の状態を点検し、異常を認めたときは、直ちに補修しなければならない。

第5章　電気による危険の防止

第1節　電気機械器具

（電気機械器具の囲い等）

第329条　事業者は、電気機械器具の充電部分（電熱器の発熱体の部分、抵抗溶接機の電極の部分等電気機械器具の使用の目的により露出することがやむを得ない充電部分を除く。）で、労働者が作業中又は通行の際に、接触（導電体を介する接触を含む。以下この章において同じ。）し、又は接近することにより感電の危険を生ずるおそれのあるものについては、感電を防止するための囲い又は絶縁覆いを設けなければならない。ただし、配電盤室、変電室等区画された場所で、事業者が第36条第四号の業務に就いている者（以下「電気取扱者」という。）以外の者の立入りを禁止したところに設置し、又は電柱上、搭上等隔離された場所で、電気取扱者以外の者が接近するおそれのないところに設置する電気機械器具については、この限りでない。

（手持型電燈等のガード）

第330条　事業者は、移動電線に接続する手持型の電燈、仮設の配線又は移動電線に接続する架空つり下げ電燈等には、口金に接触することによる感電の危険及び電球の破損による危険を防止するため、ガードを取り付けなければならない。

2　事業者は、前項のガードについては、次に定めるところに適合するものとしなければならない。

一　電球の口金の露出部分に容易に手が触れない構造のものとすること。

二　材料は、容易に破損又は変形をしないものとすること。

（溶接棒等のホルダー）

第331条　事業者は、アーク溶接等（自動溶接を除く。）の作業に使用する溶接棒等のホルダーについては、感電の危険を防止するため必要な絶縁効力及び耐熱性を有するものでなければ、使用してはならない。

（交流アーク溶接機用自動電撃防止装置）

第332条　事業者は、船舶の二重底若しくはピークタンクの内部、ボイラーの胴

若しくはドームの内部等導電体に囲まれた場所で著しく狭あいなところ又は墜落により労働者に危険を及ぼすおそれのある高さが2m以上の場所で鉄骨等導電性の高い接地物に労働者が接触するおそれがあるところにおいて、交流アーク溶接等（自動溶接を除く。）の作業を行うときは、交流アーク溶接機用自動電撃防止装置を使用しなければならない。

（漏電による感電の防止）

第333条　事業者は、電動機を有する機械又は器具（以下「電動機械器具」という。）で、対地電圧が150Vをこえる移動式若しくは可搬式のもの又は水等導電柱の高い液体によつて湿潤している場所その他鉄板上、鉄骨上、定盤上等導電性の高い場所において使用する移動式若しくは可搬式のものについては、漏電による感電の危険を防止するため、当該電動機械器具が接続される電路に、当該電路の定格に適合し、感度が良好であり、かつ、確実に作動する感電防止用漏電しや断装置を接続しなければならない。

2　事業者は、前項に規定する措置を講ずることが困難なときは、電動機械器具の金属製外わく、電動機の金属製外被等の金属部分を、次に定めるところにより接地して使用しなければならない。

一　接地極への接続は、次のいずれかの方法によること。

　イ　1心を専用の接地線とする移動電線及び一端子を専用の接地端子とする接続器具を用いて接地極に接続する方法

　ロ　移動電線に添えた接地線及び当該電動機械器具の電源コンセントに近接する箇所に設けられた接地端子を用いて接地極に接続する方法

二　前号イの方法によるときは、接地線と電路に接続する電線との混用及び接地端子と電路に接続する端子との混用を防止するための措置を講ずること。

三　接地極は、十分に地中に埋設する等の方法により、確実に大地と接続すること。

（適用除外）

第334条　前条の規定は、次の各号のいずれかに該当する電動機械器具については、適用しない。

一　非接地方式の電路（当該電動機械器具の電源側の電路に設けた絶縁変圧器の二次電圧が300V以下であり、かつ、当該絶縁変圧器の負荷側の電路

が接地されていないものに限る。）に接続して使用する電動機械器具

二　絶縁台の上で使用する電動機械器具

三　電気用品安全法（昭和 36 年法律第 234 号）第 2 条第 2 項の特定電気用品
であって、同法第 10 条第 1 項の表示が付された二重絶縁構造の電動機械
器具

（電気機械器具の操作部分の照度）

第335条　事業者は、電気機械器具の操作の際に、感電の危険又は誤操作による
危険を防止するため、当該電気機械器具の操作部分について必要な照度を保
持しなければならない。

第 2 節　配線及び移動電線

（配線等の絶縁被覆）

第336条　事業者は、労働者が作業中又は通行の際に接触し、又は接触するおそ
れのある配線で、絶縁被覆を有するもの（第 36 条第四号の業務において電気
取扱者のみが接触し、又は接触するおそれがあるものを除く。）又は移動電線
については、絶縁被覆が損傷し、又は老化していることにより、感電の危険
が生ずることを防止する措置を講じなければならない。

（移動電線等の被覆又は外装）

第337条　事業者は、水その他導電性の高い液体によつて湿潤している場所に
おいて使用する移動電線又はこれに附属する接続器具で、労働者が作業中又
は通行の際に接触するおそれのあるものについては、当該移動電線又は接続
器具の被覆又は外装が当該導電性の高い液体に対して絶縁効力を有するもの
でなければ、使用してはならない。

（仮設の配線等）

第338条　事業者は、仮設の配線又は移動電線を通路面において使用してはな
らない。ただし、当該配線又は移動電線の上を車両その他の物が通過するこ
と等による絶縁被覆の損傷のおそれのない状態で使用するときは、この限り
でない。

労働安全衛生法関係

第3節　停 電 作 業

（停電作業を行なう場合の措置）

第339条　事業者は、電路を開路して、当該電路又はその支持物の敷設、点検、修理、塗装等の電気工事の作業を行なうときは、当該電路を開路した後に、当該電路について、次に定める措置を講じなければならない。当該電路に近接する電路若しくはその支持物の敷設、点検、修理、塗装等の電気工事の作業又は当該電路に近接する工作物（電路の支持物を除く。以下この章において同じ。）の建設、解体、点検、修理、塗装等の作業を行なう場合も同様とする。

一　開路に用いた開閉器に、作業中、施錠し、若しくは通電禁止に関する所要事項を表示し、又は監視人を置くこと。

二　開路した電路が電力ケーブル、電力コンデンサー等を有する電路で、残留電荷による危険を生ずるおそれのあるものについては、安全な方法により当該残留電荷を確実に放電させること。

三　開路した電路が高圧又は特別高圧であつたものについては、検電器具により停電を確認し、かつ、誤通電、他の電路との混触又は他の電路からの誘導による感電の危険を防止するため、短絡接地器具を用いて確実に短絡接地すること。

2　事業者は、前項の作業中又は作業を終了した場合において、開路した電路に通電しようとするときは、あらかじめ、当該作業に従事する労働者について感電の危険が生ずるおそれのないこと及び短絡接地器具を取りはずしたことを確認した後でなければ、行なつてはならない。

（断路器等の開路）

第340条　事業者は、高圧又は特別高圧の電路の断路器、線路開閉器等の開閉器で、負荷電流をしや断するためのものでないものを開路するときは、当該開閉器の誤操作を防止するため、当該電路が無負荷であることを示すためのパイロットランプ、当該電路の系統を判別するためのタブレット等により、当該操作を行なう労働者に当該電路が無負荷であることを確認させなければならない。ただし、当該開閉器に、当該電路が無負荷でなければ開路することができない緊錠装置を設けるときは、この限りでない。

第4節　活線作業及び活線近接作業

（高圧活線作業）

第341条　事業者は、高圧の充電電路の点検、修理等当該充電電路を取り扱う作業を行なう場合において、当該作業に従事する労働者について感電の危険が生ずるおそれのあるときは、次の各号のいずれかに該当する措置を講じなければならない。

一　労働者に絶縁用保護具を着用させ、かつ、当該充電電路のうち労働者が現に取り扱つている部分以外の部分が、接触し、又は接近することにより感電の危険が生ずるおそれのあるものに絶縁用防具を装着すること。

二　労働者に活線作業用器具を使用させること。

三　労働者に活線作業用装置を使用させること。この場合には、労働者が現に取り扱つている充電電路と電位を異にする物に、労働者の身体又は労働者が現に取り扱つている金属製の工具、材料等の導電体（以下「身体等」という。）が接触し、又は接近することによる感電の危険を生じさせてはならない。

2　労働者は、前項の作業において、絶縁用保護具の着用、絶縁用防具の装着又は活線作業用器具若しくは活線作業用装置の使用を事業者から命じられたときは、これを着用し、装着し、又は使用しなければならない。

（高圧活線近接作業）

第342条　事業者は、電路又はその支持物の敷設、点検、修理、塗装等の電気工事の作業を行なう場合において、当該作業に従事する労働者が高圧の充電電路に接触し、又は当該充電電路に対して頭上距離が30cm以内又は躯側距離若しくは足下距離が60cm以内に接近することにより感電の危険が生ずるおそれのあるときは、当該充電電路に絶縁用防具を装着しなければならない。ただし、当該作業に従事する労働者に絶縁用保護具を着用させて作業を行なう場合において、当該絶縁用保護具を着用する身体の部分以外の部分が当該充電電路に接触し、又は接近することにより感電の危険が生ずるおそれのないときは、この限りでない。

2　労働者は、前項の作業において、絶縁用防具の装置又は絶縁用保護具の着用を事業者から命じられたときは、これを装着し、又は着用しなければならない。

（絶縁用防具の装着等）

第343条　事業者は、前二条の場合において、絶縁用防具の装着又は取りはずしの作業を労働者に行なわせるときは、当該作業に従事する労働者に、絶縁用保護具を着用させ、又は活線作業用器具若しくは活線作業用装置を使用させなければならない。

2　労働者は、前項の作業において、絶縁用保護具の着用又は活線作業用器具若しくは活線作業用装置の使用を事業者から命じられたときには、これを着用し、又は使用しなければならない。

（特別高圧活線作業）

第344条　事業者は、特別高圧の充電電路又はその支持がいしの点検、修理、清掃等の電気工事の作業を行なう場合において、当該作業に従事する労働者について感電の危険が生ずるおそれのあるときは、次の各号のいずれかに該当する措置を講じなければならない。

一　労働者に活線作業用器具を使用させること。この場合には、身体等について、次の表の左欄に掲げる充電電路の使用電圧に応じ、それぞれ同表の右欄に掲げる充電電路に対する接近限界距離を保たせなければならない。

充電電路の使用電圧 （単位 kV）	充電電路に対する接近 限界距離　（単位 cm）
22 以下	20
22 をこえ　33 以下	30
33 をこえ　66 以下	50
66 をこえ　77 以下	60
77 をこえ 110 以下	90
110 をこえ 154 以下	120
154 をこえ 187 以下	140
187 をこえ 220 以下	160
220 をこえる場合	200

二　労働者に活線作業用装置を使用させること。この場合には、労働者が現に取り扱つている充電電路若しくはその支持がいしと電位を異にする物に身体等が接触し、又は接近することによる感電の危険を生じさせてはならない。

2　労働者は、前項の作業において、活線作業用器具又は活線作業用装置の使

用を事業者から命じられたときは、これを使用しなければならない。

（特別高圧活線近接作業）

第345条　事業者は、電路又はその支持物（特別高圧の充電電路の支持がいしを除く。）の点検、修理、塗装、清掃等の電気工事の作業を行なう場合において、当該作業に従事する労働者が特別高圧の充電電路に接近することにより感電の危険が生ずるおそれのあるときは、次の各号のいずれかに該当する措置を講じなければならない。

一　労働者に活線作業用装置を使用させること。

二　身体等について、前条第1項第一号に定める充電電路に対する接近限界距離を保たせなければならないこと。この場合には、当該充電電路に対する接近限界距離を保つ見やすい箇所に標識等を設け、又は監視人を置き作業を監視させること。

2　労働者は、前項の作業において、活線作業用装置の使用を事業者から命じられたときは、これを使用しなければならない。

（低圧活線作業）

第346条　事業者は、低圧の充電電路の点検、修理等当該充電電路を取り扱う作業を行なう場合において、当該作業に従事する労働者について感電の危険が生ずるおそれのあるときは、当該労働者に絶縁用保護具を着用させ、又は活線作業用器具を使用させなければならない。

2　労働者は、前項の作業において、絶縁用保護具の着用又は活線作業用器具の使用を事業者から命じられたときは、これを着用し、又は使用しなければならない。

（低圧活線近接作業）

第347条　事業者は、低圧の充電電路に近接する場所で電路又はその支持物の敷設、点検、修理、塗装等の電気工事の作業を行なう場合において、当該作業に従事する労働者が当該充電電路に接触することにより感電の危険が生ずるおそれのあるときは、当該充電電路に絶縁用防具を装着しなければならない。ただし、当該作業に従事する労働者に絶縁用保護具を着用させて作業を行なう場合において、当該絶縁用保護具を着用する身体の部分以外の部分が当該充電電路に接触するおそれのないときは、この限りでない。

2　事業者は、前項の場合において、絶縁用防具の装着又は取りはずしの作業

労働安全衛生法関係

を労働者に行なわせるときは、当該作業に従事する労働者に、絶縁用保護具を着用させ、又は活線作業用器具を使用させなければならない。

3　労働者は、前2項の作業において、絶縁用防具の装着、絶縁用保護具の着用又は活線作業用器具の使用を事業者から命じられたときは、これを装着し、着用し、又は使用しなければならない。

（絶縁用保護具等）

第348条　事業者は、次の各号に掲げる絶縁用保護具等については、それぞれの使用の目的に適応する種別、材質及び寸法のものを使用しなければならない。

一　第341条から第343条までの絶縁用保護具

二　第341条及び第342条の絶縁用防具

三　第341条及び第343条から第345条までの活線作業用装置

四　第341条、第343条及び第344条の活線作業用器具

五　第346条及び第347条の絶縁用保護具及び活線作業用器具並びに第347条の絶縁用防具

2　事業者は、前項第五号に掲げる絶縁用保護具、活線作業用器具及び絶縁用防具で、直流で750Ｖ以下又は交流で300Ｖ以下の充電電路に対して用いられるものにあつては、当該充電電路の電圧に応じた絶縁効力を有するものを使用しなければならない。

（工作物の建設等の作業を行なう場合の感電の防止）

第349条　事業者は、架空電線又は電気機械器具の充電電路に近接する場所で、工作物の建設、解体、点検、修理、塗装等の作業若しくはこれらに附帯する作業又はくい打機、くい抜機、移動式クレーン等を使用する作業を行なう場合において、当該作業に従事する労働者が作業中又は通行の際に、当該充電電路に身体等が接触し、又は接近することにより感電の危険が生ずるおそれのあるときは、次の各号のいずれかに該当する措置を講じなければならない。

一　当該充電電路を移設すること。

二　感電の危険を防止するための囲いを設けること。

三　当該充電電路に絶縁用防護具を装着すること。

四　前三号に該当する措置を講ずることが著しく困難なときは、監視人を置き、作業を監視させること。

第5節 管 理

（電気工事の作業を行なう場合の作業指揮等）

第350条 事業者は、第339条、第341条第1項、第342条第1項、第344条第1項又は第345条第1項の作業を行なうときは、当該作業に従事する労働者に対し、作業を行なう期間、作業の内容並びに取り扱う電路及びこれに近接する電路の系統について周知させ、かつ、作業の指揮者を定めて、その者に次の事項を行なわせなければならない。

一　労働者にあらかじめ作業の方法及び順序を周知させ、かつ、作業を直接指揮すること。

二　第345条第1項の作業を同項第二号の措置を講じて行なうときは、標識等の設置又は監視人の配置の状態を確認した後に作業の着手を指示すること。

三　電路を開路して作業を行なうときは、当該電路の停電の状態及び開路に用いた開閉器の施錠、通電禁止に関する所要事項の表示又は監視人の配置の状態並びに電路を開路した後における短絡接地器具の取付けの状態を確認した後に作業の着手を指示すること。

（絶縁用保護具等の定期自主検査）

第351条 事業者は、第348条第1項各号に掲げる絶縁用保護具等（同項第五号に掲げるものにあつては、交流で300Vを超える低圧の充電路に対して用いられるものに限る。以下この条において同じ。）については、6月以内ごとに1回、定期に、その絶縁性能について自主検査を行わなければならない。ただし、6月を超える期間使用しない絶縁用保護具等の当該使用しない期間においては、この限りでない。

2　事業者は、前項ただし書の絶縁用保護具等については、その使用を再び開始する際に、その絶縁性能について自主検査を行なわなければならない。

3　事業者は、第1項又は第2項の自主検査の結果、当該絶縁用保護具等に異常を認めたときは、補修その他必要な措置を講じた後でなければ、これらを使用してはならない。

4　事業者は、第1項又は第2項の自主検査を行つたときは、次の事項を記録し、これを3年間保存しなければならない。

一　検査年月日

労働安全衛生法関係

　二　検査方法

　三　検査箇所

　四　検査の結果

　五　検査を実施した者の氏名

　六　検査の結果に基づいて補修等の措置を講じたときは、その内容

（電気機械器具等の使用前点検等）

第352条　事業者は、次の表の左欄に掲げる電気機械器具等を使用するときは、その日の使用を開始する前に当該電気機械器具等の種別に応じ、それぞれ同表の右欄に掲げる点検事項について点検し、異常を認めたときは、直ちに、補修し、又は取り換えなければならない。

電気機械器具等の種別	点　検　事　項
第331条の溶接棒等ホルダー	絶縁防護部分及びホルダー用ケーブルの接続部の損傷の有無
第332条の交流アーク溶接機用自動電撃防止装置	作動状態
第333条第1項の感電防止用漏電しや断装置	
第333条の電動機械器具で、同条第2項に定める方法により接地をしたもの	接地線の切断、接地極の浮上がり等の異常の有無
第337条の移動電線及びこれに附属する接続器具	被覆又は外装の損傷の有無
第339条第1項第三号の検電器具	検電性能
第339条第1項第三号の短絡接地器具	取付金具及び接地導線の損傷の有無
第341条から第343条までの絶縁用保護具	ひび、割れ、破れその他の損傷の有無及び乾燥状態
第341条及び第342条の絶縁用防具	
第341条及び第343条から第345条までの活線作業用装置	
第341条、第343条及び第344条の活線作業用器具	
第346条及び第347条の絶縁用保護具及び活線作業用器具並びに第347条の絶縁用防具	
第349条第三号及び第570条第1項第六号の絶縁用防護具	

（電気機械器具等の囲い等の点検等）

第353条　事業者は、第329条の囲い及び絶縁覆いについて、毎月1回以上、その損傷の有無を点検し、異常を認めたときは、直ちに補修しなければならない。

第6節　雑　　　則

（適用除外）

第354条　この章の規定は、電気機械器具、配線又は移動電線で、対地電圧が50V以下であるものについては、適用しない。

労働安全衛生法関係

第4編 特別規制

第1章 特定元方事業者等に関する特別規制

(交流アーク溶接機についての措置)

第648条 注文者は、法第31条第1項の場合において、請負人の労働者に交流アーク溶接機(自動溶接機を除く。)を使用させるときは、当該交流アーク溶接機に、法第42条の規定に基づき厚生労働大臣が定める規格に適合する交流アーク溶接機用自動電撃防止装置を備えなければならない。ただし、次の場所以外の場所において使用させるときは、この限りでない。

一 船舶の二重底又はピークタンクの内部その他導電体に囲まれた著しく狭あいな場所

二 墜落により労働者に危険を及ぼすおそれのある高さが2m以上の場所で、鉄骨等導電性の高い接地物に労働者が接触するおそれのあるところ

(電動機械器具についての措置)

第649条 注文者は、法第31条第1項の場合において、請負人の労働者に電動機を有する機械又は器具(以下この条において「電動機械器具」という。)で、対地電圧が150Vをこえる移動式若しくは可搬式のもの又は水等導電性の高い液体によつて湿潤している場所その他鉄板上、鉄骨上、定盤上等導電性の高い場所において使用する移動式若しくは可搬式のものを使用させるときは、当該電動機械器具が接続される電路に、当該電路の定格に適合し、感度が良好であり、かつ、確実に作動する感電防止用漏電しや断装置を接続しなければならない。

2 前項の注文者は、同項に規定する措置を講ずることが困難なときは、電動機械器具の金属性外わく、電動機の金属製外被等の金属部分を、第333条第2項各号に定めるところにより接地できるものとしなければならない。

Ⅳ　厚生労働省告示

労働安全衛生法関係

1.　安全衛生特別教育規程（抄）

$$\left(\begin{array}{l}\text{昭和 47 年 9 月 30 日}\\ \text{労働省告示第 9 2 号}\end{array}\right)$$

改正　昭和49年 5月21日労働省告示第 37号
　　　同 52年10月27日　　同　　　第100号
　　　同 52年12月27日　　同　　　第117号
　　　同 53年 9月29日　　同　　　第104号
　　　同 56年 4月10日　　同　　　第 36号
　　　同 58年 6月25日　　同　　　第 49号
　　　平成 2年 9月26日　　同　　　第 54号
　　　同 11年11月15日　　同　　　第136号
　　　同 13年 4月25日厚生労働省告示第188号
　　　同 25年 4月12日　　同　　　第141号
　　　同 25年11月29日　　同　　　第363号
　　　同 27年 3月25日　　同　　　第114号
　　　同 27年 8月 5日　　同　　　第342号
　　　同 30年 6月19日　　同　　　第249号
　　　同 31年 2月12日　　同　　　第 32号
　　　令和元年 8月 8日　　同　　　第 83号
　　　同 5年 3月28日　　同　　　第104号

（アーク溶接等の業務に係る特別教育）

第4条　安衛則第36条第三号に掲げるアーク溶接等の業務に係る特別教育は、学校教育及び実技教育により行うものとする。

2　前項の学科教育は、次の表の左欄に掲げる科目に応じ、それぞれ、同表の中欄に掲げる範囲について同表の右欄に掲げる時間以上行うものとする。

科　　目	範　　囲	時　間
アーク溶接等に関する知識	アーク溶接等の基礎理論　電気に関する基礎知識	1 時間
アーク溶接装置に関する基礎知識	直流アーク溶接機　交流アーク溶接機　交流アーク溶接機用自動電撃防止装置　溶接棒等及び溶接棒等のホルダー　配線	3 時間
アーク溶接等の作業の方法に関する知識	作業前の点検整備　溶接、溶断等の方法　溶接部の点検　作業後の処置　災害防止	6 時間
関係法令	法、令及び安衛則中の関係条項	1 時間

3　第1項の実技教育は、アーク溶接装置の取扱い及びアーク溶接等の作業の方法について、10時間以上行うものとする。

（電気取扱業務に係る特別教育）

第5条　安衛則第36条第四号に掲げる業務のうち、高圧若しくは特別高圧の充電電路又は当該充電電路の支持物の敷設、点検、修理又は操作の業務に係る特別教育は、学科教育及び実技教育により行なうものとする。

2　前項の学科教育は、次の表の左欄に掲げる科目に応じ、それぞれ、同表の中欄に掲げる範囲について同表の右欄に掲げる時間以上行なうものとする。

科　目	範　囲	時　間
高圧又は特別高圧の電気に関する基礎知識	高圧又は特別高圧の電気の危険性　接近限界距離　短絡　漏電　接地　静電誘導　電気絶縁	1.5時間
高圧又は特別高圧の電気設備に関する基礎知識	発電設備　送電設備　配電設備　変電設備　受電設備　電気使用設備　保守及び点検	2時間
高圧又は特別高圧用の安全作業用具に関する基礎知識	絶縁用保護具（高圧に係る業務を行なう者に限る。）絶縁用防具（高圧に係る業務を行なう者に限る。）活線作業用器具　活線作業用装置　検電器　短絡接地器具　その他の安全作業用具　管理	1.5時間
高圧又は特別高圧の活線作業及び活線接近作業の方法	充電電路の防護　作業者の絶縁保護　活線作業用器具及び活線作業用装置の取扱い　安全距離の確保　停電電路に対する措置　開閉装置の操作　作業管理　救急処置　災害防止	5時間
関係法令	法、令及び安衛則中の関係条項	1時間

3　第1項の実技教育は、高圧又は特別高圧の活線作業及び活線近接作業の方法について、15時間以上（充電電路の操作の業務のみを行なう者については、1時間以上）行なうものとする。

第6条　安衛則第36条第四号に掲げる業務のうち、低圧の充電電路の敷設若しくは修理の業務又は配電盤室、変電室等区画された場所に設置する低圧の電路のうち充電部分が露出している開閉器の操作の業務に係る特別教育は、学科教育及び実技教育により行なうものとする。

2　前項の学科教育は、次の表の左欄に掲げる科目に応じ、それぞれ、同表の中欄に掲げる範囲について同表の右欄に掲げる時間以上行なうものとする。

労働安全衛生法関係

科 目	範 囲	時 間
低圧の電気に関する基礎知識	低圧の電気の危険性　短絡　漏電　接地　電気絶縁	1時間
低圧の電気設備に関する基礎知識	配電設備　変電設備　配線　電気使用設備　保守及び点検	2時間
低圧用の安全作業用具に関する基礎知識	絶縁用保護具　絶縁用防具　活線作業用器具　検電器　その他の安全作業用具　管理	1時間
低圧の活線作業及び活線近接作業の方法	充電電路の防護　作業者の絶縁保護　停電路に対する措置　作業管理　救急処置　災害防止	2時間
関係法令	法、令及び安衛則中の関係条項	1時間

3　第1項の実技教育は、低圧の活線作業及び活線近接作業の方法について、7時間以上（開閉器の操作の業務のみを行なう者については、1時間以上）行なうものとする。

（電気自動車等の整備の業務に係る特別教育）

第6条の2　安衛則第36条第四号の二に掲げる業務に係る特別教育は、学科教育及び実技教育により行うものとする。

2　前項の学科教育は、次の表の左欄に掲げる科目に応じ、それぞれ、同表の中欄に掲げる範囲について同表の右欄に掲げる時間以上行うものとする。

科 目	範 囲	時 間
低圧の電気に関する基礎知識	低圧の電気の危険性　短絡　漏電　接地　電気絶縁	1時間
低圧の電気装置に関する基礎知識	安衛則第36条第四号の二の自動車の仕組みと種類　コンバータ及びインバータ　配線　駆動用蓄電池及び充電器　駆動用原動機及び発電機　電気使用機器　保守及び点検	2.5時間
低圧用の安全作業用具に関する基礎知識	絶縁用保護具　絶縁工具及び絶縁テープ　検電器　その他の安全作業用具　管理	0.5時間
自動車の整備作業の方法	充電電路の防護　作業者の絶縁保護　サービスプラグの取扱いの方法　停電電路に対する措置　作業管理　救急処置　災害防止	1時間
関係法令	法、令及び安衛則中の関係条項	1時間

3　第1項の実技教育は、安衛則第36条第四号の二の自動車の整備作業の方法について、1時間以上行うものとする。

2. 交流アーク溶接機用自動電撃防止装置構造規格

$$\left(\begin{array}{l}\text{昭和 47 年12 月4 日}\\\text{労働省告示第 143 号}\end{array}\right)$$

改正　昭和50年 3月29日労働省告示第 34号
　　　平成 3年10月 1日　　同　　第 70号
　　　同 11年 9月30日　　同　　第104号
　　　同 12年12月25日　　同　　第120号
　　　同 23年 3月25日厚生労働省告示第74号

（定格周波数）

第1条　交流アーク溶接機用自動電撃防止装置（以下「装置」という。）の定格周波数は、50Hz 又は 60Hz でなければならない。ただし、広範囲の周波数を定格周波数とする装置については、この限りでない。

（定格入力電圧）

第2条　装置の定格入力電圧は、次の表の左欄に掲げる装置の区分に従い、同表の右欄に定めるものでなければならない。

設 置 の 区 分		定 格 電 源 電 圧
電源を交流アーク溶接機の入力側からとる装置	定格周波数が 50Hz のもの	100V 又は 200V
	定格周波数が 60Hz のもの	100V、200V 又は 220V
入力電源を交流アーク溶接機の出力側からとる装置	出力側の定格電流が 400A 以上である交流アーク溶接機に接続するもの	上限値が 85V 以下で、かつ、下限値が 60V 以上
	出力側の定格電流が 400A を超え、500A 以下である交流アーク溶接機に接続するもの	上限値が 95V 以下で、かつ、下限値が 70V 以上

（定格電流）

第3条　装置の定格電流は、主接点を交流アーク溶接機の入力側に接続する装置にあつては当該交流アーク溶接機の定格出力時の入力側の電流以上、主接点を交流アーク溶接機の出力側に接続する装置にあつては当該交流アーク溶接機の定格出力電流以上でなければならない。

（定格使用率）

第4条　装置の定格使用率（定格周波数及び定格入力電圧において定格電流を断続負荷した場合の負荷時間の合計と当該断続負荷に要した全時間との比の百分率をいう。以下同じ。）は、当該装置に係る交流アーク溶接機の定格使用率以上でなければならない。

（構　造）

第5条　装置の構造は、次の各号に定めるところに適合するものでなければならない。

一　労働者が安全電圧（装置を作動させ、交流アーク溶接機のアークの発生を停止させ、装置の主接点が開路された場合における溶接棒と被溶接物との間の電圧をいう。以下同じ。）、遅動時間（装置を作動させ、交流アーク溶接機のアークの発生を停止させた時から主接点が回路される時までの時間をいう。以下同じ。）及び始動感度（交流アーク溶接機を始動させることができる装置の出力回路の抵抗の最大値をいう。以下同じ。）を容易に変更できないものであること。

二　装置の接点、端子、電磁石、可動鉄片、継電器その他の主要構造部分のボルト又は小ねじは、止めナット、ばね座金、舌付座金又は割ピンを用いる等の方法によりゆるみ止めをしたものであること。

三　外箱より露出している充電部分には絶縁覆いが設けられているものであること。

四　次のイからヘまでに定めるところに適合する外箱を備えているものであること。ただし、内蔵形の装置（交流アーク溶接機の外箱内に組み込んで使用する装置をいう。以下同じ。であつて、当該装置を組み込んだ交流アーク溶接機が次のイからホまでに定めるところに適合する外箱を備えているものにあつては、この限りでない。

イ　丈夫な構造のものであること。

ロ　水又は粉じんの浸入により装置の機能に障害が生ずるおそれのないものであること。

ハ　外部から装置の作動状態を判別することができる点検用スイッチ及び表示灯を有するものであること。

ニ　衝撃等により容易に開かない構造のふたを有するものであること。

　　ホ　金属性のものにあつては、接地端子を有するものであること。

　　ヘ　外付け形の装置（交流アーク溶接機に外付けして使用する装置をい
　　　う。以下同じ。）に用いられるものにあつては、容易に取り付けることが
　　　できる構造のものであり、かつ、取付方向に指定があるものにあつては、
　　　取付方向が表示されているものであること。

　（口出線）

第6条　外付け形の装置と交流アーク溶接機を接続するための口出線は、次の
　　各号に定めるところに適合するものでなければならない。

　一　十分な強度、耐久性及び絶縁性能を有するものであること。

　二　交換可能なものであること。

　三　接続端子に外部からの張力が直接かかりにくい構造のものであること。

　（強制冷却機能の異常による危険防止措置）

第7条　強制冷却の機能を有する装置は、当該機能の異常による危険を防止す
　　る措置が講じられているものでなければならない。

　（保護用接点）

第8条　主接点に半導体素子を用いた装置は、保護用接点（主接点の短絡によ
　　る故障が生じた場合に交流アーク溶接機の主回路を開放する接点をいう。以
　　下同じ。）を有するものでなければならない。

　（コンデンサー開閉用接点）

第9条　コンデンサーを有する交流アーク溶接機に使用する装置であつて、当
　　該コンデンサーによつて誤作動し、又は主接点に支障を及ぼす電流が流れる
　　おそれのあるものは、コンデンサー開閉用接点を有するものでなければなら
　　ない。

　（入力電圧の変動）

第10条　装置は、定格入力電圧の85％から110％まで（入力電源を交流アーク
　　溶接機の出力側からとる装置にあつては、定格入力電圧の下限値の85％から
　　定格入力電圧の上限値の110％まで）の範囲で有効に作動するものでなけれ
　　ばならない。

　（周囲温度）

第11条　装置は、周囲の温度が40℃から零下10℃までの範囲で有効に作動す
　　るものでなければならない。

労働安全衛生法関係

（安全電圧）

第12条　装置の安全電圧は、30V 以下でなければならない。

（遅動時間）

第13条　装置の運動時間は、1.5 秒以内でなければならない。

（始動感度）

第13条の2　装置の始動感度は、260 Ω以下でなければならない。

（耐衝撃性）

第14条　装置は、衝撃についての試験において、その機能に障害を及ぼす変形又は破損を生じないものでなければならない。

2　前項の衝撃についての試験は、装置に通電しない状態で、外付け形の装置にあっては装置単体で突起物のない面を下にして高さ 30cm の位置から、内蔵型のものにあっては交流アーク溶接機に組み込んだ状態での質量が 25kg 以下のものは高さ 25cm、25kg を超えるものは高さ 10cm の位置からコンクリート上又は鋼板上に 3 回落下させて行うものとする。

（絶縁抵抗）

第15条　装置は、絶縁抵抗についての試験において、その値が 2MΩ 以上でなければならない。

2　前項の絶縁抵抗についての試験は、装置の各充電部分と外箱（内蔵形の装置にあつては、交流アーク溶接機の外箱。次条第 2 項において同じ。）との間の絶縁抵抗を 500V 絶縁抵抗計により測定するものとする。

（耐電圧）

第16条　装置は、耐電圧についての試験において、試験電圧に対して 1 分間耐える性能を有するものでなければならない。

2　前項の耐電圧についての試験は、装置の各充電部分と外箱との間（入力電源を交流アーク溶接機の入力側からとる装置にあつては、当該装置の各充電部分と外箱との間及び当該装置の入力側と出力側との間。次項において同じ。）に定格周波数の正弦波に近い波形の試験電圧を加えて行うものとする。

3　前 2 項の試験電圧は、定格入力電圧において装置の各充電部分と外箱との間に加える電圧の実効値の 2 倍の電圧に 1,000V を加えて得た電圧（当該加えて得た電圧が 1,500V に満たない場合にあつては、1,500V の電圧）とする。

（温度上昇限度）

第17条　装置の接点（半導体素子を用いたものを除く。以下この項において同じ。）及び巻線の温度上昇限度は、温度についての試験において、次の表の左欄に掲げる装置の部分に応じ、それぞれ同表の右欄に掲げる値以下でなければならない。

装 置 の 部 分		温度上昇限度の値（単位℃）	
		温度計法による場合	抵抗法による場合
接 点	銅又は銅合金によるもの	４５	－
	銀又は銀合金によるもの	７５	－
巻 線	Ａ種絶縁によるもの	６５	８５
	Ｅ種絶縁によるもの	８０	１００
	Ｂ種絶縁によるもの	９０	１１０
	Ｆ種絶縁によるもの	１１５	１３５
	Ｈ種絶縁によるもの	１４０	１６０

2　半導体素子を用いた装置の接点の温度上昇限度は、温度についての試験において、当該半導体素子の最高許容温度（当該半導体素子の機能に障害が生じないものとして定められた温度の上限値をいう。）以下でなければならない。

3　前2項の温度についての試験は、外付け形の装置にあつては装置を交流アーク溶接機に取り付けた状態と同一の状態で、内蔵形の装置にあつては装置を組み込んだ交流アーク溶接機にも通電した状態で、当該装置の定格周波数及び定格入力電圧において、接点及び巻線の温度が一定となるまで、10分間を周期として、定格使用率に応じて定格電流を断続負荷して行うものとする。ただし、接点の温度についての試験については、定格電源電圧より低い電圧において、又は接点を閉路した状態で行うことができる。

（接点の作動性）

第18条　装置の接点（保護用接点を除く。以下この条において同じ。）は、装置を交流アーク溶接機に取り付け、又は組み込んで行う作動についての試験において、溶着その他の損傷又は異常な作動を生じないものでなければならな

労働安全衛生法関係

い。

2　前項の作動についての試験は、装置の定格周波数及び定格入力電圧におい
て、装置を取り付け、又は組み込んだ交流アーク溶接機の出力電流を定格出
力電流の値の110％（当該交流アーク溶接機の出力電流の最大値が定格出力
電流の値の110％未満である場合にあつては、当該最大値）になるように調
整し、かつ、6秒間を周期として当該交流アーク溶接機に断続負荷し、装置を
20,000回作動させて行うものとする。

第19条　保護用接点は、装置を交流アーク溶接機に取り付け、又は組み込んで
行う作動についての試験において、1.5秒以内に作動し、かつ、異常な作動を
生じないものでなければならない。

2　前項の作動についての試験は、第17条第2項の温度についての試験を行
つた後速やかに、装置の定格周波数において、定格入力電圧、定格入力電圧
の85％の電圧及び定格入力電圧の110％の電圧（以下この項において「定格
入力電圧等」という。）を加えた後主接点を短絡させる方法及び主接点を短絡
させた後定格入力電圧等を加える方法により、装置をそれぞれ10回ずつ作
動させて行うものとする。

　（表　示）

第20条　装置は、その外箱（内蔵形の装置にあつては、装置を組み込んだ交流
アーク溶接機の外箱）に、次に掲げる事項が表示されているものでなければ
ならない。

一　製造者名

二　製造年月

三　定格周波数

四　定格入力電圧

五　定格電流

六　定格使用率

七　安全電圧

八　標準始動感度（定格入力電圧における始動感度をいう。）

九　外付け形の装置にあつては、次に掲げる事項

　イ　装置を取り付けることができる交流アーク溶接機に係る次に掲げる事
　　項

  (1) 定格入力電圧

  (2) 出力側無負荷電圧（交流アーク溶接機のアークの発生を停止させた場合における溶接棒と被溶接物との間の電圧をいう。）の範囲

  (3) 主接点を交流アーク溶接機の入力側に接続する装置にあつては定格出力時の入力側の電流、主接点を交流アーク溶接機の出力側に接続する装置にあつては定格出力電流

 ロ コンデンサーを有する交流アーク溶接機に取り付けることができる装置にあつては、その旨

 ハ ロに掲げる装置のうち、主接点を交流アーク溶接機の入力側に接続する装置にあつては、当該交流アーク溶接機のコンデンサーの容量の範囲及びコンデンサー回路の電圧

（特殊な装置等）

第21条 特殊な構造の装置で、厚生労働省労働基準局長が第1条から第19条までの規定に適合するものと同等以上の性能があると認めたものについては、この告示の関係規定は、適用しない。

3.　絶縁用保護具等の規格

$$\left(\begin{array}{l}昭和47年12月4日\\労働省告示第144号\end{array}\right)$$

改正　昭和50年 3月29日労働省告示第33号

（絶縁用保護具の構造）

第1条　絶縁用保護具は、着用したときに容易にずれ、又は脱落しない構造の
ものでなければならない。

（絶縁用保護具の強度等）

第2条　絶縁用保護具は、使用の目的に適合した強度を有し、かつ、品質が均
一で、傷、気ほう、巣その他の欠陥のないものでなければならない。

（絶縁用保護具の耐電圧性能等）

第3条　絶縁用保護具は、常温において試験交流（50Hz 又は 60Hz の周波数の
交流で、その波高率が1.34 から 1.48 までのものをいう。以下同じ。）による
耐電圧試験を行つたときに、次の表の左欄に掲げる種別に応じ、それぞれ同
表の右欄に掲げる電圧に対して1分間耐える性能を有するものでなければな
らない。

絶 縁 用 保 護 具 の 種 別	電圧（単位 V）
交流の電圧が300 V を超え 600 V 以下である電路につい て用いるもの	3,000
交流の電圧が600 V を超え 3,500 V 以下である電路又は 直流の電圧が750 V を超え 3,500 V 以下である電路につ いて用いるもの	12,000
電圧が3,500 V を超え 7,000 V 以下である電路について 用いるもの	20,000

2　前項の耐電圧試験は、次の各号のいずれかに掲げる方法により行なうもの
とする。

一　当該試験を行おうとする絶縁用保護具（以下この条において「試験物」
という。）を、コロナ放電又は沿面放電により試験物に損傷が生じない限度
まで水槽に浸し、試験物の内外の水位が同一となるようにし、その内外の

水中に電極を設け、当該電極に試験交流の電圧を加える方法

二　表面が平滑な金属板の上に試験物を置き、その上に金属板、水を十分に浸潤させた綿布等導電性の物をコロナ放電又は沿面放電により試験物に損傷が生じない限度に置き、試験物の下部の金属板及び上部の導電性の物を電極として試験交流の電圧を加える方法

三　試験物と同一の形状の電極、水を十分に浸潤させた綿布等導電性の物を、コロナ放電又は沿面放電により試験物に損傷が生じない限度に試験物の内面及び外面に接触させ、内面に接触させた導電性の物と外面に接触させた導電性の物とを電極として試験交流の電圧を加える方法

（絶縁用防具の構造）

第4条　絶縁用防具の構造は、次の各号に定めるところに適合するものでなければならない。

一　防護部分に露出箇所が生じないものであること。

二　防護部分からずれ、又は離脱しないものであること。

三　相互に連結して使用するものにあつては、容易に連絡することができ、かつ、振動、衝撃等により連結部分から容易にずれ、又は離脱しないものであること。

（絶縁用防具の強度等及び耐電圧性能等）

第5条　第2条及び第3条の規定は、絶縁用防具について準用する。

（活線作業用装置の絶縁かご等）

第6条　活線作業用装置に用いられる絶縁かご及び絶縁台は、次の各号に定めるところに適合するものでなければならない。

一　最大積載荷重をかけた場合において、安定した構造を有するものであること。

二　高さが2m以上の箇所で用いられるものにあつては、囲い、手すりその他の墜落による労働者の危険を防止するための設備を有するものであること。

（活線作業用装置の耐電圧性能等）

第7条　活線作業用装置は、常温において試験交流による耐電圧試験を行なつたときに、当該装置の使用の対象となる電路の電圧の2倍に相当する試験交流の電圧に対して5分間耐える性能を有するものでなければならない。

労働安全衛生法関係

2　前項の耐電圧試験は、当該試験を行なおうとする活線作業用装置（以下こ
の条において「試験物」という。）が活線作業用の保守車又は作業台である場
合には活線作業に従事する者が乗る部分と大地との間を絶縁する絶縁物の両
端に、試験物が活線作業用のはしごである場合にはその両端の踏さんに、金
属箔その他導電性の物を密着させ、当該導電性の物を電極とし、当該電極に
試験交流の電圧を加える方法により行なうものとする。

3　第1項の活線作業用装置のうち、特別高圧の電路について使用する活線作
業用の保守車又は作業台については、同項に規定するもののほか、次の式に
より計算したその漏えい電流の実効値が0.5mAを超えないものでなければ
ならない。

$$I = 50 \cdot \frac{Ix}{Fx}$$

この式において、I、Ix 及び Fx はそれぞれ第1項の試験交流の電圧に至つ
た場合における次の数値を表わすものとする。
I　計算した漏えい電流の実効値（単位　mA）
Ix　実測した漏えい電流の実効値（単位　mA）
Fx　試験交流の周波数（単位　Hz）

（活線作業用器具の絶縁棒）

第8条　活線作業用器具は、次の各号に定めるところに適合する絶縁棒（絶縁
材料で作られた棒状の部分をいう。）を有するものでなければならない。

一　使用の目的に適応した強度を有するものであること。

二　品質が均一で、傷、気ほう、ひび、割れその他の欠陥がないものである
こと。

三　容易に変質し、又は耐電圧性能が低下しないものであること。

四　握り部（活線作業に従事する者が作業の際に手でつかむ部分をいう。以
下同じ。）と握り部以外の部分との区分が明らかであるものであること。

（活線作業用器具の耐電圧性能等）

第9条　活線作業用器具は、常温において試験交流による耐電圧試験を行つた
ときに、当該器具の頭部の金物と握り部のうち頭部寄りの部分との間の絶縁
部分が、当該器具の使用の対象となる電路の電圧の2倍に相当する試験交流
の電圧に対して5分間（活線作業用器具のうち、不良がいし検出器その他電路

の支持物の絶縁状態を点検するための器具については、1分間）耐える性能
を有するものでなければならない。

2　前項の耐電圧試験は、当該試験を行おうとする活線作業用器具について、
握り部のうち頭部寄りの部分に金属箔その他の導電性の物を密着させ、当該
導電性の物と頭部の金物とを電極として試験交流の電圧を加える方法により
行うものとする。

（表　示）

第10条　絶縁用保護具、絶縁用防具、活線作業用装置及び活線作業用器具は、
見やすい箇所に、次の事項が表示されているものでなければならない。

一　製造者名

二　製造年月

三　使用の対象となる電路の電圧

労働安全衛生法関係

4. 絶縁用防護具の規格

$$\left(\begin{array}{l}\text{昭和 47 年 12 月 4 日}\\\text{労働省告示第 145 号}\end{array}\right)$$

(構　造)

第1条　絶縁用防護具の構造は、次に定めるところに適合するものでなければならない。

一　装着したときに、防護部分に露出箇所が生じないものであること。

二　防護部分から移動し、又は離脱しないものであること。

三　線カバー状のものにあつては、相互に容易に連結することができ、かつ、振動、衝撃等により連結部分から容易に離脱しないものであること。

四　がいしカバー状のものにあつては、線カバー状のものと容易に連結することができるものであること。

(材　質)

第2条　絶縁用防護具の材質は、次に定めるところに適合するものでなければならない。

一　厚さが2mm以上であること。

二　品質が均一であり、かつ、容易に変質し、又は燃焼しないものであること。

(耐電圧性能)

第3条　絶縁用防護具は、常温において試験交流（周波数が50Hz又は60Hzの交流で、その波高率が1.34から1.48までのものをいう。以下同じ。）による耐電圧試験を行なつたときに、次の表の左欄に掲げる種別に応じ、それぞれ同表の右欄に掲げる電圧に対して1分間耐える性能を有するものでなければならない。

絶縁用防護具の種別	試験交流の電圧（単位 V）
低圧の電路について用いるもの	1,500
高圧の電路について用いるもの	15,000

2　高圧の電路について用いる絶縁用防護具のうち線カバー状のものにあつて
は、前項に定めるもののほか、日本工業規格 C 0920（電気機械器具および配
線材料の防水試験通則）に定める防雨形の散水試験の例により散水した直後
の状態で、試験交流による耐電圧試験を行なつたときに、10,000 V の試験交
流の電圧に対して、常温において 1 分間耐える性能を有するものでなければ
ならない。

（耐電圧試験）

第 4 条　前条の耐電圧試験は、次に定める方法により行なうものとする。

一　線カバー状又はがいしカバー状の絶縁用防護具にあつては、当該絶縁用
防護具と同一の形状の電極、水を十分に浸潤させた綿布等導電性の物を、
コロナ放電又は沿面放電が生じない限度に当該絶縁用防護具の内面及び外
面に接触させ、内面及び外面に接触させた導電性の物を電極として試験交
流の電圧を加える方法

二　シート状の絶縁用防護具にあつては、表面が平滑な金属板の上に当該絶
縁用防護具を置き、当該絶縁用防護具に金属板、水を十分に浸潤させた綿
布等導電性の物をコロナ放電又は沿面放電が生じない限度に重ね、当該絶
縁用防護具の下部の金属板及び上部の導電性の物を電極として試験交流の
電圧を加える方法

2　線カバー状の絶縁用防護具にあつては、前項第一号に定める方法による耐
電圧試験は、管の全長にわたり行ない、かつ、管の連結部分については、管
を連結した状態で行なうものとする。

（表　示）

第 5 条　絶縁用防護具は、見やすい箇所に、対象とする電路の使用電圧の種別
を表示したものでなければならない。

労働安全衛生法関係

消防法関係法規
（抄）

I　消　防　法（抄）

$$\left(\begin{array}{l}昭和23年7月24日\\法律第\ 186\ 号\end{array}\right)$$

改正

昭和24年　6月　4日法律第193号	昭和61年12月26日法律第109号
同　25年　5月17日　同　第186号	同　63年　5月24日　同　第 55号
同　25年　5月24日　同　第201号	平成　5年11月12日　同　第 89号
同　27年　7月31日　同　第258号	同　　6年　6月22日　同　第 37号
同　27年　8月　1日　同　第293号	同　10年　6月12日　同　第100号
同　29年　6月　8日　同　第163号	同　10年　6月12日　同　第101号
同　31年　5月21日　同　第107号	同　11年　7月16日　同　第 87号
同　31年　6月11日　同　第141号	同　11年12月22日　同　第160号
同　34年　4月　1日　同　第 86号	同　11年12月22日　同　第163号
同　34年　4月24日　同　第156号	同　13年　7月　4日　同　第 98号
同　35年　6月30日　同　第113号	同　14年　4月26日　同　第 30号
同　35年　7月　2日　同　第117号	同　15年　6月18日　同　第 84号
同　36年　6月17日　同　第145号	同　16年　6月　2日　同　第 65号
同　37年　5月16日　同　第140号	同　16年　6月　9日　同　第 84号
同　37年　9月15日　同　第161号	同　17年　7月26日　同　第 87号
同　38年　4月15日　同　第 88号	同　18年　3月31日　同　第 22号
同　38年　4月15日　同　第 90号	同　18年　6月　2日　同　第 50号
同　40年　5月14日　同　第 65号	同　18年　6月　7日　同　第 53号
同　42年　7月25日　同　第 80号	同　18年　6月14日　同　第 64号
同　43年　6月10日　同　第 95号	同　19年　6月22日　同　第 93号
同　45年　6月　1日　同　第111号	同　20年　5月28日　同　第 41号
同　46年　6月　1日　同　第 97号	同　21年　5月　1日　同　第 34号
同　46年　6月　2日　同　第 98号	同　24年　6月27日　同　第 38号
同　46年12月31日　同　第130号	同　25年　6月14日　同　第 44号
同　47年　6月23日　同　第 94号	同　26年　6月　4日　同　第 54号
同　49年　6月　1日　同　第 64号	同　26年　6月13日　同　第 69号
同　50年12月17日　同　第 84号	同　27年　9月11日　同　第 66号
同　51年　5月29日　同　第 37号	同　29年　5月31日　同　第 41号
同　53年　6月15日　同　第 73号	同　30年　5月30日　同　第 33号
同　57年　7月16日　同　第 66号	同　30年　6月27日　同　第 67号
同　57年　7月23日　同　第 69号	令和　3年　5月19日　同　第 36号
同　58年　5月20日　同　第 44号	同　　4年　6月17日　同　第 68号
同　58年12月10日　同　第 83号	同　　4年　6月17日　同　第 69号
同　60年12月24日　同　第102号	同　　5年　6月16日　同　第 58号
同　61年　4月15日　同　第 20号	

消防法をここに公布する。

第1章 総　　則

（目　的）

第1条　この法律は、火災を予防し、警戒し及び鎮圧し、国民の生命、身体及び財産を火災から保護するとともに、火災又は地震等の災害による被害を軽減するほか、災害等による傷病者の搬送を適切に行い、もつて安寧秩序を保持し、社会公共の福祉の増進に資することを目的とする。

（用語の定義）

第2条　この法律の用語は下の例による。

2　防火対象物とは、山林又は舟車、船きよ若しくはふ頭に繋留された船舶、建築物その他の工作物若しくはこれらに属する物をいう。

3　消防対象物とは、山林又は舟車、船きよ若しくはふ頭に繋留された船舶、建築物その他の工作物又は物件をいう。

4　関係者とは、防火対象物又は消防対象物の所有者、管理者又は占有者をいう。

5　関係のある場所とは、防火対象物又は消防対象物のある場所をいう。

6　舟車とは、船舶安全法第2条第1項の規定を適用しない船舶、端舟、はしけ、被曳船その他の舟及び車両をいう。

7　危険物とは、別表第一の品名欄に掲げる物品で、同表に定める区分に応じ同表の性質欄に掲げる性状を有するものをいう。

8　消防隊とは、消防器具を装備した消防吏員若しくは消防団員の一隊又は消防組織法（昭和22年法律第226号）第30条第3項の規定による都道府県の航空消防隊をいう。

9　救急業務とは、災害により生じた事故若しくは屋外若しくは公衆の出入する場所において生じた事故（以下この項において「災害による事故等」という。）又は政令で定める場合における災害による事故等に準ずる事故その他の事由で政令で定めるものによる傷病者のうち、医療機関その他の場所へ緊急に搬送する必要があるものを、救急隊によつて、医療機関（厚生労働省令で定める医療機関をいう。第7章の2において同じ。）その他の場所に搬送すること（傷病者が医師の管理下に置かれるまでの間において、緊急やむを得

ないものとして、応急の手当を行うことを含む。）をいう。

第2章　火災の予防

（資料提出報告命令、立入検査等）

第4条　消防長又は消防署長は、火災予防のために必要があるときは、関係者に対して資料の提出を命じ、若しくは報告を求め、又は当該消防職員（消防本部を置かない市町村においては、当該市町村の消防事務に従事する職員又は常勤の消防団員。第5条の3第2項を除き、以下同じ。）にあらゆる仕事場、工場若しくは公衆の出入する場所その他の関係のある場所に立ち入つて、消防対象物の位置、構造、設備及び管理の状況を検査させ、若しくは関係のある者に質問させることができる。ただし、個人の住居は、関係者の承諾を得た場合又は火災発生のおそれが著しく大であるため、特に緊急の必要がある場合でなければ、立ち入らせてはならない。

2　消防職員は、前項の規定により関係のある場所に立ち入る場合においては、市町村長の定める証票を携帯し、関係のある者の請求があるときは、これを示さなければならない。

3　消防職員は、第1項の規定により関係のある場所に立ち入る場合においては、関係者の業務をみだりに妨害してはならない。

4　消防職員は、第1項の規定により関係のある場所に立ち入つて検査又は質問を行つた場合に知り得た関係者の秘密をみだりに他に漏らしてはならない。

（防火対象物の改修等の命令）

第5条　消防長又は消防署長は、防火対象物の位置、構造、設備又は管理の状況について、火災の予防に危険であると認める場合、消火、避難その他の消防の活動に支障になると認める場合、火災が発生したならば人命に危険であると認める場合その他火災の予防上必要があると認める場合には、権原を有する関係者（特に緊急の必要があると認める場合においては、関係者及び工事の請負人又は現場管理者）に対し、当該防火対象物の改修、移転、除去、工事の停止又は中止その他の必要な措置をなすべきことを命ずることができる。ただし、建築物その他の工作物で、それが他の法令により建築、増築、

消防法関係

改築又は移築の許可又は認可を受け、その後事情の変更していないものについては、この限りでない。

2 第3条第4項の規定は、前項の規定により必要な措置を命じた場合について準用する。

3 消防長又は消防署長は、第1項の規定による命令をした場合においては、標識の設置その他総務省令で定める方法により、その旨を公示しなければならない。

4 前項の標識は、第1項の規定による命令に係る防火対象物又は当該防火対象物のある場所に設置することができる。この場合においては、同項の規定による命令に係る防火対象物又は当該防火対象物のある場所の所有者、管理者又は占有者は、当該標識の設置を拒み、又は妨げてはならない。

（建築許可等についての同意）

第7条 建築物の新築、増築、改築、移転、修繕、模様替、用途の変更若しくは使用について許可、認可若しくは確認をする権限を有する行政庁若しくはその委任を受けた者又は建築基準法（昭和25年法律第201号）第6条の2第1項（同法第87条第1項において準用する場合を含む。以下この項において同じ。）の規定による確認を行う指定確認検査機関（同法第77条の21第1項に規定する指定確認検査機関をいう。以下この条において同じ。）は、当該許可、認可若しくは確認又は同法第6条の2第1項の規定による確認に係る建築物の工事施工地又は所在地を管轄する消防長又は消防署長の同意を得なければ、当該許可、認可若しくは確認又は同項の規定による確認をすることができない。ただし、確認（同項の規定による確認を含む。）に係る建築物が都市計画法（昭和43年法律第100号）第8条第1項第五号に掲げる防火地域及び準防火地域以外の区域内における住宅（長屋、共同住宅その他政令で定める住宅を除く。）である場合又は建築主事若しくは建築副主事が建築基準法第87条の4において準用する同法第6条第1項の規定による確認をする場合においては、この限りでない。

2 消防長又は消防署長は、前項の規定によつて同意を求められた場合において、当該建築物の計画が法律又はこれに基づく命令若しくは条例の規定（建築基準法第6条第4項又は第6条の2第1項（同法第87条第1項の規定によりこれらの規定を準用する場合を含む。）の規定により建築主事若しくは

建築副主事又は指定確認検査機関が同法第6条の4第1項第一号若しくは第二号に掲げる建築物の建築、大規模の修繕（同法第2条第十四号の大規模の修繕をいう。）、大規模の模様替（同法第2条第十五号の大規模の模様替をいう。）若しくは用途の変更又は同項第三号に掲げる建築物の建築について確認する場合において同意を求められたときは、同項の規定により読み替えて適用される同法第6条第1項の政令で定める建築基準法令の規定を除く。）で建築物の防火に関するものに違反しないものであるときは、同法第6条第1項第三号に係る場合にあつては、同意を求められた日から3日以内に、その他の場合にあつては、同意を求められた日から7日以内に同意を与えて、その旨を当該行政庁若しくはその委任を受けた者又は指定確認検査機関に通知しなければならない。この場合において、消防長又は消防署長は、同意することができない事由があると認めるときは、これらの期限内に、その事由を当該行政庁又はその委任を受けた者に通知しなければならない。

（以下省略）

（防火管理者）

第8条　学校、病院、工場、事業場、興行場、百貨店（これに準ずるものとして政令で定める大規模な小売店舗を含む。以下同じ。）、複合用途防火対象物（防火対象物で政令で定める2以上の用途に供されるものをいう。以下同じ。）その他多数の者が出入し、勤務し、又は居住する防火対象物で政令で定めるものの管理について権原を有する者は、政令で定める資格を有する者のうちから防火管理者を定め、政令で定めるところにより、当該防火対象物について消防計画の作成、当該消防計画に基づく消火、通報及び避難の訓練の実施、消防の用に供する設備、消防用水又は消火活動上必要な施設の点検及び整備、火気の使用又は取扱いに関する監督、避難又は防火上必要な構造及び設備の維持管理並びに収容人員の管理その他防火管理上必要な業務を行わせなければならない。

2　前項の権原を有する者は、同項の規定により防火管理者を定めたときは、遅滞なくその旨を所轄消防長又は消防署長に届け出なければならない。これを解任したときも、同様とする。

3　消防長又は消防署長は、第1項の防火管理者が定められていないと認める場合には、同項の権原を有する者に対し、同項の規定により防火管理者を定

消防法関係

めるべきことを命ずることができる。

4　消防長又は消防署長は、第1項の規定により同項の防火対象物について同項の防火管理者の行うべき防火管理上必要な業務が法令の規定又は同項の消防計画に従つて行われていないと認める場合には、同項の権原を有する者に対し、当該業務が当該法令の規定又は消防計画に従つて行われるように必要な措置を講ずべきことを命ずることができる。

5　第5条第3項及び第4項の規定は、前2項の規定による命令について準用する。

（火災予防に関する市町村条例）

第9条　かまど、風呂場その他火を使用する設備又はその使用に際し、火災の発生のおそれのある設備の位置、構造及び管理、こんろ、こたつその他火を使用する器具又はその使用に際し、火災の発生のおそれのある器具の取扱いその他火の使用に関し火災の予防のために必要な事項は、政令で定める基準に従い市町村条例でこれを定める。

第3章　危　険　物

（危険物の貯蔵・取扱）

第10条　指定数量以上の危険物は、貯蔵所（車両に固定されたタンクにおいて危険物を貯蔵し、又は取り扱う貯蔵所（以下「移動タンク貯蔵所」という。）を含む。以下同じ。）以外の場所でこれを貯蔵し、又は製造所、貯蔵所及び取扱所以外の場所でこれを取り扱つてはならない。ただし、所轄消防長又は消防署長の承認を受けて指定数量以上の危険物を、10日以内の期間、仮に貯蔵し、又は取り扱う場合は、この限りでない。

2　別表第一に掲げる品名（第11条の4第1項において単に「品名」という。）又は指定数量を異にする2以上の危険物を同一の場所で貯蔵し、又は取り扱う場合において、当該貯蔵又は取扱いに係るそれぞれの危険物の数量を当該危険物の指定数量で除し、その商の和が1以上となるときは、当該場所は、指定数量以上の危険物を貯蔵し、又は取り扱つているものとみなす。

3　製造所、貯蔵所又は取扱所においてする危険物の貯蔵又は取扱は、政令で定める技術上の基準に従つてこれをしなければならない。

4　製造所、貯蔵所及び取扱所の位置、構造及び設備の技術上の基準は、政令でこれを定める。

第4章　消防の設備等

（消防用設備等の設置・維持義務）

第17条　学校、病院、工場、事業場、興行場、百貨店、旅館、飲食店、地下街、複合用途防火対象物その他の防火対象物で政令で定めるものの関係者は、政令で定める消防の用に供する設備、消防用水及び消火活動上必要な施設（以下「消防用設備等」という。）について消火、避難その他の消防の活動のために必要とされる性能を有するように、政令で定める技術上の基準に従つて設置し、及び維持しなければならない。

2　市町村は、その地方の気候又は風土の特殊性により、前項の消防用設備等の技術上の基準に関する政令又はこれに基づく命令の規定のみによつては防火の目的を充分に達し難いと認めるときは、条例で、同項の消防用設備等の技術上の基準に関して、当該政令又はこれに基づく命令の規定と異なる規定を設けることができる。

3　第1項の防火対象物の関係者が、同項の政令若しくはこれに基づく命令又は前項の規定に基づく条例で定める技術上の基準に従つて設置し、及び維持しなければならない消防用設備等に代えて、特殊の消防用設備等その他の設備等（以下「特殊消防用設備等」という。）であつて、当該消防用設備等と同等以上の性能を有し、かつ、当該関係者が総務省令で定めるところにより作成する特殊消防用設備等の設置及び維持に関する計画（以下「設備等設置維持計画」という。）に従つて設置し、及び維持するものとして、総務大臣の認定を受けたものを用いる場合には、当該消防用設備等（それに代えて当該認定を受けた特殊消防用設備等が用いられるものに限る。）については、前2項の規定は、適用しない。

（既存対象物の特例）

第17条の2の5　第17条第1項の消防用設備等の技術上の基準に関する政令若しくはこれに基づく命令又は同条第2項の規定に基づく条例の規定の施行又は適用の際、現に存する同条第1項の防火対象物における消防用設備等（消

火器、避難器具その他政令で定めるものを除く。以下この条及び次条におい
て同じ。）又は現に新築、増築、改築、移転、修繕若しくは模様替えの工事中
の同条同項の防火対象物に係る消防用設備等がこれらの規定に適合しないと
きは、当該消防用設備等については、当該規定は、適用しない。この場合に
おいては、当該消防用設備等の技術上の基準に関する従前の規定を適用す
る。

2　前項の規定は、消防用設備等で次の各号のいずれかに該当するものについ
　ては、適用しない。

一　第17条第1項の消防用設備等の技術上の基準に関する政令若しくはこ
　　れに基づく命令又は同条第2項の規定に基づく条例を改正する法令による
　　改正（当該政令若しくは命令又は条例を廃止すると同時に新たにこれに相
　　当する政令若しくは命令又は条例を制定することを含む。）後の当該政令
　　若しくは命令又は条例の規定の適用の際、当該規定に相当する従前の規定
　　に適合していないことにより同条第1項の規定に違反している同条同項の
　　防火対象物における消防用設備等

二　工事の着手が第17条第1項の消防用設備等の技術上の基準に関する政
　　令若しくはこれに基づく命令又は同条第2項の規定に基づく条例の規定の
　　施行又は適用の後である政令で定める増築、改築又は大規模の修繕若しく
　　は模様替えに係る同条第1項の防火対象物における消防用設備等

三　第17条第1項の消防用設備等の技術上の基準に関する政令若しくはこ
　　れに基づく命令又は同条第2項の規定に基づく条例の規定に適合するに至
　　つた同条第1項の防火対象物における消防用設備等

四　前三号に掲げるもののほか、第17条第1項の消防用設備等の技術上の
　　基準に関する政令若しくはこれに基づく命令又は同条第2項の規定に基づ
　　く条例の規定の施行又は適用の際、現に存する百貨店、旅館、病院、地下
　　街、複合用途防火対象物（政令で定めるものに限る。）その他同条第1項の
　　防火対象物で多数の者が出入するものとして政令で定めるもの（以下「特
　　定防火対象物」という。）における消防用設備等又は現に新築、増築、改築、
　　移転、修繕若しくは模様替えの工事中の特定防火対象物に係る消防用設備
　　等

（用途変更の場合の特例）

第17条の3 前条に規定する場合のほか、第17条第1項の防火対象物の用途が変更されたことにより、当該用途が変更された後の当該防火対象物における消防用設備等がこれに係る同条同項の消防用設備等の技術上の基準に関する政令若しくはこれに基づく命令又は同条第2項の規定に基づく条例の規定に適合しないこととなるときは、当該消防用設備等については、当該規定は、適用しない。この場合においては、当該用途が変更される前の当該防火対象物における消防用設備等の技術上の基準に関する規定を適用する。

2 前項の規定は、消防用設備等で次の各号の一に該当するものについては、適用しない。

一 第17条第1項の防火対象物の用途が変更された際、当該用途が変更される前の当該防火対象物における消防用設備等に係る同条同項の消防用設備等の技術上の基準に関する政令若しくはこれに基づく命令又は同条第2項の規定に基づく条例の規定に適合していないことにより同条第1項の規定に違反している当該防火対象物における消防用設備等

二 工事の着手が第17条第1項の防火対象物の用途の変更の後である政令で定める増築、改築又は大規模の修繕若しくは模様替えに係る当該防火対象物における消防用設備等

三 第17条第1項の消防用設備等の技術上の基準に関する政令若しくはこれに基づく命令又は同条第2項の規定に基づく条例の規定に適合するに至つた同条第1項の防火対象物における消防用設備等

四 前三号に掲げるもののほか、第17条第1項の防火対象物の用途が変更され、その変更後の用途が特定防火対象物の用途である場合における当該特定防火対象物における消防用設備等

第17条の3の2 第17条第1項の防火対象物のうち特定防火対象物その他の政令で定めるものの関係者は、同項の政令若しくはこれに基づく命令若しくは同条第2項の規定に基づく条例で定める技術上の基準（第17条の2の5第1項前段又は前条第1項前段に規定する場合には、それぞれ第17条の2の5第1項後段又は前条第1項後段の規定により適用されることとなる技術上の基準とする。以下「設備等技術基準」という。）又は設備等設置維持計画に従つて設置しなければならない消防用設備等又は特殊消防用設備等（政令で定

めるものを除く。）を設置したときは、総務省令で定めるところにより、その旨を消防長又は消防署長に届け出て、検査を受けなければならない。

第17条の3の3　第17条第1項の防火対象物（政令で定めるものを除く。）の関係者は、当該防火対象物における消防用設備等又は特殊消防用設備等（第8条の2の2第1項の防火対象物にあつては、消防用設備等又は特殊消防用設備等の機能）について、総務省令で定めるところにより、定期に、当該防火対象物のうち政令で定めるものにあつては消防設備士免状の交付を受けている者又は総務省令で定める資格を有する者に点検させ、その他のものにあつては自ら点検し、その結果を消防長又は消防署長に報告しなければならない。

（基準違反に対する措置命令）

第17条の4　消防長又は消防署長は、第17条第1項の防火対象物における消防用設備等が設備等技術基準に従つて設置され、又は維持されていないと認めるときは、当該防火対象物の関係者で権原を有するものに対し、当該設備等技術基準に従つてこれを設置すべきこと、又はその維持のため必要な措置をなすべきことを命ずることができる。

2　消防長又は消防署長は、第17条第1項の防火対象物における同条第3項の規定による認定を受けた特殊消防用設備等が設備等設置維持計画に従つて設置され、又は維持されていないと認めるときは、当該防火対象物の関係者で権原を有するものに対し、当該設備等設置維持計画に従つてこれを設置すべきこと、又はその維持のため必要な措置をなすべきことを命ずることができる。

3　第5条第3項及び第4項の規定は、前2項の規定による命令について準用する。

（消防設備士）

第17条の5　消防設備士免状の交付を受けていない者は、次に掲げる消防用設備等又は特殊消防用設備等の工事（設置に係るものに限る。）又は整備のうち、政令で定めるものを行つてはならない。

一　第10条第4項の技術上の基準又は設備等技術基準に従つて設置しなければならない消防用設備等

二　設備等設置維持計画に従つて設置しなければならない特殊消防用設備等

（消防設備士免状）

第17条の6 消防設備士免状の種類は、甲種消防設備士免状及び乙種消防設備士免状とする。

2 甲種消防設備士免状の交付を受けている者（以下「甲種消防設備士」という。）が行うことができる工事又は整備の種類及び乙種消防設備士免状の交付を受けている者（以下「乙種消防設備士」という。）が行うことができる整備の種類は、これらの消防設備士免状の種類に応じて総務省令で定める。

（消防設備士免状の交付）

第17条の7 消防設備士免状は、消防設備士試験に合格した者に対し、都道府県知事が交付する。

2 第13条の2第4項から第7項までの規定は、消防設備士免状について準用する。

（消防設備士試験）

第17条の8 消防設備士試験は、消防用設備等又は特殊消防用設備等（以下この章において「工事整備対象設備等」という。）の設置及び維持に関して必要な知識及び技能について行う。

2 消防設備士試験の種類は、甲種消防設備士試験及び乙種消防設備士試験とする。

3 消防設備士試験は、前項に規定する消防設備士試験の種類ごとに、毎年1回以上、都道府県知事が行う。

4 次の各号のいずれかに該当する者でなければ、甲種消防設備士試験を受けることができない。

　一　学校教育法による大学、高等専門学校、高等学校又は中等教育学校において機械、電気、工業化学、土木又は建築に関する学科又は課程を修めて卒業した者（当該学科又は課程を修めて同法による専門職大学の前期課程を修了した者を含む。）

　二　乙種消防設備士免状の交付を受けた後2年以上工事整備対象設備等の整備（第17条の5の規定に基づく政令で定めるものに限る。）の経験を有する者

　三　前二号に掲げる者に準ずるものとして総務省令で定める者

5 前各項に定めるもののほか、消防設備士試験の試験科目、受験手続その他

試験の実施細目は、総務省令で定める。

第17条の9　都道府県知事は、総務大臣の指定する者に、消防設備士試験の実施に関する事務を行わせることができる。

2　前項の規定による指定は、消防設備士試験の実施に関する事務を行おうとする者の申請により行う。

3　都道府県知事は、第1項の規定により総務大臣の指定する者に消防設備士試験の実施に関する事務を行わせるときは、消防設備士試験の実施に関する事務を行わないものとする。

（第4項省略）

第17条の10　消防設備士は、総務省令で定めるところにより、都道府県知事（総務大臣が指定する市町村長その他の機関を含む。）が行う工事整備対象設備等の工事又は整備に関する講習を受けなければならない。

第17条の11　前条の規定により総務大臣が指定する機関で市町村長以外のもの（以下この条において、「指定講習機関」という。）が行う工事整備対象設備等の工事又は整備に関する講習を受けようとする者は、政令で定めるところにより、実費を勘案して政令で定める額の手数料を当該指定講習機関に納めなければならない。

（第2項省略）

（消防設備士の責務）

第17条の12　消防設備士は、その業務を誠実に行い、工事整備対象設備等の質の向上に努めなければならない。

（消防設備士免状の携帯義務）

第17条の13　消防設備士は、その業務に従事するときは、消防設備士免状を携帯していなければならない。

（工事着工届）

第17条の14　甲種消防設備士は、第17条の5の規定に基づく政令で定める工事をしようとするときは、その工事に着手しようとする日の10日前までに、総務省令で定めるところにより、工事整備対象設備等の種類、工事の場所その他必要な事項を消防長又は消防署長に届け出なければならない。

第4章の2　消防の用に供する機械器具等の検定等

第1節　検定対象機械器具等の検定

（検　定）

第21条の2　消防の用に供する機械器具若しくは設備、消火薬剤又は防火塗料、防火液その他の防火薬品（以下「消防の用に供する機械器具等」という。）のうち、一定の形状、構造、材質、成分及び性能（以下「形状等」という。）を有しないときは火災の予防若しくは警戒、消火又は人命の救助等のために重大な支障を生ずるおそれのあるものであり、かつ、その使用状況からみて当該形状等を有することについてあらかじめ検査を受ける必要があると認められるものであつて、政令で定めるもの（以下「検定対象機械器具等」という。）については、この節に定めるところにより検定をするものとする。

2　この節において「型式承認」とは、検定対象機械器具等の型式に係る形状等が総務省令で定める検定対象機械器具等に係る技術上の規格に適合している旨の承認をいう。

3　この節において「型式適合検定」とは、検定対象機械器具等の形状等が型式承認を受けた検定対象機械器具等の型式に係る形状等に適合しているかどうかについて総務省令で定める方法により行う検定をいう。

4　検定対象機械器具等は、第21条の9第1項（第21条の11第3項において準用する場合を含む。以下この項において同じ。）の規定による表示が付されているものでなければ、販売し、又は販売の目的で陳列してはならず、また、検定対象機械器具等のうち消防の用に供する機械器具又は設備は、第21条の9第1項の規定による表示が付されているものでなければ、その設置、変更又は修理の請負に係る工事に使用してはならない。

消防法関係

Ⅱ　消防法施行令（抄）

$$\left(\begin{array}{l} 昭和36年3月25日 \\ 政令第37号 \end{array} \right)$$

改正

消防法関係

第2章　消防用設備等

第1節　防火対象物の指定

（防火対象物の指定）

第6条　法第17条第1項の政令で定める防火対象物は、別表第一に掲げる防火対象物とする。

第2節　種　　　類

（消防用設備等の種類）

第7条　法第17条第1項の政令で定める消防の用に供する設備は、消火設備、警報設備及び避難設備とする。

2　前項の消火設備は、水その他消火剤を使用して消火を行う機械器具又は設備であつて、次に掲げるものとする。

一　消火器及び次に掲げる簡易消火用具

　　イ　水バケツ

　　ロ　水　槽

　　ハ　乾燥砂

　　ニ　膨張ひる石又は膨張真珠岩

二　屋内消火栓設備

三　スプリンクラー設備

四　水噴霧消火設備

五　泡消火設備

六　不活性ガス消火設備

七　ハロゲン化物消火設備

八　粉末消火設備

九　屋外消火栓設備

十　動力消防ポンプ設備

3　第1項の警報設備は、火災の発生を報知する機械器具又は設備であつて、次に掲げるものとする。

一　自動火災報知設備

一の二　ガス漏れ火災警報設備（液化石油ガスの保安の確保及び取引の適正
　　化に関する法律（昭和42年法律第149号）第2条第3項に規定する液化石
　　油ガス販売事業によりその販売がされる液化石油ガスの漏れを検知するた
　　めのものを除く。以下同じ。）

二　漏電火災警報器

三　消防機関へ通報する火災報知設備

四　警鐘、携帯用拡声器、手動式サイレンその他の非常警報器具及び次に掲
　　げる非常警報設備

　　イ　非常ベル

　　ロ　自動式サイレン

　　ハ　放送設備

4　第1項の避難設備は、火災が発生した場合において避難するために用いる
　　機械器具又は設備であつて、次に掲げるものとする。

一　すべり台、避難はしご、救助袋、緩降機、避難橋その他の避難器具

二　誘導灯及び誘導標識

5　法第17条第1項の政令で定める消防用水は、防火水槽又はこれに代わる
　　貯水池その他の用水とする。

6　法第17条第1項の政令で定める消火活動上必要な施設は、排煙設備、連結
　　散水設備、連結送水管、非常コンセント設備及び無線通信補助設備とする。

（第7項省略）

第3節　設置及び維持の技術上の基準

第1款　通　　則

（通　則）

第8条　防火対象物が次に掲げる当該防火対象物の部分で区画されているとき
　　は、その区画された部分は、この節の規定の適用については、それぞれ別の
　　防火対象物とみなす。

一　開口部のない耐火構造（建築基準法第2条第七号に規定する耐火構造を
　　いう。以下同じ。）の床又は壁

二　床、壁その他の建築物の部分又は建築基準法第2条第九号の二ロに規定

する防火設備（防火戸その他の総務省令で定めるものに限る。）のうち、防火上有効な措置として総務省令で定める措置が講じられたもの（前号に掲げるものを除く。）

第9条　別表第一（十六）項に掲げる防火対象物の部分で、同表各項（（十六）項から（二十）項までを除く。）の防火対象物の用途のいずれかに該当する用途に供されるものは、この節（第12条第1項第三号及び第十号から第十二号まで、第21条第1項第三号、第七号、第十号及び第十四号、第21条の2第1項第五号、第22条第1項第六号及び第七号、第24条第2項第二号並びに第3項第二号及び第三号、第25条第1項第五号並びに第26条を除く。）の規定の適用については、当該用途に供される一の防火対象物とみなす。

第9条の2　別表第一（一）項から（四）項まで、（五）項イ、（六）項、（九）項イ又は（十六）項イに掲げる防火対象物の地階で、同表（十六の二）項に掲げる防火対象物と一体を成すものとして消防長又は消防署長が指定したものは、第12条第1項第六号、第21条第1項第三号（同表（十六の二）項に係る部分に限る。）、第21条の2第1項第一号及び第24条第3項第一号（同表（十六の二）項に係る部分に限る。）の規定の適用については、同表（十六の二）項に掲げる防火対象物の部分であるものとみなす。

第2款　消火設備に関する基準

（屋内消火栓設備に関する基準）

第11条　（第1、2項省略）

3　前2項に規定するもののほか、屋内消火栓設備の設置及び維持に関する技術上の基準は、次の各号に掲げる防火対象物又はその部分の区分に応じ、当該各号に定めるとおりとする。

　一　第1項第二号及び第六号に掲げる防火対象物又はその部分（別表第一（十二）項イ又は（十四）項に掲げる防火対象物に係るものに限る。）並びに第1項第五号に掲げる防火対象物又はその部分　次に掲げる基準

　　イ　屋内消火栓は、防火対象物の階ごとに、その階の各部分から一のホース接続口までの水平距離が25m以下となるように設けること。

　　ロ　屋内消火栓設備の消防用ホースの長さは、当該屋内消火栓設備のホース接続口からの水平距離が25mの範囲内の当該階の各部分に有効に放水することができる長さとすること。

　ハ　水源は、その水量が屋内消火栓の設置個数が最も多い階における当該
　　設置個数（当該設置個数が2を超えるときは、2とする。）に2.6m³を乗
　　じて得た量以上の量となるように設けること。
　ニ　屋内消火栓設備は、いずれの階においても、当該階のすべての屋内消
　　火栓（設置個数が2を超えるときは、2個の屋内消火栓とする。）を同時
　　に使用した場合に、それぞれのノズルの先端において、放水圧力が0.17
　　MPa以上で、かつ、放水量が130ℓ/分以上の性能のものとすること。
　ホ　水源に連結する加圧送水装置は、点検に便利で、かつ、火災等の災害
　　による被害を受けるおそれが少ない箇所に設けること。
　ヘ　屋内消火栓設備には、非常電源を附置すること。
二　第1項各号に掲げる防火対象物又はその部分で、前号に掲げる防火対象
　物又はその部分以外のもの　同号又は次のイ若しくはロに掲げる基準
　イ　次に掲げる基準
　　⑴　屋内消火栓は、防火対象物の階ごとに、その階の各部分から1の
　　　ホース接続口までの水平距離が15m以下となるように設けること。
　　⑵　屋内消火栓設備の消防用ホースの長さは、当該屋内消火栓設備の
　　　ホース接続口からの水平距離が15mの範囲内の当該階の各部分に有
　　　効に放水することができる長さとすること。
　　⑶　屋内消火栓設備の消防用ホースの構造は、一人で操作することがで
　　　きるものとして総務省令で定める基準に適合するものとすること。
　　⑷　水源は、その水量が屋内消火栓の設置個数が最も多い階における当
　　　該設置個数（当該設置個数が2を超えるときは、2とする。）に1.2m³
　　　を乗じて得た量以上の量となるように設けること。
　　⑸　屋内消火栓設備は、いずれの階においても、当該階の全ての屋内消
　　　火栓（設置個数が2を超えるときは、2個の屋内消火栓とする。）を
　　　同時に使用した場合に、それぞれのノズルの先端において、放水圧力
　　　が0.25MPa以上で、かつ、放水量が60ℓ/分以上の性能のものとす
　　　ること。
　　⑹　水源に連結する加圧送水装置は、点検に便利で、かつ、火災等の災
　　　害による被害を受けるおそれが少ない箇所に設けること。
　　⑺　屋内消火栓設備には、非常電源を附置すること。

消防法関係

　ロ　次に掲げる基準

　　⑴　屋内消火栓は、防火対象物の階ごとに、その階の各部分から1の
　　　ホース接続口までの水平距離が25m以下となるように設けること。

　　⑵　屋内消火栓設備の消防用ホースの長さは、当該屋内消火栓設備の
　　　ホース接続口からの水平距離が25mの範囲内の当該階の各部分に有
　　　効に放水することができる長さとすること。

　　⑶　屋内消火栓設備の消防用ホースの構造は、一人で操作することがで
　　　きるものとして総務省令で定める基準に適合するものとすること。

　　⑷　水源は、その水量が屋内消火栓の設置個数が最も多い階における当
　　　該設置個数（当該設置個数が2を超えるときは、2とする。）に1.6m^3
　　　を乗じて得た量以上の量となるように設けること。

　　⑸　屋内消火栓設備は、いずれの階においても、当該階の全ての屋内消
　　　火栓（設置個数が2を超えるときは、2個の屋内消火栓とする。）を
　　　同時に使用した場合に、それぞれのノズルの先端において、放水圧力
　　　が0.17MPa以上で、かつ、放水量が80ℓ/分以上の性能のものとす
　　　ること。

　　⑹　水源に連結する加圧送水装置は、点検に便利で、かつ、火災等の災
　　　害による被害を受けるおそれが少ない箇所に設けること。

　　⑺　屋内消火栓設備には、非常電源を附置すること。

（第4項省略）

（スプリンクラー設備に関する基準）

第12条　（第1項省略）

2　前項に規定するもののほか、スプリンクラー設備の設置及び維持に関する
　技術上の基準は、次のとおりとする。

　一　スプリンクラーヘッドは、前項第二号に掲げる防火対象物にあつては舞
　　台部に、同項第八号に掲げる防火対象物にあつては指定可燃物（可燃性液
　　体類に係るものを除く。）を貯蔵し、又は取り扱う部分に、同項第一号、第
　　三号、第四号、第六号、第七号及び第九号から第十二号までに掲げる防火
　　対象物にあつては総務省令で定める部分に、それぞれ設けること。

　二　スプリンクラーヘッドは、次に定めるところにより、設けること。

　　イ　前項各号（第一号、第五号から第七号まで及び第九号を除く。）に掲げ

る防火対象物又はその部分（ロに規定する部分を除くほか、別表第一
（五）項若しくは（六）項に掲げる防火対象物又は同表（十六）項に掲げ
る防火対象物の同表（五）項若しくは（六）項に掲げる防火対象物の用
途に供される部分であつて、総務省令で定める種別のスプリンクラー
ヘッドが総務省令で定めるところにより設けられている部分がある場合
には、当該スプリンクラーヘッドが設けられている部分を除く。）におい
ては、前号に掲げる部分の天井又は小屋裏に、当該天井又は小屋裏の各
部分から一のスプリンクラーヘッドまでの水平距離が、次の表の左欄に
掲げる防火対象物又はその部分ごとに、同表の右欄に定める距離となる
ように、総務省令で定める種別のスプリンクラーヘッドを設けること。

防火対象物又はその部分		距　　　離
第1項第二号から第四号まで及び第十号から第十二号までに掲げる防火対象物又はその部分（別表第一㈠項に掲げる防火対象物の舞台部に限る。）		1.7m 以下
第1項第八号に掲げる防火対象物		1.7m（火災を早期に感知し、かつ、広範囲に散水することができるスプリンクラーヘッドとして総務省令で定めるスプリンクラーヘッド（以下この表において「高感度型ヘッド」という。）にあつては、当該スプリンクラーヘッドの性能に応じ総務省令で定める距離）以下
第1項第三号、第四号及び第七号から第九号までに掲げる防火対象物又はその部分（別表第一㈠項に掲げる防火対象物の舞台部を除く。）	耐火建築物（建築基準法第2条第九号の二に規定する耐火建築物をいう。以下同じ。）以外の建築物	2.1m（高感度型ヘッドにあつては、当該スプリンクラーヘッドの性能に応じ総務省令で定める距離）以下
	耐火建築物	2.3m（高感度型ヘッドにあつては、当該スプリンクラーヘッドの性能に応じ総務省令で定める距離）以下

ロ　前項第三号、第四号及び第八号及び第十号から第十二号までに掲げる
防火対象物又はその部分（別表第一（一）項に掲げる防火対象物の舞台
部を除く。）のうち、可燃物が大量に存し消火が困難と認められる部分と
して総務省令で定めるものであつて床面から天井までの高さが6mを超

える部分及びその他の部分であつて床面から天井までの高さが10mを超える部分においては、総務省令で定める種別のスプリンクラーヘッドを、総務省令で定めるところにより、設けること。

　ハ　前項第一号、第五号から第七号まで及び第九号に掲げる防火対象物においては、総務省令で定める種別のスプリンクラーヘッドを、総務省令で定めるところにより、設けること。

三　前号に掲げるもののほか、開口部（防火対象物の10階以下の部分にある開口部にあつては、延焼のおそれのある部分（建築基準法第2条第六号に規定する延焼のおそれのある部分をいう。）にあるものに限る。）には、その上枠に、当該上枠の長さ2.5m以下ごとに一のスプリンクラーヘッドを設けること。ただし、防火対象物の10階以下の部分にある開口部で建築基準法第2条第九号の二ロに規定する防火設備（防火戸その他の総務省令で定めるものに限る。）が設けられているものについては、この限りでない。

三の二　特定施設水道連結型スプリンクラー設備（スプリンクラー設備のうち、その水源として、水道の用に供する水管を当該スプリンクラー設備に連結したものであつて、次号に規定する水量を貯留するための施設を有しないものをいう。以下この項において同じ。）は、前項第一号及び第九号に掲げる防火対象物又はその部分のうち、防火上有効な措置が講じられた構造を有するものとして総務省令で定める部分以外の部分の床面積の合計が1,000m²未満のものに限り、設置することができること。

四　スプリンクラー設備（特定施設水道連結型スプリンクラー設備を除く。）には、その水源として、防火対象物の用途、構造若しくは規模又はスプリンクラーヘッドの種別に応じ総務省令で定めるところにより算出した量以上の量となる水量を貯留するための施設を設けること。

五　スプリンクラー設備は、防火対象物の用途、構造若しくは規模又はスプリンクラーヘッドの種別に応じ総務省令で定めるところにより放水することができる性能のものとすること。

六　スプリンクラー設備（総務省令で定める特定施設水道連結型スプリンクラー設備を除く。）には、点検に便利で、かつ、火災等の災害による被害を受けるおそれが少ない箇所に、水源に連結する加圧送水装置を設けること。

七　スプリンクラー設備には、非常電源を附置し、かつ、消防ポンプ自動車が容易に接近することができる位置に双口形の送水口を附置すること。

　　ただし、特定施設水道連結型スプリンクラー設備については、この限りでない。

八　スプリンクラー設備には、総務省令で定めるところにより、補助散水栓を設けることができること。

（第3、4項省略）

（水噴霧消火設備等を設置すべき防火対象物）

第13条　次の表の左欄に掲げる防火対象物又はその部分には、水噴霧消火設備、泡消火設備、不活性ガス消火設備、ハロゲン化物消火設備又は粉末消火設備のうち、それぞれ当該右欄に掲げるもののいずれかを設置するものとする。

消防法関係

防 火 対 象 物 又 は そ の 部 分			消 火 設 備
別表第一（十三）項ロに掲げる防火対象物			泡消火設備又は粉末消火設備
別表第一に掲げる防火対象物の屋上部分で、回転翼航空機又は垂直離着陸航空機の発着の用に供されるもの			泡消火設備又は粉末消火設備
別表第一に掲げる防火対象物の道路（車両の交通の用に供されるものであつて総務省令で定めるものに限る。以下同じ。）の用に供される部分で、床面積が、屋上部分にあつては600m²以上、それ以外の部分にあつては400m²以上のもの			水噴霧消火設備、泡消火設備、不活性ガス消火設備又は粉末消火設備
別表第一に掲げる防火対象物の自動車の修理又は整備の用に供される部分で、床面積が、地階又は2階以上の階にあつては200m²以上、1階にあつては500m²以上のもの			泡消火設備、不活性ガス消火設備、ハロゲン化物消火設備又は粉末消火設備
別表第一に掲げる防火対象物の駐車の用に供される部分で、次に掲げるもの 一　当該部分の存する階（屋上部分を含み、駐車するすべての車両が同時に屋外に出ることができる構造の階を除く。）における当該部分の床面積が、地階又は2階以上の階にあつては200m²以上、1階にあつては500m²以上、屋上部分にあつては300m²以上のもの 二　昇降機等の機械装置により車両を駐車させる構造のもので、車両の収容台数が10以上のもの			水噴霧消火設備、泡消火設備、不活性ガス消火設備、ハロゲン化物消火設備又は粉末消火設備
別表第一に掲げる防火対象物の発電機、変圧器その他これらに類する電気設備が設置されている部分で、床面積が200m²以上のもの			不活性ガス消火設備、ハロゲン化物消火設備又は粉末消火設備
別表第一に掲げる防火対象物の鍛造場、ボイラー室、乾燥室その他多量の火気を使用する部分で、床面積が200m²以上のもの			不活性ガス消火設備、ハロゲン化物消火設備又は粉末消火設備
別表第一に掲げる防火対象物の通信機器室で、床面積が500m²以上のもの			不活性ガス消火設備、ハロゲン化物消火設備又は粉末消火設備
別表第一に掲げる建築物その他の工作物で、指定可燃物を危険物の規制に関する政令別表第四（以下この項において「危険物政令別表第四」という。）で定める数量の1,000倍以上貯蔵し、又は取り扱うもの	危険物政令別表第四に掲げる綿花類、木毛及びかんなくず、ぼろ及び紙くず（動植物油がしみ込んでいる布又は紙及びこれらの製品を除く。）、糸類、わら類、再生資源燃料又は合成樹脂類（不燃性又は難燃性でないゴム製品、ゴム半製品、原料ゴム及びゴムくずに限る。）に係るもの		水噴霧消火設備、泡消火設備又は全域放出方式の不活性ガス消火設備
	危険物政令別表第四に掲げるぼろ及び紙くず（動植物油がしみ込んでいる布又は紙及びこれらの製品に限る。）又は石炭・木炭類に係るもの		水噴霧消火設備又は泡消火設備
	危険物政令別表第四に掲げる可燃性固体類、可燃性液体類又は合成樹脂類（不燃性又は難燃性でないゴム製品、ゴム半製品、原料ゴム及びゴムくずを除く。）に係るもの		水噴霧消火設備、泡消火設備、不活性ガス消火設備、ハロゲン化物消火設備又は粉末消火設備
	危険物政令別表第四に掲げる木材加工品及び木くずに係るもの		水噴霧消火設備、泡消火設備、全域放出方式の不活性ガス消火設備又は全域放出方式のハロゲン化物消火設備

2　前項の表に掲げる指定可燃物（可燃性液体類に係るものを除く。）を貯蔵
し、又は取り扱う建築物その他の工作物にスプリンクラー設備を前条に定め
る技術上の基準に従い、又は当該技術上の基準の例により設置したときは、
同項の規定にかかわらず、当該設備の有効範囲内の部分について、それぞれ
同表の右欄に掲げる消火設備を設置しないことができる。

（水噴霧消火設備に関する基準）

第14条　前条に規定するもののほか、水噴霧消火設備の設置及び維持に関する
技術上の基準は、次のとおりとする。

　一　噴霧ヘッドは、防護対象物（当該消火設備によつて消火すべき対象物を
　　いう。以下同じ。）の形状、構造、性質、数量又は取扱いの方法に応じ、標
　　準放射量（前条第1項の消火設備のそれぞれのヘッドについて総務省令で
　　定める水噴霧、泡、不活性ガス消火剤、ハロゲン化物消火剤又は粉末消火
　　剤の放射量をいう。以下同じ。）で当該防護対象物の火災を有効に消火する
　　ことができるように、総務省令で定めるところにより、必要な個数を適当
　　な位置に設けること。

　二　別表第一に掲げる防火対象物の道路の用に供される部分又は駐車の用に
　　供される部分に設置するときは、総務省令で定めるところにより、有効な
　　排水設備を設けること。

　三　高圧の電気機器がある場所においては、当該電気機器と噴霧ヘッド及び
　　配管との間に電気絶縁を保つための必要な空間を保つこと。

　四　水源は、総務省令で定めるところにより、その水量が防護対象物の火災
　　を有効に消火することができる量以上の量となるように設けること。

　五　水源に連結する加圧送水装置は、点検に便利で、かつ、火災の際の延焼
　　のおそれ及び衝撃による損傷のおそれが少ない箇所に設けること。ただ
　　し、保護のための有効な措置を講じたときは、この限りでない。

　六　水噴霧消火設備には、非常電源を附置すること。

（泡消火設備に関する基準）

第15条　第13条に規定するもののほか、泡消火設備の設置及び維持に関する
技術上の基準は、次のとおりとする。

　一　固定式の泡消火設備の泡放出口は、防護対象物の形状、構造、性質、数
　　量又は取扱いの方法に応じ、標準放射量で当該防護対象物の火災を有効に

消防法関係

消火することができるように、総務省令で定めるところにより、必要な個数を適当な位置に設けること。

二　移動式の泡消火設備のホース接続口は、すべての防護対象物について、当該防護対象物の各部分から一のホース接続口までの水平距離が15m以下となるように設けること。

三　移動式の泡消火設備の消防用ホースの長さは、当該泡消火設備のホース接続口からの水平距離が15mの範囲内の当該防護対象物の各部分に有効に放射することができる長さとすること。

四　移動式の泡消火設備の泡放射用器具を格納する箱は、ホース接続口から3m以内の距離に設けること。

五　水源の水量又は泡消火薬剤の貯蔵量は、総務省令で定めるところにより、防護対象物の火災を有効に消火することができる量以上の量となるようにすること。

六　泡消火薬剤の貯蔵場所及び加圧送液装置は、点検に便利で、火災の際の延焼のおそれ及び衝撃による損傷のおそれが少なく、かつ、薬剤が変質するおそれが少ない箇所に設けること。ただし、保護のための有効な措置を講じたときは、この限りでない。

七　泡消火設備には、非常電源を附置すること。

(不活性ガス消火設備に関する基準)

第16条　第13条に規定するもののほか、不活性ガス消火設備の設置及び維持に関する技術上の基準は、次のとおりとする。

一　全域放出方式の不活性ガス消火設備の噴射ヘッドは、不燃材料（建築基準法第2条第九号に規定する不燃材料をいう。以下この号において同じ。）で造つた壁、柱、床又は天井（天井のない場合にあつては、はり又は屋根）により区画され、かつ、開口部に自動閉鎖装置（建築基準法第2条第九号の二ロに規定する防火設備（防火戸その他の総務省令で定めるものに限る。）又は不燃材料で造つた戸で不活性ガス消火剤が放射される直前に開口部を自動的に閉鎖する装置をいう。）が設けられている部分に、当該部分の容積及び当該部分にある防護対象物の性質に応じ、標準放射量で当該防護対象物の火災を有効に消火することができるように、総務省令で定めるところにより、必要な個数を適当な位置に設けること。ただし、当該部分

から外部に漏れる量以上の量の不活性ガス消火剤を有効に追加して放出することができる設備であるときは、当該開口部の自動閉鎖装置を設けないことができる。

二　局所放出方式の不活性ガス消火設備の噴射ヘッドは、防護対象物の形状、構造、性質、数量又は取扱いの方法に応じ、防護対象物に不活性ガス消火剤を直接放射することによつて標準放射量で当該防護対象物の火災を有効に消火することができるように、総務省令で定めるところにより、必要な個数を適当な位置に設けること。

三　移動式の不活性ガス消火設備のホース接続口は、すべての防護対象物について、当該防護対象物の各部分から一のホース接続口までの水平距離が15m以下となるように設けること。

四　移動式の不活性ガス消火設備のホースの長さは、当該不活性ガス消火設備のホース接続口からの水平距離が15mの範囲内の当該防護対象物の各部分に有効に放射することができる長さとすること。

五　不活性ガス消火剤容器に貯蔵する不活性ガス消火剤の量は、総務省令で定めるところにより、防護対象物の火災を有効に消火することができる量以上の量となるようにすること。

六　不活性ガス消火剤容器は、点検に便利で、火災の際の延焼のおそれ及び衝撃による損傷のおそれが少なく、かつ、温度の変化が少ない箇所に設けること。ただし、保護のための有効な措置を講じたときは、この限りでない。

七　全域放出方式又は局所放出方式の不活性ガス消火設備には、非常電源を附置すること。

（ハロゲン化物消火設備に関する基準）

第17条　第13条に規定するもののほか、ハロゲン化物消火設備の設置及び維持に関する技術上の基準は、次のとおりとする。

一　全域放出方式又は局所放出方式のハロゲン化物消火設備の噴射ヘッドの設置は、前条第一号又は第二号に掲げる全域放出方式又は局所放出方式の不活性ガス消火設備の噴射ヘッドの設置の例によるものであること。

二　移動式のハロゲン化物消火設備のホース接続口は、すべての防護対象物について、当該防護対象物の各部分から一のホース接続口までの水平距離

消防法関係

が20m以下となるように設けること。

三　移動式のハロゲン化物消火設備のホースの長さは、当該ハロゲン化物消火設備のホース接続口からの水平距離が20mの範囲内の当該防護対象物の各部分に有効に放射することができる長さとすること。

四　ハロゲン化物消火剤容器に貯蔵するハロゲン化物消火剤の量は、総務省令で定めるところにより、防護対象物の火災を有効に消火することができる量以上の量となるようにすること。

五　ハロゲン化物消火剤容器及び加圧用容器は、点検に便利で、火災の際の延焼のおそれ及び衝撃による損傷のおそれが少なく、かつ、温度の変化が少ない箇所に設けること。ただし、保護のための有効な措置を講じたときは、この限りでない。

六　全域放出方式又は局所放出方式のハロゲン化物消火設備には、非常電源を附置すること。

（粉末消火設備に関する基準）

第18条　第13条に規定するもののほか、粉末消火設備の設置及び維持に関する技術上の基準は、次のとおりとする。

一　全域放出方式又は局所放出方式の粉末消火設備の噴射ヘッドの設置は、第16条第一号又は第二号に掲げる全域放出方式又は局所放出方式の不活性ガス消火設備の噴射ヘッドの設置の例によるものであること。

二　移動式の粉末消火設備のホース接続口は、すべての防護対象物について、当該防護対象物の各部分から一のホース接続口までの水平距離が15m以下となるように設けること。

三　移動式の粉末消火設備のホースの長さは、当該粉末消火設備のホース接続口からの水平距離が15mの範囲内の当該防護対象物の各部分に有効に放射することができる長さとすること。

四　粉末消火剤容器に貯蔵する粉末消火剤の量は、総務省令で定めるところにより、防護対象物の火災を有効に消火することができる量以上の量となるようにすること。

五　粉末消火剤容器及び加圧用ガス容器は、点検に便利で、火災の際の延焼のおそれ及び衝撃による損傷のおそれが少なく、かつ、温度の変化が少ない箇所に設けること。ただし、保護のための有効な措置を講じたときは、

　この限りでない。

六　全域放出方式又は局所放出方式の粉末消火設備には、非常電源を附置す
　ること。

第3款　警報設備に関する基準

（自動火災報知設備に関する基準）

第21条　自動火災報知設備は、次に掲げる防火対象物又はその部分に設置する
ものとする。

一　次に掲げる防火対象物

　イ　別表第一（二）項ニ、（五）項イ、（六）項イ(1)から(3)まで及びロ、
　　（十三）項ロ並びに（十七）項に掲げる防火対象物

　ロ　別表第一（六）項ハに掲げる防火対象物（利用者を入居させ、又は宿
　　泊させるものに限る。）

二　別表第一（九）項イに掲げる防火対象物で、延べ面積が200m²以上のも
　の

三　次に掲げる防火対象物で、延べ面積が300m²以上のもの

　イ　別表第一（一）項、（二）項イからハまで、（三）項、（四）項、（六）
　　項イ(4)及びニ、（十六）項イ並びに（十六の二）項に掲げる防火対象物

　ロ　別表第一（六）項ハに掲げる防火対象物（利用者を入居させ、又は宿
　　泊させるものを除く。）

四　別表第一（五）項ロ、（七）項、（八）項、（九）項ロ、（十）項、（十二）
　項、（十三）項イ及び（十四）項に掲げる防火対象物で、延べ面積が500m²
　以上のもの

五　別表第一（十六の三）項に掲げる防火対象物のうち、延べ面積が500m²
　以上で、かつ、同表（一）項から（四）項まで、（五）項イ、（六）項又は
　（九）項イに掲げる防火対象物の用途に供される部分の床面積の合計が300
　m²以上のもの

六　別表第一（十一）項及び（十五）項に掲げる防火対象物で、延べ面積が
　1,000m²以上のもの

七　前各号に掲げる防火対象物以外の別表第一に掲げる防火対象物のうち、
　同表（一）項から（四）項まで、（五）項イ、（六）項又は（九）項イに掲
　げる防火対象物の用途に供される部分が避難階以外の階に存する防火対象

消防法関係

　　物で、当該避難階以外の階から避難階又は地上に直通する階段が二（当該
　　階段が屋外に設けられ、又は総務省令で定める避難上有効な構造を有する
　　場合にあつては、一）以上設けられていないもの

八　前各号に掲げる防火対象物以外の別表第一に掲げる建築物その他の工作
　　物で、指定可燃物を危険物の規制に関する政令別表第四で定める数量の
　　500倍以上貯蔵し、又は取り扱うもの

九　別表第一（十六の二）項に掲げる防火対象物（第三号及び前二号に掲げ
　　るものを除く。）の部分で、次に掲げる防火対象物の用途に供されるもの

　イ　別表第一（二）項ニ、（五）項イ並びに（六）項イ(1)から(3)まで及び
　　　ロに掲げる防火対象物

　ロ　別表第一（六）項ハに掲げる防火対象物（利用者を入居させ、又は宿
　　　泊させるものに限る。）

十　別表第一（二）項イからハまで、（三）項及び（十六）項イに掲げる防火
　　対象物（第三号、第七号及び第八号に掲げるものを除く。）の地階又は無窓
　　階（同表（十六）項イに掲げる防火対象物の地階又は無窓階にあつては、
　　同表（二）項又は（三）項に掲げる防火対象物の用途に供される部分が存
　　するものに限る。）で、床面積が100m²（同表（十六）項イに掲げる防火対象
　　物の地階又は無窓階にあつては、当該用途に供される部分の床面積の合計が
　　100m²）以上のもの

十一　前各号に掲げるもののほか、別表第一に掲げる建築物の地階、無窓階
　　又は3階以上の階で、床面積が300m²以上のもの

十二　前各号に掲げるもののほか、別表第一に掲げる防火対象物の道路の用
　　に供される部分で、床面積が、屋上部分にあつては600m²以上、それ以外
　　の部分にあつては400m²以上のもの

十三　前各号に掲げるもののほか、別表第一に掲げる防火対象物の地階又は
　　2階以上の階のうち、駐車の用に供する部分の存する階（駐車するすべて
　　の車両が同時に屋外に出ることができる構造の階を除く。）で、当該部分の
　　床面積が200m²以上のもの

十四　前各号に掲げるもののほか、別表第一に掲げる防火対象物の11階以
　　上の階

十五　前各号に掲げるもののほか、別表第一に掲げる防火対象物の通信機器

室で床面積が 500 m² 以上のもの

2 前項に規定するもののほか、自動火災報知設備の設置及び維持に関する技術上の基準は、次のとおりとする。

一 自動火災報知設備の警戒区域（火災の発生した区域を他の区域と区別して識別することができる最小単位の区域をいう。次号において同じ。）は、防火対象物の2以上の階にわたらないものとすること。ただし、総務省令で定める場合は、この限りでない。

二 一の警戒区域の面積は、600 m² 以下とし、その一辺の長さは、50 m 以下（別表第三に定める光電式分離型感知器を設置する場合にあつては、100 m 以下）とすること。ただし、当該防火対象物の主要な出入口からその内部を見通すことができる場合にあつては、その面積を 1,000 m² 以下とすることができる。

三 自動火災報知設備の感知器は、総務省令で定めるところにより、天井又は壁の屋内に面する部分及び天井裏の部分（天井のない場合にあつては、屋根又は壁の屋内に面する部分）に、有効に火災の発生を感知することができるように設けること。ただし、特定主要構造部を耐火構造とした建築物にあつては、天井裏の部分に設けないことができる。

四 自動火災報知設備には、非常電源を附置すること。

3 第1項各号に掲げる防火対象物又はその部分（総務省令で定めるものを除く。）にスプリンクラー設備、水噴霧消火設備又は泡消火設備（いずれも総務省令で定める閉鎖型スプリンクラーヘッドを備えているものに限る。）を第12条、第13条、第14条若しくは第15条に定める技術上の基準に従い、又は当該技術上の基準の例により設置したときは、同項の規定にかかわらず、当該設備の有効範囲内の部分について自動火災報知設備を設置しないことができる。

（ガス漏れ火災警報設備に関する基準）

第21条の2 ガス漏れ火災警報設備は、次に掲げる防火対象物又はその部分（総務省令で定めるものを除く。）に設置するものとする。

一 別表第一（十六の二）項に掲げる防火対象物で、延べ面積が 1,000 m² 以上のもの

二 別表第一（十六の三）項に掲げる防火対象物のうち、延べ面積が 1,000

m² 以上で、かつ、同表（一）項から（四）項まで、（五）項イ、（六）項又は（九）項イに掲げる防火対象物の用途に供される部分の床面積の合計が 500 m² 以上のもの

三　前二号に掲げる防火対象物以外の別表第一に掲げる建築物その他の工作物（収容人員が総務省令で定める数に満たないものを除く。）で、その内部に、温泉の採取のための設備で総務省令で定めるもの（温泉法（昭和 23 年法律第 125 号）第 14 条の 5 第 1 項の確認を受けた者が当該確認に係る温泉の採取の場所において温泉を採取するための設備を除く。）が設置されているもの

四　別表第一（一）項から（四）項まで、（五）項イ、（六）項及び（九）項イに掲げる防火対象物（前号に掲げるものを除く。）の地階で、床面積の合計が 1,000 m² 以上のもの

五　別表第一（十六）項イに掲げる防火対象物（第三号に掲げるものを除く。）の地階のうち、床面積の合計が 1,000 m² 以上で、かつ、同表（一）項から（四）項まで、（五）項イ、（六）項又は（九）項イに掲げる防火対象物の用途に供される部分の床面積の合計が 500 m² 以上のもの

2　前項に規定するもののほか、ガス漏れ火災警報設備の設置及び維持に関する技術上の基準は、次のとおりとする。

一　ガス漏れ火災警報設備の警戒地域（ガス漏れの発生した区域を他の区域と区別して識別することができる最小単位の区域をいう。次号において同じ。）は、防火対象物の二以上の階にわたらないものとすること。ただし、総務省令で定める場合は、この限りでない。

二　一の警戒区域の面積は、600 m² 以下とすること。ただし、総務省令で定める場合は、この限りでない。

三　ガス漏れ火災警報設備のガス漏れ検知器は、総務省令で定めるところにより、有効にガス漏れを検知することができるように設けること。

四　ガス漏れ火災警報設備には、非常電源を附置すること。

（漏電火災警報器に関する基準）

第22条　漏電火災警報器は、次に掲げる防火対象物で、間柱若しくは下地を準不燃材料（建築基準法施行令第 1 条第五号に規定する準不燃材料をいう。以下この項において同じ。）以外の材料で造つた鉄網入りの壁、根太若しくは下

地を準不燃材料以外の材料で造つた鉄網入りの床又は天井野縁若しくは下地を準不燃材料以外の材料で造つた鉄網入りの天井を有するものに設置するものとする。

一　別表第一（十七）項に掲げる建築物

二　別表第一（五）項及び（九）項に掲げる建築物で、延べ面積が150m²以上のもの

三　別表第一（一）項から（四）項まで、（六）項、（十二）項及び（十六の二）項に掲げる防火対象物で、延べ面積が300m²以上のもの

四　別表第一（七）項、（八）項、（十）項及び（十一）項に掲げる建築物で、延べ面積が500m²以上のもの

五　別表第一（十四）項及び（十五）項に掲げる建築物で、延べ面積が1,000m²以上のもの

六　別表第一（十六）項イに掲げる防火対象物のうち、延べ面積が500m²以上で、かつ、同表（一）項から（四）項まで、（五）項イ、（六）項又は（九）項イに掲げる防火対象物の用途に供される部分の床面積の合計が300m²以上のもの

七　前各号に掲げるもののほか、別表第一（一）項から（六）項まで、（十五）項及び（十六）項に掲げる建築物で、当該建築物における契約電流容量（同一建築物で契約種別の異なる電気が供給されているものにあつては、そのうちの最大契約電流容量）が50Aを超えるもの

2　前項の漏電火災警報器は、建築物の屋内電気配線に係る火災を有効に感知することができるように設置するものとする。

（消防機関へ通報する火災報知設備に関する基準）

第23条　消防機関へ通報する火災報知設備は、次に掲げる防火対象物に設置するものとする。ただし、消防機関から著しく離れた場所その他総務省令で定める場所にある防火対象物にあつては、この限りでない。

一　別表第一（六）項イ(1)から(3)まで及びロ、（十六の二）項並びに（十六の三）項に掲げる防火対象物

二　別表第一（一）項、（二）項、（四）項、（五）項イ、（六）項イ(4)、ハ及びニ、（十二）項並びに（十七）項に掲げる防火対象物で、延べ面積が500m²以上のもの

　三　別表第一（三）項、（五）項ロ、（七）項から（十一）項まで及び（十三）
　　項から（十五）項までに掲げる防火対象物で、延べ面積が 1,000 m² 以上の
　　もの

2　前項の火災報知設備は、当該火災報知設備の種別に応じ総務省令で定める
　ところにより、設置するものとする。

3　第 1 項各号に掲げる防火対象物（同項第一号に掲げる防火対象物で別表第
　一（六）項イ⑴から⑶まで及びロに掲げるもの並びに第 1 項第二号に掲げる
　防火対象物で、同表（五）項イ並びに（六）項イ⑷及びハに掲げるものを除
　く。）に消防機関へ常時通報することができる電話を設置したときは、第 1
　項の規定にかかわらず、同項の火災報知設備を設置しないことができる。

（非常警報器具又は非常警報設備に関する基準）

第24条　非常警報器具は、別表第一（四）項、（六）項ロ、ハ及びニ、（九）項
　ロ並びに（十二）項に掲げる防火対象物で収容人員が 20 人以上 50 人未満の
　もの（次項に掲げるものを除く。）に設置するものとする。ただし、これらの
　防火対象物に自動火災報知設備又は非常警報設備が第 21 条若しくは第 4 項
　に定める技術上の基準に従い、又は当該技術上の基準の例により設置されて
　いるときは、当該設備の有効範囲内の部分については、この限りでない。

2　非常ベル、自動式サイレン又は放送設備は、次に掲げる防火対象物（次項
　の適用を受けるものを除く。）に設置するものとする。ただし、これらの防火
　対象物に自動火災報知設備が第 21 条に定める技術上の基準に従い、又は当
　該技術上の基準の例により設置されているときは、当該設備の有効範囲内の
　部分については、この限りでない。

　一　別表第一（五）項イ、（六）項イ及び（九）項イに掲げる防火対象物で、
　　収容人員が 20 人以上のもの

　二　前号に掲げる防火対象物以外の別表第一（一）項から（十七）項までに
　　掲げる防火対象物で、収容人員が 50 人以上のもの又は地階及び無窓階の
　　収容人員が 20 人以上のもの

3　非常ベル及び放送設備又は自動式サイレン及び放送設置は、次に掲げる防
　火対象物に設置するものとする。

　一　別表第一（十六の二）項及び（十六の三）項に掲げる防火対象物

　二　別表第一に掲げる防火対象物（前号に掲げるものを除く。）で、地階を除

　　く階数が 11 以上のもの又は地階の階数が 3 以上のもの

　三　別表第一（十六）項イに掲げる防火対象物で、収容人員が 500 人以上の
　　もの

　四　前二号に掲げるもののほか、別表第一（一）項から（四）項まで、（五）
　　項イ、（六）項及び（九）項イに掲げる防火対象物で収容人員が 300 人以上
　　のもの又は同表（五）項ロ、（七）項及び（八）項に掲げる防火対象物で収
　　容人員が 800 人以上のもの

4　前三項に規定するもののほか、非常警報器具又は非常警報設備の設置及び
　維持に関する技術上の基準は、次のとおりとする。

　一　非常警報器具又は非常警報設備は、当該防火対象物の全区域に火災の発
　　生を有効に、かつ、すみやかに報知することができるように設けること。

　二　非常警報器具又は非常警報設備の起動装置は、多数の者の目にふれやす
　　く、かつ、火災に際しすみやかに操作することができる箇所に設けること。

　三　非常警報設備には、非常電源を附置すること。

5　第 3 項各号に掲げる防火対象物のうち自動火災報知設備又は総務省令で定
　める放送設備が第 21 条若しくは前項に定める技術上の基準に従い、又は当
　該技術上の基準の例により設置されているものについては、第 3 項の規定に
　かかわらず、当該設備の有効範囲内の部分について非常ベル又は自動式サイ
　レンを設置しないことができる。

第 4 款　避難設備に関する基準

（誘導灯及び誘導標識に関する基準）

第26条　誘導灯及び誘導標識は、次の各号に掲げる区分に従い、当該各号に定
　める防火対象物又はその部分に設置するものとする。ただし、避難が容易で
　あると認められるもので総務省令で定めるものについては、この限りでな
　い。

　一　避難口誘導灯　別表第一（一）項から（四）項まで、（五）項イ、（六）
　　項、（九）項、（十六）項イ、（十六の二）項及び（十六の三）項に掲げる防
　　火対象物並びに同表（五）項ロ、（七）項、（八）項、（十）項から（十五）
　　項まで及び（十六）項ロに掲げる防火対象物の地階、無窓階及び 11 階以上
　　の部分

　二　通路誘導灯　別表第一（一）項から（四）項まで、（五）項イ、（六）項、

　（九）項、（十六）項イ、（十六の二）項及び（十六の三）項に掲げる防火対
　象物並びに同表（五）項ロ、（七）項、（八）項、（十）項から（十五）項ま
　で及び（十六）項ロに掲げる防火対象物の地階、無窓階及び11階以上の部
　分

　三　客席誘導灯　別表第一（一）項に掲げる防火対象物並びに同表（十六）
　　項イ及び（十六の二）項に掲げる防火対象物の部分で、同表（一）項に掲
　　げる防火対象物の用途に供されるもの

　四　誘導標識　別表第一（一）項から（十六）項までに掲げる防火対象物

2　前項に規定するもののほか、誘導灯及び誘導標識の設置及び維持に関する
　技術上の基準は、次のとおりとする。

　一　避難口誘導灯は、避難口である旨を表示した緑色の灯火とし、防火対象
　　物又はその部分の避難口に、避難上有効なものとなるように設けること。

　二　通路誘導灯は、避難の方向を明示した緑色の灯火とし、防火対象物又は
　　その部分の廊下、階段、通路その他避難上の設備がある場所に、避難上有
　　効なものとなるように設けること。

　　　ただし、階段に設けるものにあつては、避難の方向を明示したものとす
　　ることを要しない。

　三　客席誘導灯は、客席に、総務省令で定めるところにより計つた客席の照
　　度が 0.2 lx 以上となるように設けること。

　四　誘導灯には、非常電源を附置すること。

　五　誘導標識は、避難口である旨又は避難の方向を明示した緑色の標識と
　　し、多数の者の目に触れやすい箇所に、避難上有効なものとなるように設
　　けること。

3　第1項第四号に掲げる防火対象物又はその部分に避難口誘導灯又は通路誘
　導灯を前項に定める技術上の基準に従い、又は当該技術上の基準の例により
　設置したときは、第1項の規定にかかわらず、これらの誘導灯の有効範囲内
　の部分について誘導標識を設置しないことができる。

第6款　消火活動上必要な施設に関する基準

（排煙設備に関する基準）

第28条　排煙設備は、次に掲げる防火対象物又はその部分に設置するものとす
　る。

一　別表第一（十六の二）項に掲げる防火対象物で、延べ面積が1,000m² 以上のもの

二　別表第一（一）項に掲げる防火対象物の舞台部で、床面積が500m² 以上のもの

三　別表第一（二）項、（四）項、（十）項及び（十三）項に掲げる防火対象物の地階又は無窓階で、床面積が1,000m² 以上のもの

2　前項に規定するもののほか、排煙設備の設置及び維持に関する技術上の基準は、次のとおりとする。

一　排煙設備は、前項各号に掲げる防火対象物又はその部分の用途、構造又は規模に応じ、火災が発生した場合に生ずる煙を有効に排除することができるものであること。

二　排煙設備には、手動起動装置又は火災の発生を感知した場合に作動する自動起動装置を設けること。

三　排煙設備の排煙口、風道その他煙に接する部分は、煙の熱及び成分によりその機能に支障を生ずるおそれのない材料で造ること。

四　排煙設備には、非常電源を附置すること。

3　第1項各号に掲げる防火対象物又はその部分のうち、排煙上有効な窓等の開口部が設けられている部分その他の消火活動上支障がないものとして総務省令で定める部分には、同項の規定にかかわらず、排煙設備を設置しないことができる。

　　（非常コンセント設備に関する基準）

第29条の2　非常コンセント設備は、次に掲げる防火対象物に設置するものとする。

一　別表第一に掲げる建築物で、地階を除く階数が11以上のもの

二　別表第一（十六の二）項に掲げる防火対象物で、延べ面積が1,000m² 以上のもの

2　前項に規定するもののほか、非常コンセント設備の設置及び維持に関する技術上の基準は、次のとおりとする。

一　非常コンセントは、次に掲げる防火対象物の階ごとに、その階の各部分から一の非常コンセントまでの水平距離がそれぞれに定める距離以下となるように、かつ、階段室、非常用エレベーターの乗降ロビーその他これら

消防法関係

に類する場所で消防隊が有効に消火活動を行うことができる位置に設けること。

　　イ　前項第一号に掲げる建築物の 11 階以上の階　50m

　　ロ　前項第二号に掲げる防火対象物の地階　50m

　二　非常コンセント設備は、単相交流 100V で 15A 以上の電気を供給できるものとすること。

　三　非常コンセント設備には、非常電源を附置すること。

　（無線通信補助設備に関する基準）

第29条の3　無線通信補助設備は、別表第一（十六の二）項に掲げる防火対象物で、延べ面積が 1,000m² 以上のものに設置するものとする。

2　前項に規定するもののほか、無線通信補助設備の設置及び維持に関する基準は、次のとおりとする。

　一　無線通信補助設備は、点検に便利で、かつ、火災等の災害による被害を受けるおそれが少ないように設けること。

　二　無線通信補助設備は、前項に規定する防火対象物における消防隊相互の無線連絡が容易に行われるように設けること。

第7款　必要とされる防火安全性能を有する消防の用に供する設備等に関する基準

　（必要とされる防火安全性能を有する消防の用に供する設備等に関する基準）

第29条の4　法第 17 条第 1 項の関係者は、この節の第 2 款から前款までの規定により設置し、及び維持しなければならない同項に規定する消防用設備等（以下この条において「通常用いられる消防用設備等」という。）に代えて、総務省令で定めるところにより消防長又は消防署長が、その防火安全性能（火災の拡大を初期に抑制する性能、火災時に安全に避難することを支援する性能又は消防隊による活動を支援する性能をいう。以下この条及び第 36 条第 2 項第四号において同じ。）が当該通常用いられる消防用設備等の防火安全性能と同等以上であると認める消防の用に供する設備、消防用水又は消火活動上必要な施設（以下この条、第 34 条第八号及び第 36 条の 2 において「必要とされる防火安全性能を有する消防の用に供する設備等」という。）を用いることができる。

2　前項の場合においては、同項の関係者は、必要とされる防火安全性能を有

する消防の用に供する設備等について、通常用いられる消防用設備等と同等
以上の防火安全性能を有するように設置し、及び維持しなければならない。

3　通常用いられる消防用設備等（それに代えて必要とされる防火安全性能を
有する消防の用に供する設備等が用いられるものに限る。）については、この
節の第2款から前款までの規定は、適用しない。

第8款　雑　　則

（消防用設備等の規格）

第30条　法第17条第1項の消防用設備等（以下「消防用設備等」という。）又
はその部分である法第21条の2第1項の検定対象機械器具等若しくは法第
21条の16の2の自主表示対象機械器具等（以下この条において「消防用機
械器具等」という。）で第37条各号又は第41条各号に掲げるものに該当する
ものは、これらの消防用機械器具等について定められた法第21条の2第2
項又は法第21条の16の3第1項の技術上の規格に適合するものでなければ
ならない。

2　前項の規定にかかわらず、法第21条の2第2項又は法第21条の16の3
第1項の規定に基づく技術上の規格に関する総務省令の規定の施行又は適用
の際、現に存する防火対象物における消防用機械器具等（法第17条の2の5
第1項の規定の適用を受ける消防用設備等に係るものを除く。）又は現に新
築、増築、改築、移転、修繕若しくは模様替えの工事中の防火対象物に係る
消防用機械器具等（法第17条の2の5第1項の規定の適用を受ける消防用
設備等に係るものを除く。）のうち第37条各号又は第41条各号に掲げるも
のに該当するもので当該技術上の規格に関する総務省令の規定に適合しない
ものに係る技術上の基準については、総務省令で、一定の期間を限つて、前
項の特例を定めることができる。当該技術上の規格に関する総務省令の規定
の施行又は適用の日から当該規定による技術上の規格に適合する消防用機械
器具等を供用することができる日として総務大臣が定める日の前日までの間
において新築、増築、改築、移転、修繕又は模様替えの工事が開始された防
火対象物に係る消防用機械器具等のうち第37条各号又は第41条各号に掲げ
るものに該当するもので当該技術上の規格に関する総務省令の規定に適合し
ないものについても、同様とする。

第32条　この節の規定は、消防用設備等について、消防長又は消防署長が、防

火対象物の位置、構造及び設備の状況から判断して、この節の規定による消
防用設備等の基準によらなくとも、火災の発生又は延焼のおそれが著しく少
なく、かつ、火災等の災害による被害を最少限度に止めることができると認
めるときにおいては、適用しない。

（総務省令への委任）

第33条　この節に定めるもののほか、消防用設備等の設置方法の細目及び設置
の標示並びに点検の方法その他消防用設備等の設置及び維持に関し必要な事
項は、総務省令で定める。

第4節　適用が除外されない消防用設備等及び増築等の範囲

（適用が除外されない消防用設備等）

第34条　法第17条の2の5第1項の政令で定める消防用設備等は、次の各号
に掲げる消防用設備等とする。

一　簡易消火用具

二　不活性ガス消火設備（全域放出方式のもので総務省令で定める不活性ガ
ス消火剤を放射するものに限る。）（不活性ガス消火設備の設置及び維持に
関する技術上の基準であつて総務省令で定めるものの適用を受ける部分に
限る。）

三　自動火災報知設備（別表第一（一）項から（四）項まで、（五）項イ、（六）
項、（九）項イ、（十六）項イ及び（十六の二）項から（十七）項までに掲
げる防火対象物に設けるものに限る。）

四　ガス漏れ火災警報設備（別表第一（一）項から（四）項まで、（五）項イ、
（六）項、（九）項イ、（十六）項イ、（十六の二）項及び（十六の三）項に
掲げる防火対象物並びにこれらの防火対象物以外の防火対象物で第21条
の2第1項第三号に掲げるものに設けるものに限る。）

五　漏電火災警報器

六　非常警報器具及び非常警報設備

七　誘導灯及び誘導標識

八　必要とされる防火安全性能を有する消防の用に供する設備等であつて、
消火器、避難器具及び前各号に掲げる消防用設備等に類するものとして消
防庁長官が定めるもの

（増築及び改築の範囲）

第34条の2　法第17条の2の5第2項第二号及び第17条の3第2項第二号の政令で定める増築及び改築は、防火対象物の増築又は改築で、次の各号に掲げるものとする。

　一　工事の着手が基準時以後である増築又は改築に係る当該防火対象物の部分の床面積の合計が1,000m²以上となることとなるもの

　二　前号に掲げるもののほか、工事の着手が基準時以後である増築又は改築に係る当該防火対象物の部分の床面積の合計が、基準時における当該防火対象物の延べ面積の1/2以上となることとなるもの

2　前項の基準時とは、法第17条の2の5第1項前段又は法第17条の3第1項前段の規定により第8条から第33条までの規定若しくはこれらに基づく総務省令又は法第17条第2項の規定に基づく条例の規定の適用を受けない別表第一に掲げる防火対象物における消防用設備等について、それらの規定（それらの規定が改正された場合にあつては、改正前の規定を含むものとする。）が適用されない期間の始期をいう。

（大規模の修繕及び模様替えの範囲）

第34条の3　法第17条の2の5第2項第二号及び第17条の3第2項第二号の政令で定める大規模の修繕及び模様替えは、当該防火対象物の主要構造部（建築基準法第2条第五号に規定する主要構造部をいう。）である壁について行う過半の修繕又は模様替えとする。

第3章　消防設備士

（消防設備士でなければ行つてはならない工事又は整備）

第36条の2　法第17条の5の政令で定める消防用設備等又は特殊消防用設備等の設置に係る工事は、次に掲げる消防用設備等（第一号から第三号まで及び第八号に掲げる消防用設備等については電源、水源及び配管の部分を除き、第四号から第七号まで、及び第九号から第十号までに掲げる消防用設備等については電源の部分を除く。）又は必要とされる防火安全性能を有する消防の用に供する設備等若しくは特殊消防用設備等（これらのうち、次に掲げる消防用設備等に類するものとして消防庁長官が定めるものに限り、電源、水

消防法関係

源及び配管の部分を除く。次項において同じ。）の設置に係る工事とする。

一　屋内消火栓設備

二　スプリンクラー設備

三　水噴霧消火設備

四　泡消火設備

五　不活性ガス消火設備

六　ハロゲン化物消火設備

七　粉末消火設備

八　屋外消火栓設備

九　自動火災報知設備

九の二　ガス漏れ火災警報設備

十　消防機関へ通報する火災報知設備

十一　金属製避難はしご（固定式のものに限る。）

十二　救助袋

十三　緩降機

2　法第 17 条の 5 の政令で定める消防用設備等又は特殊消防用設備等の整備は、次に掲げる消防用設備等又は必要とされる防火安全性能を有する消防の用に供する設備等若しくは特殊消防用設備等の整備（屋内消火栓設備の表示灯の交換その他総務省令で定める軽微な整備を除く。）とする。

一　前項各号に掲げる消防用設備等（同項第一号から第三号まで及び第八号に掲げる消防用設備等については電源、水源及び配管の部分を除き、同項第四号から第七号まで及び第九号から第十号までに掲げる消防用設備等については電源の部分を除く。）

二　消火器

三　漏電火災警報器

第 4 章　消防の用に供する機械器具等の検定等

（検定対象機械器具等の範囲）

第37条　法第 21 条の 2 第 1 項の政令で定める消防の用に供する機械器具等は、次に掲げるもの（法第 17 条第 3 項の規定による認定を受けた特殊消防用設

備等の部分であるもの、輸出されるもの（輸出されるものであることについて、総務省令で定めるところにより、総務大臣の承認を受けたものに限る。）又は船舶安全法若しくは航空法（昭和27年法律第231号）の規定に基づく検査若しくは試験に合格したものを除く。）とする。

一　消火器

二　消火器用消火薬剤（二酸化炭素を除く。）

三　泡消火薬剤（総務省令で定めるものを除く。別表第三において同じ。）

四　火災報知設備の感知器（火災によつて生ずる熱、煙又は炎を利用して自動的に火災の発生を感知するものに限る。）又は発信機

五　火災報知設備又はガス漏れ火災警報設備（総務省令で定めるものを除く。以下次号までにおいて同じ。）に使用する中継器（火災報知設備又はガス漏れ火災警報設備の中継器を含む。別表第三において「中継器」という。）

六　火災報知設備又はガス漏れ火災警報設備に使用する受信機（火災報知設備及びガス漏れ火災警報設備の受信機を含む。別表第三において「受信機」という。）

七　住宅用防災警報器

八　閉鎖型スプリンクラーヘッド

九　スプリンクラー設備、水噴霧消火設備又は泡消火設備（次号において「スプリンクラー設備等」という。）に使用する流水検知装置（別表第三において「流水検知装置」という。）

十　スプリンクラー設備等に使用する一斉開放弁（配管との接続部の内径が300mmを超えるものを除く。別表第三において「一斉開放弁」という。）

十一　金属製避難はしご

十二　緩降機

消防法関係

別表第一（第1条の2−第3条、第4条の2−第4条の3、第6条、第9条−第14条、第19条、第21条−第29条の3、第31条、第34条、第34条の2、第34条の4−第36条関係）

(一)	イ　劇場、映画館、演芸場又は観覧場 ロ　公会堂又は集会場
(二)	イ　キヤバレー、カフエー、ナイトクラブその他これらに類するもの ロ　遊技場又はダンスホール ハ　風俗営業等の規制及び業務の適正化等に関する法律（昭和23年法律第122号）第2条第5項に規定する性風俗関連特殊営業を営む店舗（ニ並びに(一)項イ、(四)項、(五)項イ及び(九)項イに掲げる防火対象物の用途に供されているものを除く。）その他これに類するものとして総務省令で定めるもの ニ　カラオケボックスその他遊興のための設備又は物品を個室（これに類する施設を含む。）において客に利用させる役務を提供する業務を営む店舗で総務省令で定めるもの
(三)	イ　待合、料理店その他これらに類するもの ロ　飲食店
(四)	百貨店、マーケツトその他の物品販売業を営む店舗又は展示場
(五)	イ　旅館、ホテル、宿泊所その他これらに類するもの ロ　寄宿舎、下宿又は共同住宅
(六)	イ　次に掲げる防火対象物 　(1)　次のいずれにも該当する病院（火災発生時の延焼を抑制するための消火活動を適切に実施することができる体制を有するものとして総務省令で定めるものを除く。） 　　(i)　診療科名中に特定診療科名（内科、整形外科、リハビリテーション科その他の総務省令で定める診療科名をいう。(2)(i)において同じ。）を有すること。 　　(ii)　医療法（昭和23年法律第205号）第7条第2項第四号に規定する療養病床又は同項第五号に規定する一般病床を有すること。 　(2)　次のいずれにも該当する診療所 　　(i)　診療科名中に特定診療科名を有すること。 　　(ii)　4人以上の患者を入院させるための施設を有すること。 　(3)　病院（(1)に掲げるもの除く。）、患者を入院させるための施設を有する診療所（(2)に掲げるものを除く。）又は入所施設を有する助産所 　(4)　患者を入院させるための施設を有しない診療所又は入所施設を有しない助産所 ロ　次に掲げる防火対象物

(1) 老人短期入所施設、養護老人ホーム、特別養護老人ホーム、軽費老人ホーム（介護保険法（平成9年法律第123号）第7条第1項に規定する要介護状態区分が避難が困難な状態を示すものとして総務省令で定める区分に該当する者（以下「避難が困難な要介護者」という。）を主として入居させるものに限る。）、有料老人ホーム（避難が困難な要介護者を主として入居させるものに限る。）、介護老人保健施設、老人福祉法（昭和38年法律第133号）第5条の2第4項に規定する老人短期入所事業を行う施設、同条第5項に規定する小規模多機能型居宅介護事業を行う施設（避難が困難な要介護者を主として宿泊させるものに限る。）、同条第6項に規定する認知症対応型老人共同生活援助事業を行う施設その他これらに類するものとして総務省令で定めるもの

(2) 救護施設

(3) 乳児院

(4) 障害児入所施設

(5) 障害者支援施設（障害者の日常生活及び社会生活を総合的に支援するための法律（平成17年法律第123号）第4条第1項に規定する障害者又は同条第2項に規定する障害児であつて、同条第4項に規定する障害支援区分が避難が困難な状態を示すものとして総務省令で定める区分に該当する者（以下「避難が困難な障害者等」という。）を主として入所させるものに限る。）又は同法第5条第8項に規定する短期入所若しくは同条第17項に規定する共同生活援助を行う施設（避難が困難な障害者等を主として入所させるものに限る。ハ(5)において「短期入所等施設」という。）

ハ　次に掲げる防火対象物

(1) 老人デイサービスセンター、軽費老人ホーム（ロ(1)に掲げるものを除く。）、老人福祉センター、老人介護支援センター、有料老人ホーム（ロ(1)に掲げるものを除く。）、老人福祉法第5条の2第3項に規定する老人デイサービス事業を行う施設、同条第5項に規定する小規模多機能型居宅介護事業を行う施設（ロ(1)に掲げるものを除く。）その他これらに類するものとして総務省令で定めるもの

(2) 更生施設

(3) 助産施設、保育所、幼保連携型認定こども園、児童養護施設、児童自立支援施設、児童家庭支援センター、児童福祉法（昭和22年法律第164号）第6条の3第7項に規定する一時預かり事業又は同条第9項に規定する家庭的保育事業を行う施設その他これらに類するものとして総務省令で定めるもの

(4) 児童発達支援センター、児童心理治療施設又は児童福祉法第6条の2の2第2項に規定する児童発達支援若しくは同条第3項に規定する放課後等デイサービスを行う施設（児童発達支援センターを除く。）

(5) 身体障害者福祉センター、障害者支援施設（ロ(5)に掲げるものを除く。）、地域活動支援センター、福祉ホーム又は障害者の日常生活及び社会生活を総合的に支援するための法律第五条第七項に規定する生活介護、同条第8項に規定する短期入所、同条第12項に規定する自立訓練、

(六)	同条第13項に規定する就労移行支援、同条第14項に規定する就労継続支援若しくは同条第17項に規定する共同生活援助を行う施設（短期入所等施設を除く。） ニ　幼稚園又は特別支援学校
(七)	小学校、中学校、義務教育学校、高等学校、中等教育学校、高等専門学校、大学、専修学校、各種学校その他これらに類するもの
(八)	図書館、博物館、美術館その他これらに類するもの
(九)	イ　公衆浴場のうち、蒸気浴場、熱気浴場その他これらに類するもの ロ　イに掲げる公衆浴場以外の公衆浴場
(十)	車両の停車場又は船舶若しくは航空機の発着場（旅客の乗降又は待合いの用に供する建築物に限る。）
(十一)	神社、寺院、教会その他これらに類するもの
(十二)	イ　工場又は作業場 ロ　映画スタジオ又はテレビスタジオ
(十三)	イ　自動車車庫又は駐車場 ロ　飛行機又は回転翼航空機の格納庫
(十四)	倉庫
(十五)	前各項に該当しない事業場
(十六)	イ　複合用途防火対象物のうち、その一部が(一)項から(四)項まで、(五)項イ、(六)項又は(九)項イに掲げる防火対象物の用途に供されているもの ロ　イに掲げる複合用途防火対象物以外の複合用途防火対象物
(十六の二)	地下街
(十六の三)	建築物の地階（(十六の二)項に掲げるものの各階を除く。）で連続して地下道に面して設けられたものと当該地下道とを合わせたもの（(一)項から(四)項まで、(五)項イ、(六)項又は(九)項イに掲げる防火対象物の用途に供される部分が存するものに限る。）
(十七)	文化財保護法（昭和25年法律第214号）の規定によつて重要文化財、重要有形民俗文化財、史跡若しくは重要な文化財として指定され、又は旧重要美術品等の保存に関する法律（昭和8年法律第43号）の規定によつて重要美術品として認定された建造物
(十八)	延長50m以上のアーケード
(十九)	市町村長の指定する山林
(二十)	総務省令で定める舟車

備考

一 　2以上の用途に供される防火対象物で第1条の2第2項後段の規定の適用により複合用途防火対象物以外の防火対象物となるものの主たる用途が㈠項から㈩㈤項までの各項に掲げる防火対象物の用途であるときは、当該防火対象物は、当該各項に掲げる防火対象物とする。

二 　㈠項から㈩㈥項までに掲げる用途に供される建築物が㈩㈥の二項に掲げる防火対象物内に存するときは、これらの建築物は、同項に掲げる防火対象物の部分とみなす。

三 　㈠項から㈩㈥項までに掲げる用途に供される建築物又はその部分が㈩㈥の三項に掲げる防火対象物の部分に該当するものであるときは、これらの建築物又はその部分は、同項に掲げる防火対象物の部分であるほか、㈠項から㈩㈥項に掲げる防火対象物又はその部分でもあるものとみなす。

四 　㈠項から㈩㈥項までに掲げる用途に供される建築物その他の工作物又はその部分が㈩㈦項に掲げる防火対象物に該当するものであるときは、これらの建築物その他の工作物又はその部分は、同項に掲げる防火対象物であるほか、㈠項から㈩㈥項までに掲げる防火対象物又はその部分でもあるものとみなす。

消防法関係

Ⅲ　消防法施行規則（抄）

$$\left(\begin{array}{l}昭和36年4月1日\\自治省令第6号\end{array}\right)$$

改正

〜【略】

平成元年 2月20日	自治省令第	3号		
同 元年 6月 5日	同 第	25号		
同 2年 5月30日	同 第	17号		
同 2年 7月27日	同 第	23号		
同 2年10月30日	同 第	29号		
同 3年 5月28日	同 第	20号		
同 4年 1月29日	同 第	4号		
同 5年 1月29日	同 第	2号		
同 6年 1月 6日	同 第	1号		
同 6年 1月19日	同 第	4号		
同 6年11月28日	同 第	44号		
同 8年 2月16日	同 第	2号		
同 9年 3月31日	同 第	19号		
同 10年 3月30日	同 第	9号		
同 10年 7月24日	同 第	31号		
同 10年12月18日	同 第	46号		
同 11年 3月17日	同 第	5号		
同 11年 9月29日	同 第	34号		
同 12年 3月24日	同 第	13号		
同 12年 5月31日	同 第	36号		
同 12年 9月14日	同 第	44号		
同 12年11月17日	同 第	50号		
同 12年11月20日	同 第	51号		
同 13年 3月29日	総務省令第	43号		
同 13年 4月26日	同 第	68号		
同 14年 1月25日	同 第	3号		
同 14年 2月28日	同 第	19号		
同 14年10月 7日	第	105号		
同 15年 6月13日	同 第	90号		
同 15年 7月24日	同 第	101号		
同 16年 3月26日	同 第	54号		
同 16年 5月31日	同 第	93号		
同 16年 7月30日	第	112号		
同 17年 2月18日	同 第	15号		
同 17年 3月 7日	同 第	20号		
同 17年 3月22日	同 第	33号		
同 17年 5月31日	同 第	96号		
同 17年 8月31日	第	136号		
同 18年 3月31日	同 第	64号		
同 18年 4月27日	同 第	77号		
同 18年 6月14日	同 第	96号		
同 18年 9月29日	第	116号		
同 19年 6月13日	同 第	66号		
同 19年 6月19日	同 第	68号		

平成20年 4月30日	総務省令第	55号		
同 20年 7月 2日	同 第	78号		
同 20年 9月24日	第	105号		
同 20年12月26日	第	155号		
同 21年 9月30日	同 第	93号		
同 21年11月 6日	第	106号		
同 22年 2月 5日	同 第	8号		
同 22年 8月26日	同 第	85号		
同 22年12月14日	第	109号		
同 23年 6月17日	同 第	55号		
同 23年 9月22日	第	130号		
同 24年 3月27日	同 第	16号		
同 24年10月19日	同 第	91号		
同 25年 3月27日	同 第	21号		
同 25年 3月27日	同 第	22号		
同 25年 3月27日	同 第	23号		
同 25年 3月27日	同 第	28号		
同 25年12月27日	第	126号		
同 25年12月27日	第	128号		
同 26年 3月26日	同 第	19号		
同 26年 3月27日	同 第	22号		
同 26年10月16日	同 第	80号		
同 27年 2月27日	同 第	10号		
同 27年 3月31日	同 第	35号		
同 27年 5月29日	同 第	53号		
同 28年 2月24日	同 第	10号		
同 28年 5月27日	同 第	60号		
同 29年 2月 8日	同 第	4号		
同 30年 3月28日	同 第	12号		
同 30年 3月30日	同 第	19号		
同 30年 6月 1日	同 第	34号		
同 30年11月30日	同 第	65号		
令和元年 5月 7日	同 第	3号		
同 元年 6月28日	同 第	19号		
同 元年12月13日	同 第	63号		
同 2年 4月 1日	同 第	35号		
同 2年12月25日	第	123号		
同 4年 3月31日	同 第	28号		
同 4年 9月14日	同 第	62号		
同 5年 2月21日	同 第	8号		
同 5年 3月31日	同 第	28号		
同 5年 5月31日	同 第	48号		
同 6年 1月26日	同 第	5号		
同 6年 3月29日	同 第	25号		

第2章　消防用設備等又は特殊消防用設備等

第2節　設置及び維持の技術上の基準

第1款　通　　則

（開口部のない耐火構造の壁等）

第5条の2　令第8条第一号に掲げる開口部のない耐火構造（建築基準法第2条第七号に規定する耐火構造をいう。以下同じ。）の床又は壁（以下この条において「耐火構造の壁等」という。）は、次のとおりとする。

一　耐火構造の壁等は、鉄筋コンクリート造、鉄骨鉄筋コンクリート造その他これらに類する堅ろうで、かつ、容易に変更できない構造であること。

二　耐火構造の壁等は、建築基準法施行令第107条第一号の表の規定にかかわらず、同号に規定する通常の火災による火熱が2時間加えられた場合に、構造耐力上支障のある変形、溶融、破壊その他の損傷を生じないものであること。

三　耐火構造の壁等の両端又は上端は、防火対象物の外壁又は屋根から50cm以上突き出していること。ただし、耐火構造の壁等及びこれに接する外壁又は屋根の幅3.6m以上の部分を耐火構造とし、かつ、当該耐火構造の部分が次に掲げるいずれかの要件を満たすものである場合は、この限りでない。

イ　開口部が設けられていないこと。

ロ　開口部に防火戸（建築基準法第2条第九号のニロに規定する防火設備であるものに限る。以下同じ。）が設けられており、かつ、耐火構造の壁等を隔てた開口部相互間の距離が90cm以上離れていること。

四　耐火構造の壁等は、配管を貫通させないこと。ただし、配管及び当該配管が貫通する部分（以下この号において「貫通部」という。）が次に掲げる基準に適合する場合は、この限りでない。（以下、省略）

（防火上有効な措置等）

第5条の3　令第8条第二号の総務省令で定める防火設備は、防火戸とする。

2　令第8条第二号の防火上有効な措置として総務省令で定める措置は、次の

各号に掲げる壁等（床、壁その他の建築物の部分又は防火戸をいう。以下この項において同じ。）の区分に応じ、当該各号に定める基準に適合させるために必要な措置とする。

一　渡り廊下又は建築基準法施行令第128条の7第2項に規定する火災の発生のおそれの少ないものとして国土交通大臣が定める室（廊下、階段その他の通路、便所その他これらに類するものに限る。）を構成する壁等（建築基準法第21条第3項、同法第27条第4項（同法第87条第3項において準用する場合を含む。）又は同法第61条第2項の規定の適用がある防火対象物の壁等に限る。以下この号及び次号において「渡り廊下等の壁等」という。）　次に掲げる基準

　　イ　渡り廊下等の壁等のうち防火戸は、閉鎖した場合に防火上支障のない遮煙性能を有するものであること。

　　ロ　渡り廊下等の壁等により区画された部分のそれぞれの避難階以外の階に、避難階又は地上に通ずる直通階段（傾斜路を含む。以下「直通階段」という。）が設けられていること。

二　渡り廊下等の壁等に類するものとして消防庁長官が定める壁等　消防庁長官が定める基準

第1款の2　消火設備に関する基準

（屋内消火栓設備に関する基準の細目）

第12条　屋内消火栓設備（令第11条第3項第二号イからホまでに掲げる技術上の基準に従い設置するものを除く。以下この項において同じ。）の設置及び維持に関する技術上の基準の細目は、次のとおりとする。

一　屋内消火栓は、次のイ及びロに定めるところによること。

　　イ　屋内消火栓の開閉弁は、床面からの高さが1.5m以下の位置に設けること。

　　ロ　消防庁長官が定める基準に適合するものであること。

一の二　屋内消火栓設備の屋内消火栓及び放水に必要な器具は、消防庁長官が定める基準に適合するものとすること。

二　加圧送水装置の始動を明示する表示灯は、赤色とし、屋内消火栓箱の内部又はその直近の箇所に設けること。ただし、次号ロ又はハ(イ)の規定により設けた赤色の灯火を点滅させることにより加圧送水装置の始動を表示で

消防法関係

きる場合は、表示灯を設けないことができる。

三　屋内消火栓設備の設置の標示は、次のイからハまでに定めるところによること。

　イ　屋内消火栓箱には、その表面に「消火栓」と表示すること。

　ロ　屋内消火栓箱の上部に、取付け面と15度以上の角度となる方向に沿つて10m離れたところから容易に識別できる赤色の灯火を設けること。

　ハ　屋内消火栓の開閉弁を天井に設ける場合にあつては、次の(イ)及び(ロ)に適合するものとすること。この場合において、ロの規定は適用しない。

　　(イ)　屋内消火栓箱の直近の箇所には、取付け位置から10m離れたところで、かつ、床面からの高さが1.5mの位置から容易に識別できる赤色の灯火を設けること。

　　(ロ)　消防用ホースを降下させるための装置の上部には、取付け面と15度以上の角度となる方向に沿つて10m離れたところから容易に識別できる赤色の灯火を設けること。

三の二　水源の水位がポンプより低い位置にある加圧送水装置には、次のイからハまでに定めるところにより呼水装置を設けること。

　イ　呼水装置には専用の呼水槽を設けること。

　ロ　呼水槽の容量は、加圧送水装置を有効に作動できるものであること。

　ハ　呼水槽には減水警報装置及び呼水槽へ水を自動的に補給するための装置が設けられていること。

四　屋内消火栓設備の非常電源は、非常電源専用受電設備、自家発電設備、蓄電池設備又は燃料電池設備（法第17条の2の5第2項第四号に規定する特定防火対象物（以下「特定防火対象物」という。）で、延べ面積が1,000m²以上のもの（第13条第1項第二号に規定する小規模特定用途複合防火対象物を除く。）にあつては、自家発電設備又は蓄電池設備）によるものとし、次のイからホまでに定めるところによること。

　イ　非常電源専用受電設備は、次の(イ)から(ト)までに定めるところによること。

　　(イ)　点検に便利で、かつ、火災等の災害による被害を受けるおそれが少ない箇所に設けること。

　　(ロ)　他の電気回路の開閉器又は遮断器によつて遮断されないこと。

(ハ)　開閉器には屋内消火栓設備用である旨を表示すること。

(ニ)　高圧又は特別高圧で受電する非常電源専用受電設備にあっては、不燃材料で造られた壁、柱、床及び天井（天井のない場合にあっては、屋根）で区画され、かつ、窓及び出入口に防火戸を設けた専用の室に設けること。ただし、次の(1)又は(2)に該当する場合は、この限りでない。

　(1)　消防庁長官が定める基準に適合するキュービクル式非常電源専用受電設備で不燃材料で区画された変電設備室、発電設備室、機械室、ポンプ室その他これらに類する室又は屋外若しくは建築物の屋上に設ける場合

　(2)　屋外又は特定主要構造部を耐火構造とした建築物の屋上に設ける場合において、隣接する建築物若しくは工作物（以下「建築物等」という。）から3m以上の距離を有するとき又は当該受電設備から3m未満の範囲の隣接する建築物等の部分が不燃材料で造られ、かつ、当該建築物等の開口部に防火戸が設けられているとき

(ホ)　低圧で受電する非常電源専用受電設備の配電盤又は分電盤は、消防庁長官が定める基準に適合する第1種配電盤又は第1種分電盤を用いること。ただし、次の(1)又は(2)に掲げる場所に設ける場合には、第1種配電盤又は第1種分電盤以外の配電盤又は分電盤を、次の(3)に掲げる場所に設ける場合には、消防庁長官が定める基準に適合する第2種配電盤又は第2種分電盤を用いることができる。

　(1)　不燃材料で造られた壁、柱、床及び天井（天井のない場合にあっては、屋根）で区画され、かつ、窓及び出入口に防火戸を設けた専用の室

　(2)　屋外又は特定主要構造部を耐火構造とした建築物の屋上（隣接する建築物等から3m以上の距離を有する場合又は当該受電設備から3m未満の範囲の隣接する建築物等の部分が不燃材料で造られ、かつ、当該建築物等の開口部に防火戸が設けられている場合に限る。）

　(3)　不燃材料で区画された変電設備室、機械室（火災の発生のおそれのある設備又は機器が設置されているものを除く。）、ポンプ室その他これらに類する室

㈥　キュービクル式非常電源専用受電設備は、当該受電設備の前面に1m以上の幅の空地を有し、かつ、他のキュービクル式以外の自家発電設備若しくはキュービクル式以外の蓄電池設備又は建築物等（当該受電設備を屋外に設ける場合に限る。）から1m以上離れているものであること。

㈦　非常電源専用受電設備（キュービクル式のものを除く。）は、操作面の前面に1m（操作面が相互に面する場合にあつては、1.2m）以上の幅の空地を有すること。

ロ　自家発電設備は、イ（㈤及び㈦を除く。）の規定の例によるほか、次の㈠から㈢までに定めるところによること。

㈠　容量は、屋内消火栓設備を有効に30分間以上作動できるものであること。

㈡　常用電源が停電したときは、自動的に常用電源から非常電源に切り替えられるものであること。

㈢　キュービクル式以外の自家発電設備にあつては、次の(1)から(3)までに定めるところによること。

　　(1)　自家発電装置（発電機と原動機とを連結したものをいう。以下同じ。）の周囲には、0.6m以上の幅の空地を有するものであること。

　　(2)　燃料タンクと原動機との間隔は、予熱する方式の原動機にあつては2m以上、その他の方式の原動機にあつては0.6m以上とすること。ただし、燃料タンクと原動機との間に不燃材料で造つた防火上有効な遮へい物を設けた場合は、この限りでない。

　　(3)　運転制御装置、保護装置、励磁装置その他これらに類する装置を収納する操作盤（自家発電装置に組み込まれたものを除く。）は、鋼板製の箱に収納するとともに、当該箱の前面に1m以上の幅の空地を有すること。

㈣　消防庁長官が定める基準に適合するものであること。

ハ　蓄電池設備は、イ（㈤及び㈦を除く。）及びロ㈠の規定の例によるほか、次の㈠から㈢までに定めるところによること。

㈠　常用電源が停電したときは、自動的に常用電源から非常電源に切り替えられるものであること。

㈠　直交変換装置を有しない蓄電池設備にあつては、常用電源が停電した後、常用電源が復旧したときは、自動的に非常電源から常用電源に切り替えられるものであること。

㈡　キュービクル式以外の蓄電池設備にあつては、次の(1)から(5)までに定めるところによること。

　　(1)　蓄電池設備は、設置する室の壁から0.1m以上離れているものであること。

　　(2)　蓄電池設備を同一の室に2以上設ける場合には、蓄電池設備の相互の間は、0.6m（架台等を設けることによりそれらの高さが1.6mを超える場合にあつては、1.0m）以上離れていること。

　　(3)　蓄電池設備は、水が浸入し、又は浸透するおそれのない場所に設けること。

　　(4)　蓄電池設備を設置する室には屋外に通ずる有効な換気設備を設けること。

　　(5)　充電装置と蓄電池とを同一の室に設ける場合は、充電装置を鋼製の箱に収納するとともに、当該箱の前面に1m以上の幅の空地を有すること。

㈢　消防庁長官が定める基準に適合するものであること。

ニ　燃料電池設備は、イ（㈤及び㈦を除く。）並びにロ㈠及び㈡の規定の例によるほか、次の㈠及び㈡に定めるところによること。

㈠　キュービクル式のものであること。

㈡　消防庁長官が定める基準に適合するものであること。

ホ　配線は、電気工作物に係る法令の規定によるほか、他の回路による障害を受けることのないような措置を講じるとともに、次の㈠から㈢までに定めるところによること。

㈠　600V2種ビニル絶縁電線又はこれと同等以上の耐熱性を有する電線を使用すること。

㈡　電線は、耐火構造とした主要構造部に埋設することその他これと同等以上の耐熱効果のある方法により保護すること。ただし、MIケーブル又は消防庁長官が定める基準に適合する電線を使用する場合は、この限りでない。

　　(ハ)　開閉器、過電流保護器その他の配線機器は、耐熱効果のある方法で
　　　保護すること。
五　操作回路又は第三号ロの灯火の回路の配線は、電気工作物に係る法令の
　規定によるほか、次のイ及びロに定めるところによること。
　イ　600Ｖ2種ビニル絶縁電線又はこれと同等以上の耐熱性の有する電線
　　を使用すること。
　ロ　金属管工事、可とう電線管工事、金属ダクト工事又はケーブル工事
　　（不燃性のダクトに布設するものに限る。）により設けること。ただし、
　　消防庁長官が定める基準に適合する電線を使用する場合は、この限りで
　　ない。
（第六〜七号省略）
八　高層の建築物、大規模な建築物その他の防火対象物のうち、次のイから
　ハまでに掲げるものに設置される屋内消火栓設備には、当該設備の監視、
　操作等を行うことができ、かつ、消防庁長官が定める基準に適合する総合
　操作盤（消防用設備等又は特殊消防用設備等の監視、操作等を行うために
　必要な機能を有する設備をいう。以下同じ。）を、消防庁長官が定めるとこ
　ろにより、当該設備を設置している防火対象物の防災センター（総合操作
　盤その他これに類する設備により、防火対象物の消防用設備等又は特殊消
　防用設備等その他これらに類する防災のための設備を管理する場所をい
　う。以下同じ。）中央管理室（建築基準法施行令第20条の2第二号に規定
　する中央管理室をいう。）、守衛室その他これらに類する場所（常時人がい
　る場所に限る。以下「防災センター等」という。）に設けること。
　イ　令別表第1（一）項から（十六）項までに掲げる防火対象物で、次のい
　　ずれかに該当するもの
　　(イ)　延べ面積が5万㎡以上の防火対象物
　　(ロ)　地階を除く階数が15以上で、かつ、延べ面積が3万㎡以上の防火
　　　対象物
　ロ　延べ面積が1,000㎡以上の地下街
　ハ　次に掲げる防火対象物（イ又はロに該当するものを除く。）のうち、消
　　防長又は消防署長が火災予防上必要があると認めて指定するもの
　　(イ)　地階を除く階数が11以上で、かつ、延べ面積が1万㎡以上の防火

対象物

(ロ) 地階を除く階数が5以上で、かつ、延べ面積が2万m²以上の特定防火対象物

(ハ) 地階の床面積の合計が5千m²以上の防火対象物

九 貯水槽、加圧送水装置、非常電源、配管等（以下「貯水槽等」という。）には地震による震動等に耐えるための有効な措置を講じること。

2 令第11条第3項第二号イに規定する屋内消火栓設備の設置及び維持に関する技術上の基準の細目は、前項（第六号ヘ、第七号イ(イ)、ロ(イ)、ハ(イ)及び(ロ)並びにヘを除く。）の規定の例によるほか、次のとおりとする。

一 ノズルには、容易に開閉できる装置を設けること。

二 主配管のうち、立上り管は、管の呼びで32mm以上のものとすること。

三 高架水槽を用いる加圧送水装置の落差（水槽の下端からホース接続口までの垂直距離をいう。以下この号において同じ。）は、次の式により求めた値以上の値とすること。

$H = h_1 + h_2 + 25m$

Hは、必要な落差（単位 m）

h_1は、消防用ホースの摩擦損失水頭（単位 m）

h_2は、配管の摩擦損失水頭（単位 m）

四 圧力水槽を用いる加圧送水装置の圧力水槽の圧力は、次の式により求めた値以上の値とすること。

$P = P_1 + P_2 + P_3 + 0.25MPa$

Pは、必要な圧力（単位 MPa）

P_1は、消防用ホースの摩擦損失水頭圧（単位 MPa）

P_2は、配管の摩擦損失水頭圧（単位 MPa）

P_3は、落差の換算水頭圧（単位 MPa）

五 ポンプを用いる加圧送水装置は、次に定めるところによること。

イ ポンプの吐出量は、屋内消火栓の設置個数が最も多い階における当該設置個数（設置個数が2を超えるときは、2とする。）に70ℓ/分を乗じて得た量以上の量とすること。

ロ ポンプの全揚程は、次の式により求めた値以上の値とすること。

$H = h_1 + h_2 + h_3 + 25m$

　　　　H は、ポンプの全揚程（単位　m）

　　　　h_1 は、消防用ホースの摩擦損失水頭（単位　m）

　　　　h_2 は、配管の摩擦損失水頭（単位　m）

　　　　h_3 は、落差（単位　m）

　六　加圧送水装置は、直接操作により起動できるものであり、かつ、開閉弁の開放、消防用ホースの延長操作等と連動して、起動することができるものであること。

3　令第11条第3項第二号ロに規定する屋内消火栓設備の設置及び維持に関する技術上の基準の細目は、第1項（第六号ヘ並びに第七号ハ(イ)及びヘを除く。）及び前項（第二号から第五号までを除く。）の規定の例によるほか、次のとおりとする。

　一　主配管のうち、立上り管は、管の呼びで40mm以上のものとすること。

　二　ポンプを用いる加圧送水装置のポンプの吐出量は、屋内消火栓の設置個数が最も多い階における当該設置個数（設置個数が2を超えるときは、2とする。）に90ℓ/分を乗じて得た量以上の量とすること。

　（スプリンクラー設備に関する基準の細目）

第14条　スプリンクラー設備（次項に定めるものを除く。）の設置及び維持に関する技術上の基準の細目は、次のとおりとする。

（第一～三号省略）

　四　自動警報装置は、次に定めるところによること。ただし特定施設水道連結型スプリンクラー設備にあつては自動警報装置を、自動火災報知設備により警報が発せられる場合は、音響警報装置を、それぞれ設けないことができる。

　　イ　スプリンクラーヘッドの開放又は補助散水栓の開閉弁の開放により警報を発するものとすること。

　　ロ　発信部は、各階（ラック式倉庫にあつては、配管の系統）又は放水区域ごとに設けるものとし、当該発信部には、流水検知装置又は圧力検知装置を用いること。

　　ハ　ロの流水検知装置又は圧力検知装置にかかる圧力は、当該流水検知装置又は圧力検知装置の最高使用圧力以下とすること。

　　ニ　受信部には、スプリンクラーヘッド又は火災感知用ヘッドが開放した

階又は放水区域が覚知できる表示装置を防災センター等に設けること。

ただし、第十二号において準用する第12条第1項第八号の規定により総合操作盤が設けられている場合にあつては、この限りでない。

ホ 一の防火対象物に2以上の受信部が設けられているときは、これらの受信部のある場所相互間で同時に通話することができる設備を設けること。

四の二 閉鎖型スプリンクラーヘッドのうち小区画型ヘッドを用いるスプリンクラー設備の流水検知装置は、湿式のものとすること。

ただし、特定施設水道連結型スプリンクラー設備にあつては、流水検知装置を設けないことができる。

四の三 ラック式倉庫に設けるスプリンクラー設備の流水検知装置は、予作動式以外のものとすること。

四の四 流水検知装置の一次側には、圧力計を設けること。

四の五 流水検知装置の二次側に圧力の設定を必要とするスプリンクラー設備にあつては、当該流水検知装置の圧力設定値よりも二次側の圧力が低下した場合に自動的に警報を発する装置を設けること。

五 呼水装置は、第12条第1項第三号の二の規定の例により設けること。

ただし、特定施設水道連結型スプリンクラー設備にあつては、呼水装置を設けないことができる。

（第五の二～六号省略）

六の二 非常電源は、第12条第1項第四号の規定の例により設けること。

（第七号省略）

八 起動装置は、次に定めるところによること。

イ 自動式の起動装置は、次の(イ)又は(ロ)に定めるところによること。

(イ) 開放型スプリンクラーヘッドを用いるスプリンクラー設備（特定施設水道連結型スプリンクラー設備を除く。）にあつては、自動火災報知設備の感知器の作動又は火災感知用ヘッドの作動若しくは開放による圧力検知装置の作動と連動して加圧送水装置及び一斉開放弁（加圧送水装置を設けない特定施設水道連結型スプリンクラー設備にあつては、一斉開放弁）を起動することができるものとすること。ただし、自動火災報知設備の受信機若しくはスプリンクラー設備の表示装置が

防災センター等に設けられ、又は第12号の規定若しくは第24条第九号において準用する第12条第1項第八号の規定により総合操作盤が設けられており、かつ、火災時に直ちに手動式の起動装置により加圧送水装置及び一斉開放弁を起動させることができる場合にあつては、この限りでない。

　　　㈹　閉鎖型スプリンクラーヘッドを用いるスプリンクラー設備にあつては、自動火災報知設備の感知器の作動又は流水検知装置若しくは起動用水圧開閉装置の作動と連動して加圧送水装置を起動することができるものとすること。

　　ロ　手動式の起動装置は、次に定めるところによること。

　　　㈠　直接操作又は遠隔操作により、それぞれ加圧送水装置及び手動式開放弁又は加圧送水装置及び一斉開放弁（特定施設水道連結型スプリンクラー設備にあつては、それぞれ手動式開放弁又は一斉開放弁）を起動することができるものとすること。

　　　㈹　2以上の放水区域を有するスプリンクラー設備にあつては、放水区域を選択することができる構造とすること。

　八の二　乾式又は予作動式の流水検知装置が設けられているスプリンクラー設備にあつては、スプリンクラーヘッドが開放した場合に1分以内に当該スプリンクラーヘッドから放水できるものとすること。

　九　操作回路の配線は、第12条第1項第五号の規定に準じて設けること。

（第十〜十二号省略）

　十三　貯水槽等には第12条第1項第九号に規定する装置を講ずること。

（第2項以下省略）

　　（水噴霧消火設備に関する基準）

第16条　（第1、2項省略）

3　第1項の水噴霧消火設備の設置及び維持に関する技術上の基準の細目は、次のとおりとする。

　一　放射区域（一の一斉開放弁により同時に放射する区域をいう。）は、防護対象物が存する階ごとに設けること。

　二　呼水装置又は非常電源は、第12条第1項第三号の二又は第四号の規定の例により設けること。

二の二　配管は、第12条第1項第六号の規定に準じて設けるほか、一斉開放弁の二次側のうち金属製のものには亜鉛メッキ等による防食処理を施すこと。

（第三〜四号省略）

五　排水設備は、加圧送水装置の最大能力の水量を有効に排水できる大きさ及び勾配を有すること。

六　第12条第1項第八号の規定は、水噴霧消火設備について準用する。

七　貯水槽等には第12条第1項第九号に規定する措置を講じること。

（泡消火設備に関する基準）

第18条　（第1〜3項省略）

4　泡消火設備の設置及び維持に関する技術上の基準の細目は、次のとおりとする。

（第一〜五号省略）

六　呼水装置は、第12条第1項第三号の二の規定の例により設けること。

七　操作回路及び第四号ロの灯火の回路の配線は、第12条第1項第五号の規定の例により設けること。

（第八〜九号省略）

十　起動装置は、次に定めるところによること。

　イ　自動式の起動装置は、自動火災報知設備の感知器の作動、閉鎖型スプリンクラーヘッドの開放又は火災感知用ヘッドの作動若しくは開放と連動して、加圧送水装置、一斉開放弁及び泡消火薬剤混合装置を起動することができるものであること。ただし、自動火災報知設備の受信機が防災センター等に設けられ、又は第十五号若しくは第24条第九号において準用する第12条第1項第八号の規定により総合操作盤が設けられており、かつ、火災時に直ちに手動式の起動装置により加圧送水装置、一斉開放弁及び泡消火薬剤混合装置を起動させることができる場合にあつては、この限りでない。

　ロ　手動式の起動装置は、次に定めるところによること。

　　(イ)　直接操作又は遠隔操作により、加圧送水装置、手動式開放弁及び泡消火薬剤混合装置を起動することができるものであること。

　　(ロ)　2以上の放射区域を有する泡消火設備を有するものは、放射区域を

消防法関係

選択することができるものとすること。

　(ハ)　起動装置の操作部は、火災のとき容易に接近することができ、かつ、床面からの高さが 0.8m 以上 1.5m 以下の箇所に設けること。

　(ニ)　起動装置の操作部には有機ガラス等による有効な防護措置が施されていること。

　(ホ)　起動装置の操作部及びホース接続口には、その直近の見やすい箇所にそれぞれ起動装置の操作部及び接続口である旨を表示した標識を設けること。

十一　高発泡用泡放出口を用いる泡消火設備には泡の放出を停止するための装置を設けること。

十二　自動警報装置は、第 14 条第 1 項第四号の規定の例により設けること。

十三　非常電源は、第 12 条第 1 項第四号の規定の例により設けること。

十四　泡放出口及び泡消火薬剤混合装置は、消防庁長官の定める基準に適合したものであること。

十五　第 12 条第 1 項第八号の規定は、泡消火設備について準用する。

十六　貯水槽等は、第 12 条第 1 項第九号に規定する措置を講じること。

（不活性ガス消火設備に関する基準）

第19条　（第 1 ～ 4 項省略）

5　全域放出方式又は局所放出方式の不活性ガス消火設備の設置及び維持に関する技術上の基準の細目は、次のとおりとする。

（第一～十三号省略）

十四　起動装置は、次のイ又はロに定めるところによること。

　イ　二酸化炭素を放射する不活性ガス消火設備にあっては、次の(イ)及び(ロ)に定めるところによること。

　　(イ)　手動式とすること。ただし、常時人のいない防火対象物その他手動式によることが不適当な場所に設けるものにあっては、自動式とすることができる。

　　(ロ)　全域放出方式のものには、消火剤の放射を停止する旨の信号を制御盤へ発信するための緊急停止装置を設けること。

　ロ　窒素、IG-55 又は IG-541 を放射する不活性ガス消火設備にあつては、自動式とすること。

十五 手動式の起動装置は、次のイからチまでに定めるところによること。

　イ　起動装置は、当該防護区画外で当該防護区画内を見とおすことができ、かつ、防護区画の出入口付近等操作をした者が容易に退避できる箇所に設けること。

　ロ　起動装置は、一の防護区画又は防護対象物ごとに設けること。

　ハ　起動装置の操作部は、床面からの高さが 0.8m 以上 1.5m 以下の箇所に設けること。

　ニ　起動装置にはその直近の見やすい箇所に不活性ガス消火設備の起動装置である旨及び消火剤の種類を表示すること。

　ホ　起動装置の外面は、赤色とすること。

　ヘ　電気を使用する起動装置には電源表示灯を設けること。

　ト　起動装置の放出用スイッチ、引き栓等は、音響警報装置を起動する操作を行つた後でなければ操作できないものとし、かつ、起動装置に有機ガラス等による有効な防護措置が施されていること。

　チ　起動装置又はその直近の箇所には、防護区画の名称、取扱い方法、保安上の注意事項等を表示すること。

十六 自動式の起動装置は、次のイからニまでに定めるところによること。

　イ　起動装置は、次の(イ)及び(ロ)に定めるところによること。

　　(イ)　自動火災報知設備の感知器の作動と連動して起動するものであること。

　　(ロ)　全域放出方式の不活性ガス消火設備（二酸化炭素を放射するものに限る。）に設ける起動装置は、二以上の火災信号により起動するものであること。

　ロ　起動装置には次の(イ)から(ハ)までに定めるところにより自動手動切替え装置を設けること。

　　(イ)　容易に操作できる箇所に設けること。

　　(ロ)　自動及び手動を表示する表示灯を設けること。

　　(ハ)　自動手動の切替えは、かぎ等によらなければ行えない構造とすること。

　ハ　窒素、IG-55 又は IG-541 を放射する不活性ガス消火設備にあつては、起動装置の放出用スイッチ、引き栓等の作動により直ちに貯蔵容器

の容器弁又は放出弁を開放するものであること。

　ニ　自動手動切替え装置又はその直近の箇所には取扱い方法を表示すること。

十七　音響警報装置は、次のイからニまでに定めるところによること。

　イ　手動又は自動による起動装置の操作又は作動と連動して自動的に警報を発するものであり、かつ、消火剤放射前に遮断されないものであること。

　ロ　音響警報装置は、防護区画又は防護対象物にいるすべての者に消火剤が放射される旨を有効に報知できるように設けること。

　ハ　全域放出方式の不活性ガス消火設備に設ける音響警報装置は、音声による警報装置とすること。ただし、常時人のいない防火対象物（二酸化炭素を放射する不活性ガス消火設備のうち、自動式の起動装置を設けたものを設置したものを除く。）にあっては、この限りでない。

　ニ　音響警報装置は、消防庁長官が定める基準に適合するものであること。

（第十八〜十九号省略）

十九の二　全域放出方式の不活性ガス消火設備（二酸化炭素を放射するものに限る。）を設置した防護区画と当該防護区画に隣接する部分（以下「防護区画に隣接する部分」という。）を区画する壁、柱、床又は天井（ロにおいて「壁等」という。）に開口部が存する場合にあつては、防護区画に隣接する部分は、次のイからハまでに定めるところにより保安のための措置を講じること。ただし、防護区画において放出された消火剤が開口部から防護区画に隣接する部分に流入するおそれがない場合又は保安上の危険性がない場合にあつては、この限りでない。

　イ　消火剤を安全な場所に排出するための措置を講じること。

　ロ　防護区画に隣接する部分の出入口等（防護区画と防護区画に隣接する部分を区画する壁等に存する出入口等を除く。）の見やすい箇所に防護区画内で消火剤が放出された旨を表示する表示灯を設けること。

　ハ　防護区画に隣接する部分には、消火剤が防護区画内に放射される旨を有効に報知することができる音響警報装置を第十七号の規定の例により設けること。

十九の三　全域放出方式のものには、消防庁長官が定める基準に適合する当該設備等の起動、停止等の制御を行う制御盤を設けること。

二十　非常電源は、自家発電設備、蓄電池設備又は燃料電池設備によるものとし、その容量を当該設備を有効に1時間作動できる容量以上とするほか、第12条第1項第四号ロからホまでの規定の例により設けること。

二十一　操作回路、音響警報装置回路及び表示灯回路（第20条及び第21条において「操作回路等」という。）の配線は、第12条第1項第五号の規定の例により設けること。

二十二　消火剤放射時の圧力損失計算は、消防庁長官が定める基準によること。

二十二の二　全域放出方式の不活性ガス消火設備（窒素、IG-55又はIG-541を放射するものに限る。）を設置した防護区画には、当該防護区画内の圧力上昇を防止するための措置を講じること。

二十三　第12条第1項第八号の規定は、不活性ガス消火設備について準用する。

二十四　貯蔵容器、配管及び非常電源には、第12条第1項第九号に規定する措置を講じること。

（第6項省略）

第19条の2　全域放出方式の不活性ガス消火設備（二酸化炭素を放射するものに限る。）の維持に関する技術上の基準は、前条に定めるもののほか、次のとおりとする。

一　閉止弁は、次のイ及びロに定めるところにより維持すること。

　　イ　工事、整備、点検その他の特別の事情により防護区画内に人が立ち入る場合は、閉止された状態であること。

　　ロ　イに掲げる場合以外の場合は、開放された状態であること。

二　自動手動切替え装置は、工事、整備、点検その他の特別の事情により防護区画内に人が立ち入る場合は、手動状態に維持すること。

三　消火剤が放射された場合は、防護区画内の消火剤が排出されるまでの間、当該防護区画内に人が立ち入らないように維持すること。

四　制御盤の付近に設備の構造並びに工事、整備及び点検時においてとるべき措置の具体的内容及び手順を定めた図書を備えておくこと。

消防法関係

（ハロゲン化物消火設備に関する基準）

第20条　（第1〜3項省略）

4　全域放出方式又は局所放出方式のハロゲン化物消火設備の設置及び維持に関する技術上の基準の細目は、第19条第5項第三号及び第十八号の規定の例によるほか、次のとおりとする。

（第一〜十二の二号省略）

十三　音響警報装置は、第19条第5項第十七号の規定の例により設けること。ただし、ハロン1301を放射する全域放出方式のものにあっては、音声による警報装置としないことができる。

十四　全域放出方式のものには、次のイ又はロに定めるところにより保安のための措置を講じること。

　イ　ハロン2402、ハロン1211又はハロン1301を放射するものにあつては、次の(イ)から(ハ)までに定めるところによること。

　　(イ)　起動装置の放出用スイッチ、引き栓等の作動から貯蔵容器等の容器弁又は放出弁の開放までの時間が20秒以上となる遅延装置を設けること。ただし、ハロン1301を放射するものにあつては、遅延装置を設けないことができる。

　　(ロ)　手動起動装置には(イ)で定める時間内に消火剤が放出しないような措置を講じること。

　　(ハ)　防護区画の出入口等の見やすい箇所に消火剤が放出された旨を表示する表示灯を設けること。

　ロ　HFC-23又はHFC-227eaを放射するものにあつては、イ(ハ)の規定の例によること。

十四の二　全域放出方式のものには、消防庁長官が定める基準に適合する当該設備等の起動、停止等の制御を行う制御盤を設けること。

十五　非常電源及び操作回路等の配線は、第19条第5項第二十号及び第二十一号の規定の例により設けること。

十六　消火剤放射時の圧力損失計算は、消防庁長官が定める基準によること。

十六の二　全域放出方式のハロゲン化物消火設備（HFC-23又はHFC-227eaを放射するものに限る。）を設置した防護区画には、当該防護区画内

の圧力上昇を防止するための措置を講じること。

十七　第12条第1項第八号の規定は、ハロゲン化物消火設備について準用する。

十八　貯蔵容器等、加圧ガス容器、配管及び非常電源には、第12条第1項第九号に規定する措置を講じること。

（第5項省略）

（粉末消火設備に関する基準）

第21条　（第1〜3項省略）

4　全域放出方式又は局所放出方式の粉末消火設備の設置及び維持に関する技術上の基準の細目は、第19条第5項第三号並びに第四号イ(ロ)及び(ハ)の規定の例によるほか、次のとおりとする。

（第一〜十三号省略）

十四　起動装置は、第19条第5項第十四号イ(イ)、第十五号及び第十六号（同号イ(ロ)及びハを除く。）の規定の例によること。

十五　音響警報装置は、第19条第5項第十七号の規定の例によること。

十六　全域放出方式のものには、第19条第5項第十九号イ(イ)に規定する保安のための措置を講じること。

十七　非常電源及び操作回路等の配線は、第19条第5項第二十号及び第二十一号の規定の例によること。

十八　消火剤放射時の圧力損失計算は、消防庁長官が定める基準によること。

十九　第12条第1項第八号の規定は、粉末消火設備について準用する。

二十　貯蔵容器等、加圧ガス容器、配管及び非常電源には、第12条第1項第九号に規定する措置を講じること。

（第5項省略）

（屋外消火栓設備に関する基準の細目）

第22条　屋外消火栓設備の設置及び維持に関する技術上の基準の細目は、次のとおりとする。

（第一〜五号省略）

六　非常電源は、第12条第1項第四号の規定の例により設けること。

七　操作回路の配線は、第12条第1項第五号の規定に準じて設けること。た

消防法関係

　　だし、地中配線を行う場合にあつては、この限りでない。

八　配管は、第 12 条第 1 項第六号の規定に準じて設けること。

（第九～十二号省略）

第 2 款　警報設備に関する基準

（自動火災報知設備の感知器等）

第23条　令第 21 条第 2 項第一号ただし書の総務省令で定める場合は、自動火災報知設備の一の警戒区域の面積が 500 m² 以下であり、かつ、当該警戒区域が防火対象物の二の階にわたる場合又は第 5 項（第一号及び第三号に限る。）の規定により煙感知器を設ける場合とする。

2　令第 21 条第 3 項の総務省令で定めるものは、令別表第一（一）項から（四）項まで、（五）項イ、（六）項、（九）項イ、（十六）項イ、（十六の二）項及び（十六の三）項に掲げる防火対象物又はその部分並びに第 5 項各号及び第 6 項第二号に掲げる場所とする。

3　令第 21 条第 3 項の総務省令で定める閉鎖型スプリンクラーヘッドは、標示温度が 75° C 以下で種別が一種のものとする。

4　自動火災報知設備の感知器の設置は、次に定めるところによらなければならない。

一　感知器は、次に掲げる部分以外の部分で、点検その他の維持管理ができる場所に設けること。

　　イ　感知器（炎感知器（火災により生ずる炎を利用して自動的に火災の発生を感知するものをいう。以下同じ。）を除く。以下この号（ホを除く。）において同じ。）の取付け面（感知器を取り付ける天井の室内に面する部分又は上階の床若しくは屋根の下面をいう。以下この条において同じ。）の高さが 20 m 以上である場所

　　ロ　上屋その他外部の気流が流通する場所で、感知器によつては当該場所における火災の発生を有効に感知することができないもの

　　ハ　天井裏で天井と上階の床との間の距離が 0.5 m 未満の場所

　　ニ　煙感知器及び熱煙複合式スポット型感知器にあつては、イからハまでに掲げる場所のほか、次に掲げる場所

　　　(イ)　じんあい、微粉又は水蒸気が多量に滞留する場所

　　　(ロ)　腐食性ガスが発生するおそれのある場所

　(ハ)　厨房その他正常時において煙が滞留する場所

　(ニ)　著しく高温となる場所

　(ホ)　排気ガスが多量に滞留する場所

　(ヘ)　煙が多量に流入するおそれのある場所

　(ト)　結露が発生する場所

　(チ)　(イ)から(ト)までに掲げる場所のほか、感知器の機能に支障を及ぼすおそれのある場所

　ホ　炎感知器にあつては、ハに掲げる場所のほか、次に掲げる場所

　(イ)　ニ(ロ)から(ニ)まで、(ヘ)及び(ト)に掲げる場所

　(ロ)　水蒸気が多量に滞留する場所

　(ハ)　火を使用する設備で火災が露出するものが設けられている場所

　(ニ)　(イ)から(ハ)までに掲げる場所のほか、感知器の機能に支障を及ぼすおそれのある場所

　ヘ　小規模特定用途複合防火対象物（令第21条第1項第八号に掲げる防火対象物を除く。）の部分（同項第五号及び第十一号から第十五号までに掲げる防火対象物の部分を除く。）のうち、次に掲げる防火対象物の用途に供される部分以外の部分で、令別表第一各項の防火対象物の用途以外の用途に供される部分及び同表各項（十三項ロ及び十六項から二十項までを除く。）の防火対象物の用途のいずれかに該当する用途に供される部分であつて当該用途に供される部分の床面積（その用途に供される部分の床面積が当該小規模特定用途複合防火対象物において最も大きいものである場合にあつては、当該用途に供される部分及び次に掲げる防火対象物の用途に供される部分の床面積の合計）が500m²未満（同表十一項及び十五項に掲げる防火対象物の用途に供される部分にあつては、1,000m²未満）であるもの

　(イ)　令別表第一（二）項ニ、（五）項イ並びに（六）項イ(1)から(3)まで及びロに掲げる防火対象物

　(ロ)　令別表第一（六）項ハに掲げる防火対象物（利用者を入居させ、又は宿泊させるものに限る。）

二　取付け面の高さに応じ、次の表で定める種別の感知器を設けること。

消防法関係

取付け面の高さ	感 知 器 の 種 別
4m 未満	差動式スポット型、差動式分布型、補償式スポット型、定温式、イオン化式スポット型又は光電式スポット型
4m 以上 8m 未満	差動式スポット型、差動式分布型、補償式スポット型、定温式特種若しくは1種、イオン化式スポット型1種若しくは2種又は光電式スポット型1種若しくは2種
8m 以上 15m 未満	差動式分布型、イオン化式スポット型1種若しくは2種又は光電式スポット型1種若しくは2種
15m 以上 20m 未満	イオン化式スポット型1種又は光電式スポット型1種

三　差動式スポット型、定温式スポット型又は補償式スポット型その他の熱複合式スポット型の感知器は、次に定めるところによること。

　イ　感知器の下端は、取付け面の下方0.3m以内の位置に設けること。

　ロ　感知器は、感知区域（それぞれ壁又は取付け面から0.4m（差動式分布型感知器又は煙感知器を設ける場合にあっては0.6m）以上突出したはり等によって区画された部分をいう。以下同じ。）ごとに、感知器の種別及び取付け面の高さに応じて次の表で定める床面積（多信号感知器にあっては、その有する種別に応じて定める床面積のうち最も大きい床面積。第四号の三及び第七号において同じ。）につき1個以上の個数を、火災を有効に感知するように設けること。

取付け面の高さ		感 知 器 の 種 別						
		差 動 式 スポット型		補 償 式 スポット型		定 温 式 スポット型		
		1種	2種	1種	2種	特種	1種	2種
4 m 未満	特定主要構造部を耐火構造とした防火対象物又はその部分	m² 90	m² 70	m² 90	m² 70	m² 70	m² 60	m² 20
	その他の構造の防火対象物又はその部分	50	40	50	40	40	30	15
4 m 以上 8 m 未満	特定主要構造部を耐火構造とした防火対象物又はその部分	45	35	45	35	35	30	
	その他の構造の防火対象物又はその部分	30	25	30	25	25	15	

四　差動式分布型感知器（空気管式のもの）は、次に定めるところによること。

　イ　感知器の露出部分は、感知区域ごとに 20 m 以上とすること。

　ロ　感知器は、取付け面の下方 0.3 m 以内の位置に設けること。

　ハ　感知器は、感知区域の取付け面の各辺から 1.5 m 以内の位置に設け、かつ、相対する感知器の相互間隔が、特定主要構造部を耐火構造とした防火対象物又はその部分にあっては 9 m 以下、その他の構造の防火対象物又はその部分にあっては 6 m 以下となるように設けること。ただし、感知区域の規模又は形状により有効に火災の発生を感知することができるときは、この限りでない。

　ニ　一の検出部に接続する空気管の長さは、100 m 以下とすること。

　ホ　感知器の検出部は、5 度以上傾斜させないように設けること。

四の二　差動式分布型感知器（熱電対式のもの）は、次に定めるところによること。

　イ　感知器は、取付け面の下方 0.3 m 以内の位置に設けること。

　ロ　感知器は、感知区域ごとに、その床面積が、72 m²（特定主要構造部

消防法関係

を耐火構造とした防火対象物にあっては、88m²）以下の場合にあっては4個以上、72m²（特定主要構造部を耐火構造とした防火対象物にあっては、88m²）を超える場合にあっては4個に18m²（特定主要構造部を耐火構造とした防火対象物にあっては、22m²）までを増すごとに1個を加えた個数以上の熱電対部を火災を有効に感知するように設けること。

　ハ　一の検出部に接続する熱電対部の数は、20以下とすること。

　ニ　感知器の検出部は、5度以上傾斜させないように設けること。

四の三　差動式分布型感知器（熱半導体式のもの）は、次に定めるところによること。

　イ　感知器の下端は、取付け面の下方0.3m以内の位置に設けること。

　ロ　感知器は、感知区域ごとに、その床面積が、感知器の種別及び取付け面の高さに応じて次の表で定める床面積の2倍の床面積以下の場合にあっては2個（取付け面の高さが8m未満で、当該表で定める床面積以下の場合にあっては、1個）以上、当該表で定める床面積の2倍の床面積を超える場合にあっては2個に当該表で定める床面積までを増すごとに1個を加えた個数以上の感熱部を火災を有効に感知するように設けること。

取付け面の高さ		感知器の種別	
		1種	2種
8m未満	特定主要構造部を耐火構造とした防火対象物又はその部分	65m²	36m²
	その他の構造の防火対象物又はその部分	40	23
8m以上15m未満	特定主要構造部を耐火構造とした防火対象物又はその部分	50	
	その他の構造の防火対象物又はその部分	30	

　ハ　一の検出器に接続する感熱部の数は、2以上15以下とすること。

　ニ　感知器の検出部は、5度以上傾斜させないように設けること。

五　定温式感知線型感知器は、次に定めるところによること。

イ　感知器は、取付け面の下方 0.3m 以内の位置に設けること。

ロ　感知器は、感知区域ごとに取付け面の各部分から感知器のいずれかの部分までの水平距離が、特種又は 1 種の感知器にあっては 3m（特定主要構造部を耐火構造とした防火対象物又はその部分にあっては、4.5m）以下、2 種の感知器にあっては 1m（特定主要構造部を耐火構造とした防火対象物又はその部分にあっては、3m）以下となるように設けること。

六　定温式感知器の性能を有する感知器は、正常時における最高周囲温度が、補償式スポット型感知器にあつては公称定温点より、その他の定温式感知器の性能を有する感知器にあつては公称作動温度（二以上の公称作動温度を有するものにあつては、最も低い公称作動温度）より 20°C 以上低い場所に設けること。

七　煙感知器（光電式分離型感知器を除く。）は、次に定めるところによること。

イ　天井が低い居室又は狭い居室にあつては入口付近に設けること。

ロ　天井付近に吸気口のある居室にあつては当該吸気口付近に設けること。

ハ　感知器の下端は、取付け面の下方 0.6m 以内の位置に設けること。

ニ　感知器は、壁又ははりから 0.6m 以上離れた位置に設けること。

ホ　感知器は、廊下、通路、階段及び傾斜路を除く感知区域ごとに、感知器の種別及び取付け面の高さに応じて次の表で定める床面積につき 1 個以上の個数を、火災を有効に感知するように設けること。

取付け面の高さ	感 知 器 の 種 別	
	1 種及び 2 種	3 　　　種
4m　未満	$150\,\mathrm{m}^2$	$50\,\mathrm{m}^2$
4m　以上 20m　未満	75	

ヘ　感知器は、廊下及び通路にあつては歩行距離 30m（3 種の感知器にあつては 20m）につき 1 個以上の個数を、階段及び傾斜路にあつては垂直距離 15m（3 種の感知器にあつては 10m）につき 1 個以上（当該階段及

び傾斜路のうち、令別表第一（一）項から（四）項まで、（五）項イ、（六）項又は（九）項イに掲げる防火対象物の用途に供される部分が令第４条の２の２第二号に規定する避難階以外の階に存する防火対象物で、当該避難階以外の階から避難階又は地上に直通する階段及び傾斜路の総数が２（当該階段及び傾斜路が屋外に設けられ、又は第４条の２の３に規定する避難上有効な構造を有する場合にあつては、1）以上設けられていないもの（小規模特定用途複合防火対象物を除く。以下「特定１階段等防火対象物」という。）に存するものにあつては、１種又は２種の感知器を垂直距離7.5ｍにつき１個以上）の個数を、火災を有効に感知するように設けること。

七の二　熱煙複合式スポット型感知器は、第三号イ並びに前号イ、ロ、ニ及びへの規定（同号への規定については、廊下及び通路に係る部分に限る。）に準ずるほか、廊下、通路、階段及び傾斜路を除く感知区域ごとに、その有する種別及び取付け面の高さに応じて第三号ロ及び前号ホの表で定める床面積のうち最も大きい床面積につき１個以上の個数を、火災を有効に感知するように設けること。

七の三　光電式分離型感知器は、次に定めるところによること。

　イ　感知器の受光面が日光を受けないように設けること。

　ロ　感知器の光軸（感知器の送光面の中心と受光面の中心とを結ぶ線をいう。以下同じ。）が並行する壁から0.6ｍ以上離れた位置となるように設けること。

　ハ　感知器の送光部及び受光部は、その背部の壁から1ｍ以内の位置に設けること。

　ニ　感知器を設置する区域の天井等（天井の室内に面する部分又は上階の床若しくは屋根の下面をいう。以下同じ。）の高さが20ｍ以上の場所以外の場所に設けること。この場合において、当該天井等の高さが15ｍ以上の場所に設ける感知器にあつては、１種のものとする。

　ホ　感知器の光軸の高さが天井等の高さの80％以上となるように設けること。

　ヘ　感知器の光軸の長さが当該感知器の公称監視距離の範囲内となるように設けること。

　ト　感知器は、壁によつて区画された区域ごとに、当該区域の各部分からの一の光軸までの水平距離が7m以下となるように設けること。

七の四　炎感知器（道路の用に供される部分に設けられるものを除く。）は、次に定めるところによること。

　イ　感知器は、天井等又は壁に設けること。

　ロ　感知器は、壁によつて区画された区域ごとに、当該区域の床面から高さ1.2mまでの空間（以下「監視空間」という。）の各部分から当該感知器までの距離が公称監視距離の範囲内となるように設けること。

　ハ　感知器は、障害物等により有効に火災の発生を感知できないことがないように設けること。

　ニ　感知器は、日光を受けない位置に設けること。ただし、感知障害が生じないように遮光板等を設けた場合にあつては、この限りでない。

七の五　道路の用に供される部分に設けられる炎感知器は、次に定めるところによること。

　イ　感知器は、道路の側壁部又は路端の上方に設けること。

　ロ　感知器は、道路面（監視員通路が設けられている場合にあつては、当該通路面）からの高さが1.0m以上1.5m以下の部分に設けること。

　ハ　感知器は、道路の各部分から当該感知器までの距離（以下「監視距離」という。）が公称監視距離の範囲内となるように設けること。ただし、設置個数が1となる場合にあつては、2個設けること。

　ニ　感知器は、障害物等により有効に火災の発生を感知できないことがないように設けること。

　ホ　感知器は、日光を受けない位置に設けること。ただし、感知障害が生じないように遮光板等を設けた場合にあつては、この限りでない。

七の六　連動型警報機能付感知器で、次のいずれかに該当するものは、特定小規模施設における必要とされる防火安全性能を有する消防の用に供する設備等に関する省令（平成20年総務省令第156号）第2条第二号に規定する特定小規模施設用自動火災報知設備以外の自動火災報知設備に用いることができない。

　イ　火災信号を発信する端子以外から電力を供給されるもの（電源に電池を用いるものを除く。）で、電力の供給が停止した場合、その旨の信号を

消防法関係

　発信することができないもの

　ロ　電源に電池を用いるもので、電池の電圧が感知器を有効に作動できる
　　電圧の下限値となつたとき、その旨を受信機に自動的に発信することが
　　できないもの

　ハ　火災報知設備の感知器及び発信機に係る技術上の規格を定める省令
　　（昭和56年自治省令第17号。ニにおいて「感知器等規格省令」という。）
　　第21条の2の試験を行わなかつたもの（防水型のものを除く。）

　ニ　感知器等規格省令第22条第1項各号の試験を行わなかつたもの

八　感知器は、差動式分布型及び光電式分離型のもの並びに炎感知器を除
　き、換気口等の空気吹出し口から1.5m以上離れた位置に設けること。

九　スポット型の感知器（炎感知器を除く。）は、45度以上傾斜させないよう
　に設けること。

5　令第21条第1項（第十二号を除く。）に掲げる防火対象物又はその部分の
　うち、第一号及び第三号に掲げる場所にあつては煙感知器を、第二号及び第
　三号の二に掲げる場所にあつては煙感知器又は熱煙複合式スポット型感知器
　を、第四号に掲げる場所にあつては煙感知器又は炎感知器を、第五号に掲げ
　る場所にあつては炎感知器を、第六号に掲げる場所にあつては煙感知器、熱
　煙複合式スポット型感知器又は炎感知器を設けなければならない。

一　階段及び傾斜路

二　廊下及び通路（令別表第一（一）項から（六）項まで、（九）項、（十二）
　項、（十五）項、（十六）項イ、（十六の二）項及び（十六の三）項に掲げる
　防火対象物の部分に限る。）

三　エレベーターの昇降路、リネンシュート、パイプダクトその他これらに
　類するもの

三の二　遊興のための設備又は物品を客に利用させる役務の用に供する個室
　（これに類する施設を含む。）（令別表第一（二）項ニ、（十六）項イ、（十六
　の二）項及び（十六の三）項に掲げる防火対象物（同表（十六）項イ、（十
　六の二）項及び（十六の三）項に掲げる防火対象物にあつては、同表（二）
　項ニに掲げる防火対象物の用途に供される部分に限る。）の部分に限る。）

四　感知器を設置する区域の天井等の高さが15m以上20m未満の場所

五　感知器を設置する区域の天井等の高さが20m以上の場所

六　前各号に掲げる場所以外の地階、無窓階及び11階以上の部分（令別表第一（一）項から（四）項まで、（五）項イ、（六）項、（九）項イ、（十五）項、（十六）項イ、（十六の二）項及び（十六の三）項に掲げる防火対象物又はその部分に限る。）

6　令第21条第1項（第十二号を除く。）に掲げる防火対象物又はその部分のうち次の各号に掲げる場所には、当該各号に定めるところにより感知器を設けなければならない。

一　前項第六号に規定する防火対象物又はその部分で第4項第一号ニ（(チ)を除く。）の規定により煙感知器又は熱煙複合式スポット型感知器を設置せず、かつ、同号ホ（(ニ)を除く。）の規定により炎感知器を設置しない場所、別表第1の2の3において、場所の区分に応じ、適応するものとされる種別を有する感知器

二　前項各号に掲げる場所以外の地階、無窓階又は11階以上の階、差動式若しくは補償式の感知器のうち1種若しくは2種、定温式感知器のうち特種若しくは1種（公称作動温度75°C以下のものに限る。）、イオン化式若しくは光電式の感知器のうち1種、2種若しくは3種若しくはこれらの種別を有する感知器又は炎感知器

三　前項又は前二号に掲げる場所以外の場所（廊下、便所その他これらに類する場所を除く。）その使用場所に適応する感知器

7　この条（第4項第六号を除く。）において、次の表の左欄に掲げる種別のアナログ式感知器（火災報知設備の感知器及び発信機に係る技術上の規格を定める省令（昭和56年自治省令第17号）第2条第七号又は同条第十二号から第十四号までに規定するものをいう。以下同じ。）に関する基準については、それぞれ同表の中欄に掲げる設定表示温度等の範囲の区分に応じ、同表の右欄に掲げる種別の感知器の例によるものとする。

消防法関係

アナログ式感知器の種別	設 定 表 示 温 度 等 の 範 囲		感知器の種別
熱アナログ式スポット型感知器	注意表示に係る設定表示温度	（正常時における最高周囲温度 ＋20）℃以上（設定火災表示温度 －10）℃以下	定温式スポット型特種
	火災表示に係る設定表示温度	（正常時における最高周囲温度 ＋30）℃以上（正常時における最高周囲温度 ＋50）℃以下	
イオン化アナログ式スポット型感知器又は光電アナログ式スポット型感知器	注意表示に係る設定表示濃度	2.5％を超え 5.0％以下	光電式スポット型一種
	火災表示に係る設定表示濃度	設定注意表示濃度を超え 15％以下	
	注意表示に係る設定表示濃度	5％を超え 10％以下	光電式スポット型二種
	火災表示に係る設定表示濃度	設定注意表示濃度を超え 22.5％以下	
	注意表示に係る設定表示濃度	10％を超え 15％以下	光電式スポット型三種
	火災表示に係る設定表示濃度	設定注意表示濃度を超え 22.5％以下	
光電アナログ式分離型感知器（L_1が45m未満のもの）	注意表示に係る設定表示濃度	$0.3 \times L_2$％を超え $\frac{2}{3}$$(0.8 \times L_1 + 29)$％以下	光電式分離型一種
	火災表示に係る設定表示濃度	設定注意表示濃度を超え$(L_1 + 40)$％以下	
	注意表示に係る設定表示濃度	$\frac{2}{3}$$(0.8 \times L_1 + 29)$％を超え$\frac{2}{3}$$(L_1 + 40)$％以下	光電式分離型二種
	火災表示に係る設定表示濃度	設定注意表示濃度を超え$(L_1 + 40)$％以下	
光電アナログ式分離型感知器（L_1が45m以上のもの）	注意表示に係る設定表示濃度	$0.3 \times L_2$％を超え 43.3％以下	光電式分離型一種
	火災表示に係る設定表示濃度	設定注意表示濃度を超え 85％以下	
	注意表示に係る設定表示濃度	43.3％を超え 56.7％以下	光電式分離型二種
	火災表示に係る設定表示濃度	設定注意表示濃度を超え 85％以下	

注　L_1は公称監視距離の最小値であり、L_2は公称監視距離の最大値である。

8　令第21条第1項第十二号に掲げる道路の用に供される部分には、その使用場所に適応する炎感知器を設けなければならない。

9　自動火災報知設備の中継器の設置は、次の各号に定めるところによらなければならない。

一　受信機において、受信機から感知器に至る配線の導通を確認することができないものにあつては、回線ごとに導通を確認することができるように受信機と感知器との間に中継器を設けること。

二　中継器は、点検に便利で、かつ、防火上有効な措置を講じた箇所に設けること。

（自動火災報知設備に関する基準の細目）

第24条　自動火災報知設備の設置及び維持に関する技術上の基準の細目は、次のとおりとする。

一　配線は、電気工作物に係る法令の規定によるほか、次に定めるところにより設けること。

　イ　感知器の信号回路は、容易に導通試験をすることができるように、送り配線にするとともに回路の末端に発信機、押しボタン又は終端器を設けること。

　　　ただし、配線が感知器若しくは発信機からはずれた場合又は配線に断線があつた場合に受信機が自動的に警報を発するものにあつては、この限りでない。

　ロ　電源回路と大地との間及び電源回路の配線相互の間の絶縁抵抗は、直流250Vの絶縁抵抗計で計つた値が、電源回路の対地電圧が150V以下の場合は、0.1MΩ以上、電源回路の対地電圧が150Vを超える場合は0.2MΩ以上であり、感知器回路（電源回路を除く。）及び附属装置回路（電源回路を除く。）と大地との間並びにそれぞれの回路の配線相互の間の絶縁抵抗は、一の警戒区域ごとに直流250Vの絶縁抵抗計で計つた値が0.1MΩ以上であること。

　ハ　次に掲げる回路方式を用いないこと。

　　(イ)　接地電極に常時直流電流を流す回路方式

　　(ロ)　感知器、発信機又は中継器の回路と自動火災報知設備以外の設備の回路とが同一の配線を共用する回路方式（火災が発生した旨の信号の伝達に影響を及ぼさないものを除く。）

　ニ　自動火災報知設備の配線に使用する電線とその他の電線とは同一の管、ダクト（絶縁効力のあるもので仕切つた場合においては、その仕切られた部分は別個のダクトとみなす。）若しくは線ぴ又はプルボックス等の中に設けないこと。ただし、60V以下の弱電流回路に使用する電線にあつては、この限りでない。

　ホ　R型受信機及びGR型受信機に接続される固有の信号を有する感知器

及び中継器から受信機までの配線については、第12条第1項第五号の
規定に準ずること。

へ　感知器回路の配線について共通線を設ける場合の共通線は、1本につ
き7警戒区域以下とすること。

ただし、R型受信機及びGR型受信機に接続される固有の信号を有す
る感知器又は中継器が接続される感知器回路にあつては、この限りでな
い。

ト　P型受信機及びGP型受信機の感知器回路の電路の抵抗は、50Ω以下
となるように設けること。

チ　火災により一の階のスピーカー又はスピーカーの配線が短絡又は断線
した場合にあつても、他の階への火災の報知に支障のないように設ける
こと。

一の二　火災が発生した旨の信号を無線により発信し、又は発信する感知
器、中継器、受信機、地区音響装置又は発信機を設ける場合は、次に定め
るところによること。

イ　感知器、中継器、受信機、地区音響装置又は発信機は、これらの間に
おいて確実に信号を発信し、又は受信することができる位置に設けるこ
と。

ロ　受信機において感知器、中継器、地区音響装置又は発信機（第三号イ
及び第四号ニにおいて「感知器等」という。）から発信される信号を受信
できることを確認するための措置を講じていること。

二　受信機は、次に定めるところにより設けること。

イ　受信機は、感知器、中継器又は発信機の作動と連動して、当該感知器、
中継器又は発信機の作動した警戒区域を表示できるものであること。

ロ　受信機の操作スイッチは、床面からの高さが0.8m（いすに座つて操
作するものにあつては0.6m）以上1.5m以下の箇所に設けること。

ハ　特定1階段等防火対象物及びこれ以外の防火対象物で令別表第一
（二）項ニに掲げる防火対象物の用途に供される部分が存するものに設
ける受信機で、地区音響装置の鳴動を停止するスイッチ（以下この号に
おいて「地区音響停止スイッチ」という。）を設けるものにあつては、当
該地区音響停止スイッチが地区音響装置の鳴動を停止する状態（以下こ

の号において「停止状態」という。）にある間に、受信機が火災信号を受信したときは、当該地区音響停止スイッチが一定時間以内に自動的に（地区音響装置が鳴動している間に停止状態にされた場合においては自動的に）地区音響装置を鳴動させる状態に移行するものであること。

ニ　受信機は、防災センター等に設けること。

ホ　主音響装置及び副音響装置の音圧及び音色は、次の(イ)及び(ロ)に定めるところによる。

　(イ)　他の警報音又は騒音と明らかに区別して聞き取ることができること。

　(ロ)　主音響装置及び副音響装置を、ダンスホール、カラオケボックスその他これらに類するもので、室内又は室外の音響が聞き取りにくい場所に設ける場合にあつては、当該場所において他の警報音又は騒音と明らかに区別して聞き取ることができるように措置されていること。

ヘ　P型1級受信機で接続することができる回線の数が1のもの、P型2級受信機、P型3級受信機、GP型1級受信機で接続することができる回線の数が1のもの、GP型2級受信機及びGP型3級受信機は、一の防火対象物（令第21条第1項第十号、第十一号及び第十三号に係る階にあつては、当該階）につき3台以上設けないこと。

ト　一の防火対象物（令第21条第1項第十号、第十一号及び第十三号に係る階にあつては、当該階）に2以上の受信機が設けられているときは、これらの受信機のある場所相互間で同時に通話することができる設備を設けること。

チ　P型2級受信機及びGP型2級受信機で接続することができる回線の数が1のものは、令別表第一に掲げる防火対象物で延べ面積（令第21条第1項第十号、第十一号及び第十三号に係る階に設ける場合にあつては、当該階の床面積）が350m²を超えるものに設けないこと。

リ　P型3級受信機及びGP型3級受信機は、令別表第一に掲げる防火対象物で延べ面積（令第21条第1項第十号に係る階に設ける場合にあつては、当該階の床面積）が150m²を超えるものに設けないこと。

三　電源は、次に定めるところにより設けること。

　イ　電源は、蓄電池又は交流低圧屋内幹線から他の配線を分岐させずにとること。ただし、感知器等の電源に電池を用いる場合において、当該電

池の電圧が感知器等を有効に作動できる電圧の下限値となつた旨を受信機において確認するための措置が講じられているときは、この限りでない。

　　ロ　電源の開閉器には、自動火災報知設備用のものである旨を表示すること。

　四　非常電源は、次に定めるところにより設けること。

　　イ　延べ面積が 1,000 m² 以上の特定防火対象物に設ける自動火災報知設備の非常電源にあつては蓄電池設備（直交変換装置を有する蓄電池設備を除く。この号において同じ。）、その他の防火対象物に設ける自動火災報知設備の非常電源にあつては非常電源専用受電設備又は蓄電池設備によること。

　　ロ　蓄電池設備は、第 12 条第 1 項第四号イ(イ)から(ニ)まで及び(ヘ)、ハ(イ)から(ニ)まで並びにホの規定の例によることとし、その容量は、自動火災報知設備を有効に 10 分間作動することができる容量以上であること。

　　ハ　非常電源専用受電設備は、第 12 条第 1 項第四号イ及びホの規定の例によること。

　　ニ　前号イただし書の場合において、電池の電圧が感知器等を有効に作動できる電圧の下限値となつた旨を受信機に 168 時間以上発信した後、当該感知器等を 10 分間以上有効に作動することができるときは、当該電池を非常電源とすること。

　五　地区音響装置（次号に掲げるものを除く。以下この号において同じ。）は、P 型 2 級受信機で接続することができる回線の数が 1 のもの、P 型 3 級受信機、GP 型 2 級受信機で接続することができる回線の数が 1 のもの若しくは GP 型 3 級受信機を当該受信機を用いる自動火災報知設備の警戒区域に設ける場合又は放送設備を第 25 条の 2 に定めるところにより設置した場合を除き、次に定めるところにより設けること。

　　イ　音圧又は音色は、次の(イ)から(ハ)までに定めるところによること。

　　　(イ)　取り付けられた音響装置の中心から 1 m 離れた位置で 90 dB 以上であること。

　　　(ロ)　地区音響装置を、ダンスホール、カラオケボックスその他これらに類するもので、室内又は室外の音響が聞き取りにくい場所に設ける場

合にあつては、当該場所において他の警報音又は騒音と明らかに区別して聞き取ることができるように措置されていること。

(ハ) 令別表第一（二）項ニ、（十六）項イ、（十六の二）項及び（十六の三）項に掲げる防火対象物（同表（十六）項イ、（十六の二）項及び（十六の三）項に掲げる防火対象物にあつては、同表（二）項ニに掲げる防火対象物の用途に供される部分に限る。次号イ(ハ)並びに第25条の2第2項第一号イ(ハ)及び第三号イ(ハ)において同じ。）のうち、遊興のためにヘッドホン、イヤホンその他これに類する物品を客に利用させる役務の用に供する個室（これに類する施設を含む。以下この号、次号イ(ハ)並びに第25条の2第2項第一号イ(ハ)及び第三号イ(ハ)において同じ。）があるものにあつては、当該役務を提供している間においても、当該個室において警報音を確実に聞き取ることができるように措置されていること。

ロ 階段又は傾斜路に設ける場合を除き、感知器の作動と連動して作動するもので、当該設備を設置した防火対象物又はその部分（前条第4項第一号ヘに掲げる部分を除く。）の全区域に有効に報知できるように設けること。

ハ 地階を除く階数が5以上で延べ面積が3,000m²を超える防火対象物又はその部分にあつては、出火階が、2階以上の階の場合にあつては出火階及びその直上階、1階の場合にあつては出火階、その直上階及び地階、地階の場合にあつては出火階、その直上階及びその他の地階に限つて警報を発することができるものであること。

この場合において、一定の時間が経過した場合又は新たな火災信号を受信した場合には、当該設備を設置した防火対象物又はその部分（前条第4項第一号ヘに掲げる部分を除く。）の全区域に自動的に警報を発するように措置されていること。

ニ 各階ごとに、その階（前条第4項第一号ヘに掲げる部分を除く。）の各部分から一の地区音響装置までの水平距離が25m以下となるように設けること。

ホ 受信機から地区音響装置までの配線は、第12条第1項第五号の規定に準じて設けること。ただし、ト及び次号ニの消防庁長官の定める基準

により受信機と地区音響装置との間の信号を無線により発信し、又は受信する場合にあつては、この限りでない。

　ヘ　地区音響装置は、一の防火対象物に2以上の受信機が設けられているときは、いずれの受信機からも鳴動させることができるものであること。

　ト　地区音響装置は、消防庁長官の定める基準に適合するものであること。

五の二　地区音響装置（音声により警報を発するものに限る。以下この号に同じ。）は、前号（イ、ハ及びトを除く。）の規定の例によるほか、次に定めるところにより設けること。

　イ　音圧又は音色は、次の(イ)から(ハ)までに定めるところによること。

　　(イ)　取り付けられた音響装置の中心から1m離れた位置で92dB以上であること。

　　(ロ)　地区音響装置を、ダンスホール、カラオケボックスその他これらに類するもので、室内又は室外の音響が聞き取りにくい場所に設ける場合にあつては、当該場所において他の警報音又は騒音と明らかに区別して聞き取ることができるように措置されていること。

　　(ハ)　令別表第一（二）項ニ、（十六）項イ、（十六の二）項及び（十六の三）項に掲げる防火対象物のうち、遊興のためにヘッドホン、イヤホンその他これに類する物品を客に利用させる役務の用に供する個室があるものにあつては、当該役務を提供している間においても、当該個室において警報音を確実に聞き取ることができるように措置されていること。

　ロ　地階を除く階数が5以上で延べ面積が3,000m²を超える防火対象物又はその部分にあつては、次の(イ)又は(ロ)に該当すること。

　　(イ)　出火階が、2階以上の階の場合にあつては出火階及びその直上階、1階の場合にあつては出火階、その直上階及び地階、地階の場合にあつては出火階、その直上階及びその他の地階に限って警報を発することができるものであること。この場合において、一定の時間が経過した場合又は新たな火災信号を受信した場合には、当該設備を設置した防火対象物又はその部分（前条第4項第一号ヘに掲げる部分を除く。）

の全区域に自動的に警報を発するように措置されていること。

　㈠　当該設備を設置した防火対象物又はその部分（前条第4項第一号へ
　　に掲げる部分を除く。）の全区域に火災が発生した場所を報知するこ
　　とができるものであること。

　ハ　スピーカーに至る回路は、自動火災報知設備の信号回路における信号
　　の伝達に影響を及ぼさないように設けるとともに、他の電気回路によつ
　　て誘導障害が生じないように設けること。

　ニ　地区音響装置は、消防庁長官の定める基準に適合するものであるこ
　　と。

六　次に掲げる事態が生じたとき、受信機において、火災が発生した旨の表
　示をしないこと。

　イ　配線の1線に地絡が生じたとき。

　ロ　開閉器の開閉等により、回路の電圧又は電流に変化が生じたとき。

　ハ　振動又は衝撃を受けたとき。

七　蓄積型の感知器又は蓄積式の中継器若しくは受信機を設ける場合は、一
　の警戒区域ごとに、次に定めるところによること。

　イ　感知器の公称蓄積時間並びに中継器及び受信機に設定された蓄積時間
　　の最大時間の合計時間が60秒を超えないこと。

　ロ　蓄積式の中継器又は受信機を設ける場合で煙感知器以外の感知器を設
　　けるときは、中継器及び受信機に設定された蓄積時間の最大時間の合計
　　時間が20秒を超えないこと。

八　一の警戒区域に蓄積型の感知器又は蓄積式中継器を設ける場合は、受信
　機は、当該警戒区域において2信号式の機能を有しないものであること。

八の二　発信機は、P型2級受信機で接続することができる回線が1のも
　の、P型3級受信機、GP型2級受信機で接続することができる回線が1
　のもの若しくはGP型3級受信機に設ける場合又は非常警報設備を第25
　条の2第2項に定めるところにより設置した場合を除き、次に定めるとこ
　ろによること。

　イ　各階ごとに、その階（前条第4項第一号へに掲げる部分を除く。）の
　　各部分から一の発信機までの歩行距離が50m以下となるように設ける
　　こと。

　　ロ　床面からの高さが、0.8m 以上 1.5m 以下の箇所に設けること。

　　ハ　発信機の直近の箇所に表示灯を設けること。

　　ニ　表示灯は、赤色の灯火で、取付け面と 15 度以上の角度となる方向に沿

　　　つて 10m 離れたところから点灯していることが容易に識別できるもの

　　　であること。

　　ホ　P 型 1 級受信機、GP 型 1 級受信機、R 型受信機及び GR 型受信機に

　　　接続するものは P 型 1 級発信機とし、P 型 2 級受信機及び GP 型 2 級受

　　　信機に接続するものは P 型 2 級発信機とすること。

九　第 12 条第 1 項第八号の規定は、自動火災報知設備について準用する。

第24条の2　自動火災報知設備の維持に関する技術上の基準は、前条に定める

 もののほか、次のとおりとする。

一　受信機は、次のイからニまでに定めるところにより維持すること。

　　イ　受信機又は総合操作盤の付近に当該受信機又は総合操作盤の操作上支

　　　障となる障害物がないこと。

　　ロ　操作部の各スイッチが正常な位置にあること。

　　ハ　受信機の付近に警戒区域一覧図を備えておくこと。

　　　ただし、前条の第九号において準用する第 12 条第 1 項第八号の規定

　　　により、総合操作盤が設置されている場合は、この限りでない。

　　ニ　アナログ式中継器及びアナログ式受信機にあつては当該中継器及び受

　　　信機の付近に表示温度等設定一覧図を備えておくこと。

二　感知器は、次のイ及びロに定めるところにより維持すること。

　　イ　炎感知器以外の感知器にあつては感知区域、炎感知器にあつては監視

　　　空間又は監視距離が適正であること。

　　ロ　火災の感知を妨げるような措置がなされていないこと。

三　受信機及び中継器は、その附近に当該機器の操作上支障となる障害物が

　ないように維持すること。

四　自動火災報知設備の常用電源、非常電源及び予備電源は、次に定めると

　ころにより維持すること。

　　イ　常用電源が正常に供給されていること。

　　ロ　非常電源及び予備電源の電圧及び容量が適正であること。

五　アナログ式自動火災報知設備（感知器からの火災情報信号を中継器又は

受信機により受信し、表示温度等を設定する機能を有する自動火災報知設備をいう。）にあつては、表示温度等を当該自動火災報知設備に係るアナログ式感知器の種別に応じ、第23条第7項の表の中欄に掲げる設定表示温度等の範囲内に維持すること。

六　火災が発生した旨の信号を無線により発信し、又は受信する感知器、中継器、受信機、地区音響装置又は発信機は、これらの間において確実に信号を発信し、又は受信することができるよう良好な状態に維持すること。

（ガス漏れ火災警報設備の設置を要しない防火対象物等）

第24条の2の2　令第21条の2第1項の総務省令で定めるものは、同項に規定する防火対象物又はその部分のうち、次に掲げるもの以外のものとする。

一　燃料用ガス（液化石油ガスの保安の確保及び取引の適正化に関する法律（昭和42年法律第149号）第2条第3項に規定する液化石油ガス販売事業によりその販売がされる液化石油ガスを除く。以下同じ。）が使用されるもの

二　その内部に、第3項に掲げる温泉の採取のための設備（温泉法（昭和23年法律第125号）第14条の5第1項の確認を受けた者が当該確認に係る温泉の採取の場所において温泉を採取するためのものを除く。）が設置されているもの

三　可燃性ガスが自然発生するおそれがあるとして消防長又は消防署長が指定するもの

2　令第21条の2第1項第三号の総務省令で定める数は、一人とする。

3　令第21条の2第1項第三号の総務省令で定める温泉の採取のための設備は、温泉法施行規則（昭和23年厚生省令第35号）第6条の3第3項第五号イに規定する温泉井戸、ガス分離設備及びガス排出口並びにこれらの間の配管（可燃性天然ガスが滞留するおそれのない場所に設けられるものを除く。）とする。

4　令第21条の2第2項第一号ただし書の総務省令で定める場合は、ガス漏れ火災警報設備の一の警戒区域の面積が500m²以下であり、かつ、当該警戒区域が防火対象物の二の階にわたる場合とする。

5　令第21条の2第2項第二号ただし書の総務省令で定める場合は、ガス漏れ火災警報設備の一の警戒区域の面積が1,000m²以下であり、かつ、当該警

消防法関係

戒区域内の次条第1項第四号ロに定める警報装置を通路の中央から容易に見通すことができる場合とする。

（ガス漏れ火災警報設備に関する基準の細目）

第24条の2の3　ガス漏れ火災警報設備の設置及び維持に関する技術上の基準の細目は、次のとおりとする。

一　ガス漏れ検知器（以下「検知器」という。）は、天井の室内に面する部分（天井がない場合にあつては、上階の床の下面。以下「天井面等」という。）又は壁面の点検に便利な場所に、次のイ又はロに定めるところによるほか、ガスの性状に応じて設けること。ただし、出入口の付近で外部の気流がひんぱんに流通する場所、換気口の空気の吹き出し口から1.5m以内の場所、ガス燃焼機器（以下「燃焼器」という。）の廃ガスに触れやすい場所その他ガス漏れの発生を有効に検知することができない場所に設けてはならない。

イ　検知対象ガスの空気に対する比重が1未満の場合には、次の(イ)から(ニ)までに定めるところによること。

(イ)　燃焼器（令第21条の2第1項第三号に掲げる防火対象物に存するものについては、消防庁長官が定めるものに限る。以下同じ。）又は貫通部（同項第一号、第二号、第四号若しくは第五号に掲げる防火対象物若しくはその部分又は同項第三号に掲げる防火対象物の部分で消防庁長官が定めるものに燃料用ガスを供給する導管が当該防火対象物又はその部分の外壁を貫通する場所をいう。以下同じ。）から水平距離で8m以内の位置に設けること。ただし、天井面等が0.6m以上突出したはり等によつて区画されている場合は、当該はり等より燃焼器側又は貫通部側に設けること。

(ロ)　温泉の採取のための設備（前条第3項に規定するものをいう。以下同じ。）の周囲の長さ10mにつき一個以上当該温泉の採取のための設備の付近でガスを有効に検知できる場所（天井面等が0.6m以上突出したはり等によつて区画されている場合は、当該はり等より温泉の採取のための設備側に限る。）に設けるとともに、ガスの濃度を指示するための装置を設けること。この場合において、当該装置は、防災センター等に設けること。

 (ハ) 燃焼器若しくは温泉の採取のための設備（以下この号において「燃焼器等」という。）が使用され、又は貫通部が存する室の天井面等の付近に吸気口がある場合には、当該燃焼器等又は貫通部との間の天井面等が 0.6m 以上突出したはり等によつて区画されていない吸気口のうち、燃焼器等又は貫通部から最も近いものの付近に設けること。

 (ニ) 検知器の下端は、天井面等の下方 0.3m 以内の位置に設けること。

 ロ 検知対象ガスの空気に対する比重が 1 を超える場合には、次の(イ)及び(ハ)に定めるところによること。

 (イ) 燃焼器又は貫通部から水平距離で 4m 以内の位置に設けること。

 (ロ) 温泉の採取のための設備の周囲の長さ 10m につき一個以上当該温泉の採取のための設備の付近でガスを有効に検知できる場所に設けるとともに、ガスの濃度を指示するための装置を設けること。この場合において、当該装置は、防災センター等に設けること。

 (ハ) 検知器の上端は、床面の上方 0.3m 以内の位置に設けること。

二 中継器は、次のイ及びロに定めるところにより設けること。

 イ 受信機において、受信機から検知器に至る配線の導通を確認することができないものにあつては、回線ごとに導通を確認することができるように受信機と検知器との間に中継器を設けること。ただし、受信機に接続することができる回線の数が 5 以下のものにあつては、この限りでない。

 ロ 点検に便利で、かつ、防火上有効な措置を講じた箇所に設けること。

三 第一号イ(イ)又は同号ロ(イ)に定めるところにより検知器を設ける場合にあつては、受信機を次のイからへまでに定めるところにより設けること。

 イ 検知器又は中継器の作動と連動して検知器の作動した警戒区域を表示することができること。

 ロ 貫通部に設ける検知器に係る警戒区域は、他の検知器に係る警戒区域と区別して表示することができること。

 ハ 操作スイッチは、床面からの高さが 0.8m（いすに座つて操作するものにあつては 0.6m）以上 1.5m 以下の箇所に設けること。

 ニ 主音響装置の音圧及び音色は、他の警報音又は騒音と明らかに区別して聞き取ることができること。

消防法関係

　　ホ　一の防火対象物に２以上の受信機を設けるときは、これらの受信機の
　　　ある場所相互の間で同時に通話することができる設備を設けること。
　　ヘ　防災センター等に設けること。
　四　警報装置は、次のイからハまでに掲げる装置を次のイからハまでに定め
　　るところにより設けること。
　　イ　音声によりガス漏れの発生を防火対象物の関係者及び利用者に警報す
　　　る装置（以下「音声警報装置」という。）は、次の(イ)又は(ロ)に定めるとこ
　　　ろによること。
　　　　(イ)　令第21条の２第１項第一号、第二号、第四号若しくは第五号に掲げ
　　　　　る防火対象物若しくはその部分又は同項第三号に掲げる防火対象物の
　　　　　部分で消防庁長官が定めるものに設けるものにあつては、次の(1)から
　　　　　(3)までに定めるところによること。ただし、第25条の２第２項第三号
　　　　　に定めるところにより設置した放送設備の有効範囲内の部分には、音
　　　　　声警報装置を設けないことができる。
　　　　　(1)　音圧及び音色は、他の警報音又は騒音と明らかに区別して聞き取
　　　　　　ることができること。
　　　　　(2)　スピーカーは、各階ごとに、その階の各部分から一のスピーカー
　　　　　　までの水平距離が25ｍ以下となるように設けること。
　　　　　(3)　一の防火対象物に２以上の受信機を設けるときは、これらの受信
　　　　　　機があるいずれの場所からも作動させることができること。
　　　　(ロ)　令第21条の２第１項第三号に掲げる防火対象物（(イ)の消防庁長官
　　　　　が定める部分（以下この号において「長官指定部分」という。）が存し
　　　　　ないものに限る。）又は同号の防火対象物（長官指定部分が存するもの
　　　　　に限る。）の部分（長官指定部分を除く。）に設けるものにあつては、
　　　　　次の(1)及び(2)に定めるところによること。ただし、常時人がいない場
　　　　　所又は第25条の２第２項第三号に定めるところにより設置した放送
　　　　　設備若しくは警報機能を有する検知器若しくは検知区域警報装置の有
　　　　　効範囲内の部分には、音声警報装置を設けないことができる。
　　　　　(1)　音圧及び音色は、他の警報音又は騒音と明らかに区別して聞き取
　　　　　　ることができること。
　　　　　(2)　スピーカーは、各階ごとに、その階の各部分から一のスピーカー

までの水平距離が25m以下となるように設けること。

ロ　検知器の作動と連動し、表示灯によりガス漏れの発生を通路にいる防火対象物の関係者に警報する装置（以下「ガス漏れ表示灯」という。）は、次の(イ)及び(ロ)に定めるところによること。ただし、一の警戒区域が一の室からなる場合には、ガス漏れ表示灯を設けないことができる。

(イ)　検知器を設ける室が通路に面している場合には、当該通路に面する部分の出入口付近に設けること。

(ロ)　前方3m離れた地点で点灯していることを明確に識別することができるように設けること。

ハ　検知器の作動と連動し、音響によりガス漏れの発生を検知区域（一の検知器が有効にガス漏れを検知することができる区域をいう。以下同じ。）において防火対象物の関係者に警報する装置（以下「検知区域警報装置」という。）は、当該検知区域警報装置から1m離れた位置で音圧が70dB以上となるものであること。ただし、警報機能を有する検知器を設置する場合並びに機械室その他常時人がいない場所及び貫通部には、検知区域警報装置を設けないことができる。

五　配線は、電気工作に係る法令の規定によるほか、次のイからハまでに定めるところにより設けること。

イ　常時開路式の検知器の信号回路は、容易に導通試験をすることができるように、回路の末端に終端器を設けるとともに、1回線に一の検知器を接続する場合を除き、送り配線にすること。

ロ　電源回路と大地との間及び電源回路の配線相互の間の絶縁抵抗は、直流500Vの絶縁抵抗計で計つた値が、電源回路の対地電圧が150V以下の場合は0.1MΩ以上、電源回路の対地電圧が150Vを超える場合は0.2MΩ以上であり、検知器回路（電源回路を除く。）及び附属装置回路（電源回路を除く。）と大地との間並びにそれぞれの回路の配線相互の間の絶縁抵抗は、一の警戒区域ごとに直流500Vの絶縁抵抗計で計つた値が0.1MΩ以上であること。

ハ　次の(イ)及び(ロ)に掲げる回路方式を用いないこと。

(イ)　接地電極に常時直流電流を流す回路方式

(ロ)　検知器又は中継器の回路とガス漏れ火災警報設備以外の設備の回路

消防法関係

とが同一の配線を共用する回路方式（ガス漏れが発生した旨の信号
（以下「ガス漏れ信号」という。）の伝達に影響を及ぼさないものを除
く。）

六　電源は、次のイ及びロに定めるところにより設けること。

　イ　電源は、蓄電池又は交流低圧屋内幹線から他の配線を分岐させずにと
　　ること。

　ロ　電源の開閉器には、ガス漏れ火災警報設備用のものである旨を表示す
　　ること。

七　非常電源は、次のイからニまでに定めるところにより設けること。

　イ　直交変換装置を有しない蓄電池設備によるものとし、その容量は、2
　　回線を 10 分間有効に作動させ、同時にその他の回線を 10 分間監視状態
　　にすることができる容量以上であること。ただし、2 回線を 1 分間有効
　　に作動させ、同時にその他の回線を 1 分間監視状態にすることができる
　　容量以上の容量を有する予備電源又は直交変換装置を有しない蓄電池設
　　備を設ける場合は、直交変換装置を有する蓄電池設備、自家発電設備又
　　は燃料電池設備によることができる。

　ロ　蓄電池設備は、第 12 条第 1 項第四号イ(イ)から(ニ)まで及び(ヘ)並びにハ
　　(イ)から(ニ)までの規定の例によること。

　ハ　自家発電設備は、第 12 条第 1 項第四号イの(イ)から(ニ)まで及び(ヘ)並び
　　にロの(ロ)から(ニ)までの規定の例によること。

　ニ　燃料電池設備は、第 12 条第 1 項第四号イ　((ホ)及び(ト)を除く。）、ロ(ロ)並
　　びにニ(イ)及び(ロ)に定めるところによること。

八　検知器の標準遅延時間（検知器がガス漏れ信号を発する濃度のガスを検
　知してから、ガス漏れ信号を発するまでの標準的な時間をいう。）及び受信
　機の標準遅延時間（受信機がガス漏れ信号を受信してから、ガス漏れが発
　生した旨の表示をするまでの標準的な時間をいう。）の合計が 60 秒以内で
　あること。

九　次のイからハまでに掲げる事態が生じたとき、受信機において、ガス漏
　れが発生した旨の表示をしないこと。

　イ　配線の 1 線に地絡が生じたとき

　ロ　開閉器の開閉等により、回路の電圧又は電流に変化が生じたとき

ハ　振動又は衝撃を受けたとき

十　第12条第1項第八号の規定は、ガス漏れ火災警報設備について準用する。

2　検知器並びに液化石油ガスを検知対象とするガス漏れ火災警報設備に使用する中継器及び受信機は、消防庁長官が定める基準に適合するものでなければならない。

第24条の2の4　ガス漏れ火災警報設備の維持に関する技術上の基準は、前条に定めるもののほか、次のとおりとする。

一　検知器は、その検知機能を妨げる措置を講ずることのないように維持すること。

二　中継器は、その付近に当該中継器の操作上支障となる障害物がないように維持すること。

三　受信機は、次のイからホまでに定めるところにより維持すること。

イ　常用電源が正常に供給されていること。

ロ　非常電源及び予備電源の電圧及び容量が適正であること。

ハ　操作部の各スイッチが正常な位置にあること。

ニ　受信機の付近に当該受信機の操作上支障となる障害物がないこと。

ホ　受信機の付近に警戒区域一覧図を備えておくこと。

　ただし、前条第1項第十号において準用する第12条第1項第八号の規定により、総合操作盤が設置されている場合は、この限りでない。

（漏電火災警報器に関する基準の細目）

第24条の3　漏電火災警報器の設備及び維持に関する技術上の基準の細目は、次のとおりとする。

一　変流器は、警戒電路の定格電流以上の電流値（B種接地線に設けるものにあつては、当該接地線に流れることが予想される電流以上の電流値）を有するものを設けること。

二　変流器は、建築物に電気を供給する屋外の電路（建築構造上屋外の電路に設けることが困難な場合にあつては、電路の引込口に近接した屋内の電路）又はB種接地線で、当該変流器の点検が容易な位置に堅固に取り付けること。

三　音響装置は、次のイ及びロに定めるところにより設けること。

　　イ　音響装置は、防災センター等に設けること。

　　ロ　音響装置の音圧及び音色は、他の警報音又は騒音と明らかに区別して聞き取ることができること。

　四　検出漏洩電流設定値は、誤報が生じないように当該建築物の警戒電路の状態に応ずる適正な値とすること。

　五　可燃性蒸気、可燃性粉じん等が滞留するおそれのある場所に漏電火災警報器を設ける場合にあつては、その作動と連動して電流の遮断を行う装置をこれらの場所以外の安全な場所に設けること。

（消防機関へ通報する火災報知設備に関する基準）

第25条　令第23条第1項ただし書の総務省令で定める場所は、次に掲げる防火対象物の区分に応じ当該各号に定める場所とする。

　一　令別表第一（六）項イ(1)及び(2)、（十六）項イ、（十六の二）項並びに（十六の三）項に掲げる防火対象物（同表（十六）項イ、（十六の二）項及び（十六の三）項に掲げる防火対象物にあつては、同表（六）項イ(1)又は(2)に掲げる防火対象物の用途に供される部分が存するものに限る。）消防機関が存する建築物内

　二　前号に掲げる防火対象物以外の防火対象物　消防機関からの歩行距離が500m以下である場所

2　令第23条第2項の規定による火災報知設備は、次の各号に掲げる種別に応じ、当該各号に定める場所に設置しなければならない。

　一　一の押しボタンの操作等により消防機関に通報することができる装置（電話回線を使用するものに限る。以下この条において「火災通報装置」という。）　防災センター等

　二　消防機関へ通報する火災報知設備（火災通報装置を除く。）の発信機　多数の者の目にふれやすく、かつ、火災に際しすみやかに操作することができる箇所及び防災センター等

3　火災通報装置の設置及び維持に関する技術上の基準の細目は、次のとおりとする。

　一　火災通報装置は、消防庁長官が定める基準に適合するものであること。

　二　火災通報装置の機能に支障を生ずるおそれのない電話回線を使用すること。

三　火災通報装置は、前号の電話回線のうち、当該電話回線を適切に使用することができ、かつ、他の機器等が行う通信の影響により当該火災通報装置の機能に支障を生ずるおそれのない部分に接続すること。

四　電源は、次に定めるところにより設けること。

　イ　電源は、蓄電池又は交流低圧屋内幹線から他の配線を分岐させずにとること。ただし、令別表第一（六）項イ⑴から⑶まで及びロに掲げる防火対象物で、延べ面積が 500 m² 未満のものに設けられる火災通報装置の電源が、分電盤との間に開閉器が設けられていない配線からとられており、かつ、当該配線の接続部が、振動又は衝撃により容易に緩まないように措置されている場合は、この限りでない。

　ロ　電源の開閉器及び配線の接続部（当該配線と火災通報装置との接続部を除く。）には、火災通報装置用のものである旨を表示すること。

五　令別表第一（六）項イ⑴及び⑵並びにロ、（十六）項イ、（十六の二）項並びに（十六の三）項に掲げる防火対象物（同表（十六）項イ、（十六の二）項及び（十六の三）項に掲げる防火対象物にあつては、同表（六）項イ⑴若しくは⑵又はロに掲げる防火対象物の用途に供される部分が存するものに限る。次項において同じ。）に設ける火災通報装置にあつては、自動火災報知設備の感知器の作動と連動して起動すること。ただし、自動火災報知設備の受信機及び火災通報装置が防災センター（常時人がいるものに限る。）に設置されるものにあつては、この限りでない。

4　消防機関へ通報する火災報知設備（火災通報装置を除く。）の設置及び維持に関する技術上の基準の細目は、次のとおりとする。

一　配線は、第 24 条第一号に掲げる自動火災報知設備の配線の設置の例により設けること。

二　発信機の押ボタンは、床面又は地盤面から 0.8 m 以上 1.5 m 以下の位置に設け、かつ、見やすい箇所に標識を設けること。

三　次のイからニまでに掲げる事態が生じたとき、受信機において、火災が発生した旨の表示をしないこと。

　イ　M 型発信機以外の発信機又は M 型受信機以外の受信機と M 型発信機との間の配線の 1 線に断線又は地絡が生じたとき

消防法関係

　　　ロ　信号回路以外の配線の2線に短絡が生じたとき

　　　ハ　開閉器の開閉等により、回路の電圧又は電流に変化が生じたとき

　　　ニ　振動又は衝撃を受けたとき

　四　令別表第一（六）項イ(1)及び(2)並びにロ、（十六）項イ、（十六の二）項並びに（十六の三）項に掲げる防火対象物に設ける消防機関へ通報する火災報知設備（火災通報装置を除く。）にあつては、前項第五号の規定の例によること。

　　（非常警報設備に関する基準）

第25条の2　令第24条第5項の総務省令で定める放送設備は、非常ベル又は自動式サイレンと同等以上の音響を発する装置を附加した放送設備とする。

2　非常警報設備の設置及び維持に関する技術上の基準の細目は、次のとおりとする。

　一　非常ベル又は自動式サイレンの音響装置は、次のイからハまでに定めるところにより設けること。

　　イ　音圧又は音色は、次の(イ)から(ハ)までに定めるところによること。

　　　(イ)　取り付けられた音響装置の中心から1m離れた位置で90dB以上であること。

　　　(ロ)　非常ベル又は自動式サイレンの音響装置を、ダンスホール、カラオケボックスその他これらに類するもので、室内又は室外の音響が聞き取りにくい場所に設ける場合にあつては、当該場所において他の警報音又は騒音と明らかに区別して聞き取ることができるように措置されていること。

　　　(ハ)　令別表第一（二）項ニ、（十六）項イ、（十六の二）項及び（十六の三）項に掲げる防火対象物のうち、遊興のためにヘッドホン、イヤホンその他これに類する物品を客に利用させる役務の用に供する個室があるものにあつては、当該役務を提供している間においても、当該個室において警報音を確実に聞き取ることができるように措置されていること。

　　ロ　地階を除く階数が5以上で延べ面積が3,000m²を超える防火対象物にあつては、出火階が、2階以上の階の場合にあつては出火階及びその直上階、1階の場合にあつては出火階、その直上階及び地階、地階の場

にあつては出火階、その直上階及びその他の地階に限つて警報を発する
ことができるものであること。

　この場合において、一定の時間が経過した場合又は新たな火災信号を
受信した場合には、当該設備を設置した防火対象物又はその部分の全区
域に自動的に警報を発するように措置されていること。

　ハ　各階ごとに、その階の各部分から一の音響装置までの水平距離が25m
　以下となるように設けること。

二　防火対象物の11階以上の階、地下3階以下の階又は令別表第一（十六の
　二）項及び（十六の三）項に掲げる防火対象物に設ける放送設備の起動装
　置に、防災センター等と通話することができる装置を付置すること。ただ
　し、起動装置を非常電話とする場合にあつては、この限りでない。

二の二　非常警報設備の起動装置は、次のイからニまでに定めるところにより
　設けること。

　イ　各階ごとに、その階の各部分から一の起動装置までの歩行距離が50m
　以下となるように設けること。

　ロ　床面からの高さが0.8m以上1.5m以下の箇所に設けること。

　ハ　起動装置の直近の箇所に表示灯を設けること。

　ニ　表示灯は、赤色の灯火で、取付け面と15度以上の角度となる方向に沿つ
　て10m離れた所から点灯していることが容易に識別できるものであること。

三　放送設備は、次のイ及びロ又はハ並びにニからヲまでに定めるところに
　より設けること。

　イ　スピーカーの音圧又は音色は、次の(イ)から(ハ)までに定めるところによ
　る。

　　(イ)　次の表の左欄に掲げる種類に応じ、取り付けられたスピーカーから
　　1m離れた位置で同表右欄に掲げる大きさであること。

種　類	音　圧　の　大　き　さ
L　級	92dB 以上
M　級	87dB 以上 92dB 未満
S　級	84dB 以上 87dB 未満

消防法関係

(ロ) スピーカーを、ダンスホール、カラオケボックスその他これらに類するもので、室内又は室外の音響が聞き取りにくい場所に設ける場合にあつては、当該場所において他の警報音又は騒音と明らかに区別して聞き取ることができるように措置されていること。

(ハ) 令別表第一（二）項ニ、（十六）項イ、（十六の二）項及び（十六の三）項に掲げる防火対象物のうち、遊興のためにヘッドホン、イヤホンその他これに類する物品を客に利用させる役務の用に供する個室があるものにあつては、当該役務を提供している間においても、当該個室において警報音を確実に聞き取ることができるように措置されていること。

ロ　スピーカーの設置は、次に定めるところによること。

(イ) スピーカーは、階段又は傾斜路以外の場所に設置する場合、$100\,\mathrm{m}^2$を超える放送区域（防火対象物の２以上の階にわたらず、かつ、床、壁又は戸（障子、ふすま等遮音性能の著しく低いものを除く。）で区画された部分をいう。以下(ロ)において同じ。）に設置するものにあつてはL級のもの、$50\,\mathrm{m}^2$を超え$100\,\mathrm{m}^2$以下の放送区域に設置するものにあつてはL級又はM級のもの、$50\,\mathrm{m}^2$以下の放送区域に設置するものにあつてはL級、M級又はS級のものを設けること。

(ロ) スピーカーは、(イ)に規定する場所に設置する場合、放送区域ごとに、当該放送区域の各部分から一のスピーカーまでの水平距離が$10\,\mathrm{m}$以下となるように設けること。ただし、居室及び居室から地上に通じる主たる廊下その他の通路にあつては$6\,\mathrm{m}^2$以下、その他の部分にあつては$30\,\mathrm{m}^2$以下の放送区域については、当該放送区域の各部分から隣接する他の放送区域に設置されたスピーカーまでの水平距離が$8\,\mathrm{m}$以下となるように設けられているときは、スピーカーを設けないことができるものとする。

(ハ) スピーカーは、階段又は傾斜路に設置する場合、垂直距離$15\,\mathrm{m}$につきL級のものを１個以上設けること。

(ハ省略)

ニ　音量調整器を設ける場合は、３線式配線とすること。

ホ　操作部及び遠隔操作器の操作スイッチは、床面からの高さが$0.8\,\mathrm{m}$

（いすに座つて操作するものにあつては 0.6m）以上 1.5m 以下の箇所に設けること。

ヘ　操作部及び遠隔操作器は、起動装置又は自動火災報知設備の作動と連動して、当該起動装置又は自動火災報知設備の作動した階又は区域を表示できるものであること。

ト　増幅器、操作部及び遠隔操作器は点検に便利で、かつ、防火上有効な措置を講じた位置に設けること。

チ　出火階が、2 階以上の階の場合にあつては出火階及びその直上階、1 階の場合にあつては出火階、その直上階及び地階、地階の場合にあつては出火階、その直上階及びその他の地階に限つて警報を発することができるものであること。

　　　この場合において、一定の時間が経過した場合又は新たな火災信号を受信した場合には、当該設備を設置した防火対象物又はその部分の全区域に自動的に警報を発するように措置されていること。

リ　他の設備と共用するものにあつては、火災の際非常警報以外の放送（地震動予報等に係る放送（気象業務法（昭和 27 年法律第 165 号）第 13 条の規定により気象庁が行う同法第 2 条第 4 項第二号に規定する地震動についての同条第 6 項に規定する予報及び同条第 7 項に規定する警報、気象業務法施行規則（昭和 27 年運輸省令第 101 号）第 10 条の 2 第 1 号イに規定する予報資料若しくは同法第 17 条第 1 項の許可を受けた者が行う地震動についての予報を受信し又はこれらに関する情報を入手した場合に行うものをいう。）であつて、これに要する時間が短時間であり、かつ、火災の発生を有効に報知することを妨げないものを除く。）を遮断できる機構を有するものであること。

ヌ　他の電気回路によつて誘導障害が生じないように設けること。

ル　操作部又は遠隔操作器のうち一のものは、防災センター等に設けること。ただし、第六号において準用する第 12 条第 1 項第八号の規定により総合操作盤が設けられている場合にあつては、この限りでない。

ヲ　一の防火対象物に 2 以上の操作部又は遠隔操作器が設けられているときは、これらの操作部又は遠隔操作器のある場所相互間で同時に通話することができる設備を設けており、かつ、いずれの操作部又は遠隔操作

　　　器からも当該防火対象物の全区域に火災を報知することができるもので
　　　あること。

　四　配線は、電気工作物に係る法令の規定によるほか、次のイからホまでに
　　定めるところにより設けること。

　　イ　電源回路と大地との間及び電源回路の配線相互の間の絶縁抵抗は、直
　　　流 250 V の絶縁抵抗計で計つた値が、電源回路の対地電圧が 150 V 以下
　　　の場合は 0.1 MΩ 以上、電源回路の対地電圧が 150 V を超える場合は 0.2
　　　MΩ 以上であること。

　　ロ　配線に使用する電線とその他の電線とは同一の管、ダクト若しくは線
　　　ぴ又はプルボックス等の中に設けないこと。ただし、いずれも 60 V 以下
　　　の弱電流回路に使用する電線であるときは、この限りでない。

　　ハ　火災により一の階のスピーカー又はスピーカーの配線が短絡又は断線
　　　しても、他の階への火災の報知に支障がないように設けること。

　　ニ　操作部若しくは起動装置からスピーカー若しくは音響装置まで又は増
　　　幅器若しくは操作部から遠隔操作器までの配線は、第 12 条第 1 項第五
　　　号の規定に準じて設けること。

　　ホ　非常警報設備の電源は、第 24 条第三号の規定の例により設けること。

　五　非常電源は、第 24 条第四号の規定に準じて設けること。

　六　第 12 条第 1 項第八号の規定は、非常警報設備について準用する。

3　非常警報設備は、前 2 項に定めるもののほか、消防庁長官が定める基準に
　適合するものでなければならない。

第 3 款　避難設備に関する基準

（客席誘導灯の照度の測定方法）

第28条　令第 26 条第 2 項第三号の客席誘導灯の客席における照度は、客席内
　の通路の床面における水平面について計るものとする。

　（誘導灯及び誘導標識を設置することを要しない防火対象物又はその部分）

第28条の2　令第 26 条第 1 項ただし書の総務省令で定めるものは、避難口誘導
　灯については、次の各号に定める部分とする。

　一　令別表第一（一）項から（十六）項までに掲げる防火対象物の階のうち、
　　居室の各部分から主要な避難口（避難階（無窓階を除く。以下この号及び
　　次項第一号において同じ。）にあつては次条第 3 項第一号イに掲げる避難

ロ、避難階以外の階（地階及び無窓階を除く。以下この条において同じ。）にあつては同号ロに掲げる避難口をいう。以下この条において同じ。）を容易に見とおし、かつ、識別することができる階で、当該避難口に至る歩行距離が避難階にあつては 20 m 以下、避難階以外の階にあつては 10 m 以下であるもの

二　前号に掲げるもののほか、令別表第一（一）項に掲げる防火対象物の避難階（床面積が 500 m² 以下で、かつ、客席の床面積が 150 m² 以下のものに限る。第 3 項第二号において同じ。）で次のイからハまでに該当するもの

　イ　客席避難口（客席に直接面する避難口をいう。以下この条において同じ。）を 2 以上有すること。

　ロ　客席の各部分から客席避難口を容易に見とおし、かつ、識別することができ、客席の各部分から当該客席避難口に至る歩行距離が 20 m 以下であること。

　ハ　すべての客席避難口に、火災時に当該客席避難口を識別することができるように照明装置（自動火災報知設備の感知器の作動と連動して点灯し、かつ、手動により点灯することができるもので、非常電源が附置されているものに限る。以下この条において同じ。）が設けられていること。

三　前二号に掲げるもののほか、令別表第一（一）項から（十六）項までに掲げる防火対象物の避難階にある居室で、次のイからハまでに該当するもの

　イ　次条第 3 項第一号イに掲げる避難口（主として当該居室に存する者が利用するものに限る。以下この号、次項第二号及び第 3 項第三号において同じ。）を有すること。

　ロ　室内の各部分から、次条第 3 項第一号イに掲げる避難口を容易に見とおし、かつ、識別することができ、室内の各部分から当該避難口に至る歩行距離が 30 m 以下であること。

　ハ　燐光等により光を発する誘導標識（以下この条及び次条において「蓄光式誘導標識」という。）が消防庁長官の定めるところにより設けられていること。

四　前三号に掲げるもののほか、令別表第一（十六）項イに掲げる防火対象

物のうち、同表（五）項ロ並びに（六）項ロ及びハに掲げる防火対象物の用途以外の用途に供される部分が存せず、かつ、次のイからホまでに定めるところにより、10階以下の階に存する同表（六）項ロ及びハに掲げる防火対象物の用途に供される部分に設置される区画を有するものの同表（六）項ロ及びハに掲げる防火対象物の用途に供される部分が存する階以外の階（地階、無窓階及び11階以上の階を除く。）

イ　居室を、準耐火構造の壁及び床（3階以上の階に存する場合にあつては、耐火構造の壁及び床）で区画したものであること。

ロ　壁及び天井（天井のない場合にあつては、屋根）の室内に面する部分（回り縁、窓台その他これらに類する部分を除く。）の仕上げを地上に通ずる主たる廊下その他の通路にあつては準不燃材料で、その他の部分にあつては難燃材料でしたものであること。

ハ　区画する壁及び床の開口部の面積の合計が8m²以下であり、かつ、一の開口部の面積が4m²以下であること。

ニ　ハの開口部には、防火戸（3階以上の階に存する場合にあつては、特定防火設備である防火戸）（廊下と階段とを区画する部分以外の部分の開口部にあつては、防火シャッターを除く。）で、随時開くことができる自動閉鎖装置付きのもの若しくは次に定める構造のもの又は防火戸（防火シャッター以外のものであって、二以上の異なつた経路により避難することができる部分の出入口以外の開口部で、直接外気に開放されている廊下、階段その他の通路に面し、かつ、その面積の合計が4m²以内のものに設けるものに限る。）を設けたものであること。

　㈠　随時閉鎖することができ、かつ、煙感知器の作動と連動して閉鎖すること。

　㈡　居室から地上に通ずる主たる廊下、階段その他の通路に設けるものにあつては、直接手で開くことができ、かつ、自動的に閉鎖する部分を有し、その部分の幅、高さ及び下端の床面からの高さが、それぞれ、75cm以上、1.8m以上及び15cm以下であること。

ホ　令別表第一（六）項ロ及びハに掲げる防火対象物の用途に供される部分の主たる出入口が、直接外気に開放され、かつ、当該部分における火災時に生ずる煙を有効に排出することができる廊下、階段その他の通路

に面していること。

四の二　前各号に掲げるもののほか、令別表第一（十六）項イに掲げる防火対象物のうち、同表（五）項イ及びロ並びに（六）項ロ及びハに掲げる防火対象物の用途以外の用途に供される部分が存せず、かつ、次のイからホまでに定めるところにより、10階以下の階に設置される区画を有するものの同表（五）項イ並びに（六）項ロ及びハに掲げる防火対象物の用途に供される部分が存する階以外の階（地階、無窓階及び11階以上の階を除く。）

イ　居室を耐火構造の壁及び床で区画したものであること。

ロ　壁及び天井（天井のない場合にあつては、屋根）の室内に面する部分（回り縁、窓台その他これらに類する部分を除く。）の仕上げを地上に通ずる主たる廊下その他の通路にあつては準不燃材料で、その他の部分にあつては難燃材料でしたものであること。

ハ　区画する壁及び床の開口部の面積の合計が $8\,\mathrm{m}^2$ 以下であり、かつ、一の開口部の面積が $4\,\mathrm{m}^2$ 以下であること。

ニ　ハの開口部には、特定防火設備である防火戸（廊下と階段とを区画する部分以外の部分の開口部にあつては、防火シャッターを除く。）で、随時開くことができる自動閉鎖装置付きのもの若しくは次に定める構造のもの又は防火戸（防火シャッター以外のものであつて、2以上の異なつた経路により避難することができる部分の出入口以外の開口部で、直接外気に開放されている廊下、階段その他の通路に面し、かつ、その面積の合計が $4\,\mathrm{m}^2$ 以内のものに設けるものに限る。）を設けたものであること。

　⑴　随時閉鎖することができ、かつ、煙感知器の作動と連動して閉鎖すること。

　⑵　居室から地上に通ずる主たる廊下、階段その他の通路に設けるものにあつては、直接手で開くことができ、かつ、自動的に閉鎖する部分を有し、その部分の幅、高さ及び下端の床面からの高さが、それぞれ、75cm以上、1.8m以上及び15cm以下であること。

ホ　令別表第一（五）項イ並びに（六）項ロ及びハに掲げる防火対象物の用途に供される部分の主たる出入口が、直接外気に開放され、かつ、当

　　　該部分における火災時に生ずる煙を有効に排出することができる廊下、
　　　階段その他の通路に面していること。
　五　前各号に掲げるもののほか、小規模特定用途複合防火対象物（令別表第
　　　一（一）項から（四）項まで、（五）項イ、（六）項又は（九）項に掲げる
　　　防火対象物の用途以外の用途に供される部分が存しないものを除く。）の
　　　地階、無窓階及び 11 階以上の部分以外の部分
2　令第 26 条第 1 項ただし書の総務省令で定めるものは、通路誘導灯につい
　ては、次の各号に定める部分とする。
　一　令別表第一（一）項から（十六）項までに掲げる防火対象物の階のうち、
　　　居室の各部分から主要な避難口又はこれに設ける避難口誘導灯を容易に見
　　　とおし、かつ、識別することができる階で、当該避難口に至る歩行距離が避
　　　難階にあつては 40m 以下、避難階以外の階にあつては 30m 以下であるもの
　二　前号に掲げるもののほか、令別表第一（一）項から（十六）項までに掲
　　　げる防火対象物の避難階にある居室で、次のイ及びロに該当するもの
　　イ　次条第 3 項第一号イに掲げる避難口を有すること。
　　ロ　室内の各部分から次条第 3 項第一号イに掲げる避難口又はこれに設け
　　　る避難口誘導灯若しくは蓄光式誘導標識を容易に見とおし、かつ、識別
　　　することができ、室内の各部分から当該避難口に至る歩行距離が 30m
　　　以下であること。
　三　前二号に掲げるもののほか、令別表第一（十六）項イに掲げる防火対象
　　　物のうち、同表（五）項ロ並びに（六）項ロ及びハに掲げる防火対象物の
　　　用途以外の用途に供される部分が存せず、かつ、次のイからホまでに定め
　　　るところにより、10 階以下の階に存する同表（六）項ロ及びハに掲げる
　　　防火対象物の用途に供される部分に設置される区画を有するものの同表
　　　（六）項ロ及びハに掲げる防火対象物の用途に供される部分が存する階以
　　　外の階（地階、無窓階及び 11 階以上の階を除く。）
　　イ　居室を、準耐火構造の壁及び床（3 階以上の階に存する場合にあつて
　　　は、耐火構造の壁及び床）で区画したものであること。
　　ロ　壁及び天井（天井のない場合にあつては、屋根）の室内に面する部分
　　　（回り縁、窓台その他これらに類する部分を除く。）の仕上げを地上に通
　　　ずる主たる廊下その他の通路にあつては準不燃材料で、その他の部分に

あつては難燃材料でしたものであること。

ハ　区画する壁及び床の開口部の面積の合計が8m²以下であり、かつ、一の開口部の面積が4m²以下であること。

ニ　ハの開口部には、防火戸（3階以上の階に存する場合にあつては、特定防火設備である防火戸）（廊下と階段とを区画する部分以外の部分の開口部にあつては、防火シャッターを除く。）で、随時開くことができる自動閉鎖装置付きのもの若しくは次に定める構造のもの又は防火戸（防火シャッター以外のものであって、2以上の異なつた経路により避難することができる部分の出入口以外の開口部で、直接外気に開放されている廊下、階段その他の通路に面し、かつ、その面積の合計が4m²以内のものに設けるものに限る。）を設けたものであること。

　　(イ)　随時閉鎖することができ、かつ、煙感知器の作動と連動して閉鎖すること。

　　(ロ)　居室から地上に通ずる主たる廊下、階段その他の通路に設けるものにあつては、直接手で開くことができ、かつ、自動的に閉鎖する部分を有し、その部分の幅、高さ及び下端の床面からの高さが、それぞれ、75cm以上、1.8m以上及び15cm以下であること。

ホ　令別表第一（六）項ロ及びハに掲げる防火対象物の用途に供される部分の主たる出入口が、直接外気に開放され、かつ、当該部分における火災時に生ずる煙を有効に排出することができる廊下、階段その他の通路に面していること。

三の二　前各号に掲げるもののほか、令別表第一（十六）項イに掲げる防火対象物のうち、同表（五）項イ及びロ並びに（六）項ロ及びハに掲げる防火対象物の用途以外の用途に供される部分が存せず、かつ、次のイからホまでに定めるところにより、10階以下の階に設置される区画を有するものの同表（五）項イ並びに（六）項ロ及びハに掲げる防火対象物の用途に供される部分が存する階以外の階（地階、無窓階及び11階以上の階を除く。）

イ　居室を耐火構造の壁及び床で区画したものであること。

ロ　壁及び天井（天井のない場合にあつては、屋根）の室内に面する部分（回り縁、窓台その他これらに類する部分を除く。）の仕上げを地上に通ずる主たる廊下その他の通路にあつては準不燃材料で、その他の部分に

あつては難燃材料でしたものであること。

　ハ　区画する壁及び床の開口部の面積の合計が8m²以下であり、かつ、一の開口部の面積が4m²以下であること。

　ニ　ハの開口部には、特定防火設備である防火戸（廊下と階段とを区画する部分以外の部分の開口部にあつては、防火シャッターを除く。）で、随時開くことができる自動閉鎖装置付きのもの若しくは次に定める構造のもの又は防火戸（防火シャッター以外のものであつて、2以上の異なつた経路により避難することができる部分の出入口以外の開口部で、直接外気に開放されている廊下、階段その他の通路に面し、かつ、その面積の合計が4m²以内のものに設けるものに限る。）を設けたものであること。

　　⑴　随時閉鎖することができ、かつ、煙感知器の作動と連動して閉鎖すること。

　　⑵　居室から地上に通ずる主たる廊下、階段その他の通路に設けるものにあつては、直接手で開くことができ、かつ、自動的に閉鎖する部分を有し、その部分の幅、高さ及び下端の床面からの高さが、それぞれ、75cm以上、1.8m以上及び15cm以下であること。

　ホ　令別表第一（五）項イ並びに（六）項ロ及びハに掲げる防火対象物の用途に供される部分の主たる出入口が、直接外気に開放され、かつ、当該部分における火災時に生ずる煙を有効に排出することができる廊下、階段その他の通路に面していること。

四　前三号に掲げるもののほか、小規模特定用途複合防火対象物（令別表第一（一）項から（四）項まで、（五）項イ、（六）項又は（九）項に掲げる防火対象物の用途以外の用途に供される部分が存しないものを除く。）の地階、無窓階及び11階以上の部分以外の部分

五　令別表第一（一）項から（十六の三）項までに掲げる防火対象物の階段又は傾斜路のうち、建築基準法施行令第126条の4第1項に規定する非常用の照明装置（次条において「非常用の照明装置」という。）（消防庁長官が定める要件に該当する防火対象物の乗降場（地階にあるものに限る。）に通ずる階段及び傾斜路並びに直通階段に設けるもの（消防庁長官が定めるところにより蓄光式誘導標識が設けられている防火対象物又はその部分

に設けられているものを除く。）にあっては、60分間作動できる容量以上
のものに限る。）が設けられているもの

3　令第26条第1項ただし書の総務省令で定めるものは、誘導標識について
は、次の各号に定める部分とする。

一　令別表第一（一）項から（十六）項までに掲げる防火対象物の階のうち、
居室の各部分から主要な避難口を容易に見とおし、かつ、識別することが
できる階で、当該避難口に至る歩行距離が30m以下であるもの

二　前号に掲げるもののほか、令別表第一（一）項に掲げる防火対象物の避
難階で次のイからハまでに該当するもの

　イ　客席避難口を2以上有すること。

　ロ　客席の各部分から客席避難口を容易に見とおし、かつ、識別すること
ができ、客席の各部分から当該客席避難口に至る歩行距離が30m以下
であること。

　ハ　すべての客席避難口に、火災時に当該客席避難口を識別することがで
きるように照明装置が設けられていること。

三　前二号に掲げるもののほか、令別表第一（一）項から（十六）項までに
掲げる防火対象物の避難階にある居室で、次のイ及びロに該当するもの

　イ　次条第3項第一号イに掲げる避難口を有すること。

　ロ　室内の各部分から次条第3項第一号イに掲げる避難口又はこれに設け
る避難口誘導灯若しくは蓄光式誘導標識を容易に見とおし、かつ、識別
することができ、室内の各部分から当該避難口に至る歩行距離が30m
以下であること。

（誘導灯及び誘導標識に関する基準の細目）

第28条の3　避難口誘導灯及び道路誘導灯（階段又は傾斜路に設けるものを除く。
次項及び第3項において同じ。）は、次の表の左欄に掲げる区分に応じ、同表
の中欄に掲げる表示面の縦寸法及び同表の右欄に掲げる表示面の明るさ（常用
電源により点灯しているときの表示面の平均輝度と表示面の面積の積をいう。
第4項第二号及び第三号において同じ。）を有するものとしなければならない。

消防法関係

区　　分		表示面の縦寸法 （メートル）	表示面の明るさ （カンデラ）
避難口 誘導灯	A 級	0.4 以上	50 以上
	B 級	0.2 以上 0.4 未満	10 以上
	C 級	0.1 以上 0.2 未満	1.5 以上
通　路 誘導灯	A 級	0.4 以上	60 以上
	B 級	0.2 以上 0.4 未満	13 以上
	C 級	0.1 以上 0.2 未満	5 以上

2　避難口誘導灯及び通路誘導灯の有効範囲は、当該誘導灯までの歩行距離が次の各号に定める距離のうちいずれかの距離以下となる範囲とする。ただし、当該誘導灯を容易に見とおすことができない場合又は識別することができない場合にあつては、当該誘導灯までの歩行距離が10m以下となる範囲とする。

一　次の表の左欄に掲げる区分に応じ、同表の右欄に掲げる距離

区　　　　　分			距離（m）
避 難 口 誘 導 灯	A 級	避難の方向を示すシンボルのないもの	60
		避難の方向を示すシンボルのあるもの	40
	B 級	避難の方向を示すシンボルのないもの	30
		避難の方向を示すシンボルのあるもの	20
	C 級		15
通 　路 誘 導 灯	A 級		20
	B 級		15
	C 級		10

二　次の式に定めるところにより算出した距離

$D=kh$

Dは、歩行距離（単位　m）

hは、避難口誘導灯又は通路誘導灯の表示面の縦寸法（単位　m）

kは、次の表の左欄に掲げる区分に応じ、それぞれ同表の右欄に掲げる値

区　　　　　　　　分		kの値
避難口誘導灯	避難の方向を示すシンボルのないもの	150
	避難の方向を示すシンボルのあるもの	100
通路誘導灯		50

3　避難口誘導灯及び通路誘導灯は、各階ごとに、次の各号に定めるところにより、設置しなければならない。

一　避難口誘導灯は、次のイからニまでに掲げる避難口の上部又はその直近の避難上有効な箇所に設けること。

イ　屋内から直接地上へ通ずる出入口（附室が設けられている場合にあつては、当該附室の出入口）

ロ　直通階段の出入口（附室が設けられている場合にあつては、当該附室の出入口）

ハ　イ又はロに掲げる避難口に通ずる廊下又は通路に通ずる出入口（室内の各部分から容易に避難することができるものとして消防庁長官が定める居室の出入口を除く。）

ニ　イ又はロに掲げる避難口に通ずる廊下又は通路に設ける防火戸で直接手で開くことができるもの（くぐり戸付きの防火シャッターを含む。）がある場所（自動火災報知設備の感知器の作動と連動して閉鎖する防火戸に誘導標識が設けられ、かつ、当該誘導標識を識別することができる照度が確保されるように非常用の照明装置が設けられている場合を除く。）

二　通路誘導灯は、廊下又は通路のうち次のイからハまでに掲げる箇所に設けること。

イ　曲り角

ロ　前号イ及びロに掲げる避難口に設置される避難口誘導灯の有効範囲内の箇所

消防法関係

ハ イ及びロのほか，廊下又は通路の各部分（避難口誘導灯の有効範囲内の部分を除く。）を通路誘導灯の有効範囲内に包含するために必要な箇所

4 誘導灯の設置及び維持に関する技術上の基準の細目は、次のとおりとする。

一 避難口誘導灯及び通路誘導灯は、通行の障害とならないように設けること。

二 避難口誘導灯及び通路誘導灯（階段又は傾斜路に設けるものを除く。）は、常時、第1項に掲げる明るさで点灯していること。ただし、当該防火対象物が無人である場合又は次のイからハまでに掲げる場所に設置する場合であつて、自動火災報知設備の感知器の作動と連動して点灯し、かつ、当該場所の利用形態に応じて点灯するように措置されているときは、この限りでない。

イ 外光により避難口又は避難の方向が識別できる場所

ロ 利用形態により特に暗さが必要である場所

ハ 主として当該防火対象物の関係者及び関係者に雇用されている者の使用に供する場所

三 避難口誘導灯及び通路誘導灯（階段又は傾斜路に設けるものを除く。）を次のイ又はロに掲げる防火対象物又はその部分に設置する場合には、当該誘導灯の区分がA級又はB級のもの（避難口誘導灯にあつては表示面の明るさが20以上のもの又は点滅機能を有するもの、通路誘導灯にあつては表示面の明るさが25以上のものに限る。）とすること。ただし、通路誘導灯を廊下に設置する場合であつて、当該誘導灯をその有効範囲内の各部分から容易に識別することができるときは、この限りでない。

イ 令別表第一㈩項、（十六の二）項又は（十六の三）項に掲げる防火対象物

ロ 令別表第一㈠項から㈣項まで若しくは㈨項イに掲げる防火対象物の階又は同表（十六）項イに掲げる防火対象物の階のうち、同表㈠項から㈣項まで若しくは㈨項イに掲げる防火対象物の用途に供される部分が存する階で、その床面積が 1,000 m² 以上のもの

三の二 令別表第一（二）項ニ、（十六）項イ、（十六の二）項及び（十六の三）項に掲げる防火対象物（同表（十六）項イ、（十六の二）項及び（十六の三）項に掲げる防火対象物にあつては、同表（二）項ニに掲げる防火対象物の用途に供する部分に限る。）に設ける通路誘導灯（階段及び傾斜路に

設けるものを除く。）にあつては、床面又はその直近の避難上有効な箇所に設けること。ただし、消防庁長官が定めるところにより蓄光式誘導標識が設けられている場合にあつては、この限りでない。

四　階段又は傾斜路に設ける通路誘導灯にあつては、踏面又は表面及び踊場の中心線の照度が 1lx 以上となるように設けること。

五　床面に設ける通路誘導灯は、荷重により破壊されない強度を有するものであること。

六　誘導灯に設ける点滅機能又は音声誘導機能は、次のイからハまでに定めるところによること。

　イ　前項第一号イ又はロに掲げる避難口に設置する避難口誘導灯以外の誘導灯には設けてはならないこと。

　ロ　自動火災報知設備の感知器の作動と連動して起動すること。

　ハ　避難口から避難する方向に設けられている自動火災報知設備の感知器が作動したときは、当該避難口に設けられた誘導灯の点滅及び音声誘導が停止すること。

七　雨水のかかるおそれのある場所又は湿気の滞留するおそれのある場所に設ける誘導灯は、防水構造とすること。

八　誘導灯の周囲には、誘導灯とまぎらわしい又は誘導灯をさえぎる灯火、広告物、掲示物等を設けないこと。

九　電源は、第 24 条第三号の規定の例により設けること。

十　非常電源は、直交変換装置を有しない蓄電池設備によるものとし、その容量を誘導灯を有効に 20 分間（消防庁長官が定める要件に該当する防火対象物の前項第一号イ及びロに掲げる避難口、避難階の同号イに掲げる避難口に通ずる廊下及び通路、乗降場（地階にあるものに限る。）並びにこれに通ずる階段、傾斜路及び通路並びに直通階段に設けるもの（消防庁長官が定めるところにより蓄光式誘導標識が設けられている防火対象物又はその部分にあつては、通路誘導灯を除く。）にあつては、60 分間）作動できる容量（20 分間を超える時間における作動に係る容量にあつては、直交変換装置を有する蓄電池設備、自家発電設備又は燃料電池設備によるものを含む。）以上とするほか、第 12 条第 1 項第四号イ(イ)から(ニ)まで及び(ヘ)、ロ(ロ)から(ニ)まで、ハ(イ)から(ニ)まで、ニ(イ)及び(ロ)並びにホの規定の例により設け

ること。

十一　配線は、電気工作物に係る法令の規定によること。

十二　第12条第1項第八号の規定は、誘導灯について準用する。

5　誘導標識（前条第1項第三号ハ並びに前項第三号の二及び第十号に基づき
設置する蓄光式誘導標識を除く。）の設置及び維持に関する技術上の基準の
細目は、次のとおりとする。

　一　避難口又は階段に設けるものを除き、各階ごとに、その廊下及び通路の
　　各部分から一の誘導標識までの歩行距離が7.5m以下となる箇所及び曲り
　　角に設けること。

　二　多数の者の目に触れやすく、かつ、採光が識別上十分である箇所に設け
　　ること。

　三　誘導標識の周囲には、誘導標識とまぎらわしい又は誘導標識をさえぎる
　　広告物、掲示物等を設けないこと。

6　誘導灯及び誘導標識は、消防庁長官が定める基準に適合するものでなけれ
ばならない。

第4款　消火活動上必要な施設に関する基準

（排煙設備の設置を要しない防火対象物の部分）

第29条　令第28条第3項の総務省令で定める部分は、次の各号に掲げる部分
とする。

　一　次のイ及びロに定めるところにより直接外気に開放されている部分

　　イ　次条第一号イからハまでの規定の例により直接外気に接する開口部
　　　（常時開放されているものに限る。ロにおいて同じ。）が設けられている
　　　こと。

　　ロ　直接外気に接する開口部の面積の合計は、次条第六号ロの規定の例に
　　　よるものであること。

　二　令別表第一に掲げる防火対象物又はその部分（主として当該防火対象
　　物の関係者及び関係者に雇用されている者の使用に供する部分等に限
　　る。）のうち、令第13条第1項の表の上欄に掲げる部分、室等の用途に応
　　じ、当該下欄に掲げる消火設備（移動式のものを除く。）が設置されてい
　　る部分

　三　前二号に掲げるもののほか、防火対象物又はその部分の位置、構造及び

設備の状況並びに使用状況から判断して、煙の熱及び成分により消防隊の消火活動上支障を生ずるおそれがないものとして消防庁長官が定める部分

（排煙設備に関する基準の細目）

第30条 排煙設備の設置及び維持に関する技術上の基準の細目は、次のとおりとする。

一 排煙口は、次のイからホまでに定めるところによること。

イ 間仕切壁、天井面から50cm（令第28条第1項第一号に掲げる防火対象物にあつては、80cm）以上下方に突出した垂れ壁その他これらと同等以上の煙の流動を妨げる効力のあるもので、不燃材料で造り、又は覆われたもの（以下この条において「防煙壁」という。）によつて、床面積500m²（令第28条第1項第一号に掲げる防火対象物にあつては、300m²）以下に区画された部分（以下この条において「防煙区画」という。）ごとに、1以上を設けること。ただし、給気口（給気用の風道に接続されているものに限る。）が設けられている防煙区画であつて、当該給気口からの給気により煙を有効に排除することができる場合には、この限りでない。

ロ 防煙区画の各部分から一の排煙口までの水平距離が30m以下となるように設けること。

ハ 天井又は壁（防煙壁の下端より上部であつて、床面からの高さが天井の高さの1/2以上の部分に限る。）に設けること。

ニ 排煙用の風道に接続され、又は直接外気に接していること。

ホ 排煙口の構造は、次に定めるところによること。

(イ) 当該排煙口から排煙している場合において、排煙に伴い生ずる気流により閉鎖するおそれのないものであること。

(ロ) 排煙用の風道に接続されているものにあつては、当該排煙口から排煙しているとき以外は閉鎖状態にあり、排煙上及び保安上必要な気密性を保持できるものであること。

二 給気口は、次のイからニまでに定めるところによること。

イ 特別避難階段の附室、非常用エレベーターの乗降ロビーその他これらに類する場所で消防隊の消火活動の拠点となる防煙区画（以下この条に

消防法関係

おいて「消火活動拠点」という。）ごとに、1以上を設けること。

ロ 床又は壁（床面からの高さが天井の高さの1/2未満の部分に限る。）に設けること。

ハ 給気用の風道に接続され、又は直接外気に接していること。

ニ 給気口の構造は、次に定めるところによること。

　(イ) 当該給気口から給気している場合において、給気に伴い生ずる気流により閉鎖するおそれのないものであること。

　(ロ) 給気用の風道に接続されているものにあつては、当該給気口から給気しているとき以外は閉鎖状態にあり、給気上及び保安上必要な気密性を保持できるものであること。

三 風道は、次のイからホまでに定めるところによること。

イ 排煙上又は給気上及び保安上必要な強度、容量及び気密性を有するものであること。

ロ 排煙機又は給気機に接続されていること。

ハ 風道内の煙の熱により、周囲への過熱、延焼等が発生するおそれのある場合にあつては、風道の断熱、可燃物との隔離等の措置を講ずること。

ニ 風道が防煙壁を貫通する場合にあつては、排煙上支障となるすき間を生じないようにすること。

ホ 耐火構造の壁又は床を貫通する箇所その他延焼の防止上必要な箇所にダンパーを設ける場合にあつては、次に定めるところによること。

　(イ) 外部から容易に開閉することができること。

　(ロ) 防火上有効な構造を有するものであること。

　(ハ) 火災により風道内部の温度が著しく上昇したとき以外は、閉鎖しないこと。この場合において、自動閉鎖装置を設けたダンパーの閉鎖する温度は、280℃以上とすること。

　(ニ) 消火活動拠点に設ける排煙口又は給気口に接続する風道には、自動閉鎖装置を設けたダンパーを設置しないこと。

四 起動装置は、次のイ及びロに定めるところによること。

イ 手動起動装置は、次に定めるところによること。

　(イ) 一の防煙区画ごとに設けること。

　(ロ) 当該防煙区画内を見とおすことができ、かつ、火災のとき容易に接

近することができる箇所に設けること。

　(ハ)　操作部は、壁に設けるものにあつては床面からの高さが0.8m以上
　　1.5m以下の箇所、天井からつり下げて設けるものにあつては床面か
　　らの高さがおおむね1.8mの箇所に設けること。

　(ニ)　操作部の直近の見やすい箇所に排煙設備の起動装置である旨及びそ
　　の使用方法を表示すること。

　ロ　自動起動装置は、次に定めるところによること。

　(イ)　自動火災報知設備の感知器の作動、閉鎖型スプリンクラーヘッドの
　　開放又は火災感知用ヘッドの作動若しくは開放と連動して起動するも
　　のであること。

　(ロ)　防災センター等に自動手動切替え装置を設けること。この場合にお
　　いて、手動起動装置はイの規定に適合するものであること。

五　排煙機及び給気機は、点検に便利で、かつ、火災等の災害による被害を
　受けるおそれが少ない箇所に設けること。

六　排煙設備の性能は、次のイからハまでに定めるところによること。

　イ　排煙機により排煙する防煙区画にあつては、当該排煙機の性能は、次
　　の表の左欄に掲げる防煙区画の区分に応じ、同表の右欄に掲げる性能以
　　上であること。

防煙区画の区分		性　能
消火活動拠点		240m³/分（特別避難階段の附室と非常用エレベーターの乗降ロビーを兼用するものにあつては、360m³/分）の空気を排出する性能
消火活動拠点以外の部分	令第28条第1項第一号に掲げる防火対象物	300m³/分（一の排煙機が2以上の防煙区画に接続されている場合にあつては、600m³/分）の空気を排出する性能
	令第28条第1項第二号及び第三号に掲げる防火対象物	120m³/分又は当該防煙区画の床面積に1m³/分（一の排煙機が2以上の防煙区画に接続されている場合にあつては、2m³/分）を乗じて得た量のうちいずれか大なる量の空気を排出する性能

消防法関係

ロ　直接外気に接する排煙口から排煙する防煙区画にあつては、当該排煙口の面積の合計は、次の表の左欄に掲げる防煙区画の区分に応じ、同表の右欄に掲げる面積以上であること。

防煙区画の区分	面　　　積
消火活動拠点	2m²（特別避難階段の附室と非常用エレベーターの乗降ロビーを兼用するものにあつては、3m²）
消火活動拠点以外の部分	当該防煙区画の床面積の 1/50 となる面積

ハ　消火活動拠点の給気は、消火活動上必要な量の空気を供給することができる性能の給気機又は面積の合計が 1m²（特別避難階段の附室と非常用エレベーターの乗降ロビーを兼用するものにあつては、1.5m²）以上の直接外気に接する給気口により行うこと。

七　電源は、第 24 条第三号の規定の例により設けること。

八　非常電源は、第 12 条第 1 項第四号の規定の例により設けること。

九　操作回路の配線は、第 12 条第 1 項第五号の規定の例により設けること。

十　第 12 条第 1 項第八号の規定は、排煙設備について準用する。

十一　風道、排煙機、給気機及び非常電源には、第 12 条第 1 項第九号に規定する措置を講ずること。

（非常コンセント設備に関する基準の細目）

第31条の2　非常コンセント設備の設置及び維持に関する技術上の基準の細目は、次のとおりとする。

一　非常コンセントは、床面又は階段の踏面からの高さが 1m 以上 1.5m 以下の位置に設けること。

二　非常コンセントは、埋込式の保護箱内に設けること。

三　非常コンセントは、日本産業規格 C 8303 の接地形 2 極コンセントのうち定格が 15 A 125 V のものに適合するものであること。

四　非常コンセントの刃受の接地極には、電気工作物に係る法令の規定による接地工事を施すこと。

五　電源は、第 24 条第三号の規定の例により設けること。

六　非常コンセントに電気を供給する電源からの回路は、各階において、2

以上となるように設けること。ただし、階ごとの非常コンセントの数が1
個のときは、1回路とすることができる。

七　前号の回路に設ける非常コンセントの数は、10以下とすること。

八　非常電源は、第12条第1項第四号の規定に準じて設けること。

九　非常コンセント設備の設置の標示は、次のイからハまでに定めるところ
によること。

　イ　非常コンセントの保護箱には、その表面に「非常コンセント」と表示
すること。

　ロ　非常コンセントの保護箱の上部に、赤色の灯火を設けること。

　ハ　ロの灯火の回路の配線は、第12条第1項第五項の規定の例によるこ
と。

十　第12条第1項第八号の規定は、非常コンセント設備について準用する。

（無線通信補助設備に関する基準の細目）

第31条の2の2　無線通信補助設備の設置及び維持に関する技術上の基準の細目
は、次のとおりとする。

一　無線通信補助設備は、漏洩同軸ケーブル、漏洩同軸ケーブルとこれに接
続する空中線又は同軸ケーブルとこれに接続する空中線（以下「漏洩同軸
ケーブル等」という。）によるものとし、当該漏洩同軸ケーブル等は、消
防隊相互の無線連絡が容易に行われるものとして消防長又は消防署長が指
定する周波数帯における電波の伝送又は輻射に適するものとすること。

二　漏洩同軸ケーブル又は同軸ケーブルの公称インピーダンスは、50Ωと
し、これらに接続する空中線、分配器その他の装置は、当該インピーダン
スに整合するものとすること。

三　漏洩同軸ケーブル等は、難燃性を有し、かつ、湿気により電気的特性が
劣化しないものとすること。

四　漏洩同軸ケーブル等は、耐熱性を有するように、かつ、金属板等により
電波の輻射特性が低下することのないように設置すること。

五　漏洩同軸ケーブル等は、支持金具等で堅固に固定すること。

六　分配器、混合器、分波器その他これらに類する器具（以下「分配器等」
という。）は、挿入損失の少ないものとし、漏洩同軸ケーブル等及び分配器
等の接続部には防水上適切な措置を講じること。

　七　増幅器を設ける場合には、次のイからハまでに定めるところによること。

　　イ　電源は、第24条第三号の規定の例により設けること。

　　ロ　増幅器には非常電源を附置するものとし、当該非常電源は、その容量を無線通信補助設備を有効に30分間以上作動できる容量とするほか、第24条第四号の規定の例により設けること。

　　ハ　増幅器は、防火上有効な措置を講じた場所に設けること。

　八　無線機を接続する端子（以下「端子」という。）は、次のイからニまでに定めるところによること。

　　イ　端子は、地上で消防隊が有効に活動できる場所及び防災センター等に設けること。

　　ロ　端子は、日本産業規格C5411のC01形コネクターに適合するものであること。

　　ハ　端子は、床面又は地盤面からの高さが0.8m以上1.5m以下の位置に設けること。

　　ニ　端子は、次の(イ)及び(ロ)の規定に適合する保護箱に収容すること。

　　　(イ)　地上に設ける端子を収容する保護箱は、堅ろうでみだりに開閉できない構造とし、防塵上及び防水上の適切な措置が講じられていること。

　　　(ロ)　保護箱の表面は、赤色に塗色し、「無線機接続端子」と表示すること。

　九　第12条第1項第八号の規定は、無線通信補助設備について準用する。

　十　警察の無線通信その他の用途と共用する場合は、消防隊相互の無線連絡に支障のないような措置を講じること。

第5款　消防用設備等又は特殊消防用設備等の検査、点検等

（消防用設備等又は特殊消防用設備等の点検及び報告）

第31条の6　法第17条の3の3の規定による消防用設備等の点検は、種類及び点検内容に応じて、1年以内で消防庁長官が定める期間ごとに行うものとする。

2　法第17条の3の3の規定による特殊消防用設備等の点検は、第31条の3の2第六号の設備等設置維持計画に定める点検の期間ごとに行うものとする。

3　防火対象物の関係者は、前2項の規定により点検を行った結果を、維持台

帳（第31条の3第1項及び第33条の18の届出に係る書類の写し、第31条の3第4項の検査済証、第5項の報告書の写し、消防用設備等又は特殊消防用設備等の工事、整備等の経過一覧表その他消防用設備等の維持管理に必要な書類を編冊したものをいう。）に記録するとともに、次の各号に掲げる防火対象物の区分に従い、当該各号に定める期間ごとに消防長又は消防署長に報告しなければならない。

ただし、特殊消防用設備等にあっては、第31条の3の2第六号の設備等設置維持計画に定める点検の結果についての報告の期間ごとに報告するものとする。

一　令別表第一㈠項から㈣項まで、㈤項イ、㈥項、㈨項イ、（十六）項イ、（十六の二）項及び（十六の三）項に掲げる防火対象物　1年に1回

二　令別表第一㈤項ロ、㈦項、㈧項、㈨項ロ、㈩項から（十五）項まで、（十六）項ロ、（十七）項及び（十八）項までに掲げる防火対象物　3年に1回

4　前3項の規定にかかわらず、新型インフルエンザ等その他の消防庁長官が定める事由により、これらの項に規定する期間ごとに法第17条の3の3の規定による点検を行い、又はその結果を報告することが困難であるときは、消防庁長官が当該事由を勘案して定める期間ごとに当該点検を行い、又はその結果を報告するものとする。

5　法第17条の3の3の規定による点検の方法及び点検の結果についての報告書の様式は、消防庁長官が定める。

6　法第17条の3の3の規定により消防設備士免状の交付を受けている者又は総務省令で定める資格を有する者が点検を行うことができる消防用設備等又は特殊消防用設備等の種類は、消防庁長官が定める。

7　法第17条の3の3に規定する総務省令で定める資格を有する者は、次の各号のいずれかに該当する者で、消防用設備等又は特殊消防用設備等の点検に関し必要な知識及び技能を修得することができる講習であって、消防庁長官の登録を受けた法人（以下この条及び第31条の7において「登録講習機関」という。）の行うものの課程を修了し、当該登録講習機関が発行する消防用設備等又は特殊消防用設備等の点検に関し必要な知識及び技能を修得したことを証する書類（次項及び第31条の7第2項において「免状」という。）の交付を受けている者（次項及び第31条の7第2項において「消防設備点検資

格者」という。）とする。

一　法第17条の6に規定する消防設備士

二　電気工事士法（昭和35年法律第139号）第2条第4項に規定する電気
　　工事士

三　建設業法（昭和24年法律第100号）第27条並びに建設業法施行令（昭
　　和31年政令第273号）第27条の3及び第27条の8に規定する管工事施
　　工管理技士

四　水道法（昭和32年法律第177号）第12条第2項に規定する政令で定め
　　る資格（同条第1項の水道事業者が地方公共団体である場合にあっては、
　　当該資格を参酌して当該地方公共団体の条例で定める資格）を有する者

五　建築基準法第12条第1項に規定する建築物調査員資格者証の交付を受
　　けている者又は同条第3項に規定する建築設備等検査員資格者証の交付を
　　受けている者

六　建築士法第2条第2項に規定する1級建築士又は同条第3項に規定する
　　2級建築士

七　学校教育法による大学若しくは高等専門学校、旧大学令（大正7年勅令
　　第388号）による大学又は旧専門学校令（明治36年勅令第61号）による
　　専門学校において機械、電気、工業化学、土木又は建築に関する学科又は
　　課程を修めて卒業した（当該学科又は課程を修めて同法による専門職大学
　　の前期課程を修了した場合を含む。）後消防用設備等又は特殊消防用設備
　　等の工事又は整備について1年以上の実務の経験を有する者

八　学校教育法による高等学校若しくは中等教育学校又は旧中等学校令（昭
　　和18年勅令第36号）による中等学校において機械、電気、工業化学、土
　　木又は建築に関する学科を修めて卒業した後消防用設備等又は特殊消防用
　　設備等の工事又は整備について2年以上の実務の経験を有する者

九　消防用設備等又は特殊消防用設備等の工事又は整備について5年以上の
　　実務の経験を有する者

十　前各号に掲げる者と同等以上の知識及び技能を有すると消防庁長官が認
　　める者

（第8項省略）

第2章の2　消防設備士

（適用が除外されない不活性ガス消火設備）

第33条の2　令第34条第二号に規定する総務省令で定める不活性ガス消火剤は、二酸化炭素とする。

2　令第34条第二号に規定する不活性ガス消火設備の設置及び維持に関する技術上の基準であって総務省令で定めるものは、第19条第5項第十九号イ(ハ)及び(ホ)並びに第19条の2の規定とする。

（消防設備士でなくても行える消防用設備等の整備の範囲）

第33条の2の2　令第36条の2第2項の総務省令で定める軽微な整備は、屋内消火栓設備又は屋外消火栓設備のホース又はノズル、ヒューズ類、ネジ類等部品の交換、消火栓箱、ホース格納箱等の補修その他これらに類するものとする。

（免状の種類に応ずる工事又は整備の種類）

第33条の3　法第17条の6第2項の規定により、甲種消防設備士が行うことができる工事又は整備の種類のうち、消防用設備等又は特殊消防用設備等の工事又は整備の種類は、次の表の左欄に掲げる指定区分に応じ、同表の右欄に掲げる消防用設備等又は特殊消防用設備等の工事又は整備とする。

指定区分	消防用設備等又は特殊消防用設備等の種類
第1類	屋内消火栓設備、スプリンクラー設備、水噴霧消火設備又は屋外消火栓設備
第2類	泡消火設備
第3類	不活性ガス消火設備、ハロゲン化物消火設備又は粉末消火設備
第4類	自動火災報知設備、ガス漏れ火災警報設備又は消防機関へ通報する火災報知設備
第5類	金属製避難はしご、救助袋又は緩降機
特　類	特殊消防用設備等

2　法第17条の6第2項の規定により、甲種消防設備士が行うことができる工事又は整備の種類のうち、必要とされる防火安全性能を有する消防の用に供する設備等の工事又は整備の種類は、消防庁長官が定める。

3　法第17条の6第2項の規定により、乙種消防設備士が行うことができる

消防法関係

整備の種類のうち、消防用設備等又は特殊消防用設備等の整備の種類は、次の表の左欄に掲げる指定区分に応じ、同表の右欄に掲げる消防用設備等の整備とする。

指定区分	消 防 用 設 備 等 の 種 類
第1類	屋内消火栓設備、スプリンクラー設備、水噴霧消火設備又は屋外消火栓設備
第2類	泡消火設備
第3類	不活性ガス消火設備、ハロゲン化物消火設備又は粉末消火設備
第4類	自動火災報知設備、ガス漏れ火災警報設備又は消防機関へ通報する火災報知設備
第5類	金属製避難はしご、救助袋又は緩降機
第6類	消火器
第7類	漏電火災警報器

4　法第17条の6第2項の規定により、乙種消防設備士が行うことができる整備の種類のうち、必要とされる防火安全性能を有する消防の用に供する設備等の整備の種類は、消防庁長官が定める。

（受験資格）

第33条の8　法第17条の8第4項第三号の総務省令で定める者は、次に掲げる者とする。

一　旧大学令による大学、旧専門学校令による専門学校又は旧中等学校令による中等学校において機械、電気、工業化学、土木又は建築に関する学科又は課程を修めて卒業した者

二　学校教育法による大学、高等専門学校、大学院又は専修学校において機械、電気、工業化学、土木又は建築に関する授業科目を履修して、大学（同法による専門職大学及び短期大学を除く。）にあつては大学設置基準（昭和31年文部省令第28号）、専門職大学にあつては専門職大学設置基準（平成29年文部科学省令第33号）、短期大学（同法による専門職短期大学を除く。）にあつては短期大学設置基準（昭和50年文部省令第21号）、専門職短期大学にあつては専門職短期大学設置基準（平成29年文部科学省令第34号）、高等専門学校にあつては高等専門学校設置基準（昭和36年文部省令第23号）、大学院にあつては大学院設置基準（昭和49年文部省令

第 28 号）若しくは専門職大学院にあつては専門職大学院設置基準（平成
15 年文部科学省令第 16 号）による単位又は専修学校にあつては専修学校
設置基準（昭和 51 年文部省令第 2 号）により換算した単位を通算して 15
単位以上修得した者

三　学校教育法による各種学校その他消防庁長官が定める学校において機
械、電気、工業化学、土木又は建築に関する授業科目を、講義については
15 時間、演習については 30 時間並びに実験、実習及び実技については 45
時間の授業をもつてそれぞれ 1 単位として 15 単位以上修得した者

四　技術士法（昭和 58 年法律第 25 号）第 4 条第 1 項に規定する第 2 次試験
に合格した者

五　電気工事士法第 2 条第 4 項に規定する電気工事士

六　電気事業法（昭和 39 年法律第 170 号）第 44 条第 1 項に規定する第 1 種
電気主任技術者免状、第 2 種電気主任技術者免状又は第 3 種電気主任技術
者免状の交付を受けている者

七　工事整備対象設備等（法第 17 条の 8 第 1 項に規定する工事整備対象設備
等をいう。以下同じ。）の工事の補助者として 5 年以上の実務経験を有する者

八　前各号に掲げる者に準ずるものとして消防庁長官が定める者

2　甲種特類（第 33 条の 3 第 1 項の表の左欄に掲げる特類の指定区分（同条の
指定区分をいう。以下この章において同じ。）をいう。以下この章において同
じ。）に係る消防設備士試験（以下この章において「試験」という。）を受け
ることができる者は、同欄に掲げる第 1 類から第 3 類までのいずれか、第 4
類及び第 5 類の指定区分に係る免状の交付を受けている者とする。

（試験の方法）

第33条の9　試験は、次の各号に掲げる試験の指定区分の区分に従い、それぞれ
当該各号に定める方法により行うものとする。

ただし、実技試験は、当該試験の筆記試験の合格者に限ることができる。

一　甲種特類　筆記試験

二　前号に掲げる指定区分以外の指定区分　筆記試験及び実技試験

（筆記試験の科目）

第33条の10　前条第一号の筆記試験は、次に掲げる科目について行う。

一　工事整備対象設備等の性能に関する火災及び防火に係る知識

　二　工事整備対象設備等の構造、機能及び工事又は整備の方法

　三　消防関係法令

2　前条第二号の筆記試験は、次に掲げる科目について行う。

　一　機械又は電気に関する基礎的知識

　二　消防用設備等の構造、機能及び工事又は整備の方法

　三　消防関係法令

（試験の免除）

第33条の11　第33条の8第四号に該当する者で次の表の左欄に掲げる技術の部門に係るものに対しては、同表の右欄に掲げる指定区分に係る筆記試験について、申請により、前条第2項第一号及び第二号の試験科目を免除する。

技術の部門	指　定　区　分
機　械　部　門	第1類　第2類　第3類　第5類　第6類
電　気　部　門	第4類　第7類
化　学　部　門	第2類　第3類
衛生工学部門	第1類

2　第33条の8第五号に該当する者に対しては、申請により、前条第2項第一号及び第二号の試験科目のうち電気に関する部分並びに実技試験のうち電気に関するものを免除する。

3　第33条の8第六号に該当する者に対しては、申請により、前条第2項第一号及び第二号の試験科目のうち電気に関する部分を免除する。

4　既に他の種類又は指定区分に係る免状の交付を受けている者に対しては、次の各号により、前条第2項の試験科目の一部を免除する。

　一　甲種の免状の交付を受けている者で他の種類又は指定区分に係る筆記試験を受けるもの及び乙種の免状の交付を受けている者で他の指定区分に係る筆記試験を受けるものについては、申請により、前条第2項第三号の試験科目のうちすべての指定区分に共通する内容の部分を免除する。

　二　次の表の左欄に掲げる種類に応じ、同表の右欄に掲げる指定区分のうち一の指定区分に係る免状の交付を受けている者で、同欄に掲げる他の指定区分に係る筆記試験を受けるものについては、申請により、前条第2項第一号の試験科目を免除する。

種　類	指　定　区　分
甲　種	第1類　第2類　第3類
乙　種	第1類　第2類　第3類
	第4類　第7類
	第5類　第6類

三　次の表の左欄に掲げる甲種の指定区分に係る免状の交付を受けている者
で、当該指定区分に応じ、同表の右欄に掲げる乙種の指定区分に係る筆記
試験を受けるものについては、申請により、前条第2項第一号の試験科目
を免除する。

甲種の指定区分	乙種の指定区分
第1類	第2類
	第3類
第2類	第1類
	第3類
第3類	第1類
	第2類
第4類	第7類
第5類	第6類

5　法第21条の3第3項の試験の実施業務に2年以上従事する協会又は登録
検定機関（法第21条の45に規定する登録を受けた法人をいう。以下に同
じ。）の職員に対しては、申請により、前条第2項第一号及び第二号の試験科
目を免除する。

（第6項省略）

（工事整備対象設備等の工事又は整備に関する講習）

第33条の17　消防設備士は、免状の交付を受けた日以後における最初の4月1
日から2年以内に法第17条の10に規定する講習（以下この条及び次条にお
いて単に「講習」という。）を受けなければならない。

2　前項の消防設備士は、同項の講習を受けた日以後における最初の4月1日
から5年以内に講習を受けなければならない。当該講習を受けた日以降にお
いても同様とする。

3　前2項に定めるもののほか、講習の科目、講習時間その他講習の実施に関

消防法関係

し必要な細目は、消防庁長官が定める。

（工事整備対象設備等着工届）

第33条の18 法第17条の14の規定による届出は、別記様式第1号の7の工事整備対象設備等着工届出書に、次の各号に掲げる区分に応じて、当該各号に定める書類の写しを添付して行わなければならない。

一 消防用設備等 当該消防用設備等の工事の設計に関する図書で次に掲げるもの

  イ 平面図

  ロ 配管及び配線の系統図

  ハ 計算書

二 特殊消防用設備等 当該特殊消防用設備等の工事の設計に関する前号イからハまでに掲げる図書、設備等設置維持計画、法第17条の2第3項の評価結果を記載した書面及び法第17条の2の2第2項の認定を受けた者であることを証する書類

別記様式第1号の7（第33条の18関係）

工事整備対象設備等着工届出書

年 月 日

殿

届出者 住所 氏名

工事の場所	
工事を行う防火対象物の名称	
工事整備対象設備等の種類	
工事整備対象設備等着工者	住所
	氏名（法人の場合は名称及び代表者氏名）
消防設備士	住所
	氏名

電話番号

免状の種類及び指定区分	種類等 甲種・乙	交付知事 都道府県	交付年月日 交付番号 年 月 日 第 号	講習受講状況 受講地 都道府県 受講年月 年 月

工事の種別 1 新設 2 増設 3 移設 4 取替え 5 改造 6 その他

着工予定日		完成予定日	

※受付欄

※経過欄

備考 1 この用紙の大きさは、日本産業規格A4とすること。
2 工事の種別の欄は、該当する事項を○印で囲むこと。
3 ※印の欄は、記入しないこと。

Ⅳ　総務省令・消防庁告示

1. 火災報知設備の感知器及び発信機に係る技術上の規格を定める省令

2. 中継器に係る技術上の規格を定める省令

3. 受信機に係る技術上の規格を定める省令

4. 漏電火災警報器に係る技術上の規格を定める省令

5. 自家発電設備の基準

6. 蓄電池設備の基準

7. 耐熱電線の基準

8. 耐火電線の基準

9. 非常警報設備の基準

10. 誘導灯及び誘導標識の基準

11. キュービクル式非常電源専用受電設備の基準

12. 配電盤及び分電盤の基準

13. ガス漏れ検知器並びに液化石油ガスを検知対象とするガス漏れ火災警報設備に使用する中継器及び受信機の基準

14. 火災通報装置の基準

15. 燃料電池設備の基準

消防法関係

1.　火災報知設備の感知器及び発信機に係る技術上の規格を定める省令

$$\left(\begin{array}{l}\text{昭和 56 年 6 月 20 日}\\\text{自治省令第 17 号}\end{array}\right)$$

改正　昭和59年 7月20日自治省令第 18号
　　　同 62年 3月18日　　同　　第 7号
　　　平成 3年 5月 7日　　同　　第 18号
　　　同 5年 1月29日　　同　　第 3号
　　　同 7年 9月13日　　同　　第 27号
　　　同 9年 9月29日　　同　　第 38号
　　　同 10年 9月28日　　同　　第 37号
　　　同 12年 9月14日　　同　　第 44号
　　　同 19年 3月26日総務省令第 30号
　　　同 20年12月26日　　同　　第158号
　　　同 21年 3月 9日　　同　　第 16号
　　　同 25年 3月27日　　同　　第 25号
　　　同 26年 3月31日　　同　　第 26号
　　　令和元年 6月28日　　同　　第 19号

第1章　総　　　則

（趣　旨）

第1条　この省令は、火災報知設備の感知器及び発信機の技術上の規格を定めるものとする。

（用語の意義）

第2条　この省令において、次の各号に掲げる用語の意義は、当該各号に定めるところによる。

　一　感知器　火災により生ずる熱、火災により生ずる燃焼生成物（以下「煙」という。）又は火災により生ずる炎を利用して自動的に火災の発生を感知し、火災信号又は火災情報信号を受信機若しくは中継器又は消火設備等に発信するものをいう。

　二　差動式スポット型感知器　周囲の温度の上昇率が一定の率以上になつた

ときに火災信号を発信するもので、一局所の熱効果により作動するものをいう。

三　差動式分布型感知器　周囲の温度の上昇率が一定の率以上になつたときに火災信号を発信するもので、広範囲の熱効果の累積により作動するものをいう。

四　定温式感知線型感知器　一局所の周囲の温度が一定の温度以上になつたときに火災信号を発信するもので、外観が電線状のものをいう。

五　定温式スポット型感知器　一局所の周囲の温度が一定の温度以上になつたときに火災信号を発信するもので、外観が電線状以外のものをいう。

五の二　補償式スポット型感知器　差動式スポット型感知器の性能及び定温式スポット型感知器の性能を併せもつもので、一の火災信号を発信するものをいう。

六　熱複合式スポット型感知器　差動式スポット型感知器の性能及び定温式スポット型感知器の性能を併せもつもので、2以上の火災信号を発信するものをいう。

七　熱アナログ式スポット型感知器　一局所の周囲の温度が一定の範囲内の温度になつたときに当該温度に対応する火災情報信号を発信するもので、外観が電線状以外のものをいう。

八　イオン化式スポット型感知器　周囲の空気が一定の濃度以上の煙を含むに至つたときに火災信号を発信するもので、一局所の煙によるイオン電流の変化により作動するものをいう。

九　光電式スポット型感知器　周囲の空気が一定の濃度以上の煙を含むに至つたときに火災信号を発信するもので、一局所の煙による光電素子の受光量の変化により作動するものをいう。

十　光電式分離型感知器　周囲の空気が一定の濃度以上の煙を含むに至つたときに火災信号を発信するもので、広範囲の煙の累積による光電素子の受光量の変化により作動するものをいう。

十一　煙複合式スポット型感知器　イオン化式スポット型感知器の性能及び光電式スポット型感知器の性能を併せもつものをいう。

十二　イオン化アナログ式スポット型感知器　周囲の空気が一定の範囲内の濃度の煙を含むに至つたときに当該濃度に対応する火災情報信号を発信す

るもので、一局所の煙によるイオン電流の変化を利用するものをいう。

十三　光電アナログ式スポット型感知器　周囲の空気が一定の範囲内の濃度の煙を含むに至つたときに当該濃度に対応する火災情報信号を発信するもので、一局所の煙による光電素子の受光量の変化を利用するものをいう。

十四　光電アナログ式分離型感知器　周囲の空気が一定の範囲内の濃度の煙を含むに至つたときに当該濃度に対応する火災情報信号を発信するもので、広範囲の煙の累積による光電素子の受光量の変化を利用するものをいう。

十五　熱煙複合式スポット型感知器　差動式スポット型感知器の性能又は定温式スポット型感知器の性能及びイオン化式スポット型感知器の性能又は光電式スポット型感知器の性能を併せもつものをいう。

十六　紫外線式スポット型感知器　炎から放射される紫外線の変化が一定の量以上になつたときに火災信号を発信するもので、一局所の紫外線による受光素子の受光量の変化により作動するものをいう。

十七　赤外線式スポット型感知器　炎から放射される赤外線の変化が一定の量以上になつたときに火災信号を発信するもので、一局所の赤外線による受光素子の受光量の変化により作動するものをいう。

十八　紫外線赤外線併用式スポット型感知器　炎から放射される紫外線及び赤外線の変化が一定の量以上になつたときに火災信号を発信するもので、一局所の紫外線及び赤外線による受光素子の受光量の変化により作動するものをいう。

十九　炎複合式スポット型感知器　紫外線式スポット型感知器の性能及び赤外線式スポット型感知器の性能を併せもつものをいう。

十九の二　多信号感知器　異なる２以上の火災信号を発信するものをいう。

十九の三　自動試験機能等対応型感知器　中継器に係る技術上の規格を定める省令（昭和56年自治省令第18号。以下「中継器規格省令」という。）第２条第十二号に規定する自動試験機能又は同条第十三号に規定する遠隔試験機能（以下「自動試験機能等」という。）に対応する機能を有する感知器をいう。

十九の四　無線式感知器　無線によつて火災信号又は火災情報信号を発信するものをいう。

十九の五 警報機能付感知器 火災の発生を感知した場合に火災信号を発信する感知器で、火災が発生した旨の警報（以下「火災警報」という。）を発する機能を有するものをいう。

十九の六 連動型警報機能付感知器 警報機能付感知器で、火災の発生を感知した場合に火災信号を他の感知器に発信する機能及び他の感知器からの火災信号を受信した場合に火災警報を発する機能を有するものをいう。

二十 発信機 火災信号を受信機に手動により発信するものをいう。

二十一 Ｐ型発信機 各発信機に共通又は固有の火災信号を受信機に手動により発信するもので、発信と同時に通話することができないものをいう。

二十二 Ｔ型発信機 各発信機に共通又は固有の火災信号を受信機に手動により発信するもので、発信と同時に通話することができるものをいう。

二十三 Ｍ型発信機 各発信機に固有の火災信号を受信機に手動により発信するものをいう。

二十三の二 無線式発信機 発信機であつて、火災信号を無線によつて発信するものをいう。

二十四 中継器 中継器規格省令第２条第六号に規定するものをいう。

二十五 受信機 受信機に係る技術上の規格を定める省令（昭和56年自治省令第19号）第２条第七号に規定するものをいう。

二十六 消火設備等 消火設備、排煙設備、警報装置その他これらに類する防災のための設備をいう。

二十七 火災信号 火災が発生した旨の信号をいう。

二十八 火災情報信号 火災によつて生ずる熱又は煙の程度その他火災の程度に係る信号をいう。

（一般構造）

第３条 感知器及び発信機の一般構造は、次に定めるところによらなければならない。

一 確実に火災信号又は火災情報信号を発信し、かつ、取扱い、保守点検及び附属部品の取替えが容易にできること。

二 耐久性を有すること。

三 ほこり又は湿気により機能に異常を生じないこと。

四 腐食により機能に異常を生ずるおそれのある部分には、防食のための措

消防法関係

置を講ずること。

五　不燃性又は難燃性の外箱で覆うこと。

六　配線は、十分な電流容量を有し、かつ、接続が的確であること。

七　無極性のものを除き、誤接続防止のための措置を講ずること。

八　部品は、機能に異常を生じないように、的確に、かつ、容易に緩まないように取り付けること。

九　電線以外の電流が通過する部分で、すべり又は可動軸の部分の接触が十分でない箇所には、接触部の接触不良を防ぐための措置を講ずること。

十　充電部は、外部から容易に人が触れないように、十分に保護すること。

十一　定格電圧が60Vを超える感知器及び発信機の金属製外箱には、接地端子を設けること。

（部品の構造及び機能）

第4条　感知器又は発信機に次の各号に掲げる部品を用いる場合にあつては、当該各号に掲げる構造及び機能を有するものでなければならない。

一　電球　使用される回路の定格電圧の130％の交流電圧を20時間連続して加えた場合、断線、著しい光束変化、黒化又は著しい電流の低下を生じないこと。

二　スイッチ

　　イ　確実かつ容易に作動し、停止点が明確であること。

　　ロ　接点は、腐食するおそれがなく、かつ、その容量は、最大使用電流に耐えること。

　　ハ　倒れ切り型のものにあつては、定位置に復する操作を忘れないための措置を講ずること。

三　送受話器　確実に作動し、かつ、耐久性を有すること。

四　電源変圧器　電気用品の技術上の基準を定める省令（平成25年経済産業省令第34号）に規定するベル用変圧器と同等以上の性能を有するものであり、かつ、その容量は最大使用電流に連続して耐えるものであること。

（附属装置）

第5条　感知器及び発信機には、これらの機能に有害な影響を及ぼすおそれのある附属装置を設けてはならない。

（電源電圧変動試験）

第6条　感知器及び発信機は、電源の電圧が定格電圧の85%以上110%以下の範囲内（供給される電力に係る電圧変動の範囲を指定する受信機若しくは中継器に接続するもの受信機若しくは中継器から電力を供給されないものにあつては、指定された範囲内）で変動した場合、機能に異常を生じないものでなければならない。

（試験の条件）

第7条　第10条から第17条の8まで、第30条、第31条、第41条及び第42条に定める試験は、次に掲げる条件の下で行わなければならない。

一　温度5℃以上35℃以下

二　相対湿度45%以上85%以下

第2章　感　知　器

（感知器の構造及び機能）

第8条　感知器の構造及び機能は、次に定めるところによらなければならない。

一　感知器の受ける気流の方向により機能に著しい変動を生じないこと。

二　接点間隔その他の調整部は、調整後変動しないように固定されていること。

三　感熱部、ダイヤフラム等に用いる金属薄板は、これらの機能に有害な影響を及ぼすおそれのある傷、ひずみ、腐食等を生じないこと。

四　差動式分布型感知器で空気管式のもの又はこれに類するものは、次によること。

　　イ　リーク抵抗及び接点水高を容易に試験することができること。

　　ロ　空気管の漏れ及びつまりを容易に試験することができ、かつ、試験後試験装置を定位置に復する操作を忘れないための措置を講ずること。

　　ハ　空気管は、一本（継ぎ目のないものをいう。）の長さが20m以上で、内径及び肉厚が均一であり、その機能に有害な影響を及ぼすおそれのある傷、割れ、ねじれ、腐食等を生じないこと。

　　ニ　空気管の肉厚は、0.3mm以上であること。

消防法関係

ホ　空気管の外径は、1.94 mm 以上であること。

五　差動式分布型感知器で熱電対式のもの及び熱半導体式のものは、次によること。

イ　検出部の作動電圧を容易に試験することができること。

ロ　熱電対部の断線の有無及び導体抵抗を容易に試験することができ、かつ、試験後試験装置を定位置に復する操作を忘れないための措置を講ずること。

六　感知器は、その基板面を取付け定位置からスポット型感知器（第2条第十六号から第十九号までに掲げるもの（以下「炎感知器」という。）を除く。）にあつては45度、差動式分布型感知器（検出部に限る。）にあつては5度、光電式分離型感知器、光電アナログ式分離型感知器及び炎感知器にあつては90度傾斜させた場合、機能に異常を生じないこと。

七　イオン化式スポット型感知器の性能を有する感知器又はイオン化アナログ式スポット型感知器には、差動表示装置を設けること。ただし、当該感知器が信号を発信した旨を表示する受信機に接続することができるものにあつては、この限りでない。

八　光電式感知器の性能を有する感知器又は光電アナログ式感知器の性能を有する感知器は、次によること。

イ　光源は、半導体素子とすること。

ロ　作動表示装置を設けること。ただし、当該感知器が信号を発信した旨を表示する受信機に接続することができるものにあつては、この限りでない。

九　イオン化式スポット型感知器の性能を有する感知器、光電式スポット型感知器の性能を有する感知器、イオン化アナログ式スポット型感知器又は光電アナログ式スポット型感知器は、目開き1mm以下の網、円孔板等により虫の侵入防止のための措置を講ずること。

十　多信号感知器は、その有する性能、種別、公称作動温度又は公称蓄積時間の別ごとに異なる2以上の火災信号を発信できるものであること。

十一　放射性物質を使用する感知器は、当該放射性物質を密封線源とし、当該線源は、外部から直接触れることができず、かつ、火災の際容易に破壊されないものであること。

十二　炎感知器は、次によること。

　イ　受光素子は、感度の劣化や疲労現象が少なく、かつ、長時間の使用に十分耐えること。

　ロ　検知部の清掃を容易に行うことができること。

　ハ　作動表示装置を設けること。ただし、当該感知器が火災信号を発信した旨を表示する受信機に接続することができるものにあつては、この限りでない。

　ニ　汚れ監視型のものにあつては、検知部に機能を損うおそれのある汚れが生じたとき、これを受信機に自動的に送信することができること。

十三　自動試験機能等対応型感知器は、次によること。

　イ　自動試験機能等に対応する機能は、感知器の機能に有害な影響を及ぼすおそれのないもので、かつ、感知器の発信機能の状態を確認できるものであること。

　ロ　イの確認に要する時間は、30秒（蓄積型にあつては、公称蓄積時間を加えた時間）以内であること。

十四　火災信号又は火災情報信号を発信する端子以外から電力を供給される感知器（電池を用いるもの及び特定小規模施設における必要とされる防火安全性能を有する消防の用に供する設備等に関する省令（平成20年総務省令第156号）第2条第二号に定める特定小規模施設用自動火災報知設備（以下「特定小規模施設用自動火災報知設備」という。）に用いる連動型警報機能付感知器で電源表示灯が設けられているものを除く。）は、電力の供給が停止した場合、その旨の信号を発信することができるものであること。

十五　感知器から発信する火災信号又は火災情報信号は、中継器若しくは受信機又は消火設備等に確実に信号を伝達することができるものであること。

十六　無線式感知器にあつては、次に定めるところによること。

　イ　無線設備は、無線設備規則（昭和25年電波監理委員会規則第18号）第49条の17に規定する小電力セキュリティシステムの無線局の無線設備であること。

　ロ　発信される信号の電界強度の値は、当該感知器から3m離れた位置に

おいて設計値以上であること。

ハ　無線設備における火災信号の受信及び発信にあつては、次によること。

(1)　火災の発生を感知した感知器の無線設備が火災信号を受信してから発信するまでの所要時間が5秒以内であること。

(2)　無線設備が火災信号の受信を継続している間は、断続的に当該信号を発信すること。ただし、受信機又は他の連動型警報機能付感知器から火災を受信した旨を確認できる機能又はこれに類する機能を有するものにあつては、この限りでない。

ニ　火災信号の発信を容易に確認することができる装置を設けること。ただし、受信機から当該確認をできるものにあつては、この限りでない。

ホ　無線設備の発信状態を伝える信号を168時間以内ごとに自動的に中継器又は受信機に発信できる装置を設けること。ただし、受信機から当該無線設備の発信状態を確認できるもの又は他の連動型警報機能付感知器にあつては、この限りでない。

ヘ　他の機器と識別できる信号を発信すること。

ト　電波を受信する機能を有するものにあつては、受信感度（無線式感知器から3m離れた位置から発信される信号を受信できる最低の電界強度をいう。）の値が設計値以下であること。

チ　電源に電池を用いるもの（連動型警報機能付感知器を除く。）にあつては、次によること。

(1)　電池の交換が容易にできること。

(2)　電池の電圧が感知器を有効に作動できる電圧の下限値となつたとき、その旨を受信機に自動的に発信することができること。

十七　警報機能付感知器は、次によること。

イ　警報を10分間以上継続できること。

ロ　警報音の音圧は、定格電圧の85％（供給される電力に係る電圧変動の範囲を指定する受信機若しくは中継器に接続するもの又は受信機若しくは中継器から電力を供給されないものにあつては、指定された範囲の下限値）の電圧において、無響室で警報部の中心から前方1m離れた地点で測定した値が、70dB以上であること。

　　ハ　スイッチの操作により火災警報を停止することのできるものにあつて
　　　は、スイッチの操作により火災報知を停止したとき、15分以内に自動的
　　　に適正な監視状態に復旧するものであること。
　十八　連動型警報機能付感知器は、前号イ及びロに定めるところによるほ
　　か、次によること。
　　イ　火災の発生を感知した場合に連動型警報機能付感知器から発信する火
　　　災信号は、他の連動型警報機能付感知器に確実に信号を伝達することが
　　　できるものであること。
　　ロ　火災信号を、他の連動型警報機能付感知器から確実に受信することが
　　　できるものであること。
　　ハ　ロにより火災信号を受信した場合に、確実に火災警報を発することが
　　　できるものであること。
　　ニ　電源に電池を用いるものにあつては、次によること。
　　　(1)　電池の交換が容易にできること。
　　　(2)　電池の電圧が感知器を有効に作動できる電圧の下限値となつたこと
　　　　を72時間以上点滅表示等により自動的に表示し、又はその旨を72時
　　　　間以上音響により伝達することができること。
　　ホ　スイッチの操作により火災警報を停止することができるものにあつて
　　　は、次によること。
　　　(1)　スイッチの操作により火災警報を停止した場合において、火災の発
　　　　生を感知した連動型警報機能付感知器にあつては15分以内に、それ
　　　　以外の連動型警報機能付感知器にあつては速やかに、自動的に適正な
　　　　監視状態に復旧するものであること。
　　　(2)　火災の発生を感知した連動型警報機能付感知器の火災警報を、それ
　　　　以外の連動型警報機能付感知器のスイッチ操作により停止できないも
　　　　のであること。

（感知器の接点）
第9条　感知器の接点は、金、銀及び白金の合金又はこれと同等以上の性能を
　有する材料を用い、かつ、その接触面を研磨したものでなければならない。
　2　感知器の接点（不活性ガス中に密封されたものを除く。）は、接点を接触さ
　　せるために要する力の2倍の力を加えた場合における接点圧力が0.05N以

上のものでなければならない。

3　感知器の接点及び調整部は、露出しない構造のものでなければならない。

（気流試験、外光試験等）

第10条　イオン化式スポット型感知器の性能を有する感知器又はイオン化アナログ式スポット型感知器は、通電状態において、風速5m/秒の気流に5分間投入したとき、イオン化式スポット型感知器の性能を有する感知器にあつては火災信号を、イオン化アナログ式スポット型感知器にあつては公称感知濃度の下限値以上の火災情報信号を発信しないものでなければならない。

2　光電式感知器の性能を有する感知器又は光電アナログ式感知器の性能を有する感知器は、通電状態において、白熱ランプを用い照度5,000lxの外光を10秒間照射し10秒間照射しない動作を10回繰り返した後5分間連続して照射したとき、光電式感知器の性能を有する感知器にあつては火災信号を、光電アナログ式感知器の性能を有する感知器にあつては公称感知濃度の下限値以上の火災情報信号を発信しないものでなければならない。

3　炎感知器のうち屋内型のものは、通電状態において、白熱ランプ及び蛍光灯を用い、それぞれ照度5,000lxの外光を5分間照射したとき、火災信号を発信しないものでなければならない。

4　炎感知器のうち屋外型及び道路型のものは、通電状態において、次に定めるところにより外光又は電磁波をそれぞれ照射したとき、火災信号を発信しないものでなければならない。

一　ハロゲンランプを用い、照度20,000lxの外光を5分間照射

二　回転灯（カバー色は、赤、黄、青、緑及び紫）を用い、照度1,000lxの外光をそれぞれ5分間照射

三　1m当たり10Vの電界強度で、周波数1kHzの正弦波によつて80%の振幅変調をし、並びに周波数を80MHzから1GHzまで及び1.4GHzから2GHzまでそれぞれ0.0015デイケード毎秒以下の速度で変化させた電磁波を照射

5　炎感知器のうち屋外型のものは、無通電状態において、充電部と外箱との間に、波高値6kV、波頭長0.5マイクロ秒から1.5マイクロ秒まで及び波尾長32マイクロ秒から48マイクロ秒までの波形を有する衝撃波電圧を正負それぞれ1回加えた場合、機能に異常を生じないものでなければならない。

6　無線式感知器は、通電状態において、第4項第三号に規定する電磁波を照射したとき、火災信号を発信せず、かつ、機能に異常を生じないものでなければならない。

（感知器の引張試験等）

第11条　感知器（電池を用いる無線式感知器を除く。）は、次の各号に適合するものでなければならない。

一　端子は、1極につき2個であること。

二　端子に代えて電線を用いる感知器（定温式感知線型感知器を除く。）の電線は、1極につき2本とし、1本当たり20Nの引張荷重を加えた場合、切断せず、かつ、機能に異常を生じないこと。

2　差動式分布型感知器の線状感熱部及び定温式感知線型感知器は、次の各号に適合するものでなければならない。

一　25cm当たり、100Nの引張荷重を加えた場合、切断せず、かつ、機能に異常を生じないこと。

二　線状部分の接続部品は、これを用いて接続したために線状部分の機能に異常を生じないこと。

（差動式スポット型感知器の感度）

第12条　差動式スポット型感知器の感度は、その有する種別に応じ、K、V、N、T、M、k、v、n、t及びmの値を次の表のように定めた場合、次に定める試験に合格するものでなければならない。

一　作動試験

イ　室温よりK℃高い風速Vcm/秒の垂直気流に投入したとき、N秒以内で火炎信号を発信すること。

種　別	作　動　試　験					不　作　動　試　験				
	階段上昇			直線上昇		階段上昇			直線上昇	
	K	V	N	T	M	k	v	n	t	m
1　種	20	70	30	10	4.5	10	50	1	2	15
2　種	30	85		15		15	60		3	

ロ　室温からT℃/分の割合で直線的に上昇する水平気流を加えたとき、

　　　　M分以内で火災信号を発信すること。

　二　不作動試験

　　イ　室温よりk℃高い風速$v$cm/秒の垂直気流に投入したとき、n分以内
　　　　で作動しないこと。

　　ロ　室温からt℃/分の割合で直線的に上昇する水平気流を加えたとき、m
　　　　分以内で作動しないこと。

（差動式分布型感知器の感度）

第13条　差動式分布型感知器で空気管式のものの感度は、その有する種別に応
　　じ、空気管自体の温度上昇率t_1及びt_2の値を次の表のように定めた場合次に
　　定める試験に合格するものでなければならない。

種　別	t_1	t_2
1　種	7.5	1
2　種	15	2
3　種	30	4

　一　作動試験

　　　　検出部から最も離れた空気管の部分20mがt_1℃/分の割合で直線的に
　　　上昇したとき、1分以内で火災信号を発信すること。

　二　不作動試験

　　　　空気管全体がt_2℃/分の割合で直線的に上昇したとき、作動しないこと。

　2　前項の規定は、差動式分布型感知器で空気管式以外のものの感度について
　　準用する。

（定温式感知器の公称作動温度の区分及び感度）

第14条　定温式感知器の公称作動温度は、60℃以上150℃以下とし、60℃以上
　　80℃以下のものは5℃刻み、80℃を超えるものは10℃刻みとする。

　2　定温式感知器の感度は、その有する種別及び公称作動温度に応じ、次に定
　　める試験に合格するものでなければならない。

　一　作動試験

　　　　公称作動温度の125％の温度の風速1m/秒の垂直気流に投入したとき、
　　　それぞれ次の表に定める時間以内で火災信号を発信すること。

種　別	室　　　　　　　　　　　温	
	0 ℃	0　℃　以　外
特　種	40 秒	室温 θr（℃）のときの作動時間 t（秒）は、次の式より算出する。
1　種	120 秒	$t = \dfrac{t_0 \log_{10}\left(1 + \dfrac{\theta - \theta r}{\delta}\right)}{\log_{10}\left(1 + \dfrac{\theta}{\delta}\right)}$
2　種	300 秒	

注　t_0 は室温が0℃のときの作動時間（秒）を、θ は公称作動温度（℃）を、δ は公称作動温度と作動試験温度との差を示す。

二　不作動試験

　　公称作動温度より10℃低い風速1m/秒の垂直気流に投入したとき、10分以内で作動しないこと。

（熱複合式スポット型感知器の公称作動温度の区分及び感度）

第15条　前条第1項の規定は、熱複合式スポット型感知器の公称作動温度について準用する。

2　熱複合式スポット型感知器の感度は、その有する性能、種別及び公称作動温度に応じ、第12条及び前条第2項に規定するそれぞれの試験に合格するものでなければならない。

（補償式スポット型感知器の公称定温点の区分及び感度）

第15条の2　第14条第1項の規定は、補償式スポット型感知器の公称定温点の区分について準用する。

2　補償式スポット型感知器の感度は、その有する種別及び公称定温点に応じ、K、V、N、T、M、k、v、n、t 及び m の値を次の表のように定めた場合、次に定める試験に合格するものでなければならない。

種　別	作　動　試　験					不　作　動　試　験				
	階　段　上　昇			直　線　上　昇		階　段　上　昇			直　線　上　昇	
	K	V	N	T	M	k	v	n	t	m
1　種	20	70	30	10	4.5	10	50	1	2	15
2　種	30	85		15		15	60		3	

消防法関係

　一　作動試験

　　イ　室温より K℃高い風速 Vcm/ 秒の垂直気流に投入したとき、N 秒以内で火災信号を発信すること。

　　ロ　室温から T℃ / 分の割合で直線的に上昇する水平気流を加えたとき、M 分以内で火災信号を発信すること。

　　ハ　室温から 1℃ / 分の割合で直線的に上昇する水平気流を加えたとき、公称定温点より 10℃低い温度以上、10℃高い温度以下で火災信号を発信すること。

　二　不作動試験

　　イ　室温より k℃高い風速 $v$cm/ 秒の垂直気流に投入したとき、n 分以内で作動しないこと。

　　ロ　室温から t℃ / 分の割合で直線的に上昇する水平気流を加えたとき、公称定温点より 10℃低い温度に達しない限り m 分以内で作動しないこと。

（熱アナログ式スポット型感知器の公称感知温度範囲、連続応答性及び感度）

第15条の3　熱アナログ式スポット型感知器の公称感知温度範囲は、上限値にあつては 60℃以上 165℃以下、下限値にあつては 10℃以上上限値より 10℃低い温度以下とし、1℃刻みとする。

2　熱アナログ式スポット型感知器は、公称感知温度範囲の下限値から上限値に達するまでその温度が 2℃ / 分以下の一定の割合で直線的に上昇する水平気流を加えたとき、そのときの気流の温度に対応した火災情報信号を発信するものでなければならない。

3　熱アナログ式スポット型感知器の感度は、公称感知温度範囲内の任意の温度において、第 14 条第 2 項第一号に定める特種の種別のものの作動試験に準じた試験に合格するものでなければならない。

（イオン化式スポット型感知器の公称蓄積時間の区分及び感度）

第16条　イオン化式スポット型感知器の蓄積時間（周囲の空気が一定の濃度以上の煙を含むに至つたことを感知してから、感知を継続し、火災信号を発信するまでの時間をいう。以下同じ。）は、5秒を超え 60 秒以内とし、公称蓄積時間は、10 秒以上 60 秒以内で 10 秒刻みとする。

2　イオン化式スポット型感知器の感度は、その有する種別及び公称蓄積時間に応じ、K、V、T 及び t の値を次の表のように定めた場合、次に定める試験

に合格するものでなければならない。

種　別	K	V	T	t
1　種	0.19	20 以上 40 以下	30	5
2　種	0.24			
3　種	0.28			

注　K は、公称作動電離電流変化率であり、平行板電極（電極間の間隔が2
cm で、一方の電極が直径5cm の円形の金属板に 8.2μCi のアメリシウム
241 を取り付けたものをいう。）間に 20 V の直流電圧を加えたときの煙によ
る電離電流の変化率をいう。

一　作動試験

電離電流の変化率 1.35 K の濃度の煙を含む風速 V cm/ 秒の気流に投入
したとき、非蓄積型のものにあつては T 秒以内で火災信号を発信し、蓄積
型のものにあつては T 秒以内で感知した後、公称蓄積時間より 5 秒短い時
間以上、5 秒長い時間以内で火災信号を発信すること。

二　不作動試験

電離電流の変化率 0.65 K の濃度の煙を含む風速 V cm/ 秒の気流に投入
したとき、t 分以内で作動しないこと。

（光電式スポット型感知器の公称蓄積時間の区分及び感度）

第17条　前条第１項の規定は、光電式スポット型感知器の蓄積時間及び公称蓄
積時間について準用する。

2　光電式スポット型感知器の感度は、その有する種別及び公称蓄積時間に応
じ、K、V、T 及び t の値を次の表のように定めた場合、次に定める試験に合
格するものでなければならない。

種　別	K	V	T	t
1　種	5	20 以上 40 以下	30	5
2　種	10			
3　種	15			

注　K は、公称作動濃度であり、減光率で示す。この場合において、減光率
は、光源を色温度 2,800℃ の白熱電球とし、受光部を視感度に近いものとし
て測定する。

消防法関係

　一　作動試験

　　　1m 当たりの減光率 $1.5K$ の濃度の煙を含む風速 Vcm/ 秒の気流に投入したとき、非蓄積型のものにあつては T 秒以内で火災信号を発信し、蓄積型のものにあつては T 秒以内で感知した後、公称蓄積時間より 5 秒短い時間以上、5 秒長い時間以内で火災信号を発信すること。

　二　不作動試験

　　　1m 当たりの減光率 $0.5K$ の濃度の煙を含む風速 Vcm/ 秒の気流に投入したとき、t 分以内で作動しないこと。

　（光電式分離型感知器の公称蓄積時間の区分、公称監視距離の区分及び感度）

第17条の2　第 16 条第 1 項の規定は、光電式分離型感知器の蓄積時間及び公称蓄積時間について準用する。

2　光電式分離型感知器の公称監視距離は、5m 以上 100m 以下とし、5m 刻みとする。

3　光電式分離型感知器の感度は、その有する種別、公称蓄積時間及び公称監視距離に応じ、K_1、K_2、T 及び t の値を次の表のように定めた場合、次に定める試験に合格するものでなければならない。

種別	L_1	K_1	K_2	T	t
1種	45m 未満	$0.8 \times L_1 + 29$	$0.3 \times L_2$	30	2
	45m 以上	65			
2種	45m 未満	$L_1 + 40$			
	45m 以上	85			

　注1　L_1 は公称監視距離の最小値であり、L_2 は公称監視距離の最大値である。
　　2　K_1 及び K_2 は、煙濃度に相当する減光フィルターの性能であり、減光率で示す。この場合において、減光率は、光源をピーク波長 940nm の発光ダイオードとし、受光部を近赤外部に感度のピークがあるものとして測定する。

　一　作動試験

　　　送光部と受光部との間に L_1 に対応する K_1 の性能を有する減光フィルターを設置したとき、非蓄積型のものにあつては T 秒以内で火災信号を発信し、蓄積型のものにあつては T 秒以内で感知した後、公称蓄積時間より 5 秒短い時間以上、5 秒長い時間以内で火災信号を発信すること。

　二　不作動試験

送光部と受光部との間に L_2 に対応する K_2 の性能を有する減光フィルターを設置したとき、t 分以内で作動しないこと。

（煙複合式スポット型感知器の公称蓄積時間の区分及び感度）

第17条の3　第16条第1項の規定は、煙複合式スポット型感知器の蓄積時間及び公称蓄積時間について準用する。

2　煙複合式スポット型感知器の感度は、その有する性能、種別及び公称蓄積時間に応じ、第16条第2項及び第17条第2項に規定するそれぞれの試験に合格するものでなければならない。

（イオン化アナログ式スポット型感知器の公称感知濃度範囲、連続応答性及び感度）

第17条の4　イオン化アナログ式スポット型感知器の公称感知濃度範囲は、1m当たりの減光率（第17条第2項の表の注に定める減光率をいう。この条及び次条において同じ。）に換算した値で、上限値にあつては15％以上25％以下、下限値にあつては1.2％以上上限値より7.5％低い濃度以下とし、0.1％刻みとする。

2　イオン化アナログ式スポット型感知器は、これを風速20cm/秒以上40cm/秒以下の気流に投入し、公称感知濃度範囲の下限値の濃度における電離電流変化率（第16条第2項の表の注に定める電離電流の変化率をいう。この条において同じ。）から上限値の濃度における電離電流変化率に達するまでその濃度が電離電流変化率0.12/分以下の一定の割合で直線的に上昇する煙をその気流に加えたとき、そのときの煙の濃度に対応した火災情報信号を発信するものでなければならない。

3　イオン化アナログ式スポット型感知器の感度は、公称感知濃度範囲内の任意の濃度において、第16条第2項第一号に定める非蓄積型のものの作動試験に準じた試験に合格するものでなければならない。

（光電アナログ式スポット型感知器の公称感知濃度範囲、連続応答性及び感度）

第17条の5　光電アナログ式スポット型感知器の公称感知濃度範囲は、1m当たりの減光率で、上限値にあつては15％以上25％以下、下限値にあつては1.2％以上上限値より7.5％低い濃度以下とし、0.1％刻みとする。

2　光電アナログ式スポット型感知器は、これを風速20cm/秒以上40cm/秒

消防法関係

以下の気流に投入し、公称感知濃度範囲の下限値の濃度における1m当たりの減光率から上限値の濃度における1m当たりの減光率に達するまでその濃度が1m当たりの減光率2.5%／分以下の一定の割合で直線的に上昇する煙をその気流に加えたとき、そのときの煙の濃度に対応した火災情報信号を発信するものでなければならない。

3　光電アナログ式スポット型感知器の感度は、公称感知濃度範囲内の任意の濃度において、第17条第2項第一号に定める非蓄積型のものの作動試験に準じた試験に合格するものでなければならない。

（光電アナログ式分離型感知器の公称監視距離の区分、公称感知濃度範囲、連続応答性及び感度）

第17条の6　第17条の2第2項の規定は、光電アナログ式分離型感知器の公称監視距離について準用する。

2　光電アナログ式分離型感知器の公称感知濃度範囲は、減光率（第17条の2第3項の表の注に定める減光率をいう。この条において同じ。）で、上限値及び下限値が次の表に定めるところによることとし、0.1%刻みとする。

区　分	公 称 感 知 濃 度 範 囲	
	上　限　値	下　限　値
L_1 が45m未満のもの	$(0.8 \times L_1 + 29)$ %以上1.1×$(L_1 + 40)$ %以下	$(0.15 \times L_2)$ %以上上限値より $(0.2 \times L_2 + 11)$ %低い濃度以下
L_1 が45m以上のもの	65%以上94%以下	$(0.15 \times L_2)$ %以上上限値より20%低い濃度以下

注　L_1 は公称監視距離の最小値であり、L_2 は公称監視距離の最大値である。

3　光電アナログ式分離型感知器は、送光部と受光部との間に減光フィルターを設置し、公称感知濃度範囲の下限値の濃度における減光率から上限値の濃度における減光率に達するまで公称監視距離の最大値の30%／分以下の一定の割合で直線的に減光フィルターの値を変化させたとき、そのときの減光フィルターの値の変化に対応した火災情報信号を発信するものでなければならない。

4　光電アナログ式分離型感知器の感度は、公称感知濃度範囲内の任意の濃度において、第17条の2第3項第一号に定める非蓄積型のものの作動試験に

準じた試験に合格するものでなければならない。

　（熱煙複合式スポット型感知器の公称作動温度の区分、公称蓄積時間の区分及び感度）

第17条の7　第14条第1項の規定及び第16条第1項の規定は、熱煙複合式スポット型感知器の公称作動温度並びに蓄積時間及び公称蓄積時間についてそれぞれ準用する。

2　熱煙複合式スポット型感知器の感度は、その有する性能、種別、公称作動温度及び公称蓄積時間に応じ、第12条又は第14条第2項及び第16条第2項又は第17条第2項に規定するそれぞれの試験に合格するものでなければならない。

　（炎感知器の公称監視距離の区分、感度及び視野角）

第17条の8　炎感知器の公称監視距離は、視野角5度ごとに定めるものとし、20m未満の場合にあつては1m刻み、20m以上の場合にあつては5m刻みとする。

2　炎感知器の感度は、次に定める試験に合格するものでなければならない。

　一　作動試験

　　　感知器の区分及び視野角ごとの公称監視距離に応じ、L及びdの値を次の表のように定めた場合、感知器から水平距離でLm離れた箇所において、一辺の長さがdcmの正方形燃焼皿でノルマンヘプタンを燃焼させたとき、30秒以内で火災信号を発信すること。

区　　　分	L	d
屋　　内　　型	公称監視距離の1.2倍の値	33
屋内型又は道路型	公称監視距離の1.4倍の値	70

　二　不作動試験

　　　紫外線及び赤外線の受光量が、前号の作動試験における受光量の1/4のとき、一分以内で作動しないこと。

3　道路型の炎感知器は、最大視野角が180°以上でなければならない。

　（感度試験の条件）

第18条　第12条から前条までに定める試験は、感知器を室温と同じ温度の強

制通風中に 30 分間放置した後において行うものとする。

(周囲温度試験)

第19条　感知器は、次の各号に掲げる感知器の区分に応じ、当該各号に定める範囲内の周囲の温度において機能に異常を生じないものでなければならない。

　一　定温式感知器の性能を有する感知器　零下 10℃以上公称作動温度（2 以上の公称作動温度を有するものにあつては、最も低い公称作動温度。次条において同じ。）又は公称定温点より 20℃低い温度以下

　二　熱アナログ式スポット型感知器　零下 10℃以上公称感知温度範囲の上限値より 20℃低い温度以下

　三　屋外型又は道路型の炎感知器　零下 20℃以上 50℃以下

　四　前三号に掲げる感知器以外の感知器　零下 10℃以上 50℃以下

(老化試験)

第20条　前条第一号に掲げる感知器にあつては公称作動温度又は公称定温点より 20℃低い温度の空気中に、同条第二号に掲げる感知器にあつては公称感知温度範囲の上限値より 20℃低い温度の空気中に、同条第三号及び第四号に掲げる感知器にあつては温度 50℃の空気中に、通電状態において 30 日間放置した場合、構造又は機能に異常を生じないものでなければならない。

(防水試験)

第21条　防水型の感知器は、温度 65℃の清水に 15 分間、温度 0℃の塩化ナトリウムの飽和水溶液に 15 分間順次浸す操作を 2 回繰り返し行つた場合、機能に異常を生じないものでなければならない。

(滴下試験)

第21条の2　感知器（防水型のもの、電池を用いる無線式感知器のうち端子又は電線（端子に代えて用いるものに限る。）を用いないもの及び特定小規模施設用自動火災報知設備に用いる連動型警報機能付感知器で自動試験機能等対応型感知器であるものを除く。）は、通電状態において、当該感知器の基板面に清水を $5cm^3/$ 分の割合で滴下する試験を行つた場合、機能に異常を生じないものでなければならない。

(散水試験)

第21条の3　屋外型又は道路型の炎感知器（防水型のものを除く。）は、通常の

使用状態となるように取り付けたものに、清水を 3mm/ 分の割合で前上方
角度 45 度の方向から一様に 60 分間雨状で吹き付けた場合、内部に水がたま
らず、かつ、機能に異常を生じないものでなければならない。

（腐食試験）

第22条 感知器（特定小規模施設用自動火災報知設備に用いる連動型警報機能
付感知器で自動試験機能等対応型感知器であるものを除く。）は、普通型のも
のにあつては第一号の試験を、耐酸型のものにあつては第二号及び第三号の
試験を、耐アルカリ型のものにあつては第二号及び第四号の試験を行つた場
合、機能に異常を生じないものでなければならない。この場合において、当
該試験は、温度 45℃ の状態で行い、空気管にあつては直径 10mm の丸棒に、
熱電対式の感知器の熱電対部又は感知線型の感知器の線状感熱部にあつては
直径 100mm の丸棒に密に 10 回巻きつけて行うものとする。

一 　5ℓ の試験器の中に濃度 40g/ℓ のチオ硫酸ナトリウム水溶液を 500mℓ
　　入れ、硫酸を体積比で硫酸 1 対蒸留水 35 の割合に溶かした溶液 156mℓ を
　　1,000mℓ の水に溶かした溶液を 1 日 2 回 10mℓ ずつ加えて発生させる亜
　　硫酸ガス中に、通電状態において 4 日間放置する試験

二 　5ℓ の試験器の中に濃度 40g/ℓ のチオ硫酸ナトリウム水溶液を 500mℓ
　　入れ、硫酸を体積比で硫酸 1 対蒸留水 35 の割合に溶かした溶液 156mℓ を
　　1,000mℓ の水に溶かした溶液を 1 日 2 回 10mℓ ずつ加えて発生させる亜
　　硫酸ガス中に、通電状態において 8 日間放置する試験を引き続き 2 回行う
　　試験

三 　濃度 1mg/ℓ の塩化水素ガス中に、通電状態において 16 日間放置する
　　試験

四 　濃度 10mg/ℓ のアンモニアガス中に、通電状態において 16 日間放置す
　　る試験

2 　屋外型又は道路型の炎感知器は、その外面に 3％ の塩化ナトリウム水溶液
　　を直径 9cm の水平面積当たり 1mℓ 以上 3mℓ 以下となるように 1 日 1 回 30
　　秒間ずつ 3 日間霧状で吹き付けた後、温度 40℃ で相対湿度 95％ の空気中に
　　15 日間放置した場合、著しいさびを生ぜず、かつ、機能に異常を生じないも
　　のでなければならない。

（繰返し試験）

第23条　感知器（非再用型感知器を除く。）は、定格電流が流れるような定格電圧を加えた状態において、次の各号に掲げる感知器の区分に応じ、当該各号に定める操作を 1,000 回繰り返した場合、構造又は機能に異常を生じないものでなければならない。

一　差動式感知器の性能を有する感知器又は定温式感知器の性能を有する感知器　差動式感知器の性能を有する感知器（補償式スポット型感知器を除く。）にあつては室温より、定温式感知器の性能を有する感知器（補償式スポット型感知器を除く。第 29 条において同じ。）にあつては公称作動温度（2 以上の公称作動温度を有するものにあつては、最も高い公称作動温度）より、補償式スポット型感知器にあつては公称定温点より、それぞれ特種又は 1 種のものにあつては 30℃、2 種のものにあつては 40℃、3 種のものにあつては 60℃高い試験温度（2 以上の性能又は種別を有するものにあつては、最も高い試験温度）の気流中で火災信号を発信するまで放置し、次に室温と同じ温度の強制通風中で元の状態に復するまで冷却する操作

二　熱アナログ式スポット型感知器　公称感知温度範囲の上限値より、30℃高い試験温度の気流中で公称感知温度の上限値に係る火災情報信号を発信するまで放置し、次に室温と同じ温度の強制通風中で元の状態に復させる操作

三　イオン化式スポット型感知器の性能を有する感知器　感知器に電圧等を加えて火災信号を発信させ、次に元の状態に復させる操作

四　光電式感知器の性能を有する感知器又は炎感知器　感知器に光量等を加えて火災信号を発信させ、次に元の状態に復させる操作

五　イオン化アナログ式スポット型感知器　感知器に電圧等を加えて公称感知濃度の上限値に係る火災情報信号を発信させ、次に元の状態に復させる操作

六　光電アナログ式感知器の性能を有する感知器　感知器に光量等を加えて公称感知濃度の上限値に係る火災情報信号を発信させ、次に元の状態に復させる操作

（振動試験）

第24条　感知器は、通電状態において、全振幅 1mm で毎分 1,000 回の振動を

任意の方向に 10 分間連続して加えた場合、適正な監視状態を継続するものでなければならない。

2　感知器は、無通電状態において、全振幅 4mm で毎分 1,000 回の振動を任意の方向に 60 分間連続して加えた場合、構造又は機能に異常を生じないものでなければならない。

（衝撃試験）

第25条　感知器は、任意の方向に最大加速度 50 重力加速度の衝撃を 5 回加えた場合、機能に異常を生じないものでなければならない。

（粉塵試験）

第26条　感知器は、通電状態において、濃度が減光率で 30cm 当たり 20％の産業標準化法（昭和 24 年法律第 185 号）第 20 条第 1 項に定める日本産業規格 Z 8901 の 5 種を含む空気に 15 分間触れた場合、機能に異常を生じないものでなければならない。この場合において、当該試験は、温度 20℃で相対湿度 40％の状態で行うものとする。

（衝撃電圧試験）

第27条　感知器（無線式感知器を除く。）は、通電状態において、次に掲げる試験を 15 秒間行つた場合、機能に異常を生じないものでなければならない。

一　内部抵抗 50Ω の電源から 500V の電圧をパルス幅 1μs、繰返し周期 100Hz で加える試験

二　内部抵抗 50Ω の電源から 500V の電圧をパルス幅 0.1μs、繰返し周期 100Hz で加える試験

（湿度試験）

第28条　感知器は、通電状態において、温度 40℃で相対湿度 95％の空気中に 4 日間放置した場合、適正な監視状態を継続するものでなければならない。

（再用性試験）

第29条　再用型の感知器は、温度 150℃で風速 1m/ 秒の気流中に定温式感知器の性能を有する感知器又は熱アナログ式スポット型感知器にあつては 2 分間、その他の感知器にあつては 30 秒間投入した場合、構造又は機能に異常を生じないものでなければならない。

（絶縁抵抗試験）

第30条　感知器の絶縁された端子の間及び充電部と金属製外箱との間の絶縁抵

消防法関係

抗は、直流 500 V の絶縁抵抗計で測定した値が 50 MΩ（定温式感知線型感知器にあつては線間で 1 m 当たり 1,000 MΩ）以上でなければならない。

（絶縁耐力試験）

第31条　感知器の充電部と金属製外箱との間の絶縁耐力は、50 Hz 又は 60 Hz の正弦波に近い実効電圧 500 V（定格電圧が 60 V を超え 150 V 以下のものにあつては、1,000 V、定格電圧が 150 V を超えるものにあつては定格電圧に 2 を乗じて得た値に 1,000 V を加えた値）の交流電圧を加えた場合、1 分間これに耐えるものでなければならない。

第 3 章　発　信　機

（P 型発信機の構造及び機能）

第32条　P 型発信機の構造及び機能は、P 型 1 級発信機にあつては次の各号に、P 型 2 級発信機にあつては次の第一号から第五号まで及び第八号に定めるところによらなければならない。

一　火災信号は、押しボタンスイッチを押したときに伝達されること。

二　押しボタンスイッチを押した後、当該スイッチが自動的に元の位置にもどらない構造の発信機にあつては、当該スイッチを元の位置にもどす操作を忘れないための措置を講ずること。

三　押しボタンスイッチは、その前方に保護板を設け、その保護板を破壊し、又は押し外すことにより、容易に押すことができること。

四　保護板は、透明の有機ガラスを用いること。

五　指先で押し破り、又は押し外す構造の保護板は、その中央部の直径 20 mm の円内に 20 N の静荷重を一様に加えた場合に、押し破られ、又は押し外されることなく、かつ、たわみにより押しボタンスイッチに触れることなく、80 N の静荷重を一様に加えた場合に、押し破られ又は押し外されること。

六　火災信号を伝達したとき、受信機が当該信号を受信したことを確認することができる装置を有すること。

七　火災信号の伝達に支障なく、受信機との間で、相互に電話連絡をすることができる装置を有すること。

八　外箱の色は、赤色であること。

（M型発信機の構造及び機能）

第33条　M型発信機の構造及び機能は、次に定めるところによるほか、前条第一号から第三号まで及び第六号から第八号までの規定を適用する。

一　保護板は、透明の無機ガラス（厚さが1mm以上2mm以下であるものに限る。）又は有機ガラスを用いること。この場合において、指先で押し破り、又は押し外す構造の有機ガラスを用いた保護板については、前条第五号の規定を適用する。

二　さん孔記録式の発信機は、同一の火災信号を連続して2回以上送ることができ、その信号は、5けた以下で、かつ、各けたが6個以下のさん孔で構成されていること。

三　屋外型の発信機は、100Vから300Vまでの電圧で作動する容量3Aの保安器を有すること。

（T型発信機の構造及び機能）

第34条　T型発信機の構造及び機能は、次に定めるところによるほか、第32条第二号及び第八号の規定を準用する。

一　火災信号は、送受話器を取り上げたときに伝達されること。

二　送受話器は、その取扱いが容易にできること。

三　受信機との間で、同時通話をすることができる装置を有すること。

（周囲温度試験）

第35条　発信機は、次の各号に掲げる発信機の区分に応じ、当該各号に定める範囲内の周囲の温度において機能に異常を生じないものでなければならない。

一　屋外型の発信機　零下20℃以上70℃以下

二　屋内型の発信機　零下10℃以上50℃以下

（繰返し試験）

第36条　発信機は、定格電圧で定格電流を流し、1,000回の火災信号の発信を繰り返した場合、構造又は機能に異常を生じないものでなければならない。

（腐食試験）

第37条　屋外型の発信機は、その外面に3%の塩化ナトリウム水溶液を直径9cmの水平面積当たり1mℓ以上3mℓ以下となるよう1日1回30秒間ずつ

消防法関係

3日間霧状で吹き付けた後、温度40℃で相対湿度95％の空気中に15日間放置した場合、著しいさびを生ぜず、かつ、機能に異常を生じないものでなければならない。

（散水試験）

第38条 屋外型の発信機は、通常の使用状態となるよう取り付けたものに、清水を3mm/分の割合で前上方角度45度の方向から一様に60分間雨状で吹き付けた場合、内部に水がたまらず、かつ、機能に異常を生じないものでなければならない。

（振動試験）

第39条 発信機は、通電状態において、全振幅4mmで毎分1,000回の振動を任意の方向に連続して60分間加えた場合、適正な監視状態を継続し、かつ、構造又は機能に異常を生じないものでなければならない。

（衝撃試験）

第40条 発信機は、任意の方向に最大加速度100重力加速度の衝撃を5回加えた場合、機能に異常を生じないものでなければならない。

（絶縁抵抗試験）

第41条 発信機の絶縁された端子の間、充電部と金属製外箱との間及び充電部と押しボタンスイッチの頭部との間の絶縁抵抗は、直流500Vの絶縁抵抗計で測定した値が20MΩ以上でなければならない。

（絶縁耐力試験）

第42条 発信機の端子と金属製外箱との間の絶縁耐力は、50Hz又は60Hzの正弦波に近い実効電圧500V（定格電圧が60Vを超え150V以下のものにあつては、1,000V、定格電圧が150Vを超えるものにあつては定格電圧に2を乗じて得た値に1,000Vを加えた値）の交流電圧を加えた場合、1分間これに耐えるものでなければならない。

第4章 雑 則

（表 示）

第43条 感知器及び発信機には、次の各号に掲げる区分に応じ、当該各号に掲げる事項を見やすい箇所に容易に消えないように表示しなければならない。

一　感知器　次に掲げる事項

イ　差動式スポット型、差動式分布型、定温式感知線型、定温式スポット型、補償式スポット型、熱複合式スポット型、熱アナログ式スポット型、イオン化式スポット型、光電式スポット型、光電式分離型、煙複合式スポット型、イオン化アナログ式スポット型、光電アナログ式スポット型、光電アナログ式分離型、熱煙複合式スポット型、紫外線式スポット型、赤外線式スポット型、紫外線赤外線併用式スポット型又は炎複合式スポット型の別及び感知器という文字

ロ　防水型、耐酸型、耐アルカリ型、非再用型又は蓄積型のうち該当する型式

ハ　種別を有するものにあつては、その種別（熱複合式スポット型感知器、煙複合式スポット型感知器又は熱煙複合式スポット型感知器にあつては、その有する性能及び種別）

ニ　定温式感知器の性能を有する感知器にあつては公称作動温度、補償式スポット型感知器にあつては公称定温点、熱アナログ式スポット型感知器にあつては公称感知温度範囲、イオン化式スポット型感知器の性能又は光電式感知器の性能を有する感知器のうち蓄積型のものにあつては公称蓄積時間、光電式分離型感知器にあつてはその有する種別に応じた公称監視距離、イオン化アナログ式スポット型感知器又は光電アナログ式スポット型感知器にあつては公称感知濃度範囲、光電アナログ式分離型感知器にあつては公称監視距離及び公称感知濃度範囲、炎感知器にあつては視野角ごとの公称監視距離

ホ　多信号感知器にあつては、その発信できる火災信号の数

ヘ　型式及び型式番号

ト　製造年

チ　製造事業者の氏名又は名称

リ　取扱方法の概要

ヌ　差動式分布型感知器、イオン化式スポット型感知器の性能を有する感知器、光電式感知器の性能を有する感知器、イオン化アナログ式スポット型感知器、光電アナログ式感知器の性能を有する感知器又は炎感知器にあつては、製造番号

　　ル　差動式分布型感知器のうち、空気管式のものにあつては最大空気管
　　　　長、その他のものにあつては感熱部の最大個数、導体抵抗及び作動電圧
　　ヲ　炎感知器にあつては、屋内型、屋外型又は道路型のうち該当する型式
　　　　及び汚れ監視型である場合はその旨
　　ワ　自動試験機能等対応型感知器にあつては、「試験機能付」という文字並
　　　　びに接続することができる受信機又は中継器の種別及び型式番号
　　カ　無線式感知器にあつては、次に掲げる事項
　　⑴　「無線式」という文字
　　⑵　受信可能な中継器又は受信機の型式番号
　　ヨ　警報機能付感知器（連動型警報機能付感知器を除く。）にあつては、
　　　　「警報機能付」という文字
　　タ　連動型警報機能付感知器にあつては、「連動型警報機能付」という文字
　　レ　消防法施行規則（昭和36年自治省令第6号）第23条第4項第七号の
　　　　六の規定により特定小規模施設用自動火災報知設備以外の自動火災報知
　　　　設備に用いることができないものにあつては、特定小規模施設用自動火
　　　　災報知設備以外の自動火災報知設備に用いることができない旨
　　ソ　電源に電池を用いるものにあつては、電池の種類及び電圧
　二　発信機　前号へからリまでに掲げる事項のほか、次に掲げる事項
　　イ　P型1級、P型2級、T型又はM型の別及び発信機という文字
　　ロ　火災報知機という表示
　　ハ　無線式発信機にあつては、次に掲げる事項
　　⑴　「無線式」という文字
　　⑵　受信可能な中継器又は受信機の型式番号
　　⑶　電源に電池を用いるものにあつては、電池の種類及び電圧
2　感知器（無極性のものを除く。）及び発信機に用いる端子板には、端子記号
　を見やすい箇所に容易に消えないように表示しなければならない。
　　（基準の特例）
第44条　新たな技術開発に係る感知器及び発信機について、その形状、構造、
　　材質及び性能から判断して、この省令の規定に適合するものと同等以上の性
　　能があると総務大臣が認めた場合は、この省令の規定にかかわらず、総務大
　　臣が定める技術上の規格によることができる。

2. 中継器に係る技術上の規格を定める省令

$$\left(\begin{array}{c}\text{昭和 56 年 6 月 20 日}\\\text{自治省令第 18 号}\end{array}\right)$$

改正　昭和59年 7月20日自治省令第19号
　　　同 62年 3月18日　　同　　第 7号
　　　平成 5年 1月29日　　同　　第 4号
　　　同　 7年 9月13日　　同　　第28号
　　　同　 9年 4月23日　　同　　第24号
　　　同 12年 9月14日　　同　　第44号
　　　同 19年 3月26日総務省令第31号
　　　同 21年 3月 9日　　同　　第17号
　　　同 25年 3月27日　　同　　第25号
　　　令和元年 6月28日　　同　　第19号

（趣　旨）

第1条　この省令は、火災報知設備又はガス漏れ火災警報設備に使用する中継器（火災報知設備及びガス漏れ火災警報設備の中継器を含む。以下同じ。）の技術上の規格を定めるものとする。

（用語の意義）

第2条　この省令において、次の各号に掲げる用語の意義は、当該各号に定めるところにある。

一　火災報知設備　火災の発生を防火対象物の関係者に自動的に報知する設備であつて、感知器、中継器及びP型受信機、R型受信機、GP型受信機若しくはGR型受信機で構成されたもの（中継器を設けないものにあつては、中継器を除く。）又はこれらのものにP型発信機若しくはT型発信機が付加されたもの、並びに火災の発生を消防機関に手動により報知する設備であつて、M型発信機及びM型受信機で構成されたものをいう。

二　ガス漏れ火災警報設備　燃料用ガス（液化石油ガスの保安の確保及び取引の適正化に関する法律（昭和42年法律第149号）第2条第3項に規定する液化石油ガス販売事業によりその販売がされる液化石油ガスを除く。）又は自然発生する可燃性ガス（以下「ガス」という。）の漏れを検知し、防

消防法関係

火対象物の関係者又は利用者に警報する設備であつて、ガス漏れ検知器（以下「検知器」という。）及び受信機又は検知器、中継器及び受信機で構成されたものに警報装置を付加したもの（消防法施行規則（昭和36年自治省令第6号。以下「規則」という。）第34条の4各号に規定するものを除く。）をいう。

三　感知器　火災報知設備の感知器及び発信機に係る技術上の規格を定める省令（昭和56年自治省令第17号。以下「感知器等規格省令」という。）第2条第一号に規定するものをいう。

三の二　無線式感知器　感知器等規格省令第2条第十九号の四に規定するものをいう。

四　発信機　感知器等規格省令第2条第二十号に規定するものをいう。

四の二　無線式発信機　感知器等規格省令第2条第二十三号の二に規定するものをいう。

五　検知器　ガス漏れを検知し、中継器若しくは受信機にガス漏れ信号を発信するもの又はガス漏れを検知し、ガス漏れの発生を音響により警報するとともに、中継器若しくは受信機にガス漏れ信号を発信するものをいう。

六　中継器　火災信号（感知器等規格省令第2条第二十七号に規定するものをいう。以下同じ。）、火災表示信号、火災情報信号（感知器等規格省令第2条第二十八号に規定するものをいう。以下同じ。）、ガス漏れ信号又は設備作動信号を受信し、これらを信号の種別に応じて、次に掲げるものに発信するものをいう。

　イ　火災信号、火災表示信号、火災情報信号又はガス漏れ信号にあつては、他の中継器、受信機又は消火設備等（感知器等規格省令第2条第二十六号に規定するものをいう。以下同じ。）

　ロ　設備作動信号にあつては、他の中継器又は受信機

六の二　アナログ式中継器　火災情報信号（当該火災情報信号の程度に応じて、火災表示及び注意表示（火災表示をするまでの間において補助的に異常の発生を表示するものをいう。以下同じ。）を行う温度又は濃度（以下「表示温度等」という。）を設定する装置（以下「感度設定装置」という。）により処理される火災表示及び注意表示をする程度に達した旨の信号を含む。以下同じ。）を受信するものであつて、当該火災情報信号を他の中継

器、受信機又は消火設備等に発信するものをいう。

六の三　無線式中継器　無線によつて火災信号、火災表示信号、火災情報信号又は設備作動信号を発信又は受信するものをいう。

七　受信機　受信機に係る技術上の規格を定める省令（昭和56年自治省令第19号。次号において「受信機規格省令」という。）第2条第七号に規定するものをいう。

七の二　無線式受信機　受信機規格省令第2条第十五号に規定するものをいう。

八　警報装置　ガス漏れの発生を防火対象物の関係者及び利用者に警報する装置をいう。

九　火災表示信号　火災情報信号の程度に応じて、火災表示を行う温度又は濃度を固定する装置（以下「感度固定装置」という。）により処理される火災表示をする程度に達した旨の信号をいう。

十　ガス漏れ信号　ガス漏れが発生した旨の信号をいう。

十一　設備作動信号　消火設備等が作動した旨の信号をいう。

十二　自動試験機能　火災報知設備に係る機能が適正に維持されていることを、自動的に確認することができる装置による火災報知設備に係る試験機能をいう。

十三　遠隔試験機能　感知器に係る機能が適正に維持されていることを、当該感知器の設置場所から離れた位置において確認することができる装置による試験機能をいう。

（構造及び機能）

第3条　中継器の構造及び機能は、次の定めるところによらなければならない。

一　確実に作動し、かつ、取扱い、保守点検及び附属部品の取替えが容易にできること。

二　耐久性を有すること。

三　水滴が浸入しにくいこと。

四　ほこり又は湿気により機能に異常を生じないこと。

五　腐食により機能に異常を生ずるおそれのある部分には、防食のための措置を講ずること。

六　不燃性又は難燃性の外箱で覆うこと。

消防法関係

七　配線は、十分な電流容量を有し、かつ、接続が的確であること。

八　部品は、機能に異常を生じないように、的確に、かつ、容易に緩まないように取り付けること。

九　充電部は、外部から容易に人が触れないように、十分に保護すること。

十　定格電圧が 60V を超える中継器の金属性外箱には、接地端子を設けること。

十一　地区音響装置を鳴動させる中継器は、受信機において操作しない限り、鳴動を継続させること。

十二　火災信号、火災表示信号、火災情報信号又はガス漏れ信号に影響を与えるおそれのある操作機構を設けないこと。

十三　蓄積式のものにあつては、次に定めるところによること。

　イ　蓄積時間（感知器からの火災信号又は火災情報信号（火災表示又は注意表示をする程度に達したものに限る。）を検出してから、検出を継続し、受信を開始するまでの時間をいう。以下同じ。）を調整する装置を有するものにあつては、当該装置を中継器の内部に設けること。

　ロ　蓄積時間は、5 秒を超え 60 秒以内であること。

　ハ　発信機から火災信号を検出したときは、蓄積機能を自動的に解除すること。

十四　アナログ式中継器であつて、感度設定装置を設けるものにあつては、次によること。

　イ　熱アナログ式スポット型感知器からの火災情報信号に係る公称受信濃度範囲については、感知器等規格省令第 15 条の 3 第 1 項の規定に準ずること。

　ロ　イオン化アナログ式スポット型感知器又は光電アナログ式スポット型感知器からの火災情報信号に係る公称受信濃度範囲については、感知器等規格省令第 17 条の 4 第 1 項の規定に準ずること。

　ハ　光電アナログ式分離型感知器からの火災情報信号に係る公称受信濃度範囲については、感知器等規格省令第 17 条の 6 第 2 項の規定に準ずること。

　ニ　感度設定装置は、次によること。

　　(1)　表示温度等を設定する感知器を特定でき、かつ、当該感知器に係る

　表示温度等が容易に確認できること。

　⑵　2以上の操作によらなければ表示温度等の変更ができないものであること。

　⑶　表示温度等の表示は、熱アナログ式スポット型感知器については温度、イオン化アナログ式スポット型感知器、光電アナログ式スポット型感知器及び光電アナログ式分離型感知器については減光率によつて行い、その単位は度又はパーセントであること。

十五　中継器であつて、感度固定装置を設けるものにあつては、次によること。

　イ　熱アナログ式スポット型感知器からの火災情報信号に係る受信温度については、感知器等規格省令第15条の3第1項に定める温度範囲内であり、かつ、感知器等規格省令第14条第1項に規定する公称作動温度に準じた温度とすること。

　ロ　イオン化アナログ式スポット型感知器又は光電アナログ式スポット型感知器からの火災情報信号に係る受信濃度については、感知器等規格省令第17条の4第1項に定める濃度範囲内であり、かつ、感知器等規格省令第17条第2項に規定する公称作動濃度に準じた濃度とすること。

　ハ　光電アナログ式分離型感知器からの火災情報信号に係る受信濃度については、感知器等規格省令第17条の6第2項に定める濃度範囲内であり、かつ、感知器等規格省令第17条の2第3項第一号に規定する減光フィルターに係る性能の2/3の値に準じた濃度とすること。

　ニ　感度固定装置は、次によること。

　　⑴　火災表示を行う温度又は濃度を固定する感知器を特定でき、かつ、受信温度又は受信濃度に相当する当該感知器の感度に係る種別、公称作動温度等を容易に確認できること。

　　⑵　受信温度又は受信濃度を選択することができる装置を有するものにあつては、イからハまでの規定に適合する温度及び濃度に限り選択できるものであり、かつ、2以上の操作によらなければ受信温度及び受信濃度の変更ができないものであること。

十六　無線式中継器にあつては、次によること。

　イ　無線設備は、無線設備規則（昭和25年電波監理委員会規則第18号）

第 49 条の 17 に規定する小電力セキュリティシステムの無線局の無線設備であること。

ロ　電波を発信する機能を有するものにあつては、次によること。

　(1)　発信される信号の電界強度の値は、当該中継器から 3m 離れた位置において設計値以上であること。

　(2)　無線設備が火災信号の受信を継続している間は、断続的に当該信号を発信すること。ただし、受信機から火災を受信した旨を確認できる機能又はこれに類する機能を有するものにあつては、この限りでない。

　(3)　火災信号の発信を容易に確認することができる装置を設けること。ただし、感知器等規格省令第 8 条第十六号ニに規定する装置から発信される信号を中継するもの又は受信機から当該確認ができる場合にあつては、この限りでない。

　(4)　無線設備の発信状態を伝える信号を 168 時間以内ごとに自動的に他の中継器又は受信機に発信できる装置を設けること。ただし、感知器等規格省令第 8 条第十六号ホに規定する装置から発信される信号を中継するもの又は受信機から当該無線設備の発信状態を確認できる場合にあつては、この限りでない。

　(5)　他の機器と識別できる信号を発信すること。

ハ　電波を受信する機能を有するものにあつては、次によること。

　(1)　受信感度（無線式中継器から 3m 離れた位置から発信される信号を受信できる最低の電界強度の値をいう。以下同じ。）の値が設計値以下であること。

　(2)　受信する信号が受信感度以下となつたとき、その旨を受信機に自動的に発信すること。

　(3)　無線式感知器、無線式発信機又は他の無線式中継器（(4)において「無線式感知器等」という。）から発信された信号を受信し、これを自動的に受信機に発信すること。

　(4)　無線式感知器等の無線設備の発信状態を手動で確認できる装置を設けるものにあつては、当該装置の操作中に現に確認している警戒区域以外の警戒区域の無線式感知器等から火災信号、火災表示信号又は火

　　　　災情報信号を受信したとき、次条に定めるところにより信号を発信す
　　　　ること。
　　ニ　電源に電池を用いるものにあつては、次によること。
　　（1）　電池の交換が容易にできること。
　　（2）　電池の電圧が中継器を有効に作動できる電圧の下限値となつたと
　　　　き、その旨を受信機に自動的に発信すること。
2　検知器、受信機又は他の中継器から電力を供給される方式の中継器のう
　ち、次の各号に掲げる方式を用いるものは、当該各号に定める構造及び機能
　を有するものでなければならない。
　一　外部負荷に電力を供給する方式の中継器
　　　　電力を供給する回路には、ヒューズ、ブレーカその他の保護装置を設け
　　　るとともに、当該保護装置が作動したとき、受信機に当該保護装置が作動
　　　した旨の信号を自動的に送ること。
　二　信号回路の回線以外から電力を供給される方式の中継器
　　　　火災信号、火災表示信号、火災情報信号又はガス漏れ信号を受信機に発
　　　信するものにあつては、電力の供給が停止したとき、受信機にその旨の信
　　　号を自動的に送ること。
3　検知器、受信機又は他の中継器から電力を供給されない方式の中継器（電
　池を用いる無線式中継器を除く。）の構造及び機能は、次に定めるところによ
　らなければならない。
　一　主電源回路の両線及び予備電源回路の一線に、ヒューズ、ブレーカその
　　　他の保護装置を設けるとともに、主電源が停止したときにあつては主電源
　　　が停止した旨、当該保護装置が作動したときにあつては当該保護装置が作
　　　動した旨の信号を受信機に自動的に送ること。
　二　主電源は、5の警戒区域（受信することができる警戒区域の数が5未満
　　　のものにあつては、受信することができる全警戒区域）の回線を作動させ
　　　ることができる負荷（地区音響装置を接続している中継器にあつては、当
　　　該負荷に、当該中継器に接続されるすべての地区音響装置を同時に鳴動さ
　　　せることができる負荷を加えたもの）又は監視状態にあるときの負荷のう
　　　ち、いずれか大きい方の負荷（消火設備等からの設備作動信号を受信する
　　　機能を有するものにあつては、当該機能を維持することができる負荷を加

消防法関係

えた負荷）に連続して耐える容量を有すること。

三　予備電源を設けること。ただし、ガス漏れ火災警報設備に使用する中継器にあつては、この限りでない。

4　検知器、受信機又は他の中継器から電力を供給されない方式の中継器（電池を用いる無線式中継器を除く。）のうち、外部負荷に電力を供給する方式を用いるものの構造及び機能は、当該電力を供給する回路に、ヒューズ、ブレーカその他の保護装置を設けるとともに、当該保護装置が作動したときにあつては当該保護装置が作動した旨の信号を受信機に自動的に送るものでなければならない。

（中継器の送受信機能）

第3条の2　中継器（アナログ式中継器を除く。）は、感知器、発信機若しくは他の中継器から発せられた火災信号、他の中継器から発せられた火災表示信号又は検知器若しくは他の中継器から発せられたガス漏れ信号を、共通又は固有の信号として受信したとき、信号の種別に応じて、これらの信号を確実に発信する機能を有するものでなければならない。

2　アナログ式中継器は、感知器又は他のアナログ式中継器から発せられた火災情報信号を受信したとき、感度設定装置を有するものにあつては第2条第六号の二に規定する火災表示又は注意表示を行う旨の信号を、感度設定装置を有しないものにあつては当該火災情報信号を、確実に発信する機能を有するものでなければならない。

3　中継器のうち、設備作動信号を受信するものは、次に定める機能を有するものでなければならない。

一　設備作動信号を受信したとき、その旨の信号を自動的に発信すること。

二　前号の信号を受信機に発する場合には、前2項に規定する信号と識別できること。

4　中継器は、二の警戒区域の回線から火災信号、火災表示信号、火災情報信号、ガス漏れ信号又は設備作動信号を同時に受信したとき、前3項に定める発信を確実に行うものでなければならない。

（中継器の自動試験機能等）

第3条の3　中継器に自動試験機能又は遠隔試験機能（以下「自動試験機能等」という。）を設けるものにあつては、次に定めるところによらなければならな

い。

一　自動試験機能等に係る制御機能は、次によること。

　イ　作動条件値（異常の有無の判定を行う基準となる数値、条件等をいう。以下同じ。）は、設計範囲外に設定及び容易に変更できないこと。

　ロ　作動条件値を変更できるものにあつては、設定値を確認できること。

二　自動試験機能等による試験中に、他の警戒区域の回線からの火災信号、火災表示信号又は火災情報信号を的確に受信し、かつ、前条に定めるところにより信号を発信すること。

2　中継器に自動試験機能を設けるものにあつては、次に定めるところによらなければならない。

一　予備電源に係る機能を確認する装置は、次によること。

　イ　第5条第七号ロに規定する装置の作動状況を容易に確認することができること。

　ロ　予備電源に異常が生じた場合、その旨を容易に確認することができること。

二　次に掲げる事項が生じたとき、受信機にその旨の信号を自動的に発信すること。ただし、接続する受信機が当該事項に係る試験機能を有する場合にあつては、この限りでない。

　イ　感知器又は他の中継器に至る電力の供給に係る電路の断線又は短絡

　ロ　中継器に係る主電源及び主回路の電圧並びに感知器又は他の中継器に供給する電力の異常

　ハ　中継器に係る信号処理装置又は中央処理装置の異常

　ニ　終端器に至る外部配線の断線又は短絡

三　次に掲げる事項が生じたとき、168時間以内に、その旨の信号を受信機に自動的に発信すること。ただし、接続する受信機が当該事項に係る試験機能を有する場合にあつては、この限りでない。

　イ　自動試験機能等対応型感知器（感知器等規格省令第2条第十九号の三に規定するものをいう。以下同じ。）の機能の異常

　ロ　地区音響装置を接続する回線に係る電路を有するものにあつては、当該電路の断線又は短絡

3　中継器に遠隔試験機能を設けるものにあつては、次に定めるところによら

なければならない。

一　自動試験機能等対応型感知器の機能に異常が生じたとき、遠隔試験機能により当該感知器の異常を容易に検出することができるものであること。この場合において、中継器に外部試験器（遠隔試験機能の一部の機能を有する装置をいう。以下同じ。）を接続することにより、機能の確認を行う方式のものにあつては、当該装置を操作したときに異常を確認することができる機能を含むものとすること。

二　外部試験器を中継器に接続する場合にあつては、次に掲げる措置を講ずること。

　　イ　外部試験器を中継器に接続した場合、当該中継器の機能（現に試験している警戒区域の回線に係る機能を除く。）に有害な影響を与えない措置

　　ロ　外部試験器を中継器に接続した状態が継続した場合、点滅する注意灯その他によつて当該中継器の前面において確認ができる措置又は当該中継器の機能に有害な影響を与えない措置

（受信から発信までの所要時間）

第4条　中継器の受信開始から発信開始までの所要時間は、5秒以内でなければならない。

　　ただし、ガス漏れ信号に係る当該所要時間にあつては、ガス漏れ信号の受信開始からガス漏れ表示までの所要時間が5秒以内である受信機に接続するものに限り、60秒以内とすることができる。

（部品の構造及び機能）

第5条　中継器に次の各号に掲げる部品を用いる場合にあつては、当該各号に定める構造及び機能を有するものでなければならない。

一　電磁継電器

　　イ　密閉型以外のものには、接点及び可動部にほこりがたまらないようにカバーを設けること。

　　ロ　接点は、金及び銀の合金又はこれと同等以上の性能を有する材料を用い、外部負荷と兼用しないこと。

二　電源変圧器

　　イ　産業標準化法（昭和24年法律第185号）第20条第1項に定める日本

産業規格（以下「JIS」という。）C 6436 に準ずること。

ロ　容量は、最大使用電流に連続して耐えること。

三　電球　使用される回路の定格電圧の 130％の交流電圧を 20 時間連続して加えた場合、断線、著しい光束変化、黒化又は著しい電流の低下を生じないこと。

四　スイッチ

イ　確実かつ容易に作動し、停止点が明確であること。

ロ　接点は、腐食するおそれがなく、かつ、その容量は、最大使用電流に耐えること。

五　指示電気計器

イ　JIS C 1102-1 及び C 1102-2 に準ずること。

ロ　電圧計の最大目盛りは、使用される回路の定格電圧の 140％以上 200％以下であること。

六　ヒューズ　JIS C 6575-1 及び C 6575-2 又は JIS C 8352 に準ずること。

七　予備電源

イ　密閉型蓄電池であること。

ロ　主電源が停止したときは主電源から予備電源に、主電源が復旧したときは予備電源から主電源に自動的に切り替える装置を設けること。

ハ　最大消費電流に相当する負荷を加えたときの電圧を容易に測定することができる装置を設けること。

ニ　口出線は、色分けするとともに、誤接続防止のための措置を講ずること。

ホ　容量は、次の(1)から(3)までに掲げる予備電源の区分に応じ、次の(1)から(3)までに定める容量以上であること。

(1)　火災報知設備に使用する中継器の予備電源　監視状態を 60 分間継続した後、二の警戒区域（警戒区域の回線が一のものにあつては、一の警戒区域）の回線を作動させることができる消費電流（地区音響装置を接続している中継器にあつては、当該消費電流に、当該中継器に接続されるすべての地区音響装置を同時に鳴動させることができる消費電流及び消火設備等から設備作動信号を終端器に至る信号回路の回線を介して受信する機能を有するものにあつては、当該機能を維持す

ることができる消費電流を加えたもの）を10分間継続して流すことができる容量（当該消費電流が監視状態の消費電流を下回る場合にあつては、監視状態の消費電流を10分間継続して流すことができる容量）

⑵　ガス漏れ火災警報設備に使用する中継器の予備電源　2回線を1分間有効に作動させ、同時にその他の回線を1分間監視状態にすることができる容量

⑶　火災報知設備及びガス漏れ火災警報設備の中継器の予備電源⑴に定める容量及び⑵に定める容量を合わせた容量

　ヘ　本体の外部に設けるものは、不燃性又は難燃性の箱に収納し、本体との間の配線は、耐熱電線を用いること。

（附属装置）

第6条　中継器には、その機能に有害な影響を及ぼすおそれのある附属装置を設けてはならない。

（電源電圧変動試験）

第7条　中継器は、次の各号に掲げる電源の電圧が当該各号に定める範囲内で変動した場合、機能に異常を生じないものでなければならない。

　一　主電源　定格電圧の90%以上110%以下（検知器、受信機若しくは他の中継器から電力を供給される中継器又は電池を用いる無線式中継器にあつては、供給される電力に係る電圧変動の下限値以上上限値以下）

　二　予備電源　定格電圧の85%以上110%以下

（周囲温度試験）

第8条　中継器は、周囲の温度が零下10℃以上50℃以下の場合、機能に異常を生じないものでなければならない。

（繰返し試験）

第9条　中継器は、定格電圧で定格電流を流し、2,000回の作動を繰り返した場合、構造又は機能に異常を生じないものでなければならない。

（絶縁抵抗試験）

第10条　充電部と金属製外箱との間及び電源変圧器の線路相互の間の絶縁抵抗は、直流500Vの絶縁抵抗計で測定した値が5MΩ（接続することができる回線の数が10以上の中継器の充電部と金属製外箱との間にあつては、1回線当

たり 50 MΩ）以上でなければならない。

（絶縁耐力試験）

第11条　充電部と金属製外箱との間及び電源変圧器の線路相互の間の絶縁耐力は、50 Hz 又は 60 Hz の正弦波に近い実効電圧 500 V（定格電圧が 60 V を超え 150 V 以下のものにあつては、1,000 V、定格電圧が 150 V を超えるものにあつては定格電圧に 2 を乗じて得た値に 1,000 V を加えた値）の交流電圧を加えた場合、1 分間これに耐えるものでなければならない。

（衝撃電圧試験）

第12条　中継器（外部配線を有さない無線式中継器を除く。）は、通電状態において、次に掲げる試験を 15 秒間行つた場合、機能に異常を生じないものでなければならない。

一　内部抵抗 50 Ω の電源から 500 V の電圧をパルス幅 1 μs、繰返し周期 100 Hz で加える試験

二　内部抵抗 50 Ω の電源から 500 V の電圧をパルス幅 0.1 μs、繰返し周期 100 Hz で加える試験

三　音響装置を接続する端子に、内部抵抗 600 Ω の電源から 220 V の電圧をパルス幅 1 ms 繰返し周期 100 Hz で加える試験

（電磁波試験）

第12条の2　無線式中継器は、通電状態において、1 m 当たり 10 V の電界強度で、周波数 1 kHz の正弦波によつて 80％の振幅変調をし、並びに周波数を 80 MHz から 1 GHz まで及び 1.4 GHz から 2 GHz までそれぞれ 0.0015 デイケード毎秒以下の速度で変化させた電磁波を照射した場合において、火災信号を発信せず、かつ、機能に異常を生じないものでなければならない。

（振動衝撃試験）

第12条の3　無線式中継器のうち、感知器の本体に組み込まれるものにあつては、次に掲げる試験を行つた場合において、第一号の試験にあつては適正な監視状態を継続し、第二号及び第三号の試験にあつては機能に異常を生じないものでなければならない。

一　通電状態において、全振幅 1 mm で毎分 1,000 回の振動を任意の方向に 10 分間連続して加える試験

二　無通電状態において、全振幅 4 mm で毎分 1,000 回の振動を任意の方向

消防法関係

に 60 分間連続して加える試験

三　任意の方向に最大加速度 50 重力加速度の衝撃を 5 回加える試験

（試験の条件）

第13条　第 10 条及び第 11 条に定める試験は、次に掲げる条件の下で行わなければならない。

一　温度 5℃以上 35℃以下

二　相対湿度 45%以上 85%以下

（表　示）

第14条　中継器には、次の各号に掲げる事項を見やすい箇所に容易に消えないように表示しなければならない。この場合において、第六号、第十四号及び第十五号に掲げる事項については、ケースに入れた下げ札に表示することができる。

一　中継器という文字

二　型式及び型式番号

三　製造年

四　製造番号

五　製造事業者の氏名又は名称

六　取扱方法の概要

七　接続することができる回線の数又は感知器及び検知器の数

八　検知器を接続するものにあつては、次に掲げる事項

　イ　標準遅延時間

　ロ　入力信号及び出力信号の種類

九　主電源の定格電圧及び定格電流

十　予備電源がある場合は、蓄電池の製造事業者の氏名又は名称、種別、型名又は型番号、定格容量及び定格電圧

十一　終端器を接続するものにあつては、終端器の種別及び型名又は型番号

十二　蓄積式のものにあつては、公称蓄積時間

十三　アナログ式中継器（感度設定装置を有するものに限る。）にあつては、次に掲げる事項

　イ　公称受信温度範囲又は公称受信濃度範囲

　ロ　当該中継器において火災情報信号を受信するアナログ式感知器の種

　　別、設定表示温度等及び規則第23条第7項の規定により例によること
　　とされる感知器の種別

十四　自動試験機能を有する中継器にあつては、次に掲げる事項

　イ　当該中継器に係る自動試験機能の概要

　ロ　自動試験機能等対応型感知器の種別及び個数

十五　遠隔試験機能を有する中継器にあつては、次に掲げる事項

　イ　遠隔試験機能に係る火災報知設備のシステム概念図

　ロ　自動試験機能等対応型感知器の種別及び個数

　ハ　外部試験器を接続するものにあつては、当該外部試験器の型名又は型
　　番号

十六　無線式中継器にあつては、次に掲げる事項

　イ　発信用又は受信用という文字

　ロ　発信又は受信可能な感知器、中継器又は受信機の型式番号

　ハ　電池を用いるものにあつては、電池の種類及び電圧

2　次の各号に掲げる部品には部品記号及び当該各号に掲げる事項を、その他
　の部品には部品記号を見やすい箇所に容易に消えないように表示しなければ
　ならない。

一　端子板　端子記号（電源用又は音響装置用の端子にあつては、端子記号、
　　交流又は直流の別、定格電圧及び定格電流）

二　スイッチその他の操作部　「開、閉」その他の操作表示及び使用方法

三　ヒューズホルダ　使用するヒューズの定格電流

（基準の特例）

第15条　新たな技術開発に係る中継器について、その形状、構造、材質及び性
　能から判断して、この省令の規定に適合するものと同等以上の性能があると
　総務大臣が認めた場合は、この省令の規定にかかわらず、総務大臣が定める
　技術上の規格によることができる。

消防法関係

3. 受信機に係る技術上の規格を定める省令

$$\left(\begin{array}{c}\text{昭和56年6月20日}\\\text{自治省令第19号}\end{array}\right)$$

改正　昭和59年　7月20日自治省令第20号
　　　同　62年　3月18日　　同　　　第 7号
　　　平成 5年　1月29日　　同　　　第 5号
　　　同　 7年　9月13日　　同　　　第29号
　　　同　 9年　4月23日　　同　　　第25号
　　　同　12年　9月14日　　同　　　第44号
　　　同　19年　3月26日総務省令第32号
　　　同　21年　3月 9日　　同　　　第18号
　　　令和元年　6月28日　　同　　　第19号

（趣　旨）

第1条　この省令は、火災報知設備又はガス漏れ火災警報設備に使用する受信機（火災報知設備及びガス漏れ火災警報設備の受信機を含む。以下同じ。）の技術上の規格を定めるものとする。

（用語の意義）

第2条　この省令において、次の各号に掲げる用語の意義は、当該各号に定めるところによる。

　一　火災報知設備　中継器に係る技術上の規格を定める省令（昭和56年自治省令第18号。以下「中継器規格省令」という。）第2条第一号に規定するものをいう。

　二　ガス漏れ火災警報設備　中継器規格省令第2条第二号に規定するものをいう。

　三　感知器　火災報知設備の感知器及び発信機に係る技術上の規格を定める省令（昭和56年自治省令第17号。以下「感知器等規格省令」という。）第2条第一号に規定するものをいう。

　三の二　無線式感知器　感知器等規格省令第2条第十九号の四に規定するものをいう。

　四　発信機　感知器等規格省令第2条第二十号に規定するものをいう。

四の二 無線式発信機 感知器等規格省令第2条第二十三号の二に規定する
ものをいう。

五 検知器 中継器規格省令第2条第五号に規定するものをいう。

六 中継器 中継器規格省令第2条第六号に規定するものをいう。

六の二 無線式中継器 中継器規格省令第2条第六号の三に規定するものを
いう。

七 受信機 火災信号（感知器等規格省令第2条第二十七号に規定するもの
をいう。以下同じ。）、火災表示信号（中継器規格省令第2条第九号に規定
するものをいう。以下同じ。）、火災情報信号（感知器等規格省令第2条第
二十八号に規定するものをいう。以下同じ。）、ガス漏れ信号（中継器規格
省令第2条第十号に規定するものをいう。以下同じ。）又は設備作動信号
（中継器規格省令第2条第十一号に規定するものをいう。以下同じ。）を受
信し、火災の発生若しくはガス漏れの発生又は消火設備等（感知器等規格
省令第2条第二十六号に規定するものをいう。以下同じ。）の作動を防火対
象物の関係者又は消防機関に報知するものをいう。

八 P型受信機 火災信号若しくは火災表示信号を共通の信号として又は設
備作動信号を共通若しくは固有の信号として受信し、火災の発生を防火対
象物の関係者に報知するものをいう。

九 R型受信機 火災信号、火災表示信号若しくは火災情報信号を固有の信
号として又は設備作動信号を共通若しくは固有の信号として受信し、火災
の発生を防火対象物の関係者に報知するものをいう。

九の二 アナログ式受信機 火災情報信号（当該火災情報信号の程度に応じ
て、火災表示及び注意表示（火災表示をするまでの間において補助的に異
常の発生を表示するものをいう。以下同じ。）を行う温度又は濃度（以下
「表示温度等」という。）を設定する装置（以下「感度設定装置」という。）
により処理される火災表示及び注意表示をする程度に達した旨の信号を含
む。以下同じ。）を受信し、火災の発生を防火対象物の関係者に報知するも
のをいう。

十 M型受信機 M型発信機から発せられた火災信号を受信し、火災の発
生を消防機関に報知するものをいう。

十一 G型受信機 ガス漏れ信号を受信し、ガス漏れの発生を防火対象物の

消防法関係

関係者に報知するものをいう。

十二　GP 型受信機　P 型受信機の機能と G 型受信機の機能とを併せもつものをいう。

十三　GR 型受信機　R 型受信機の機能と G 型受信機の機能とを併せもつものをいう。

十四　2 信号式受信機　同一の警戒区域からの異なる 2 の火災信号を受信したときに火災表示を行うことができる機能を有するものをいう。

十五　無線式受信機　無線によつて火災信号、火災表示信号、火災情報信号又は設備作動信号を受信した場合に火災の発生を報知するものをいう。

（構造及び機能）

第 3 条　受信機の構造は、次に定めるところによらなければならない。

一　確実に作動し、かつ、取扱い、保守点検及び附属部品の取替えが容易にできること。

二　耐久性を有すること。

三　水滴が浸入しにくいこと。

四　ほこり又は湿気にににより機能に異常を生じないこと。

五　腐食により機能に異常を生ずるおそれのある部分には、防食のための措置を講ずること。

六　不燃性又は難燃性の外箱で覆うこと。

七　配線は、十分な電流容量を有し、かつ、接続が的確であること。

八　部品は、機能に異常を生じないように、的確に、かつ、容易に緩まないように取り付けること。

九　充電部は、外部から容易に人が触れないように、十分に保護すること。

十　定格電圧が 60 V を超える受信機の金属製外箱には、接地端子を設けること。

十一　主電源の両極を同時に開閉することができる電源スイッチを受信機の内部に設けること。

　　ただし、P 型 3 級受信機、接続することができる回線の数が 1 の G 型受信機及び GP 型 3 級受信機（G 型受信機の機能としての接続することができる回線の数が 1 であるものに限る。）にあつては、この限りでない。

十二　主電源回路の両線及び予備電源回路の 1 線並びに受信機から外部負荷

に電力を供給する回路には、ヒューズ、ブレーカその他の保護装置を設けること。

十三　予備電源を設けること。

　　ただし、接続することができる回線の数が1のP型2級受信機、P型3級受信機、G型受信機、GP型2級受信機（P型2級受信機の機能としての接続することができる回線の数が1であるものに限る。）及びGP型3級受信機にあつては、この限りでない。

十四　主電源を監視する装置を受信機の前面に設けること。

十五　受信機の試験装置は、受信機の前面において容易に操作することができること。

十六　復旧スイッチ又は音響装置の鳴動を停止するスイッチを設けるものにあつては、当該スイッチは専用のものとすること。

　　ただし、当該スイッチを受信機の内部に設ける場合又はP型3級受信機若しくはGP型3級受信機に設ける場合にあつては、この限りでない。

十七　定位置に自動的に復旧しないスイッチを設けるものにあつては、当該スイッチが定位置にないとき、音響装置又は点滅する注意灯が作動すること。

十八　地区音響装置の鳴動を停止するスイッチ（この号において「地区音響停止スイッチ」という。）を設けるものにあつては、次によること。

　イ　地区音響停止スイッチが地区音響装置の鳴動を停止する状態（この号において「停止状態」という。）にある間に、受信機が火災信号、火災表示信号又は火災情報信号のうち火災表示をする程度に達したものを受信したときは、当該スイッチが一定時間以内に自動的に地区音響装置を鳴動させる状態（この号において「鳴動状態」という。）に移行すること。ただし、受信機が第6条第1項、第2項（第一号を除く。）及び第3項の火災表示をしている間に当該スイッチを停止状態とした場合において、当該停止状態の間に、受信機が火災信号、火災表示信号又は火災情報信号のうち火災表示をする程度に達したものを受信したときは、当該スイッチが自動的に鳴動状態に移行すること。

　ロ　イの規定による地区音響停止スイッチの移行を停止する装置を設けるものにあつては、当該装置は受信機の内部に設け、かつ、当該装置が作

　　　動しているときに音響装置及び専用の点滅する注意灯が作動すること。

十九　蓄積時間（火災信号、火災表示信号又は火災情報信号（火災表示又は
　　注意表示をする程度に達したものに限る。）を検出してから、検出を継続
　　し、受信を開始するまでの時間をいう。以下同じ。）を調整する装置を設け
　　るものにあつては、当該装置を受信機の内部に設けること。

二十　アナログ式受信機であつて、感度設定装置を設けるものにあつては、
　　次によること。

　　イ　熱アナログ式スポット型感知器からの火災情報信号に係る公称受信温
　　　度範囲については、感知器等規格省令第15条の3第1項の規定に準ず
　　　ること。

　　ロ　イオン化アナログ式スポット型感知器又は光電アナログ式スポット型
　　　感知器からの火災情報信号に係る公称受信濃度範囲については、感知器
　　　等規格省令第17条の4第1項の規定に準ずること。

　　ハ　光電アナログ式分離型感知器からの火災情報信号に係る公称受信濃度
　　　範囲については、感知器等規格省令第17条の6第2項の規定に準ずる
　　　こと。

　　ニ　感度設定装置は、次によること。

　　　⑴　表示温度等を設定する感知器を特定でき、かつ、当該感知器に係る
　　　　表示温度等が容易に確認できること。

　　　⑵　2以上の操作によらなければ表示温度等の変更ができないものであ
　　　　ること。

　　　⑶　表示温度等の表示は、熱アナログ式スポット型感知器については温
　　　　度、イオン化アナログ式スポット型感知器、光電アナログ式スポット
　　　　型感知器及び光電アナログ式分離型感知器については減光率によつて
　　　　行い、その単位は度又は％であること。

二十一　受信機のうち、感度固定装置を設けるものにあつては、次によるこ
　　と。

　　イ　熱アナログ式スポット型感知器からの火災情報信号に係る受信温度に
　　　ついては、感知器等規格省令第15条の3第1項に定める温度範囲内で
　　　あり、かつ、感知器等規格省令第14条第1項に規定する公称作動温度に
　　　準じた温度とすること。

ロ　イオン化アナログ式スポット型感知器又は光電アナログ式スポット型感知器からの火災情報信号に係る受信濃度については、感知器等規格省令第17条の4第1項に定める濃度範囲内であり、かつ、感知器等規格省令第17条第2項に規定する公称作動濃度に準じた濃度とすること。

ハ　光電アナログ式分離型感知器からの火災情報信号に係る受信濃度については、感知器等規格省令第17条の6第2項に定める濃度範囲内であり、かつ、感知器等規格省令第17条の2第3項第一号に規定する減光フィルターに係る性能の2/3の値に準じた濃度とすること。

ニ　感度固定装置は、次によること。

(1)　火災表示を行う温度又は濃度を固定する感知器を特定でき、かつ、受信温度又は受信濃度に相当する当該感知器の感度に係る種別、公称作動温度等を容易に確認できること。

(2)　受信温度又は受信濃度を選択することができる装置を有するものにあつては、イからハまでの規定に適合する温度及び濃度に限り選択できるものであり、かつ、二以上の操作によらなければ受信温度及び受信濃度の変更ができないものであること。

(部品の構造及び機能)

第4条　受信機に次の各号に掲げる部品を用いる場合にあつては、当該各号に定める構造及び機能を有するものでなければならない。

一　音響装置

イ　定格電圧の90％（予備電源が設けられているものにあつては、当該予備電源の定格電圧の85％）の電圧で音響を発すること。

ロ　定格電圧における音圧は、無響室で音響装置の中心から前方1m離れた地点で測定した値が、火災報知設備に用いる主音響装置にあつては85dB（P型3級受信機及びGP型3級受信機に設けるものにあつては、70dB）以上、その他のものにあつては70dB以上であること。

ハ　定格電圧で連続8時間鳴動した場合、構造又は機能に異常を生じないこと。

ニ　充電部と非充電部との間の絶縁抵抗は、直流500Vの絶縁抵抗計で測定した値が5MΩ以上であること。

ホ　充電部と非充電部との間の絶縁耐力は、50Hz又は60Hzの正弦波に

消防法関係

　　　近い実効電圧 500 V（定格電圧が 60 V を超え 150 V 以下のものにあつて
　　は 1,000 V、定格電圧が 150 V を超えるものにあつては定格電圧に 2 を
　　乗じて得た値に 1,000 V を加えた値）の交流電圧を加えた場合、1 分間
　　これに耐えること。

　ヘ　音響装置のうち、火災表示又はガス漏れ表示に係る音響に用いるもの
　　にあつては、当該表示に係る音響を優先して発し、かつ、他の音響と識
　　別できるものであること。

二　電磁継電器

　イ　密閉型以外のものには、接点及び可動部にほこりがたまらないように
　　カバーを設けること。

　ロ　接点は、金及び銀の合金又はこれと同等以上の性能を有する材料を用
　　い、外部負荷と兼用しないこと。

三　電源変圧器

　イ　産業標準化法（昭和 24 年法律第 185 号）第 20 条第 1 項に定める日本
　　産業規格（以下「JIS」という。）C 6436 に準ずること。

　ロ　容量は、最大使用電流に連続して耐えること。

四　表示灯

　イ　電球は、使用される回路の定格電圧の130％の交流電圧を 20 時間連続
　　して加えた場合、断線、著しい光束変化、黒化又は著しい電流の低下を
　　生じないこと。

　ロ　電球を 2 以上並列に接続すること。ただし、放電灯又は発光ダイオー
　　ドを用いるものにあつては、この限りでない。

　ハ　周囲の明るさが300lx の状態において、前方 3 m 離れた地点で点灯し
　　ていることを明確に識別することができること。

五　スイッチ

　イ　確実かつ容易に作動し、停止点が明確であること。

　ロ　接点は、腐食するおそれがなく、かつ、その容量は、最大使用電流に
　　耐えること。

六　指示電気計器

　イ　JIS C 1102-1 及び C 1102-2 に準ずること。

　ロ　電圧計の最大目盛りは、使用される回路の定格電圧の 140 ％以上

200％以下であること。

七　ヒューズ　JIS C 6575-1 及び C 6575-2 又は JIS C 8352 に準ずること。

八　予備電源

　イ　密閉型蓄電池であること。

　ロ　主電源が停止したときは主電源から予備電源に、主電源が復旧したときは予備電源から主電源に自動的に切り替える装置を設けること。

　ハ　最大消費電流に相当する負荷を加えたときの電圧を容易に測定することができる装置を設けること。

　ニ　口出線は、色分けするとともに、誤接続防止のための措置を講ずること。

　ホ　容量は、次に掲げる予備電源の区分に応じ、次に定める容量以上であること。

　　⑴　P型受信機用又は R 型受信機用の予備電源　監視状態を 60 分間継続した後、2 の警戒区域（P 型受信機で警戒区域の回線が 1 のものにあつては、1 の警戒区域）の回線を作動させることができる消費電流（地区音響装置を継続している受信機にあつては、当該消費電流に、当該受信機に接続されるすべての地区音響装置を同時に鳴動させることができる消費電流及び消火設備等から設備作動信号を終端器に至る信号回路の回線を介して受信する機能（以下「設備作動受信機能」という。）を有するものにあつては、当該機能を維持することができる消費電流を加えたもの）を 10 分間継続して流すことができる容量（当該消費電流が監視状態の消費電流を下回る場合にあつては、監視状態の消費電流を 10 分間継続して流すことができる容量）

　　⑵　M型受信機用の予備電源　監視状態を 60 分間継続した後、2 個の M 型発信機を作動させることができる消費電流（監視状態の消費電流を下回る場合にあつては、監視状態の消費電流）を 10 分間継続して流すことができる容量

　　⑶　G型受信機用の予備電源　2 回線を 1 分間有効に作動させ、同時にその他の回線を 1 分間監視状態にすることができる容量

　　⑷　GP型受信機用又は GR 型受信機用の予備電源　⑴に定める容量及び⑶に定める容量を合わせた容量

消防法関係

　　ヘ　本体の外部に設けるものは、不燃性又は難燃性の箱に収納し、本体と
　　の間の配線は、耐熱電線を用いること。

九　送受話器　確実に作動し、かつ、耐久性を有すること。

（附属装置）

第5条　受信機には、その機能に有害な影響を及ぼすおそれのある附属装置を
設けてはならない。

（火災表示、注意表示及びガス漏れ表示）

第6条　受信機（2信号式受信機、アナログ式受信機及びG型受信機を除く。）
は、火災信号又は火災表示信号を受信したとき、赤色の火災灯及び主音響装
置により火災の発生を、地区表示装置により当該火災の発生した警戒区域を
それぞれ自動的に表示し、かつ、地区音響装置を自動的に鳴動させるもので
なければならない。

2　2信号式受信機は、2信号式の機能を有する警戒区域の回線からの火災信
号（感知器からのものに限る。）を受信したときにあつては次に定めるところ
により、当該回線以外からの火災信号（当該回線の発信機からの火災信号を
含む。）を受信したときにあつては前項に定めるところによりそれぞれ火災
表示をするものでなければならない。

　一　火災信号を受信したとき、主音響装置又は副音響装置により火災の発生
　　を、地区表示装置により当該火災の発生した警戒区域をそれぞれ自動的に
　　表示すること。

　二　前号の表示中に当該警戒区域の感知器からの異なる火災信号を受信した
　　とき、同号の表示（副音響装置による火災の発生の表示を除く。）を継続す
　　るとともに、赤色の火災灯及び主音響装置（同号において副音響装置が火
　　災の発生を表示している場合の主音響装置に限る。）により火災の発生を
　　自動的に表示し、かつ、地区音響装置を自動的に鳴動させること。

3　アナログ式受信機は、火災情報信号のうち注意表示をする程度に達したも
のを受信したときにあつては注意灯及び注意音響装置により異常の発生を、
地区表示装置により当該異常の発生した警戒区域をそれぞれ自動的に表示
し、火災信号、火災表示信号又は火災情報信号のうち火災表示をする程度に
達したものを受信したときにあつては赤色の火災灯及び主音響装置により火
災の発生を、地区表示装置により当該火災の発生した警戒区域をそれぞれ自

動的に表示し、かつ、地区音響装置を自動的に鳴動させるものでなければならない。

4　G型受信機、GP型受信機及びGR型受信機は、ガス漏れ信号を受信したとき、黄色のガス漏れ灯及び主音響装置によりガス漏れの発生を、地区表示装置により当該ガス漏れの発生した警戒区域をそれぞれ自動的に表示するものでなければならない。

5　第1項、第2項（第一号を除く。）及び第3項の火災表示は、手動で復旧しない限り、表示状態を保持するものでなければならない。ただし、P型3級受信機及びGP型3級受信機にあつては、この限りでない。

6　GP型受信機及びGR型受信機の地区表示装置は、火災の発生した警戒区域とガス漏れの発生した警戒区域とを明確に識別することができるように表示するものでなければならない。

（火災表示及びガス漏れ表示の特例）

第6条の2　前条第1項及び第4項の規定にかかわらず、次の各号に掲げる装置を当該各号に掲げる受信機に設けず、又は接続しないことにより、当該装置に係る同条第1項の火災表示又は同条第4項のガス漏れ表示を行わないことができる。

一　火災灯　P型受信機（接続することができる回線の数が2以上のP型1級受信機を除く。）

二　火災の発生に係る地区表示装置　接続することができる回線の数が1のP型受信機及びGP型受信機（P型受信機の機能としての接続することができる回線の数が1であるものに限る。）

三　ガス漏れの発生に係る地区表示装置　接続することができる回線の数が1のG型受信機並びにGP型受信機及びGR型受信機（それぞれG型受信機の機能としての接続することができる回線の数が1であるものに限る。）

四　地区音響装置　接続することができる回線の数が1のP型2級受信機、P型3級受信機、M型受信機、GP型2級受信機（P型2級受信機の機能としての接続することができる回線の数が1であるものに限る。）及びGP型3級受信機

（受信機の設備作動受信機能）

第6条の3　受信機に設備作動受信機能を設けるもののうち、消火設備等の作

動表示を行うものは、次に定める機能を有するものでなければならない。

一　設備作動信号を受信したとき、作動区域表示装置により、当該信号を発した区域、装置の名称等を表示すること。

二　前号に定める信号を発した区域の表示は、第6条に定めるところによる火災表示、注意表示又はガス漏れ表示に係る警戒区域と識別できること。

（地区音響鳴動装置）

第6条の4　受信機において地区音響装置を鳴動させる装置（以下「地区音響鳴動装置」という。）は、次に定めるところによらなければならない。

一　ベル、ブザー等の音響による警報を発する地区音響装置に係る地区音響鳴動装置にあつては、地区音響装置を確実に鳴動させる機能を有すること。

二　スピーカー等の音声による警報を発する地区音響装置に係る地区音響鳴動装置にあつては、次によること。

　イ　再生部は、次によること。

　　(1)　増幅器の最大出力電圧値は、1kHz の正弦波を定格電圧で入力した場合、定格出力電圧値の90%以上110%以下とすること。

　　(2)　地区音響装置は明瞭に鳴動させることができること。

　ロ　音声による警報の鳴動は、次によること。

　　(1)　火災信号（発信機からの火災信号を除く。）又は火災表示信号を受信したとき、自動的に感知器が作動した旨の警報（以下「感知器作動警報」という。）を発すること。

　　(2)　火災情報信号のうち火災表示をする程度に達した旨の信号を受信したとき、自動的に感知器作動警報又は火災である旨の警報（以下「火災警報」という。）を発すること。

　　(3)　発信機からの火災信号を受信したとき又は第6条第2項第一号の表示中に感知器からの火災信号若しくは火災表示信号を受信したとき、自動的に火災警報を発すること。

　　(4)　感知器作動警報の作動中に火災信号、火災表示信号若しくは火災情報信号のうち火災表示をする程度に達した旨の信号を受信したとき又は一定時間が経過したとき、自動的に火災警報を発すること。

　　(5)　火災の発生を確認した旨の信号を受信することができるものにあつ

ては、当該信号を受信したとき、自動的に火災警報を発すること。

ハ 音声による警報は、音声のほか警報音によることとし、その構成は次によること。

(1) 感知器作動警報は、第1警報音、音声、1秒間の無音状態の順に連続するものを反復するものであること。

(2) 火災警報は、第1警報音、音声、1秒間の無音状態、第1警報音、音声、1秒間の無音状態、第2警報音の順に連続するものを反復するものであること。

ニ 警報音は、次によること。

(1) 基本波形は、1周期に対する立ち上がり時間の比が0.2以下ののこぎり波であること。

(2) 第1警報音は、周波数740Hzの音が0.5秒間鳴動した後に、周波数494Hzの音が0.5秒間鳴動するものを3回反復するものであること。

(3) 第2警報音は、周波数300Hzから2kHzまで0.5秒間で掃引させた音が0.5秒間隔で3回鳴動した後に、1.5秒間の無音状態となるものを3回反復するものであること。

(4) 包絡線は、第1警報音にあつては立ち上がり時間0.1秒間及び立ち下がり時間0.4秒間の形状とし、第2警報音にあつては矩形とすること。

ホ 音声は、次によること。

(1) 感知器作動警報に係る音声は、女声によるものとし、火災報知設備の感知器が作動した旨の情報又はこれに関連する内容を周知するものであること。

(2) 火災警報に係る音声は、男声によるものとし、火災が発生した旨の情報又はこれに関連する内容を周知するものであること。

三 感知器作動警報及び火災警報以外の音声による情報を発する機能を設けるものにあつては、次によること。

イ 手動操作により情報を発すること。

ロ 情報は、第1警報音、音声、1秒間の無音状態の順に連続するものを反復するものであること。

ハ 音声は、女声によるものとし、火災報知設備等に係る情報又はこれに関連する内容を周知するものであること。

消防法関係

（受信機の最大負荷）

第7条　受信機は、次の各号に掲げる受信機の区分に応じ、当該各号に定める負荷に連続して耐える容量を有するものでなければならない。

　一　P型受信機、R型受信機、GP型受信機又はGR型受信機　5の警戒区域（当該警戒区域からの信号を受信することができる警戒区域の数が5未満のものにあつては、受信することができる全警戒区域）の回線を作動させることができる負荷（地区音響装置を接続している受信機にあつては、当該負荷に、当該受信機に接続されるすべての地区音響装置を同時に鳴動させることができる負荷を加えたもの）又は監視状態にあるときの負荷のうちいずれか大きい方の負荷（設備作動受信機能を有するものにあつては、当該機能を維持することができる負荷を加えた負荷）

　二　M型受信機　5個のM型発信機を作動させることができる負荷又は監視状態にあるときの負荷のうちいずれか大きい方の負荷

　三　G型受信機　5回線（接続することができる回線の数が5未満のものにあつては、全回線）を作動させることができる負荷又は監視状態にあるときの負荷のうちいずれか大きい方の負荷

（P型受信機の機能）

第8条　P型1級受信機の機能は次に定めるところによらなければならない。

　一　火災表示の作動を容易に確認することができる装置（以下「火災表示試験装置」という。）及び終端器に至る信号回路の導通を回線ごとに容易に確認することができる装置（以下「導通試験装置」という。）による試験機能を有し、かつ、これらの装置の操作中に他の警戒区域からの火災信号又は火災表示信号を受信したとき、火災表示をすることができること。ただし、接続することができる回線の数が一のものにあつては、導通試験装置による試験機能を有しないことができる。

　二　次に掲げる場合に発せられる信号を受信したとき、音響装置及び故障表示灯が自動的に作動すること。

　　イ　火災信号、火災表示信号又は火災情報信号を受信する信号回路の回線以外から電力を供給される感知器又は中継器から、これらの電力の供給が停止した旨の信号を受信した場合

　　ロ　受信機又は他の中継器から電力を供給される方式の中継器から外部負

荷に電力を供給する回路において、ヒューズ、ブレーカその他の保護装置が作動した場合

ハ　受信機又は他の中継器から電力を供給されない方式の中継器の主電源が停止した場合及び当該中継器から外部負荷に電力を供給する回路において、ヒューズ、ブレーカその他の保護装置が作動した場合

三　火災信号又は火災表示信号の受信開始から火災表示（地区音響装置の鳴動を除く。）までの所要時間は、5秒以内であること。

四　2回線から火災信号又は火災表示信号を同時に受信したとき、火災表示をすることができること。

五　P型1級発信機（感知器等規格省令第2条第二十一号に規定するもので、同令第32条各号に適合するものをいう。）を接続する受信機（接続することができる回線の数が1のものを除く。）にあつては、発信機からの火災信号を受信した旨の信号を当該発信機に送ることができ、かつ、火災信号の伝達に支障なく発信機との間で電話連絡をすることができること。

六　T型発信機（感知器等規格省令第2条第二十二号に規定するものをいう。）を接続する受信機にあつては、2回線以上が同時に作動したとき、通話すべき発信機を任意に選択することができ、かつ、遮断された回線におけるT型発信機に話中音が流れるものであること。

七　蓄積式受信機にあつては、蓄積時間は5秒を超え60秒以内とし、発信機からの火災信号を検出したときは蓄積機能を自動的に解除すること。

八　2信号式受信機にあつては、2信号式の機能を有する警戒区域の回線に蓄積機能を有しないこと。

2　P型2級受信機の機能は、前項第二号から第四号まで並びに第七号及び第八号に定めるところによるほか、次に定めるところによらなければならない。

一　接続することができる回線の数は5以下であること。

二　火災表示試験装置による試験機能を有し、かつ、この装置の操作中に他の回線からの火災信号又は火災表示信号を受信したとき、火災表示をすることができること。

3　P型3級受信機の機能は、第1項第二号、第三号及び第七号に定めるところによるほか、次に定めるところによらなければならない。

　　一　接続することができる回線の数は1であること。

　　二　火災表示試験装置による試験機能を有すること。

　（R型受信機の機能）

第9条　R型受信機（アナログ式受信機を除く。）の機能は、前条第1項第二号から第七号までに定めるところによるほか、火災表示試験装置並びに終端器に至る外部配線の断線及び受信機から中継器（感知器からの火災信号を直接受信するものにあつては、感知器）に至る外部配線の短絡を検出することができる装置による試験機能を有し、かつ、これらの装置の操作中に他の警戒区域からの火災信号又は火災表示信号を受信したとき、火災表示をすることができるものでなければならない。

2　アナログ式のR型受信機の機能は、前条第1項第二号及び第五号から第八号までに定めるところによるほか、次に定めるところによらなければならない。

　　一　火災表示試験装置、注意表示試験装置（注意表示の作動を容易に確認することができる装置をいう。）並びに終端器に至る外部配線の断線及び受信機から中継器（感知器からの火災信号又は火災情報信号（火災表示をする程度に達したものに限る。以下この号、第三号及び第四号において同じ。）を直接受信するものにあつては、感知器）に至る外部配線の短絡を検出することができる装置による試験機能を有し、かつ、これらの装置の操作中に他の警戒区域からの火災信号、火災表示信号又は火災情報信号を受信したとき、火災表示をすることができること。

　　二　火災情報信号（注意表示をする程度に達したものに限る。）の受信開始から注意表示までの所要時間は、5秒以内であること。

　　三　火災信号、火災表示信号又は火災情報信号の受信開始から火災表示（地区音響装置の鳴動を除く。）までの所要時間は、5秒以内であること。

　　四　二の警戒区域の回線から火災信号、火災表示信号又は火災情報信号を同時に受信したとき、火災表示をすることができること。

　　五　アナログ式の機能を有する警戒区域の回線は、2信号式の機能を有しないこと。

3　R型受信機の機能は、前2項に定めるところによるほか、火災信号、火災表示信号又は火災情報信号にあつては地区表示装置に表示する警戒区域、設

備作動信号にあつては作動区域表示装置に表示する区域、装置の名称等の回線との対応を確認することができるものでなければならない。

（M型受信機の機能）

第10条 M型受信機の機能は、次に定めるところによらなければならない。

一　火災表示試験装置並びにM型発信機（感知器等規格省令第2条第十五号に規定するものをいう。以下同じ。）に至る外部配線の抵抗及び当該外部配線と大地との間の絶縁抵抗の測定をすることができる装置による試験機能を有し、かつ、これらの装置の操作中に他の回線からの火災信号を受信したとき、火災表示をすることができること。

二　M型発信機の正常な発信を不能にするおそれのある主電源の電圧の降下又はM型発信機に至る外部配線の断線若しくは地絡を生じたとき、音響装置及び故障表示灯が自動的に作動すること。

三　M型発信機の発信開始から火災表示までの所要時間（記録式のM型受信機を用いるものにあつては、同一の信号を2回記録するまでの所要時間）は、20秒以内であること。

四　前号の所要時間が10秒以内であるものを除き、3個以上のM型発信機が同時に作動した場合、無干渉かつ逐次に火災表示をすることができること。

五　M型発信機からの火災信号を受信した旨の信号を当該発信機に送るものであること。

六　火災信号の伝達に支障なくM型発信機との間で電話連絡をすることができること。

七　ぜんまいを使用するものにあつては、ぜんまいが緩み切る前にその旨を報知する音響装置が自動的に作動すること。

八　火災信号を受信したとき、火災の発生した地区を自動的に表示するものにあつては、3以上の地区表示をすることができること。

（G型受信機の機能）

第11条 G型受信機の機能は、次に定めるところによらなければならない。

一　ガス漏れ表示の作動を容易に確認することができる装置による試験機能を有し、かつ、この装置の操作中に他の回線からのガス漏れ信号を受信したとき、ガス漏れ表示をすることができること。

消防法関係

二　終端器に至る信号回路の導通を回線ごとに容易に確認することができる
　装置による試験機能を有し、かつ、この装置の操作中に他の回線からのガ
　ス漏れ信号を受信したとき、ガス漏れ表示をすることができること。ただ
　し、接続することができる回線の数が5以下のもの及び検知器の電源の停
　止が受信機において分かる装置を有するものにあつては、この限りでな
　い。

三　2回線からガス漏れ信号を同時に受信したとき、ガス漏れ表示をするこ
　とができること。

四　次に掲げる場合に発せられる信号を受信したとき、音響装置及び故障表
　示灯が自動的に作動すること。

　イ　検知器、受信機又は他の中継器から電力を供給される方式の中継器か
　　ら外部負荷に電力を供給する回路において、ヒューズ、ブレーカその他
　　の保護装置が作動した場合及び当該中継器のうちガス漏れ信号を発する
　　信号回路の回線以外から電力を供給されるものの電力の供給が停止した
　　場合

　ロ　検知器、受信機又は他の中継器から電力を供給されない方式の中継器
　　の主電源が停止した場合及び当該中継器から外部負荷に電力を供給する
　　回路において、ヒューズ、ブレーカその他の保護装置が作動した場合

五　ガス漏れ信号の受信開始からガス漏れ表示までの所要時間は、60秒以内
　であること。

（GP型受信機の機能）

第12条　第8条第1項及び前条の規定は、GP型1級受信機の機能について準
　用する。

2　第8条第2項及び前条の規定は、GP型2級受信機の機能について準用する。

3　第8条第3項及び前条の規定は、GP型3級受信機の機能について準用する。

（GR型受信機の機能）

第13条　第9条及び第11条の規定は、GR型受信機の機能について準用する。

（無線式受信機の機能）

第13条の2　無線式受信機の機能は、次に定めるところによるほか、P型受信
　機であるものにあつては第8条の規定を、R型受信機であるものにあつては
　第9条の規定を、GP型受信機であるものにあつては第12条の規定を、GR

型受信機であるものにあつては前条の規定を、それぞれ準用する。

一　無線設備は、無線設備規則（昭和25年電波監理委員会規則第18号）の第49条の17に規定する小電力セキュリティシステムの無線局の無線設備であること。

二　電波を発信する機能を有するものにあつては、次によること。

　イ　発信される信号の電界強度の値は、当該受信機から3m離れた位置において設計値以上であること。

　ロ　他の機器と識別できる信号を発信すること。

三　電波を受信する機能を有するものにあつては、受信感度（無線式受信機から3m離れた位置から発信される信号を受信できる最低の電界強度の値をいう。以下同じ。）の値が設計値以下であること。

四　次に掲げる場合に、音響装置及びその旨の表示灯が自動的に作動すること。

　イ　無線式感知器、無線式中継器、無線式発信機又は受信機との間の信号を無線により発信し、若しくは受信する地区音響装置（以下「無線式感知器等」という。）が発する異常である旨の信号を受信した場合又は無線式感知器等が発信する信号が受信感度以下となつた場合

　ロ　電池を用いる無線式感知器等における電圧が当該無線式感知器等を有効に作動できる電圧の下限値となつた場合

五　無線式感知器等の無線設備の発信状態を手動で確認することができる装置を設けるものにあつては、当該装置の操作中に現に確認している警戒区域以外の警戒区域からの火災信号、火災表示信号又は火災情報信号を受信したとき、火災表示をすることができるものであること。

（受信機の自動試験機能等）

第13条の3　受信機に中継器規格省令第2条第十二号に規定する自動試験機能又は同条第十三号に規定する遠隔試験機能（以下「自動試験機能等」という。）を設けるものにあつては、次に定めるところによらなければならない。

一　自動試験機能等に係る制御機能は、次によること。

　イ　作動条件値（異常の有無の判定を行う基準となる数値、条件等をいう。以下同じ。）は、設計範囲外に設定及び容易に変更できないこと。

　ロ　作動条件値を変更できるものにあつては、設定値を確認できること。

消防法関係

　二　自動試験機能等による試験中に、他の警戒区域の回線からの火災信号、火災表示信号又は火災情報信号を的確に受信すること。

2　受信機に自動試験機能を設けるものにあつては、次に定めるところによらなければならない。

　一　予備電源に係る機能を確認する装置は、次によること。

　　イ　第4条第八号ロに規定する装置の作動状況を容易に確認することができること。

　　ロ　予備電源に異常が生じた場合、音響装置及び表示灯が自動的に作動すること。

　二　火災信号、火災表示信号又は火災情報信号を中継器を介して受信するものの火災表示試験装置及び注意表示試験装置は、当該中継器を介して発する火災信号、火災表示信号又は火災情報信号（火災表示又は注意表示をする程度に達したものに限る。）を受信することにより火災表示又は注意表示の作動を確認できるものであること。

　三　導通試験装置又は第9条第1項若しくは第2項第一号に規定する終端器に至る外部配線の断線及び受信機から中継器に至る外部配線の短絡を検出することができる装置は、外部配線に異常が生じたとき、音響装置及び表示灯が自動的に作動すること。

　四　次に掲げる事項が生じたとき、音響装置及び表示灯が自動的に作動すること。

　　イ　受信機から中継器に至る電力の供給に係る電路の断線又は短絡

　　ロ　第3条第十二号に規定するヒューズ、ブレーカその他の保護装置の作動

　　ハ　主電源及び主回路の電圧並びに感知器又は中継器に供給する電力の異常

　　ニ　信号処理装置又は中央処理装置の異常

　五　次に掲げる事項が生じたとき、168時間以内に音響装置及び表示灯が自動的に作動すること。

　　イ　自動試験機能等対応型感知器（感知器等規格省令第2条第十九号の三に規定するものをいう。以下同じ。）に係る機能の異常

　　ロ　地区音響装置を接続する回線に係る電路の断線又は短絡

　六　中継器から次に掲げる場合に発せられる信号を受信したとき、音響装置及び表示灯が自動的に作動すること。

　　イ　感知器又は他の中継器に至る電力の供給に係る電路及び地区音響装置
　　　を接続する回線に係る電路の断線又は短絡が生じた場合
　　ロ　外部負荷に電力を供給する回路において、ヒューズ、ブレーカその他
　　　の保護装置が作動した場合
　　ハ　主電源及び主回路の電圧並びに感知器又は他の中継器に供給する電力
　　　に異常を生じた場合
　　ニ　信号処理装置又は中央処理装置に異常を生じた場合
　　ホ　自動試験機能等対応型感知器の機能に異常が生じた場合
　　ヘ　中継器から終端器に至る外部配線の断線又は短絡が生じた場合
　七　前各号に定める作動を行つたとき、当該表示の状態に関係なく、その内
　　容を記録又は保持すること。
3　受信機に遠隔試験機能を設けるものにあつては、次に定めるところによら
　なければならない。
　一　自動試験機能等対応型感知器の機能に異常が生じたとき、遠隔試験機能
　　により当該感知器の異常を容易に検出することができるものであること。
　　この場合において、受信機に外部試験器（遠隔試験機能の一部の機能を有
　　する装置をいう。以下同じ。）を接続することにより、機能の確認を行う方
　　式のものにあつては、当該装置を操作したときに異常を確認することがで
　　きる機能を含むものとすること。
　二　外部試験器を受信機に接続する場合にあつては、次に掲げる措置を講ず
　　ること。
　　イ　外部試験器を受信機に接続した場合、当該受信機の機能（現に試験し
　　　ている警戒区域の回線に係る機能を除く。）に有害な影響を与えない措置
　　ロ　外部試験器を受信機に接続した状態が継続した場合、点滅する注意灯
　　　その他によつて当該受信機の前面において確認ができる措置又は当該受
　　　信機の機能に有害な影響を与えない措置

（電源電圧変動試験）

第14条　受信機は、次の各号に掲げる電源の電圧が当該各号に定める範囲内で
　変動した場合、機能に異常を生じないものでなければならない。
　一　主電源　定格電圧の90％以上110％以下
　二　予備電源　定格電圧の85％以上110％以下

消防法関係

（周囲温度試験）

第15条 受信機は、周囲の温度が零度以上 40℃ 以下の場合、機能に異常を生じないものでなければならない。

（繰返し試験）

第16条 火災報知設備に使用する受信機にあつては火災表示の作動を、ガス漏れ火災警報設備に使用する受信機にあつてはガス漏れ表示の作動をそれぞれ定格電圧で 10,000 回繰り返した場合、構造又は機能に異常を生じないものでなければならない。

（絶縁抵抗試験）

第17条 充電部と金属製外箱との間及び電源変圧器の線路相互の間の絶縁抵抗は、直流 500V の絶縁抵抗計で測定した値が 5MΩ（接続することができる回線の数が 10 以上の受信機の充電部と金属製外箱との間にあつては、1回線当たり 50MΩ）以上でなければならない。

（絶縁耐力試験）

第18条 充電部と金属製外箱との間及び電源変圧器の線路相互の間の絶縁耐力は、50Hz 又は 60Hz の正弦波に近い実効電圧 500V（定格電圧が 60V を超え 150V 以下のものにあつては、1,000V、定格電圧が 150V を超えるものにあつては定格電圧に 2 を乗じて得た値に 1,000V を加えた値）の交流電圧を加えた場合、1分間これに耐えるものでなければならない。

（衝撃電圧試験）

第19条 受信機（外部配線を有さない無線式受信機を除く。）は、通電状態において、次に掲げる試験を 15 秒間行つた場合、機能に異常を生じないものでなければならない。

一　内部抵抗 50Ω の電源から 500V の電圧をパルス幅 1μs、繰返し周期 100Hz を加える試験

二　内部抵抗 50Ω の電源から 500V の電圧をパルス幅 0.1μs、繰返し周期 100Hz を加える試験

三　音響装置を接続する端子に、内部抵抗 600Ω の電源から 220V の電圧をパルス幅 1ms、繰返し周期 100Hz で加える試験

（電磁波試験）

第19条の2 無線式受信機は、通電状態において、1m 当たり 10V の電界強度

で、周波数 1kHz の正弦波によつて 80%の振幅変調をし、並びに周波数を 80 MHz から 1GHz まで及び 1.4GHz から 2GHz までの周波数範囲をそれぞれ 0.0015 デイケード毎秒以下の速度で変化させた電磁波を照射した場合において、火災表示をせず、かつ、機能に異常を生じないものでなければならない。

第 21 条第 1 項に次の一号を加える。

十五　無線式受信機にあつては、次に掲げる事項

　イ　無線式という文字

　ロ　発信又は受信可能な無線式感知器等の型式番号

（試験の条件）

第20条　第 17 条及び第 18 条に定める受信機の試験は、次に掲げる条件の下で行わなければならない。

一　温度 5℃以上 35℃以下

二　相対湿度 45%以上 85%以下

（表　示）

第21条　受信機には、次の各号に掲げる事項を見やすい箇所に容易に消えないように表示しなければならない。この場合において、第六号、第十三号及び第十四号に掲げる事項については、ケースに入れた下げ札に表示することができる。

一　受信機という文字

二　型式及び型式番号

三　製造年

四　製造番号

五　製造事業者の氏名又は名称

六　取扱方法の概要

七　接続することができる回線の数又は感知器、発信機、検知器及び中継器の数

八　主電源の定格電圧及び定格電流

九　予備電源がある場合は、蓄電池の製造事業者の氏名又は名称、種別、型名又は型番号、定格容量及び定格電圧

十　終端器を接続するものにあつては、終端器の種別及び型名又は型番号

消防法関係

　　十一　蓄積式のものにあつては、公称蓄積時間

　　十二　アナログ式受信機にあつては、次に掲げる事項

　　　　イ　公称受信温度範囲又は公称受信濃度範囲

　　　　ロ　当該受信機において火災情報信号を受信するアナログ式感知器の種別、設定表示温度等及び消防法施行規則（昭和 36 年自治省令第 6 号）第 23 条第 7 項の規定により例によることとされる感知器の種別

　　十三　自動試験機能を有する受信機にあつては、次に掲げる事項

　　　　イ　自動試験機能に係る火災報知設備のシステム概念図

　　　　ロ　自動試験機能等対応型感知器の種別及び個数並びに取扱い方法（感知器に係る自動試験機能等を有する中継器を接続するものにあつては、当該中継器の型式番号）

　　十四　遠隔試験機能を有する受信機にあつては、次に掲げる事項

　　　　イ　遠隔試験機能に係る火災報知設備のシステム概念図

　　　　ロ　自動試験機能等対応型感知器の種別及び個数並びに取扱い方法

　　　　ハ　外部試験器を接続するものにあつては、当該外部試験器の型名又は型番号

　　十五　無線式受信機にあつては、次に掲げる事項

　　　　イ　無線式という文字

　　　　ロ　発信又は受信可能な無線式感知器、無線式中継器又は無線式発信機の型式番号

2　G 型受信機、GP 型受信機及び GR 型受信機にあつては、前項に掲げる事項のほか、次に掲げる事項を見やすい箇所に容易に消えないように表示しなければならない。

　　一　標準遅延時間

　　二　入力信号及び出力信号の種類

3　次の各号に掲げる部品には部品記号及び当該各号に掲げる事項を、その他の部品には部品記号を見やすい箇所に容易に消えないように表示しなければならない。

　　一　端子板　端子記号（電源用又は音響装置用の端子にあつては、端子記号、交流又は直流の別、定格電圧及び定格電流）

　　二　スイッチその他の操作部　「開、閉」その他の操作表示及び使用方法

三　ヒューズホルダ　使用するヒューズの定格電流

四　音響装置　交流又は直流の別、定格電圧、定格電流、製造年及び製造事業者の氏名又は名称

（基準の特例）

第22条　新たな技術開発に係る受信機について、その形状、構造、材質及び性能から判断して、この省令の規定に適合するものと同等以上の性能があると総務大臣が認めた場合は、この省令の規定にかかわらず、総務大臣が定める技術上の規格によることができる。

消防法関係

4. 漏電火災警報器に係る技術上の規格を定める省令

$$\left(\begin{array}{l} \text{平成25年3月27日} \\ \text{総務省令第24号} \end{array} \right)$$

改正　令和元年　6月28日総務省令第19号

第1章　総　　則

(趣　旨)

第1条　この省令は、漏電火災警報器の変流器及び受信機の技術上の規格を定めるものとする。

(用語の意義)

第2条　この省令において、次の各号に掲げる用語の意義は、当該各号に定めるところによる。

　一　漏電火災警報器　電圧600V以下の警戒電路の漏洩電流を検出し、防火対象物の関係者に報知する設備であって、変流器及び受信機で構成されたものをいう。

　二　変流器　警戒電路の漏洩電流を自動的に検出し、これを受信機に送信するものをいう。

　三　受信機　変流器から送信された信号を受信して、漏洩電流の発生を防火対象物の関係者に報知するものをいう。

　四　集合型受信機　2以上の変流器と組み合わせて使用する受信機で、一組の電源装置、音響装置等で構成されたものをいう。

(変流器の種別)

第3条　変流器は、構造に応じて屋外型及び屋内型に分類する。

(一般構造)

第4条　漏電火災警報器は、その各部分が良質の材料で造られ、配線及び取付けが適正かつ確実になされたものでなければならない。

2　漏電火災警報器は、耐久性を有するものでなければならない。

3　漏電火災警報器は、著しい雑音又は障害電波を発しないものでなければな

らない。

4　漏電火災警報器の部品は、定格の範囲内で使用しなければならない。

5　漏電火災警報器の充電部で、外部から容易に人が触れるおそれのある部分は、十分に保護されていなければならない。

6　漏電火災警報器の端子以外の部分は、堅ろうなケースに収めなければならない。

7　漏電火災警報器の端子は、電線（接地線を含む。）を容易かつ確実に接続することができるものでなければならない。

8　漏電火災警報器の端子（接地端子及び配電盤等に取り付ける埋込用の端子を除く。）には、適当なカバーを設けなければならない。

9　変流器又は受信機の定格電圧が60Vを超える変流器又は受信機の金属ケース（金属でない絶縁性のあるケースの外部に金属製の化粧銘板等の部品を取り付け、当該部品と充電部（電圧が60Vを超えるものに限る。）との絶縁距離が、空間距離で4mm未満、沿面距離で6mm未満であるものを含む。）には、接地端子を設けなければならない。

（装置又は部品の構造及び機能）

第5条　漏電火災警報器の次の各号に掲げる装置又は部品は、当該各号に定める構造及び機能又はこれと同等以上の機能を有するものでなければならない。

一　音響装置は、次のイからホまでによること。

　イ　定格電圧の90％の電圧で音響を発すること。

　ロ　定格電圧における音圧は、無響室で定位置（音響装置を受信機内に取り付けるものにあってはその状態における位置）に取り付けられた音響装置の中心から1m離れた点で70dB以上であること。

　ハ　警報音を断続するものにあっては、休止時間は2秒以下で、鳴動時間は休止時間以上であること。

　ニ　充電部と非充電部との間の絶縁抵抗は、直流500Vの絶縁抵抗計で測定した値が5MΩ以上であること。

　ホ　定格電圧で8時間連続して鳴動させた場合、イからニまでの機能を有し、かつ、構造に異常を生じないものであること。

二　電磁継電器は、次のイからハまでによること。

イ　じんあい等が容易に侵入しない構造のものであること。

ロ　接点の材質は、次の(1)から(5)までのいずれかによること。

(1)　金及び銀の合金

(2)　金、銀及び白金の合金

(3)　白金、金、パラジウム、銀パラジウム合金又はロジウム

(4)　0.35N 以上の接点圧力となる接点にあっては、銀、銀貼り、銀めっき又は銀酸化カドミウム

(5)　(1)から(3)までに掲げるもののいずれかの拡散、貼り、クラッド又はめっき

ハ　接点は、外部負荷と兼用させないこと。ただし、外付音響装置用接点にあっては、この限りでない。

三　電源変圧器は、次のイ及びロによること。

イ　性能は、産業標準化法（昭和24年法律第185号）第20条第1項に定める日本産業規格（以下「JIS」という。）C 6436 に定める絶縁抵抗、耐電圧、電圧偏差、巻線の温度上昇及び電圧変動率によること。

ロ　容量は、定格電圧における最大負荷電流又は設計上の最大負荷電流に連続して耐えうること。

四　表示灯は、次のイからハまでによること。

イ　電球（放電灯及び発光ダイオードを除く。）は、使用される回路の定格電圧の130％の交流電圧を20時間連続して加えた場合、断線、著しい光束変化、黒化又は著しい電流の低下を生じないものであること。

ロ　電球を2以上並列に接続すること。ただし、放電灯又は発光ダイオードにあっては、この限りでない。

ハ　周囲の明るさが300ルクスの状態において、前方3m離れた地点で点灯していることを明確に識別することができるものであること。

五　スイッチは、次のイからハまでによること。

イ　容易かつ確実に作動し、停止点が明確であること。

ロ　接点の容量は、最大使用電流に耐えうるものであること。

ハ　接点（印刷接点、導電膜接点等で、かつ、耐食措置が講じられているものを除く。）の材質は、次の(1)から(6)までのいずれかによること。

(1)　金及び銀の合金

⑵　金、銀及び白金の合金

⑶　白金、金、パラジウム、銀パラジウム合金又はロジウム

⑷　0.35N 以上の接点圧力となる接点又はキーボードスイッチ等の指で押す力が接点圧力となる接点にあっては、銀又は銀酸化カドミウム

⑸　3N 以上の接点圧力となる接点にあっては、リン青銅、黄銅又は洋白

⑹　⑴から⑷までに掲げるもののいずれかの貼り、クラッド又はめっき

六　指示電気計器は、JIS C 1102-1 及び JIS C 1102-2 に定める固有誤差、絶縁及び電圧試験に適合するものであること。

七　ヒューズは、次のイ又はロに適合するものであること。

イ　JIS C 8352

ロ　JIS C 6575-1 及び JIS C 6575-2

（附属装置）

第6条　漏電火災警報器には、その機能に有害な影響を及ぼすおそれのある附属装置を設けてはならない。

（公称作動電流値）

第7条　漏電火災警報器の公称作動電流値（漏電火災警報器を作動させるために必要な漏洩電流の値として製造者によって表示された値をいう。以下同じ。）は、200mA 以下でなければならない。

2　前項の規定は、感度調整装置を有する漏電火災警報器にあっては、その調整範囲の最小値について適用する。

（感度調整装置）

第8条　感度調整装置を有する漏電火災警報器にあっては、その調整範囲の最大値は、1A 以下でなければならない。

（表　示）

第9条　変流器には、次の各号に掲げる事項をその見やすい箇所に容易に消えないように表示しなければならない。

一　漏電火災警報器変流器という文字

二　届出番号

三　屋外型又は屋内型のうち該当する種別

四　定格電圧及び定格電流

消防法関係

　　五　定格周波数

　　六　単相又は三相のうち該当するもの

　　七　設計出力電圧

　　八　製造年

　　九　製造者名、商標又は販売者名

　　十　極性のある端子にはその極性を示す記号

2　受信機には、次の各号に掲げる区分に応じ、それぞれ当該各号に掲げる事項をその見やすい箇所に容易に消えないように表示しなければならない。

　　一　受信機本体

　　　イ　漏電火災警報器受信機という文字

　　　ロ　届出番号

　　　ハ　定格電圧

　　　ニ　電源周波数

　　　ホ　公称作動電流値

　　　ヘ　作動入力電圧

　　　ト　製造年

　　　チ　製造者名、商標又は販売者名

　　　リ　集合型受信機にあっては、警戒電路の数

　　　ヌ　端子板には、端子記号（電源用の端子にあっては、端子記号及び交流又は直流の別）並びに定格電圧及び定格電流

　　　ル　部品には、部品記号（その付近に表示した場合を除く。）

　　　ヲ　スイッチ等の操作部には、「開」、「閉」等の表示及び使用方法

　　　ワ　ヒューズホルダには、使用するヒューズの定格電流

　　　カ　接続することができる変流器の届出番号

　　　ヨ　その他取扱い上注意するべき事項

　　二　音響装置

　　　イ　交流又は直流の別

　　　ロ　定格電圧及び定格電流

　　　ハ　製造年

　　　ニ　製造者名又は商標

　　　ホ　極性のある端子には、その極性を示す記号

（試験条件）

第10条 次条から第 23 条まで及び第 27 条から第 36 条までに規定する試験は、当該各条に定めがある場合を除くほか、周囲温度 5℃ 以上 35℃ 以下、相対湿度 45% 以上 85% 以下の状態で行うものとする。

2　次条及び第 13 条に規定する試験においては、警戒電路の電圧又は周波数には当該変流器の定格電圧又は定格周波数を用い、警戒電路に接続する負荷には純抵抗負荷を用いるものとする。

3　第 14 条及び第 15 条に規定する試験においては、警戒電路又は一の電線を変流器に取り付けた回路の周波数には警戒電路の定格周波数を用いるものとする。

4　第 27 条から第 32 条まで及び第 36 条に規定する試験においては、当該各条に定めがある場合を除くほか、受信機の電源の電圧又は周波数には、当該受信機の定格電圧又は定格周波数を用いるものとする。

第2章　変　流　器

（変流器の機能）

第11条 変流器は、別図第一の試験回路において警戒電路に電流を流さない状態又は当該変流器の定格周波数で当該変流器の定格電流を流した状態において、次の各号に適合するものでなければならない。この場合において、当該変流器の出力電圧値の測定は、出力端子に当該変流器に接続される受信機の入力インピーダンスに相当するインピーダンス（以下「負荷抵抗」という。）を接続して行うものとする。

一　試験電流を 0mA から 1,000mA まで流した場合、その出力電圧値は、試験電流値に比例して変化すること。

二　変流器に接続される受信機の公称作動電流値を試験電流として流した場合、その出力電圧値の変動範囲は、当該公称作動電流値に対応する設計出力電圧値の 75% から 125% までの範囲内であること。

三　変流器に接続される受信機の公称作動電流値の 21% の試験電流を流した場合、その出力電圧値は、当該公称作動電流値に対応する設計出力電圧値の 52% 以下であること。

消防法関係

2　変流器で、警戒電路の電線を変流器に貫通させるものにあっては、警戒電路の各電線をそれらの電線の変流器に対する電磁結合力が平衡とならないような方法で変流器に貫通させた状態で前項の機能を有するものでなければならない。

（周囲温度試験）

第12条　屋内型の変流器は、−10℃及び60℃の周囲温度にそれぞれ12時間以上放置した後、いずれも構造又は前条の機能に異常を生じないものでなければならない。

2　屋外型の変流器は、−20℃及び60℃の周囲温度にそれぞれ12時間以上放置した後、いずれも構造又は前条の機能に異常を生じないものでなければならない。

（電路開閉試験）

第13条　変流器は、出力端子に負荷抵抗を接続し、警戒電路に当該変流器の定格電流の150％の電流を流した状態で警戒電路の開閉を1分間に5回繰り返す操作を行った場合、その出力電圧値は、接続される受信機の公称作動電流値に対応する設計出力電圧値の52％以下でなければならない。

（短絡電流強度試験）

第14条　変流器は、別図第二の試験回路において出力端子に負荷抵抗を接続し、警戒電路の電源側に過電流遮断器を設け、警戒電路に当該変流器の定格電圧（警戒電路の電線を変流器に貫通させる変流器にあっては、当該変流器の定格電圧以下の任意の電圧とする。）で短絡力率が0.3から0.4までの2,500Aの電流を2分間隔で約0.02秒間2回流した場合、構造又は第11条の機能に異常を生じないものでなければならない。

（過漏電試験）

第15条　変流器は、1の電線を変流器に取り付けた別図第三の回路を設け、出力端子に負荷抵抗を接続した状態で当該1の電線に変流器の定格電圧の数値の20％の数値を電流値とする電流を5分間流した場合、構造又は第11条の機能に異常を生じないものでなければならない。

（老化試験）

第16条　変流器は、65℃の温度の空気中に30日間放置した場合、構造又は第11条の機能に異常を生じないものでなければならない。

（防水試験）

第17条 屋外型変流器は、温度65℃の清水に15分間浸し、温度零度の塩化ナトリウムの飽和水溶液に15分間浸す操作を2回繰り返し行った後、次の各号に適合するものでなければならない。

一 飽和水溶液に浸してある状態で第20条の試験に適合すること。

二 飽和水溶液から取り出した状態で第21条の試験に適合し、かつ、構造又は第11条の機能に異常を生じないこと。

（振動試験）

第18条 変流器は、全振幅4mmで毎分1,000回の振動を任意の方向に60分間連続して与えた場合、構造又は第11条の機能に異常を生じないものでなければならない。

（衝撃試験）

第19条 変流器は、任意の方向に標準重力加速度の50倍の加速度の衝撃を5回加えた場合、構造又は第11条の機能に異常を生じないものでなければならない。

（絶縁抵抗試験）

第20条 変流器は、一次巻線と二次巻線との間及び一次巻線又は二次巻線と外部金属部との間の絶縁抵抗を直流500Vの絶縁抵抗計で測定した値が5MΩ以上のものでなければならない。

（絶縁耐力試験）

第21条 前条の試験部の絶縁耐力は、50Hz又は60Hzの正弦波に近い実効電圧1,500V（警戒電路電圧が250Vを超える場合は、警戒電路電圧に2を乗じて得た値に1,000Vを加えた値）の交流電圧を加えた場合、1分間これに耐えるものでなければならない。

（衝撃波耐電圧試験）

第22条 変流器は、一次巻線（警戒電路の電線を変流器に貫通させる変流器にあっては、当該警戒電路とする。）と外部金属部との間及び一次巻線の相互間に波高値6kV、波頭長0.5μ秒から1.5μ秒まで、及び波尾長32μ秒から48μ秒までの衝撃波電圧を正負それぞれ1回加えた場合、構造又は第11条の機能に異常を生じないものでなければならない。

（電圧降下防止試験）

第23条　変流器（警戒電路の電線を当該変流器に貫通させるものを除く。）は、警戒電路に定格電流を流した場合、その警戒電路の電圧降下は、0.5V以下でなければならない。

第3章　受　信　機

（受信機の構造）

第24条　受信機の構造は、次に定めるところによらなければならない。

　一　電源を表示する装置を設けること。この場合において、漏電表示の色と明らかに区別できること。

　二　受信機の電源入力側及び受信機から外部の音響装置、表示灯等に対し直接電力を供給するように構成された回路には、外部回路に短絡を生じた場合においても有効に保護できる措置が講じられていること。

　三　感度調整装置以外の感度調整部は、ケースの外面に露出しないこと。

（試験装置）

第25条　受信機には、公称作動電流値に対応する変流器の設計出力電圧の2.5倍以下の電圧をその入力端子に加えることができる試験装置及び変流器に至る外部配線の断線の有無を試験できる試験装置を設けなければならない。

2　前項の試験装置は、次の各号に適合するものでなければならない。

　一　受信機の前面において手動により容易に試験できること。

　二　試験後定位置に復する操作を忘れないように適当な方法が講じられていること。

　三　集合型受信機に係るものにあっては、前二号に定めるほか回線ごとに試験できること。

（漏電表示）

第26条　受信機は、変流器から送信された信号を受信した場合、赤色の表示及び音響信号により漏電を自動的に表示するものでなければならない。

（受信機の機能）

第27条　受信機は、別図第四の試験回路において、信号入力回路に公称作動電流値に対応する変流器の設計出力電圧の52％の電圧を加えた場合、30秒以

内で作動せず、かつ、公称作動電流値に対応する変流器の設計出力電圧の75％の電圧を加えた場合、1秒以内に作動するものでなければならない。

2　集合型受信機は、前項の規定によるほか、次の各号に適合するものでなければならない。

一　漏洩電流の発生した警戒電路を明確に表示する装置を設けること。

二　前号に規定する装置は、警戒電路を遮断された場合、漏洩電流の発生した警戒電路の表示が継続して行えること。

三　2の警戒電路で漏洩電流が同時に発生した場合、漏電表示及び警戒電路の表示を行うこと。

四　2以上の警戒電路で漏洩電流が連続して発生した場合、最大負荷に耐える容量を有すること。

（電源電圧変動試験）

第28条　受信機は、電源電圧を受信機の定格電圧の90％から110％までの範囲で変化させた場合、前条の機能に異常を生じないものでなければならない。

（周囲温度試験）

第29条　受信機は、－10℃及び40℃の周囲温度にそれぞれ12時間以上放置した後、いずれも構造又は第27条の機能に異常を生じないものでなければならない。

（過入力電圧試験）

第30条　受信機は、別図第五の試験回路において、信号入力回路に50Vの電圧を変流器のインピーダンスに相当する抵抗を介して5分間加えた場合、漏電表示をし、かつ、構造又は第27条の機能に異常を生じないものでなければならない。

（繰返し試験）

第31条　受信機は、受信機の定格電圧で1万回の漏電作動を行った場合、構造又は第27条の機能に異常を生じないものでなければならない。

（振動試験）

第32条　受信機は、通電状態において全振幅1mmで毎分1,000回の振動を任意の方向に十分間連続して与えた場合、誤作動（漏洩電流以外の原因に基づく作動をいう。）しないものでなければならない。

2　受信機は、無通電状態において全振動4mmで毎分1,000回の振動を任意

消防法関係

の方向に60分間連続して与えた場合、構造又は第27条の機能に異常を生じ
ないものでなければならない。

（衝撃試験）

第33条　受信機は、任意の方向に標準重力加速度の50倍の加速度の衝撃を5
回加えた場合、構造又は第27条の機能に異常を生じないものでなければな
らない。

（絶縁抵抗試験）

第34条　受信機は、充電部とそれを収める金属ケース（絶縁性のあるケースの
外部に金属製の化粧銘板等の部品を取り付けたものを含む。）との間の絶縁
抵抗を直流500Vの絶縁抵抗計で測定した値が5MΩ以上のものでなければ
ならない。

（絶縁耐力試験）

第35条　前条の試験部の絶縁耐力は、50Hz又は60Hzの正弦波に近い実効
電圧500V（定格電圧（一次側の充電部にあっては一次側の定格電圧、二次
側の充電部にあっては二次側の定格電圧（以下この条において同じ。））が
30Vを超え150V以下の部分については1,000V、150Vを超える部分につ
いては定格電圧に2を乗じて得た値に1,000Vを加えた値）の交流電圧を加
えた場合、1分間これに耐えるものでなければならない。

（衝撃波耐電圧試験）

第36条　受信機は、別図第六の試験回路において、電源異極端子の間及び電
源端子とケースとの間に波高値6kV、波頭長0.5μ秒から1.5μ秒まで及び
波尾長23μ秒から48μ秒までの衝撃波電圧を正負それぞれ一回加えた場合、
構造又は第27条の機能に異常を生じないものでなければならない。

第4章 雑 則

（基準の特例）

第37条 新たな技術開発に係る漏電火災警報器の変流器及び受信機について、その形状、構造、材質及び性能から判断して、この省令の規定に適合するものと同等以上の性能があると総務大臣が認めた場合は、この省令の規定にかかわらず、総務大臣が定める技術上の規格によることができる。

別図第一 変流器の機能試験（第11条第1項関係）

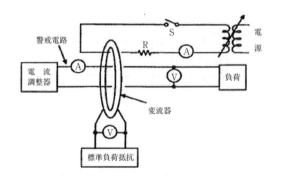

  備考 変流器と警戒電路の位置は、変流器の設置方法とする。

別図第二 短絡電流強度試験（第14条関係）

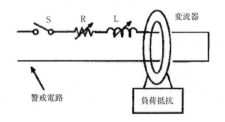

  備考 変流器と警戒電路の位置は、変流器の設置方法とする。

別図第三　過漏電試験（第 15 条関係）

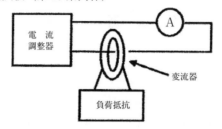

　　備考　変流器と警戒電路の位置は、変流器の設置方法とする。

別図第四　受信機の機能試験（第 27 条第 1 項関係）

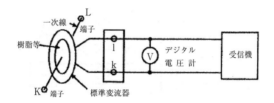

別図第五　過入力電圧試験（第 30 条関係）

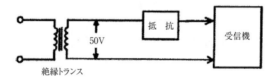

別図第六　衝撃波耐電圧試験（第 36 条関係）

　一　無通電状態の場合

　　イ　電源異極端子の間

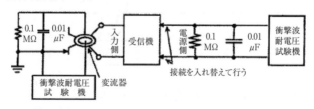

　　　　備考　変流器と警戒電路の位置は、変流器の設置方法とする。

ロ　電源端子とケースとの間

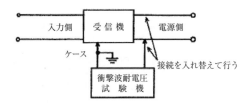

　　備考　樹脂ケースの場合は、金属板上に受信機を置き、金属板と電源端子との間
　　　　　で行う。

二　通電状態の場合

イ　電源異極端子の間

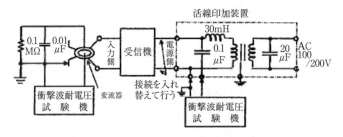

　　備考　変流器と警戒電路の位置は、変流器の設置方法とする。

ロ　電源端子とケースとの間

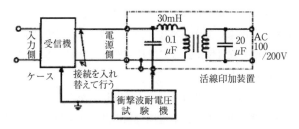

　　備考　樹脂ケースの場合は、金属板上に受信機を置き、金属板と電源端子との間
　　　　　で行う。

5.　自家発電設備の基準

$$\left(\begin{array}{l}\text{昭和 48 年 2 月 10 日}\\\text{消防庁告示第 1 号}\end{array}\right)$$

改正　昭和50年　5月28日消防庁告示第 5号
　　　同　57年　4月17日　　　同　　　第 4号
　　　平成12年　5月31日　　　同　　　第 8号
　　　同　13年　3月30日　　　同　　　第26号
　　　同　18年　3月29日　　　同　　　第 6号
　　　同　30年　3月29日　　　同　　　第 4号
　　　令和元年　6月28日　　　同　　　第 2号

第一　趣　旨

　この告示は、消防法施行規則（昭和 36 年自治省令第 6 号）第 12 条第 1 項第四号ロ(二)に規定する自家発電設備の構造及び性能の基準を定めるものとする。

第二　構造及び性能

一　自家発電設備の構造及び性能は、次に定めるところによる。

　(一)　外部から容易に人が触れるおそれのある充電部及び駆動部は、安全上支障のないように保護されていること。

　(二)　常用電源が停電した場合、自動的に電圧確立、投入及び送電が行われるものであること。ただし、自家発電設備のうち、運転及び保守の管理を行うことができる者が常駐し、かつ、停電時において直ちに操作することができる場所に設けるものにあっては、電圧確立を自動とし、投入を手動とすることができる。

　(三)　常用電源が停電してから電圧確立及び投入までの所要時間（投入を手動とする自家発電設備にあっては投入操作に要する時間を除く。）は、40秒以内であること。

　　　ただし、常用電源の停電後 40 秒経過してから当該自家発電設備の電圧確立及び投入までの間、蓄電池設備の基準（昭和 48 年消防庁告示第 2号）の規定（同告示第二第一号(十)を除く。）に適合する蓄電池設備により電力が供給されるものにあっては、この限りでない。

　(四)　常用電源が停電した場合、自家発電設備に係る負荷回路と他の回路と

を自動的に切り離すことができるものであること。ただし、停電の際自家発電設備に係る負荷回路を他の回路から自動的に切り離すことができる常用の電源回路に接続するものにあっては、この限りでない。

㈤ 発電出力を監視できる電圧計及び電流計を設けること。

㈥ 定格負荷における連続運転可能時間以上出力できるものであること。

㈦ JIS（産業標準化法（昭和24年法律第185号）第20条第1項の日本産業規格をいう。）B8002－5（往復動内燃機関－性能－第5部：ねじり振動）に準じて算出した使用回転速度域において、構造又は性能に有害な影響を及ぼすおそれのあるねじり振動を発生しないものであること。

㈧ 自家発電設備の運転により発生する騒音、振動、熱及びガスを適切に処理するための措置を講じているものであること。

㈨ セルモーター付きの原動機にあっては、セルモーターピニオンと原動機のリングギヤとの不噛（か）み合わせ防止装置を設けること。

㈩ ㈨に定めるセルモーターに使用する蓄電池設備は、蓄電池設備の基準に準ずるほか、高率放電用蓄電池（各始動間に5秒の間隔を置いて10秒の始動を3回以上行うことができる容量の蓄電池をいう。）を用いるものとすること。

(十一) 空気始動式の原動機にあっては、空気タンクの圧力が連続して3回以上始動できる圧力以下に低下した場合に自動的に作動する警報装置及び圧力調整装置を設けること。

(十二) 液体燃料を用いる原動機の燃料タンクは、次に定めるところによる。

イ その容量に応じ、次の表に掲げる厚さの鋼板又はこれと同等以上の強度を有する金属板で気密に造られ、かつ、さび止めのための措置が講じられていること。

タンク容量（ℓ）	厚　さ（mm）
20 を超え 40 以下	1.0 以上
40 を超え 100 以下	1.2 以上
100 を超え 250 以下	1.6 以上
250 を超えるもの	2.0 以上

ロ 液面計が設けられていること。

　　ハ　圧力タンクにあっては有効な安全装置が、圧力タンク以外のタンク
　　　にあっては有効な通気管がそれぞれ設けられていること。

　　ニ　配管は、金属製のもの又はこれと同等以上の耐熱性及び耐食性を有
　　　するものとし、配管とタンクの結合部分には地震等により損傷を受け
　　　ないような措置が講じられていること。

㈪　原動機の燃料供給は次のいずれかによるものであること。

　イ　定格負荷における連続運転可能時間に消費される燃料と同じ量以上
　　の容量の燃料が燃料容器に保有されるものであること。

　ロ　ガス事業法（昭和 29 年法律第 51 号）第 2 条第 12 項に規定するガ
　　ス事業者により供給されるガスを燃料とする原動機の場合において、
　　次に定める方法により、燃料が安定して供給されるものであること。

　　㈠　地表面水平加速度 400 ガルの地震動が加えられた後であっても、
　　　燃料が安定して供給されるものであること。

　　㈡　導管が建築物の外壁を貫通する場合にあっては、次に定める緊急
　　　ガス遮断装置（危急の場合に建築物の外壁を貫通する箇所の付近で
　　　直ちにガスの供給を遮断することができるものをいう。）が設置さ
　　　れていること。

　　㈢　ガスを圧縮して原動機に供給するものにあっては、ガス圧縮器か
　　　ら安定して圧縮ガスが供給されるまでの間、定格負荷における連続
　　　運転に消費される燃料と同じ量以上の容量の燃料が燃料容器に保有
　　　されるものであること。ただし、㈢ただし書の規定の例により蓄電
　　　池設備を設けているものにあっては、この限りでない。

　　　a　当該導管の最高使用圧力を加えたときに漏れが生じない遮断性
　　　　能を有するものであること。

　　　b　ガスの供給を停止せずに点検することができる措置が講じられ
　　　　ているものであること。

㈫　水冷式の内燃機関には、専用の冷却水タンクを設けるものとし、その
　容量は冷却するのに十分なものとすること。ただし、冷却塔、熱交換器
　その他これらに類するものを用いるものにあっては、専用の冷却水タン
　クを設けることを要しない。

㈬　発電機の固定子は、耐振性を有するものであること。

㈣　発電機の回転子は、良質な材料を用いたものであること。

㈤　発電機の総合電圧変動率は、定格電圧の±2.5％以内であること。

㈥　制御装置は、次に定めるところによること。

　　イ　鋼板又はこれと同等以上の強度を有する材料で造られたものであること。

　　ロ　手動により原動機を停止させる装置が設けられていること。

二　電力を常時供給する自家発電設備の構造及び性能は、前号の規定によるほか、電力を常時供給するための燃料の供給が断たれたときに、自動的に非常電源用の燃料が供給されるものであること。ただし、前号㈡ロに定める方法により燃料が安定して供給されるものにあっては、この限りでない。

三　キュービクル式自家発電設備の構造及び性能は、前各号の規定によるほか、次に定めるところによる。

　㈠　キュービクル式自家発電設備の種類は、次のとおりとすること。

　　イ　自家発電装置（発電機と原動機とを連結したものをいう。）並びにこれらの附属装置を一の箱（以下「外箱」という。）に収納したもの

　　ロ　自家発電設備の運転に必要な制御装置及び保安装置並びにこれらの附属装置を外箱に収納したもの

　　ハ　イ及びロに掲げる機器を外箱に収納したもの

　㈡　外箱の構造は、次に定めるところによること。

　　イ　外箱（コンクリート造又はこれと同等以上の耐火性能を有する床に設置するものの床面部分を除く。）の材料は、鋼板とし、その板厚は、屋外用のものにあつては、2.3mm 以上、屋内用のものにあつては1.6mm 以上であること。

　　ロ　外箱の開口部（ヘに掲げるものに係るものを除く。）には、防火戸（建築基準法（昭和25年法律第201号）第2条第九号の二ロに規定する防火設備であるものに限る。）が設けられていること。

　　ハ　外箱は、建築物の床に容易にかつ堅固に固定できるものであること。

　　ニ　外箱は、消音器及び屋外に通じる排気筒を容易に取付けられるものであること。

ホ　外箱からの電線引出し口は、金属管又は金属製可とう電線管を容易に接続できるものであること。

ヘ　外箱には、次に掲げるもの以外のものが外部に露出して設けられていないこと。

　(イ)　表示灯（カバーに難燃性の材料を用いたもの又は防火上有効な措置を講じたものに限る。）

　(ロ)　冷却水、温水及び潤滑油の出し入れ口

　(ハ)　水及び油を抜く管

　(ニ)　電線の引き出し口

　(ホ)　燃料配管

　(ヘ)　(四)に定める換気装置

　(ト)　排気筒

(三)　内部の構造は、次に定めるところによること。

イ　原動機、発電機、制御装置等の機器は、外箱の底面から 10cm 以上の位置に収納されているか、又はこれと同等以上の防水措置が講じられたものであること。

ロ　機器及び配線類は、原動機から発生する熱の影響を受けないように断熱処理され、かつ、堅固に固定されていること。

ハ　原動機及び発電機は、防振ゴム等振動吸収装置の上に設けたものであること。ただし、原動機にガスタービンを用いるものにあつては、この限りでない。

ニ　燃料タンクが外箱に収容されているものにあつては、給油口が給油の際の漏油により電気系統又は原動機の機能に異常を及ぼさない位置に設けられていること。

ホ　騒音に対して、遮音措置を講じたものであること。

ヘ　気体燃料を使用するものにあつては、ガス漏れ検知器及び警報装置が設けられていること。

(四)　キユービクル式自家発電設備には、次に定めるところにより換気装置が設けられていること。

イ　換気装置は、外箱の内部が著しく高温にならないよう空気の流通が十分に行えるものであること。

ロ　自然換気口の開口部の面積の合計は、外箱の一の面について、当該
面の面積の1/3以下であること。

ハ　自然換気口によつて十分な換気が行えないものにあつては、機械換
気設備が設けられていること。

ニ　換気口には、金網、金属製がらり、防火ダンパーを設ける等の防火
措置及び雨水等の浸入防止措置（屋外用のキユービクル式自家発電設
備に限る。）が講じられていること。

第三　表　示

自家発電設備には、次に掲げる事項をその見やすい箇所に容易に消えない
ように表示するものとする。

一　製造者名又は商標

二　製造年

三　定格出力

四　形式番号

五　燃料消費量

六　定格負荷における連続運転可能時間

6．蓄電池設備の基準

$$\left(\begin{array}{l}\text{昭和 48 年 2 月 10 日}\\\text{消防庁告示第 2 号}\end{array}\right)$$

改正　昭和50年 5月28日消防庁告示第 6号
　　　同 52年 4月 9日　　同　　第 2号
　　　同 55年10月18日　　同　　第 9号
　　　平成元年10月18日　　同　　第 3号
　　　同 12年 5月31日　　同　　第 8号
　　　同 13年 5月11日　　同　　第27号
　　　同 18年 3月29日　　同　　第 7号
　　　同 24年 3月27日　　同　　第 4号
　　　令和元年 6月28日　　同　　第 2号

第一　趣　旨

　この告示は、消防法施行規則（昭和 36 年自治省令第 6 号）第 12 条第 1 項第四号ハ(ハ)に規定する蓄電池設備の構造及び性能の基準を定めるものとする。

第二　構造及び性能

一　蓄電池設備の構造及び性能は、次に定めるところによる。

　(一)　外部から容易に人が触れるおそれのある充電部及び高温部は、安全上支障のないように保護されていること。

　(二)　直交変換装置を有する蓄電池設備にあつては常用電源が停電してから 40 秒以内に、その他の蓄電池設備にあつては常用電源が停電した直後に、電圧確立及び投入を行うこと。

　(三)　常用電源が停電した場合、蓄電池設備に係る負荷回路と他の回路とを自動的に切り離すことができるものであること。ただし、停電の際蓄電池設備に係る負荷回路を他の回路から自動的に切り離すことができる常用の電源回路に接続するものにあつては、この限りでない。

　(四)　蓄電池設備は、自動的に充電するものとし、充電電源電圧が定格電圧の ±10%の範囲内で変動しても機能に異常なく充電できるものであること。

　(五)　蓄電池設備には、過充電防止機能を設けること。

㈥　蓄電池設備には、自動的に又は手動により容易に均等充電を行うことができる装置を設けること。ただし、均等充電を行わなくても機能に異常を生じないものにあつては、この限りでない。

㈦　蓄電池設備から消防用設備等の操作装置に至る配線の途中に過電流遮断器のほか、配線用遮断器又は開閉器を設けること。

㈧　蓄電池設備には、当該設備の出力電圧又は出力電流を監視できる電圧計又は電流計を設けること。

㈨　0℃から40℃までの範囲の周囲温度において機能に異常を生じないものであること。

㈩　容量は最低許容電圧（蓄電池の公称電圧の80％の電圧をいう。）になるまで放電した後24時間充電し、その後充電を行うことなく消防用設備等を、当該消防用設備等ごとに定められた時間以上有効に監視、制御、作動等することができるものであること。

二　蓄電池設備の蓄電池の構造及び性能は、次に定めるところによる。

㈠　鉛蓄電池は、自動車用以外のもので、次のいずれかに該当するもの又はこれらと同等以上の構造及び性能を有するものであること。

イ　JIS（産業標準化法（昭和24年法律第185号）第20条第1項の日本産業規格をいう。以下同じ。）C 8704-1（据置鉛蓄電池第1部ベント形）に適合するもの

ロ　JIS C 8704-2-1（据置鉛蓄電池第2-1部制御弁式）及びJIS C 8704-2-2（据置鉛蓄電池第2-2部制御弁式）に適合するもの

ハ　JIS C 8702-1（小形制御式鉛蓄電池第1部）、JIS C 8702-2（小形制御式鉛蓄電池第2部）及びJIS C 8702-3（小形制御式鉛蓄電池第3部）に適合するもの

㈡　アルカリ蓄電池は、次のいずれかに該当するもの又はこれらと同等以上の構造及び性能を有するものであること。

イ　JIS C 8705（密閉型ニッケル・カドミウム蓄電池）に適合するもの

ロ　JIS C 8706（据置ニッケル・カドミウムアルカリ蓄電池）に適合するもの

ハ　JIS C 8709（シール形ニッケル・カドミウムアルカリ蓄電池）に適合するもの

消防法関係

ニ　国際電気標準会議規格61951-2（密閉形ニッケル・水素蓄電池）に
　適合するもの

㈢　リチウムイオン蓄電池は、電気用品の技術上の基準を定める省令（昭
　和37年通商産業省令第85号）別表第九リチウムイオン蓄電池に適合し、
　かつ、JIS C 8711（ポータブル機器用リチウム二次電池）に適合するも
　の又はこれと同等以上の構造及び性能を有するものであること。

㈣　ナトリウム・硫黄電池及びレドックスフロー電池は、次に定める構造
　及び性能を有するものであること。

　イ　蓄電池の内容物の漏えいを検知した場合及び温度異常が発生した場
　　合に充電及び放電しない機能を設けること。

　ロ　ナトリウム・硫黄電池のモジュール電池（密閉した単電池を複数組
　　み合わせたものをいう。）には、異常が発生した場合に自動的に回路遮
　　断する機能を設けること。

㈤　蓄電池の単電池当たりの公称電圧は、鉛蓄電池にあつては2V、アル
　カリ蓄電池にあつては1.2V、ナトリウム・硫黄電池にあつては2V、レ
　ドックスフロー電池にあつては1.3Vであること。

㈥　蓄電池は、液面が容易に確認できる構造とし、かつ、酸霧又はアルカ
　リ霧が出るおそれのあるものについては、防酸霧装置又はアルカリ霧放
　出防止装置が設けられていること。ただし、シール形又は制御弁式のも
　のにあつては、液面を確認できる構造としないことができる。

㈦　減液警報装置が設けられていること。ただし、補液の必要がないもの
　にあつては、この限りでない。

三　蓄電池設備の充電装置の構造及び性能は、次に定めるところによる。

㈠　リチウムイオン蓄電池以外の蓄電池を用いる蓄電池設備の充電装置に
　あつては、自動的に充電でき、かつ、充電完了後は、トリクル充電又は
　浮動充電に自動的に切り替えられるものであること。ただし、切替えの
　必要がないものにあつてはこの限りでない。

㈡　リチウムイオン蓄電池を用いる蓄電池設備の充電装置にあつては、定
　電流定電圧充電により充電できるもの又は自動的に充電でき、かつ、充
　電完了後は、浮動充電に自動的に切り替えられるものであること。

㈢　充電装置の入力側には、過電流遮断器のほか、配線用遮断器又は開閉

器を設けること。

(四)　充電装置の回路に事故が発生した場合、蓄電池及び放電回路の機能に影響を及ぼさないように過電流遮断器を設けること。

(五)　充電中である旨を表示する装置を設けること。

(六)　蓄電池の充電状態を点検できる装置を設けること。

(七)　蓄電池設備は、電気設備に関する技術基準を定める省令（平成9年通商産業省令第52号）第5条の規定による絶縁性能を有するように設置されるものであること。

(八)　充電装置にその定格出力電圧で定格出力電流を流した場合、温度計法（直交変換装置を有する蓄電池設備に設けるトランスにあつては、抵抗法）により測定した各測定箇所の温度上昇値が、次の表で定める値を超えないものであること。

測 定 箇 所			温度上昇値（℃）	
トランス	直交変換装置を有する蓄電池設備に設けるもの	耐熱クラス	A 種	55
			E 種	70
			B 種	75
			F 種	95
			H 種	120
	その他の蓄電池設備に設けるもの	耐熱クラス	A 種	50
			E 種	65
			B 種	70
			F 種	90
			H 種	115
整流体	サイリスタ		65	
	トランジスタ	コレクタ接合部の接合温度が125℃のもの	65	
		コレクタ接合部の接合温度が150℃のもの	90	
	整流ダイオード		90	
	負荷電圧補償装置用ダイオード		110	
直交変換装置	ダイオード及び絶縁ゲートバイポーラトランジスタ		110	
端子部分			50	

消防法関係

(九)　常用電源が停電した場合に自動的に蓄電池設備に切り替える装置の両
端に当該装置の定格電圧 ±10%の電圧を加え、切替作動を 100 回繰り返
して行い、切替機能に異常を生じないものであること。

四　蓄電池設備の逆変換装置の構造及び性能は、次に定めるところによる。

(一)　逆変換装置は、半導体を用いた静止形とし、放電回路の中に組み込む
こと。

(二)　逆変換装置には、出力点検スイッチ及び出力保護装置を設けること。

(三)　逆変換装置に使用する部品は、良質のものを用いること。

(四)　発振周波数は、無負荷から定格負荷まで変動した場合及び蓄電池の端
子電圧が ±10%の範囲内で変動した場合において、定格周波数の ±5%
の範囲内であること。

(五)　逆変換装置の出力波形は、無負荷から定格負荷まで変動した場合にお
いて有害な歪みを生じないものであること。

五　蓄電池設備の直交変換装置の構造及び性能は、第三号及び前号の規定の
例による。

六　キユービクル式蓄電池設備の構造及び性能は、前各号の規定によるほ
か、次に定めるところによる。

(一)　キユービクル式蓄電池設備の種類は、次のとおりとすること。

イ　蓄電池を一の箱（以下「外箱」という。）に収納したもの

ロ　充電装置及び逆変換装置又は直交変換装置、出力用過電流遮断器等
並びにこれらの配線類を外箱に収納したもの

ハ　イ及びロに掲げる機器を外箱に収納したもの

(二)　外箱の構造は、次に定めるところによること。

イ　外箱（コンクリート造又はこれと同等以上の耐火性能を有する床に
設置するものの床面部分を除く。）の材料は、鋼板とし、その板厚は、
屋外用のものにあつては 2.3mm 以上、屋内用のものにあつては 1.6
mm 以上であること。

ロ　外箱の開口部（ヘ(ホ)に掲げるものに係るものを除く。）には、防火戸
（建築基準法（昭和 25 年法律第 201 号）第 2 条第九号の二ロに規定す
る防火設備であるものに限る。）が設けられていること。

ハ　外箱は、建築物の床に容易かつ堅固に固定できるものであること。

　　ニ　蓄電池、充電装置等の機器は、外箱の床面から 10 cm 以上の位置に
　　　収納されているか、又はこれと同等以上の防水措置が講じられたもので
　　　あること。ただし、床上に設置しないものにあつては、この限りでない。
　　ホ　照光式銘板及びグラフィックパネルを使用する場合は、これらが外
　　　箱の材料に準じた材料で防火上有効に区画されていること。
　　ヘ　外箱には、次に掲げるもの以外のものが外部に露出して設けられて
　　　いないこと。
　　　(イ)　表示灯（カバーを不燃性又は難燃性の材料としたものに限る。）
　　　(ロ)　配線用遮断器（金属製のカバーを取付けたものに限る。）
　　　(ハ)　スイッチ（不燃性又は難燃性の材料としたものに限る。）
　　　(ニ)　電流計又はヒユーズ等で保護された電圧計及び周波数計
　　　(ホ)　(五)の換気装置
　(三)　キユービクル式蓄電池設備の内部の構造は、次に定めるところによる
　　こと。
　　イ　蓄電池を収納するものにあつては、キユービクル式蓄電池設備内の
　　　当該蓄電池の存する部分の内部に、収納する蓄電池の種類に応じ耐酸
　　　又は耐アルカリ性能を有する塗装が施されていること。ただし、制御弁
　　　式又はシール形の蓄電池を収納するものにあつては、この限りでない。
　　ロ　キユービクル式蓄電池設備の内部は、蓄電池を収納する部分、充電
　　　装置等を収納する部分及び区分遮断器から放電回路までを収納する部
　　　分を、それぞれ次に適合するよう区画されていること。
　　　(イ)　蓄電池を収納する部分は、他の部分と(二)イの外箱の材料に準じた
　　　　材料で防火上有効に区画されていること。
　　　(ロ)　区分遮断器から放電回路までを収納する部分は、充電装置を収納
　　　　する部分と(二)イの外箱の材料に準じた材料で防火上有効に区画され
　　　　ているか又は耐熱電線の基準（平成 9 年消防庁告示第 11 号）に適合
　　　　する電線若しくはこれと同等以上の耐熱性を有する電線により配線
　　　　されていること。
　(四)　キユービクル式蓄電池設備に設ける区分遮断器、点検スイッチ等は、
　　次に定めるところによること。
　　イ　区分遮断器には、配線用遮断器が設けられていること。

消防法関係

　　ロ　蓄電池の充電状況を点検できる点検スイツチが設けられていること。

㈤　キユービクル式蓄電池設備には、次に定めるところにより換気装置が
　設けられていること。ただし、換気装置を設けなくても温度上昇及び爆
　発性ガス等が滞留するおそれのないものにあつては、この限りでない。

　　イ　換気装置は、外箱の内部が著しく高温にならないよう空気の流通が
　　十分行えるものであること。

　　ロ　自然換気口の開口部の面積の合計は、外箱の一の面について、蓄電
　　池を収納する部分にあつては当該面の面積の1/3以下、充電装置又は
　　区分遮断器から放電回路までを収納する部分にあつては当該面の面積
　　の2/3以下であること。

　　ハ　自然換気口によつて十分な換気が行えないものにあつては、機械換
　　気設備が設けられていること。

　　ニ　換気口には、金網、金属製がらり、防火ダンパーを設ける等の防火
　　措置及び雨水等の浸入防止措置（屋外用キユービクル式蓄電池設備に
　　限る。）が講じられていること。

㈥　キユービクル式蓄電池設備に変電設備を収納するものにあつては、当
　該キユービクル式蓄電池設備の外箱と同一の材料で蓄電池設備に係る部
　分と変電設備に係る部分とが区画されていること。この場合において当
　該区画の電線が貫通する部分は、金属管又は金属製可とう電線管を容易
　に接続できる構造であること。

第三　表　示

　蓄電池設備には、次に掲げる事項をその見やすい箇所に容易に消えないよ
うに表示するものとする。

一　製造者名又は商標

二　製造年月

三　容量

四　型式番号

五　自家発電設備始動用のものにあつては、自家発電設備始動用である旨の
　表示

六　リチウムイオン蓄電池を用いるものにあつては、組電池当たりの定格電
　圧及び定格容量

7. 耐熱電線の基準

$$\left(\begin{array}{l}\text{平 成 9 年 12 月 18 日}\\\text{消 防 庁 告 示 第 11 号}\end{array}\right)$$

改正　令和元年 6月28日消防庁告示第 2号

第一　趣　旨

　この告示は、消防法施行規則（昭和 36 年自治省令第 6 号）第 12 条第 1 項第五号ロただし書に規定する電線（以下「耐熱電線」という。）の基準を定めるものとする。

第二　用語の意義

　この基準において、次の各号に掲げる用語の意義は、それぞれ当該各号に定めるところによる。

一　電線　弱電流電気の伝送に使用する電気導体（以下「導体」という。）、絶縁物で被覆した導体又は絶縁物で被覆した上を保護被覆で保護した導体をいう。

二　高難燃ノンハロゲン耐熱電線　耐熱電線のうち、絶縁物、保護被覆を構成する材料にハロゲン（ふっ素、塩素、臭素、よう素及びアスタチンをいう。）を含まないものをいう。

第三　一般性能

　耐熱電線の一般性能は、次に定めるところによる。

一　耐熱電線は、電気設備に関する技術基準を定める省令（平成 9 年通商産業省令第 52 号）の規定に適合するものであること。

二　保護被覆の難燃性は、JIS（産業標準化法（昭和 24 年法律第 185 号）第 20 条第 1 項の日本産業規格をいう。以下同じ。）C 3005 の傾斜試験を行った場合において、60 秒以内に炎が自然に消えるものであること。

第四　耐熱性能

　耐熱電線は、次の表の左欄に掲げる電線の種類に応じ、同表の右欄に掲げる試験を行った場合において、それぞれ合格するものでなければならない。

消防法関係

電 線 の 種 類	試 　 験
耐熱電線（高難燃ノンハロゲン耐熱電線を除く。）	耐熱試験
高難燃ノンハロゲン耐熱電線	耐熱試験及び高難燃ノンハロゲン性試験

第五　耐熱試験

　　耐熱試験は、第一号に規定する試験体について、第二号に規定する加熱炉を用いて、第三号に規定する加熱方法により加熱を行い、第四号に規定する判定を行うものとする。

一　試験体

　　試験体は、別図第1に示す方法により、長さ1.3mの電線を縦300mm、横300mm、厚さ10mmのけい酸カルシウム板等（けい酸カルシウム板又はこれと同等以上の耐熱性を有する板をいう。以下同じ。）に固定線（電線を固定するために使用する太さ1.6mmの金属線をいう。以下同じ。）で二重巻きにして取り付け、その中央部に自重の2倍の荷重をかけたものであること。

二　加熱炉

　　加熱炉は、次に適合するものであること。

　㈠　構造は、別図第2に示す構造又はこれに準じた構造であること。

　㈡　燃料は、ガス事業法（昭和29年法律第51号）又は液化石油ガスの保安の確保及び取引の適正化に関する法律（昭和42年法律第149号）の適用を受けるガスであること。

　㈢　試験体を挿入しない状態で加熱した場合において、380℃±38℃の温度を15分間以上保つことができるものであること。

三　加熱方法

　　加熱方法は、試験体を別図第2に示す位置に挿入し、JIS A 1304の標準曲線の1/2とした曲線に準じて15分間加熱すること。この場合において、炉内の温度は、JIS C 1602の0.75級以上の性能を有するK熱電対及び連続温度記録計を用いて、別図第3に示す位置において測定し制御を行うこと。

四　判定

　　耐熱試験の結果の判定は、試験体が次に掲げる条件に適合しているもの

を合格とすること。

(一)　絶縁抵抗は、次の表の左欄に掲げる電線の構造に応じ、同表の右欄に掲げる箇所において、直流 500 V の絶縁抵抗計で 5 分間ごとに測定した値が、加熱前にあっては 50 MΩ 以上、加熱中にあっては 0.1 MΩ 以上であること。

電　線　の　構　造	箇　　　　所
多心であって各導体がしゃへいされていないもの	絶縁された導体と固定線との間及び絶縁された導体相互間
その他のもの	絶縁された導体と固定線（しゃへい物又は金属製保護被覆を有する電線にあっては、しゃへい物又は金属製保護被覆。(二)において同じ。）との間

(二)　絶縁耐力は、線心を一括したものと固定線との間に、50 Hz 又は 60 Hz の正弦波に近い実効電圧 250 V の交流電圧を加えた場合において、短絡しないものであること。

(三)　保護被覆は、加熱を終了した後において、加熱炉の内壁から測定して 150 mm 以上燃焼していないこと。

第六　高難燃ノンハロゲン性試験

高難燃ノンハロゲン性試験は、次の各号に定めるところにより電線の高難燃性試験、発煙濃度試験及び燃焼時発生ガス試験を行い、そのいずれにも適合するものを合格とする。

一　高難燃性試験

(一)　試験方法は、JIS C 3521 によること。

(二)　試験体が上端まで燃焼していないこと。

二　発煙濃度試験

(一)　試験体は、電線の絶縁物及び保護被覆と同一の材料の縦 76 mm、横 76 mm、厚さ 0.5 mm ± 0.1 mm のシートで、加熱表面以外の部分をアルミ箔で覆ったものであること。

(二)　試験装置は、次に適合するものであること。

　　イ　構造は、別図第 4 に示す構造又はこれに準じた構造であること。

　　ロ　試験箱は、内面に腐食を防止する措置を講じた金属で造られたもの

とすること。

ハ　輻射加熱炉は、直径76mmの開口部を有する電気炉であること。

ニ　試験体ホルダーは、試験体が容易に着脱できるものであって、試験体の縦65mm、横65mmの範囲を加熱することができるものであること。

㈢　試験方法は、次によること。

イ　試験体と同じ大きさのけい酸カルシウム板等を試験体の裏面に付して試験体ホルダーに取り付け、輻射加熱炉により、試験体の中央部の直径約38mmの範囲に1cm²当たり平均2.5Wの輻射エネルギーを放射して、試験体を20分間加熱し、この間の光の最小透過率を測定すること。

ロ　試験は、それぞれ別の試験体を用いて3回行うこと。

㈣　次の式により求めた発煙濃度の平均が、150以下であること。

$$D_S = \frac{V}{A \cdot L} \log_{10} \frac{100}{T}$$

D_S は、発煙濃度

V は、試験箱内容積（単位：mm³）

A は、試験体の加熱表面積（単位：mm²）

L は、光路長（単位：mm）

T は、光の最小透過率（単位：％）

三　燃焼時発生ガス試験

㈠　試験体は、電線の絶縁物及び保護被覆と同一の材料2gを細かく裁断したものであること。

㈡　試験装置は、次に適合するものであること。

イ　構造は、別図第5に示す構造又はこれに準じた構造であること。

ロ　空気ボンベは、JIS K 0055のゼロガス相当の乾燥空気を用いること。

ハ　燃焼皿は、加熱により気体を発生又は吸収しないものであること。

ニ　加熱炉は、石英管内の試験体及び燃焼皿を750℃以上に加熱することができるものであること。

ホ　ガス洗浄容器は、水素イオン濃度5以上7以下の水170mℓを満た

した内径 50mm 以上 60mm 以下の容器であること。この場合におい
て、石英管から排出される気体を内径 4mm 以上 6mm 以下のガラス
管で水面下 50mm の位置に導くことができるものであること。

㈢　試験方法は、次によること。

イ　加熱炉で 750℃ 以上 850℃ 以下に加熱した石英管の中央に試験体を
のせた燃焼皿を置き、空気ボンベの乾燥空気を 1 時間当たり 10ℓ ± 3
ℓ の流量で石英管の一端から供給し、他端からガス洗浄容器へ排出す
ること。

ロ　ガス洗浄容器内の水素イオン濃度を乾燥空気の供給を開始してから
30 分間測定すること。

ハ　試験は、それぞれ別の試験体を用いて 3 回行うこと。

㈣　ガス洗浄容器内の水素イオン濃度の最小値の平均が 3.5 以上であるこ
と。

第七　表　示

耐熱電線には、次の各号に掲げる事項を見やすい箇所に容易に消えないよ
うに表示するものとする。

一　製造者名又は商標

二　製造年

三　耐熱電線である旨の表示

四　高難燃ノンハロゲン耐熱電線にあっては、NH

別図第1　試験体

(イ)　電線の外径が15mm未満のもの　（単位：mm）

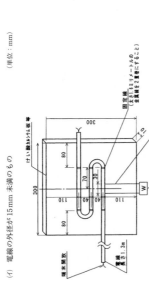

(ロ)　電線の外径が15mm以上30mm未満のもの　（単位：mm）

(ハ)　電線の外径が30mm以上のもの　（単位：mm）

備考：① 平形の電線の場合は電線外径はその短径とする。また、電線の長径部分をけい酸カルシウム板等に接触するように試料を取り付ける。
② 荷重はけい酸カルシウム板等の下端より下にくるように取り付ける。

別図第2　加熱炉　（単位：mm）

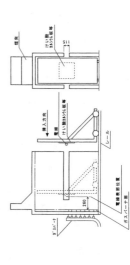

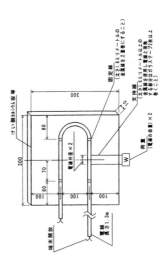

別図第3　温度測定位置

(ﾛ)　電線の外径が15mm以上30mm未満のもの　　　（単位：mm）

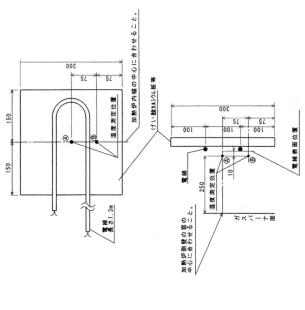

(ｲ)　電線の外径が15mm未満のもの　　　（単位：mm）

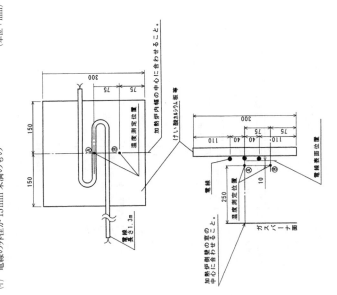

別図第4　密閉燃焼試験装置　（単位：mm）

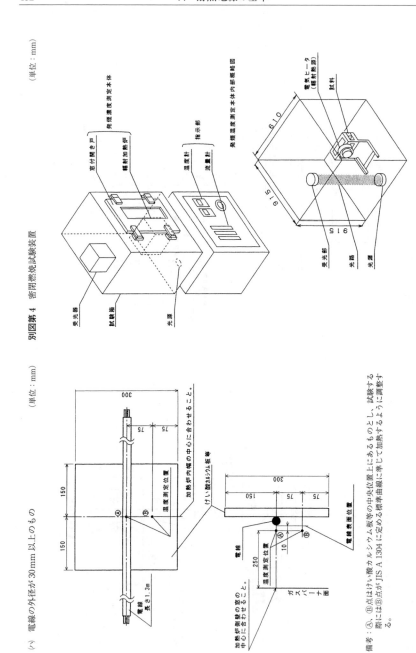

（ハ）　電線の外径が30mm以上のもの　（単位：mm）

備考：Ⓐ、Ⓑ点はけい酸カルシウム板等の中央位置上にあるものとし、試験する際にはⒷ点がJIS A 1304に定める標準曲線に準じて加熱するように調整する。

別図第5 燃焼時発生ガス試験装置

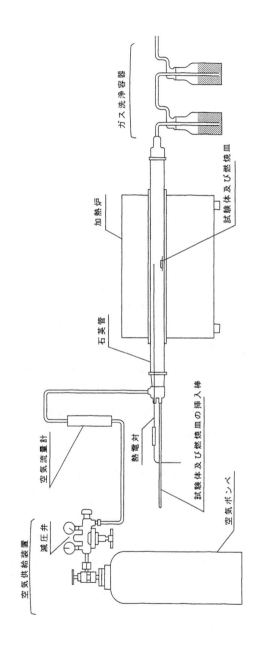

8. 耐火電線の基準

（平成 9 年 12 月 18 日
消防庁告示第 10 号）

改正　令和元年 6月28日消防庁告示第 2号
　　　同　3年 5月24日　　同　　第 7号

第一　趣　旨

　この告示は、消防法施行規則（昭和36年自治省令第6号）第12条第1項第四号ホ(ロ)ただし書に規定する電線（以下「耐火電線」という。）の基準を定めるものとする。

第二　用語の意義

　この基準において、次の各号に掲げる用語の意義は、それぞれ当該各号に定めるところによる。

一　電線　弱電流電気若しくは強電流電気の伝送に使用する電気導体（以下「導体」という。）、絶縁物で被覆した導体又は絶縁物で被覆した上を保護被覆で保護した導体をいう。

二　ケーブル　導体を絶縁物で被覆し、その上を保護被覆で保護した電線をいう。

三　低圧ケーブル　使用電圧が低圧（直流にあっては750V以下、交流にあっては600V以下の電圧をいう。第7号において同じ。）の電路に使用されるケーブルをいう。

四　高圧ケーブル　使用電圧が高圧（直流にあっては750Vを超え7,000V以下の電圧、交流にあっては600Vを超え7,000V以下の電圧をいう。第8号において同じ。）の電路に使用されるケーブルをいう。

五　高難燃ノンハロゲン耐火ケーブル　耐火電線のうち、絶縁物、保護被覆を構成する材料にハロゲン（ふっ素、塩素、臭素、よう素及びアスタチンをいう。）を含まないケーブルをいう。

六　バスダクト　導体を絶縁物で支持するか、又は導体を絶縁物で被覆した電線を、ダクト（電線を入れる箱体をいう。以下同じ。）に入れて組み立てたものをいう。

七　低圧バスダクト　使用電圧が低圧の電路に使用されるバスダクトをいう。

八　高圧バスダクト　使用電圧が高圧の電路に使用されるバスダクトをいう。

第三　一般性能

耐火電線の一般性能は、次に定めるところによる。

一　ケーブルにあっては、次によること。

　㈠　導体公称断面積が 100 mm^2 以下であって線心数が 7 以下の低圧ケーブルにあっては電気用品の技術上の基準を定める省令（昭和 37 年通商産業省令第 85 号）の規定、その他のものにあっては電気設備に関する技術基準を定める省令（平成 9 年通商産業省令第 52 号）の規定に適合するものであること。

　㈡　保護被覆の難燃性は、JIS（産業標準化法（昭和 24 年法律第 185 号）第 20 条第 1 項の日本産業規格をいう。以下同じ。）C 3005 の傾斜試験を行った場合において、60 秒以内に炎が自然に消えるものであること。

二　バスダクトにあっては、電気設備に関する技術基準を定める省令の規定に適合するものであること。

第四　耐火性能

　耐火電線は、次の表の左欄に掲げる電線の種類に応じ、同表の右欄に掲げる試験を行った場合において、それぞれ合格するものでなければならない。

電　線　の　種　類			試　　験
ケーブル	単心（線心数が 1 のものをいう。以下同じ。）	平形以外のもののうち導体公称断面積が 1,000 mm^2 以下のもの	小型加熱炉耐火試験（高難燃ノンハロゲン耐火ケーブルにあっては、小型加熱炉耐火試験及び高難燃ノンハロゲン性試験）
	多心（線心数が 2 以上のものをいう。以下同じ。）	導体公称断面積が 325 mm^2 以下のもの	
	単心	平形のもの及び平形以外のもののうち導体公称断面積が 1,000 mm^2 を超えるもの	大型加熱炉耐火試験及び燃焼性試験（高難燃ノンハロゲン耐火ケーブルにあっては、大型加熱炉耐火試験及び高難燃ノンハロゲン性試験）
	多心	導体公称断面積が 325 mm^2 を超えるもの	
バスダクト			大型加熱炉耐火試験

第五　小型加熱炉耐火試験

小型加熱炉耐火試験は、次により行うものとする。

一　試験体

　試験体は、試験体1及び試験体2の2種類とし、次によること。

(一)　試験体1は、別図第1に示す方法により、長さ1.3mのケーブルを縦300mm、横300mm、厚さ10mmのけい酸カルシウム板等（けい酸カルシウム板又はこれと同等以上の耐熱性を有する板をいう。以下同じ。）に固定線（ケーブルを固定するために使用する太さ1.6mmの金属線をいう。以下同じ。）で二重巻きにして取り付け、その中央部に自重の2倍の荷重をかけたものであること。この場合において、ケーブルは、次の表の左欄に掲げるケーブルの種類に応じ、同表の中欄に掲げる曲げ半径により、同表の右欄に掲げる曲げ回数屈曲（180度曲げ直線状態に復元した後、反対側に180度曲げ直線状態に復元することをいう。）したものを用いること。

ケ　ー　ブ　ル　の　種　類			曲げ半径	曲げ回数
低圧ケーブル	単心	ケーブルの仕上り外径が30mm以下のもの	6D	4回
		ケーブルの仕上り外径が30mmを超えるもの	8D	
	多心	ケーブルの仕上り外径が30mm以下のもの	4D	
		ケーブルの仕上り外径が30mmを超えるもの	6D	
高圧ケーブル	単心	ケーブルの仕上り外径が30mm以下のもの	10D	2回
		ケーブルの仕上り外径が30mmを超えるもの	12D	
	多心	ケーブルの仕上り外径が30mm以下のもの	8D	
		ケーブルの仕上り外径が30mmを超えるもの	10D	

　備考1　Dは、ケーブルの仕上り外径とする。
　　　2　平形のものの仕上り外径は、短径とする。

(二)　試験体2は、別図第2に示す方法により、長さ1.3mのケーブルをJIS C 8305又はJIS G 3452に適合する管に通線し両端をロックウール等で充てんしたものを縦300mm、横300mm、厚さ10mmのけい酸カルシウム板等に固定線で二重巻きにして取り付けたものであること。

㈢　露出配線に限り使用することができるものにあっては試験体 1、露出
配線及び金属電線管配線、金属製ダクト配線又はこれらに類するもので
覆う配線に使用することができるものにあっては試験体 1 及び試験体 2
を用いること。

二　加熱炉

加熱炉は、次に適合するものであること。

㈠　構造は、別図第 3 に示す構造又はこれに準じた構造であること。

㈡　燃料は、ガス事業法（昭和 29 年法律第 51 号）又は液化石油ガスの保
安の確保及び取引の適正化に関する法律（昭和 42 年法律第 149 号）の適
用を受けるガスであること。

㈢　試験体を挿入しない状態で加熱した場合において、840℃ ±84℃の温
度を 30 分間以上保つことができるものであること。

三　加熱方法

加熱方法は、試験体を別図第 3 に示す位置に挿入し、JIS A 1304 の標準
曲線に準じて 30 分間加熱すること。この場合において、炉内の温度は、
JIS C 1602 の 0.75 級以上の性能を有する K 熱電対及び連続温度記録計を
用いて、別図第 4 に示す位置において測定し制御を行うこと。

四　判定

小型加熱炉耐火試験の結果の判定は、試験体が次に掲げる条件に適合し
ているものを合格とすること。

㈠　絶縁抵抗は、次の表イの左欄に掲げるケーブルの構造に応じ、同表右
欄に掲げる箇所において、直流 500 V の絶縁抵抗計で測定した値が、次
の表ロの左欄に掲げるケーブルの種類に応じ、同表右欄に掲げる絶縁抵
抗値以上であること。

イ

ケーブルの構造	箇　　　　　所
多心であって各導体がしゃへいされていないもの	絶縁された導体と固定線との間及び絶縁された導体相互間
その他のもの	絶縁された導体と固定線（しゃへい物又は金属製保護被覆を有するケーブルにあっては、しゃへい物又は金属製保護被覆。㈡において同じ。）との間

ロ

ケーブルの種類	絶縁抵抗値 （MΩ）	
低圧ケーブル	加熱前	50
	加熱終了直前	0.4 (0.1)
高圧ケーブル	加熱前	100
	加熱終了直前	1.0

備考　（　）内の電圧は、使用電圧が 60 V 以下の低圧ケーブルに適用する。

㈡　絶縁耐力は、線心を一括したものと固定線との間に、次の表の左欄に掲げるケーブルの種類に応じ、同表の中欄に掲げる 50 Hz 又は 60 Hz の正弦波に近い実効電圧の交流電圧を加えた場合において、同表の右欄に掲げる時間これに耐えるものであること。

ケーブルの種類	交流電圧 （V）		時間 （分）
低圧ケーブル	加熱前	1,500 (350)	1
	加熱中	600 (60)	30
	加熱終了直後	1,500 (350)	1
高圧ケーブル	加熱前	17,000 (9,000)	10
	加熱中	4,400 (2,200)	30
	加熱終了直後	7,600 (3,800)	10

備考　（　）内の電圧は、「低圧ケーブル」欄のものにあっては使用電圧が 60 V 以下の低圧ケーブルに、「高圧ケーブル」欄のものにあっては使用電圧が 3,500 V 以下の高圧ケーブルに適用する。

㈢　保護被覆は、加熱を終了した後において、加熱炉の内壁から測定して 150 mm 以上燃焼していないこと。ただし、試験体 2 にあっては、この限りでない。

第六 大型加熱炉耐火試験

大型加熱炉耐火試験は、次により行うものとする。

一 試験体

試験体は、電線の種別に応じ、次によること。

(一) ケーブルにあっては、試験体1及び試験体2の2種類とし、次によること。

イ 試験体1は、別図第5に示す方法により、長さ3.5mのケーブルをケーブルラックに固定線で二重巻きにして取り付けたものであること。

ロ 試験体2は、別図第6に示す方法により、長さ3.5mのケーブルをJIS C 8305又はJIS G 3452に適合する管に通線し、両端をロックウール等で充てんしたものをケーブルラックに固定線で二重巻きにして取り付けたものであること。

ハ 露出配線に限り使用することができるものにあっては試験体1、露出配線及び金属電線管配線、金属製ダクト配線又はこれらに類するもので覆う配線に使用することができるものにあっては試験体1及び試験体2を用いること。

(二) バスダクトにあっては、別図第7に示す方法により、2のバスダクトを長さ3.5mとなるように中央で接続し、その両端を断熱材等でしゃへいしたものであること。

二 加熱炉

加熱炉は、次に適合するものであること。

(一) 構造は、別図第8に示す構造又はこれに準じた構造であること。

(二) 燃料は、ガス事業法又は液化石油ガスの保安の確保及び取引の適正化に関する法律の適用を受けるガスであること。

(三) 試験体を挿入しない状態で加熱した場合において、840℃±84℃の温度を30分間以上保つことができるものであること。

三 加熱方法

加熱方法は、試験体を別図第8に示す位置に挿入し、JIS A 1304の標準曲線に準じて30分間加熱すること。この場合において、炉内の温度は、JIS C 1602の0.75級以上の性能を有するK熱電対及び連続温度記録計を

消防法関係

用いて、別図第9に示す位置において測定し制御を行うこと。

四　判定

　　大型加熱炉耐火試験の結果の判定は、試験体が次に掲げる条件に適合し
ているものを合格とすること。

㈠　絶縁抵抗は、次の表イの左欄に掲げる電線の構造に応じ、同表右欄に
掲げる箇所において、直流500Vの絶縁抵抗計で測定した値が、次の表
ロの左欄に掲げる電線の種類に応じ、同表右欄に掲げる絶縁抵抗値以上
であること。

　　イ

電　線　の　構　造		箇　　　　所
ケーブル	多心であって各導体がしゃへいされていないもの	絶縁された導体とケーブルラックとの間及び絶縁された導体相互間
	その他のもの	絶縁された導体とケーブルラック（しゃへい物又は金属製保護被覆を有するケーブルにあっては、しゃへい物又は金属製保護被覆。㈡において同じ。）との間
バスダクト		導体とダクトとの間及び導体相互間

　　ロ

電　線　の　種　類	絶縁抵抗値（MΩ）	
低圧ケーブル及び低圧バスダクト	加熱前	50
	加熱終了直前	0.1
高圧ケーブル及び高圧バスダクト	加熱前	100
	加熱終了直前	0.25

㈡　絶縁耐力は、ケーブルにあっては線心を一括したものとケーブルラッ
クとの間、バスダクトにあっては導体とダクトとの間及び導体相互間
に、次の表の左欄に掲げる電線の種類に応じ、同表の中欄に掲げる50Hz
又は60Hzの正弦波に近い実効電圧の交流電圧を加えた場合において、
同表の右欄に掲げる時間これに耐えるものであること。

電 線 の 種 類	交 流 電 圧　(V)		時 間（分）
低圧ケーブル及び低圧バスダクト	加熱前	1,500	1
	加熱中	600	30
	加熱終了直後	1,500	1
高圧ケーブル及び高圧バスダクト	加熱前	17,000 （9,000）	10
	加熱中	4,400 （2,200）	30
	加熱終了直後	7,600 （3,800）	10

備考　（　）内の電圧は、使用電圧が 3,500 V 以下の高圧ケーブル及び高圧バスダクトに適用する。

第七　燃焼性試験

燃焼性試験は、次により行うものとする。

一　試験体

試験体は、長さ 1.3m のケーブルであること。

二　試験装置

試験装置は、JIS C 3521 の燃焼試験室及び燃焼源であること。

三　燃焼方法

燃焼方法は、バーナの火炎を JIS C 3521 に掲げるところにより調節した後、試験体を別図第 10 に示す方法によりバーナ面に対して平行となるよう水平に設置し、30 分間燃焼すること。

四　判定

燃焼性試験の結果の判定は、燃焼を終了した後において、試験体の燃焼した部分の長さが試験体中央から 500mm 未満のものを合格とすること。

第八　高難燃ノンハロゲン性試験

高難燃ノンハロゲン性試験は、次の各号に定めるところによりケーブルの高難燃性試験、発煙濃度試験及び燃焼時発生ガス試験を行い、そのいずれにも適合するものを合格とする。

一　高難燃性試験

㈠　試験方法は、JIS C 3521 によること。

消防法関係

㈡　試験体が上端まで燃焼していないこと。

二　発煙濃度試験

㈠　試験体は、ケーブルの絶縁物及び保護被覆と同一の材料の縦76mm、横76mm、厚さ0.5mm±0.1mmのシートで、加熱表面以外の部分をアルミ箔で覆ったものであること。

㈡　試験装置は、次に適合するものであること。

イ　構造は、別図第11に示す構造又はこれに準じた構造であること。

ロ　試験箱は、内面に腐食を防止する措置を施した金属で造られたものとすること。

ハ　輻射加熱炉は、直径76mmの開口部を有する電気炉であること。

ニ　試験体ホルダーは、試験体が容易に着脱できるものであって、試験体の縦65mm、横65mmの範囲を加熱することができるものであること。

㈢　試験方法は、次によること。

イ　試験体と同じ大きさのけい酸カルシウム板等を試験体の裏面に付して試験体ホルダーに取り付け、輻射加熱炉により、試験体の中央部の直径約38mmの範囲に1cm²当たり平均2.5Wの輻射エネルギーを放射して、試験体を20分間加熱し、この間の光の最小透過率を測定すること。

ロ　試験は、それぞれ別の試験体を用いて3回行うこと。

㈣　次の式により求めた発煙濃度の平均が、150以下であること。

$$D_S = \frac{V}{A \cdot L} \log_{10} \frac{100}{T}$$

D_Sは、発煙濃度

Vは、試験箱内容積（単位：mm³）

Aは、試験体の加熱表面積（単位：mm²）

Lは、光路長（単位：mm）

Tは、光の最小透過率（単位：%）

三　燃焼時発生ガス試験

㈠　試験体は、電線の絶縁物及び保護被覆と同一の材料2gを細かく裁断したものであること。

㈡　試験装置は、次に適合するものであること。

　イ　構造は、別図第 12 に示す構造又はこれに準じた構造であること。

　ロ　空気ボンベは、JIS K 0055 のゼロガス相当の乾燥空気を用いること。

　ハ　燃焼皿は、加熱により気体を発生又は吸収しないものであること。

　ニ　加熱炉は、石英管内の試験体及び燃焼皿を 750℃ 以上に加熱することができるものであること。

　ホ　ガス洗浄容器は、水素イオン濃度 5 以上 7 以下の水 170mℓ を満たした内径 50mm 以上 60mm 以下の容器であること。この場合において、石英管から排出される気体を内径 4mm 以上 6mm 以下のガラス管で水面下 50mm の位置に導くことができるものであること。

㈢　試験方法は、次によること。

　イ　加熱炉で 750℃ 以上 850℃ 以下に加熱した石英管の中央に試験体をのせた燃焼皿を置き、空気ボンベの乾燥空気を 1 時間当たり 10ℓ±3ℓ の流量で石英管の一端から供給し、他端からガス洗浄容器へ排出すること。

　ロ　ガス洗浄容器内の水素イオン濃度を乾燥空気の供給を開始してから 30 分間測定すること。

　ハ　試験は、それぞれ別の試験体を用いて 3 回行うこと。

㈣　ガス洗浄容器内の水素イオン濃度の最小値の平均が 3.5 以上であること。

第九　表　示

　耐火電線には、次の各号に掲げる事項を見やすい箇所に容易に消えないように表示するものとする。

一　製造者名又は商標

二　製造年

三　耐火電線である旨の表示

四　金属電線管配線等に使用することのできるものにあっては、その旨の表示

五　高難燃ノンハロゲン耐火ケーブルにあっては、NH

別図第1　小型加熱炉耐火試験の試験体1　　（単位：mm）

別図第2　小型加熱炉耐火試験の試験体2　　（単位：mm）

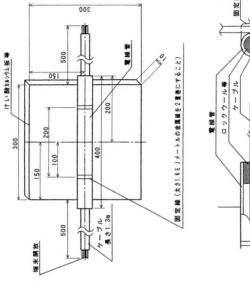

けい酸カルシウム板等

電線管

端末開放

ケーブル　長さ1.3m

固定線（太さ1.6ミリメートルの金属線を2重巻にすること）

ロックウール等のつめ方法

固定線

電線管

ロックウール等

ケーブル

けい酸カルシウム板

端末開放

ケーブル　長さ1.3m

けい酸カルシウム板等

荷重（ケーブルの目方）×2

ケーブル外径×2

W　荷重

支持線（太さ1.6ミリメートル以上の金属線を使用しケーブルと接触する部分がガラステープ2枚以上を巻くこと）

固定線（太さ1.6ミリメートルの金属線を2重巻にすること）

備考：① 平形のケーブルの場合は、ケーブル外径はその短径とする。また、ケーブルの長径部分をけい酸カルシウム板等に接触するように試料を取り付ける。
　　　② 荷重はけい酸カルシウム板等の下端より下にくるように取り付ける。

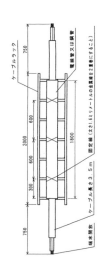

別図第5　大型加熱炉耐火試験のケーブル試験体1　（単位：mm）

備考：平形のケーブルの場合は、ケーブルの短径部分がケーブルラックに接触するように試験を取り付ける。
　　　また、固定線は用いずに、専用クリートでケーブルラックに固定する。

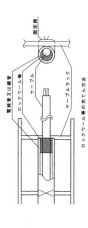

別図第6　大型加熱炉耐火試験のケーブル試験体2　（単位：mm）

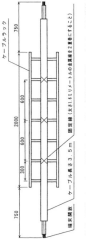

別図第3　小型加熱炉　（単位：mm）

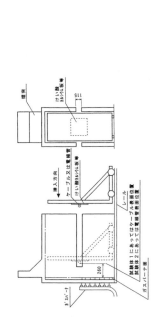

別図第4　小型加熱炉耐火試験の温度測定位置　（単位：mm）

加熱炉側壁の窓の
中心に合わせること

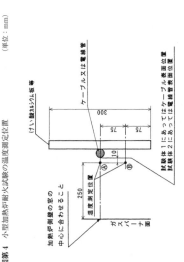

備考：Ⓐ、Ⓑ点はけい酸カルシウム板等の中央位置上にあるものとし、試験する際にⒶ点はA曲線に、Ⓑ点がB曲線に定める標準曲線に準じて加熱するように調整する。

消防法関係

別図第7　大型加熱炉耐火試験のバスダクト試験体　　　　　　（単位：mm）

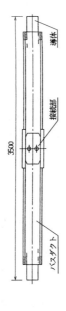

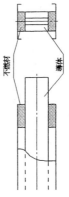

別図第 8 大型加熱炉

（単位：mm）

(イ) 耐火ケーブル

(ロ) 耐火バスダクト

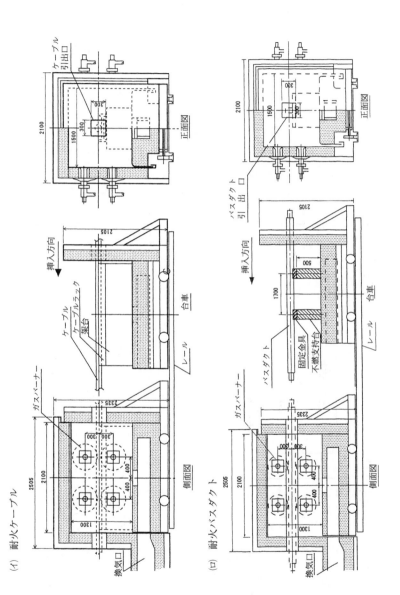

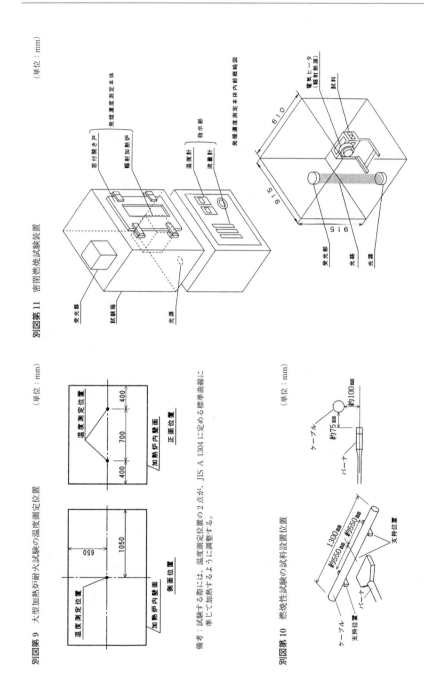

別図第11　密閉燃焼試験装置

（単位：mm）

別図第9　大型加熱炉耐火試験の温度測定位置

（単位：mm）

温度測定位置

正面位置

加熱炉内壁面

400
700
400

温度測定位置

側面位置

加熱炉内壁面

650
1050

備考：試験する際には、温度測定位置の2点が、JIS A 1304に定める標準曲線に準じて加熱するように調整する。

別図第10　燃焼性試験の試料設置位置

（単位：mm）

ケーブル
約975mm
バーナ
約100mm

約550mm　約550mm
約1300mm
支持位置
ケーブル
支持位置
バーナ
支持位置

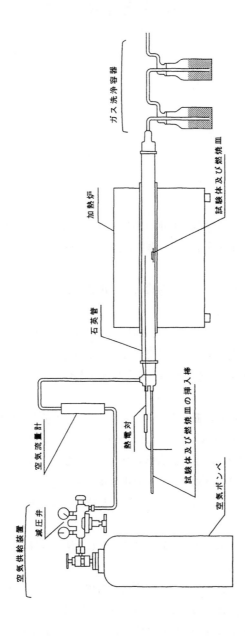

別図第12　燃焼時発生ガス試験装置

9.　非常警報設備の基準

$$\left(\begin{array}{l}\text{昭和 48 年 2 月 10 日}\\ \text{消防庁告示第 6 号}\end{array}\right)$$

改正　平成　6年　1月　6日消防庁告示第　1号
　　　　同　10年　7月24日　　　同　　　　第　6号
　　　　同　11年　9月　8日　　　同　　　　第　7号
　　　　同　12年　5月31日　　　同　　　　第　8号
　　　　同　13年　3月30日　　　同　　　　第20号
　　　　同　21年　9月30日　　　同　　　　第22号
　　　　令和元年　6月28日　　　同　　　　第　2号

第一　趣　旨

　この告示は、消防法施行規則（昭和36年自治省令第6号）第25条の2第3項に規定する非常警報設備の構造及び性能の基準を定めるものとする。

第二　用語の意義

　この基準において、次の各号に掲げる用語の意義は、それぞれ当該各号に定めるところによる。

　一　非常サイレンを除く。起動装置、音響装置（サイレンを除く。）、表示灯、電源及び配線により構成されるものをいう。

　二　自動式サイレン　起動装置、音響装置（サイレン）、表示灯、電源及び配線により構成されるものをいう。

　三　放送設備　起動装置、表示灯、スピーカー、増幅器、操作部、電源及び配線により構成されるもの（自動火災報知設備と連動するものにあつては、起動装置及び表示灯を省略したものを含む。）をいう。

第三　非常ベル及び自動式サイレンの構造及び性能

　一　非常ベル及び自動式サイレンの構造及び性能は、次に定めるところによる。

　　㈠　電源電圧が次に掲げる範囲の変動をした場合、機能に異常を生じないものであること。

　　　イ　交流電源にあつては、定格電圧の90%から110%まで

　　　ロ　蓄電池設備にあつては、端子電圧が定格電圧の90%から110%まで

　　㈡　起動装置を操作してから必要な音量で警報を発することができるまで

の所要時間は、10秒以内であること。

㈢ 2以上の起動装置が同時に作動しても異常なく警報を発することができるものであること。

㈣ 外部配線の断線又は地絡若しくは短絡が生じた場合、他の部分の機能に異常を生じないものであること。

㈤ 次に掲げる部品は、それぞれにおいて定める構造及び機能を有するもの又はこれと同等以上の機能を有するものであること。

　イ　スイッチは、次によること

　　㈠　産業標準化法（昭和24年法律第185号）第20条第1項に定める日本産業規格（以下「JIS」という。）C 6437（電子機器用ロータリスイッチ）又はJIS C 6571（電子機器用トグルスイッチ）に準ずるものであること。

　　㈡　確実かつ容易に作動し、停止点が明確であること。

　　㈢　接点は、腐食するおそれがなく、かつ、その容量は、最大使用電流に耐えること。

　ロ　表示の灯火に用いる電球等は、次によること。

　　㈠　電球は、使用される回路の定格電圧の130％の交流電圧を20時間連続して加えた場合、断線、著しい光束変化、黒化又は著しい電流の低下を生じないものであること。

　　㈡　火災灯（起動装置からの火災信号を受信して火災である旨を表示する表示灯をいう。以下同じ。）及び各階ごとの作動表示灯（火災である旨を必要な階に報知している旨を表示する表示灯をいう。以下同じ。）に用いる電球は2個以上並列に接続すること。ただし、放電灯、発光ダイオード又はこれと同等以上の耐久性を有するものを用いるものにあつては、この限りでない。

　　㈢　周囲の明るさが300lxの状態において、前方3m離れた地点で点灯していることを明確に識別することができること。

　ハ　半導体は、次によること。

　　㈠　防湿及び防食の処理をしたものであること。

　　㈡　容量は、最大使用電圧及び最大使用電流に十分耐えるものであること。

消防法関係

　　ニ　電磁継電器は、次によること。

　　　(イ)　密閉型以外のものには、接点及び可動部にほこりがたまらないように カバーを設けること。

　　　(ロ)　接点は、JIS C 2509（通信機器用接点材料）の三種又はこれと同等以上の性能を有する材料を用い、外部負荷と兼用しないこと。

　　ホ　指示電気計器は、JIS C 1102（指示電気計器）に準ずるものであること。

　　ヘ　ヒューズは、JIS C 8352（配線用ヒューズ通則）又は JIS C 6575（電子機器用筒形ヒューズ）に準ずること。

　　ト　電源変圧器は、次によること。

　　　(イ)　JIS C 6436（電子機器用小形電源変圧器）に準ずるものであること。

　　　(ロ)　容量は、最大使用電流に連続して耐えること。

二　非常ベル及び自動式サイレンの起動装置の構造及び性能は、次に定めるところによる。

　(一)　起動装置の操作は、次によること。

　　イ　火災信号は、押しボタンスイッチを押したときに伝達されること。

　　ロ　押しボタンスイッチを押した後、当該スイッチが自動的に元の位置に戻らない構造のものにあつては、当該スイッチを元の位置に戻す操作を忘れないための措置を講ずること。

　　ハ　押しボタンスイッチは、その前方に保護板を設け、その保護板を破壊し、又は押し外すことにより、容易に押すことができること。

　　ニ　保護板は、透明の有機ガラスを用いること。

　　ホ　指先で押し破り、又は押し外す構造の保護板は、その中央部の直径 20 mm の円内に 20 N の静荷重を一様に加えた場合に、押し破られ又は押し外されることなく、かつ、たわみにより押しボタンスイッチに触れることなく、80 N の静荷重を一様に加えた場合に、押し破られ又は押し外されること。

　　ヘ　外箱の色は、赤色であること。

　(二)　定格電圧で定格電流を流し、1,000 回の作動を繰り返した場合、構造又は機能に異常を生じないこと。

㈢ 手動により復旧しない限り信号を継続して伝達されること。

㈣ 起動装置の絶縁された端子の間、充電部と金属製外箱との間及び充電部と押しボタンスイッチの頭部との間の絶縁抵抗は、直流 500 V の絶縁抵抗計で測定した値が 20 MΩ 以上であること。

㈤ 起動装置の端子と金属製外箱との間の絶縁耐力は、50 Hz 又は 60 Hz の正弦波に近い実効電圧 500 V（定格電圧が 60 V を超え 150 V 以下のものにあつては 1,000 V、定格電圧が 150 V を超えるものにあつては使用電圧に 2 を乗じて得た値に 1,000 V を加えた値）の交流電圧を加えた場合、1 分間これに耐えるものであること。

三 非常ベル及び自動式サイレンの音響装置の構造及び性能は、次に定めるところによる。

㈠ 電源電圧が定格の 80％で音響を発すること。

㈡ 定格電圧における電圧は、無響室で音響装置の中心から前方 1 m 離れた地点で測定した値が 90 dB 以上であること。

㈢ 使用電圧で連続 10 分間鳴動した場合、機能に異常を生じないこと。

㈣ 充電部と非充電部との間の絶縁抵抗は、直流 500 V の絶縁抵抗計で測定した値が 20 MΩ 以上であること。

㈤ 充電部と非充電部との間の絶縁耐力は、50 Hz 又は 60 Hz の正弦波に近い実効電圧 500 V（定格電圧が 60 V を超え 150 V 以下のものにあつては 1,000 V、定格電圧が 150 V を超えるものにあつては定格電圧に 2 を乗じて得た値に 1,000 V を加えた値）の交流電圧を加えた場合、1 分間これに耐えるものであること。

四 非常ベル及び自動式サイレンの表示灯の構造及び性能は、次に定めるところによる。

㈠ 材料は、不燃性又は難燃性であること。

㈡ 灯火部分の大きさは、前面投影面積が 28 cm² 以上で、かつ、側面投影面積が前面投影面積の 1/4 以上であること。

㈢ 形状は、円形であること。

五 非常ベル及び自動式サイレンの操作部の構造及び性能は、次に定めるところによる。

㈠ 主電源の両極を同時に開閉することができる電源スイッチを操作部の

　　内部に設けること。

　㈡　主電源回路の片線及び操作部から外部負荷に電力を供給する回路に
　　は、ヒューズ、ブレーカーその他の保護装置を設けること。

　㈢　操作部には、次の装置を設けること。

　　イ　主電源を監視する装置

　　ロ　火災灯

　　ハ　非常電源として蓄電池設備を用いる場合は、非常電源の良否が試験
　　　できる装置

　㈣　充電部と金属製外箱との間及び電源変圧器の線路相互の間の絶縁抵抗
　　は、直流 500 V の絶縁抵抗計で測定した値が 20 MΩ 以上であること。

　㈤　充電部と金属製外箱との間及び電源変圧器の線路相互の間の絶縁耐力
　　は、50 Hz 又は 60 Hz の正弦波に近い実効電圧 500 V（定格電圧が 60 V を
　　超え 150 V 以下のものにあつては 1,000 V、定格電圧が 150 V を超えるも
　　のにあつては定格電圧に 2 を乗じて得た値に 1,000 V を加えた値）の交
　　流電圧を加えた場合、1 分間これに耐えるものであること。

第四　放送設備の構造及び性能

　一　放送設備の構造及び性能は、次に定めるところによる。

　㈠　電源電圧が次に掲げる範囲の変動をした場合、機能に異常を生じない
　　ものであること。

　　イ　交流電源にあつては、定格電圧の 90％から 110％まで

　　ロ　蓄電池設備にあつては、端子電圧が定格電圧の 90％から 110％まで

　㈡　起動装置若しくは操作部を操作してから、又は自動火災報知設備から
　　起動のための信号を受信してからマイクロホン又は音声警報音による放
　　送が開始できるまでの所要時間は、10 秒以内であること。

　㈢　2 以上の起動装置が同時に作動しても異常なく火災信号を伝達するこ
　　とができるものであること。

　㈣　非常警報以外の目的と共用するものにあつては、起動装置若しくは操
　　作部を操作した際又は自動火災報知設備等から起動のための信号を受信
　　した際、自動的に非常警報以外の目的の放送（地震動予報等に係る放送
　　（消防法施行規則第 25 条の 2 第 2 項第三号リに規定するものをいう。㈤
　　において同じ。）であつて、放送に要する時間が短時間であり、かつ、火

災の発生を有効に報知することを妨げないものを除く。）を直ちに停止できるものであること。

㈤　地震動予報等に係る放送を行う機能を有するものにあつては、地震動予報等に係る放送を行っている間に、起動装置若しくは操作部を操作した場合又は自動火災報知設備等から起動のための信号を受信した場合には、地震動予報等に係る放送が終了した後、直ちに、かつ、自動的に非常警報の放送を行うものであること。

㈥　その各部分が良質の材料で造られ、配線及び取付けが適正かつ確実になされていること。

㈦　次に掲げる部品は、それぞれにおいて定める構造及び機能を有するもの又はこれと同等以上の機能を有するものであること。

イ　スイッチは、第三、一、㈤、イに準ずるものであること。

ロ　表示の灯火に用いる電球は、第三、一、㈤、ロに準ずるものであること。

ハ　半導体は、第三、一、㈤、ハに準ずるものであること。

ニ　電磁継電器は、第三、一、㈤、ニに準ずるものであること。

ホ　指示電気計器は、第三、一、㈤、ホに準ずるものであること。

ヘ　ヒューズは、第三、一、㈤、ヘに準ずるものであること。

ト　電源変圧器は、第三、一、㈤、トに準ずるものであること。

二　放送設備の起動装置は、次に定めるところによる。

㈠　手動のものは、第三、二に準ずるほか、次によること。

イ　操作することにより放送が可能な状態になるものであること。

ロ　防災センター等と通話することができる装置（以下「通話装置」という。）を付置する場合は、当該通話装置は次によること。

㈤　操作部との間の専用回線であること。

㈥　周囲雑音を60dBとした場合において有効に通話することができるものであること。

㈦　2以上の通話装置が同時に操作されても、操作部において任意に選択が可能であること。この場合遮断された通話装置には話中音が流れるものであること。

㈡　通話装置と操作部は、相互に同時通話することができるものであ

ること。

　㊡　零下10℃から50℃までの周囲温度において機能に異常を生じないものであること。

㈡　非常電話は、㈠ロ(ロ)から㊡までに準ずるほか、次によること。

　イ　操作部との間の専用電話（インターホンを含む。）であること。

　ロ　非常電話を操作することにより、放送設備の放送が可能な状態になるものであること。

㈢　表示灯は、第三、四に定めるところによること。

三　放送設備の音声警報音は、次に定めるところによる。

㈠　音声警報音は、シグナル及びメッセージにより構成するものであること。

㈡　シグナルは、次によること。

　イ　基本波形は、1周期に対する立ち上がり時間の比が0.2以下ののこぎり波であること。

　ロ　第1音にあつては740Hzの0.5秒間の単音、第2音にあつては494Hzの0.5秒間の単音、第3音にあつては300Hzから2kHzまでの0.5秒間のスイープ音であること。

　ハ　エンベロープは、第1音及び第2音については立ち上がり時間0.1秒及び立ち下がり時間0.4秒の波形とし、第3音については矩形波とすること。

　ニ　第1シグナルは、第1音、第2音の順に連続して警報するシグナルを1単位として、これを連続して3回繰り返したものであること。

　ホ　第2シグナルは、第3音、0.5秒間の無音状態、第3音、0.5秒間の無音状態、第3音、1.5秒間の無音状態の順に連続するシグナルを1単位として、これを連続して3回繰り返したものであること。

㈢　メッセージは、感知器が発報した場合又はこれに準ずる情報を入手した場合に行う放送（以下「感知器発報放送」という。）、火災の発生が確認された場合又はこれに準ずる情報を入手した場合に行う放送（以下「火災放送」という。）及び火災の発生がないことが確認された場合に行う放送（以下「非火災報放送」という。）の区分ごとに、次によること。

　イ　感知器発報放送のメッセージは女声によるものとし、自動火災報知

設備の感知器が作動した場所及び火災発生の確認中である旨の情報又はこれに関連する内容であること。

ロ　火災放送のメッセージは男声によるものとし、火災が発生した場所、避難誘導及び火災である旨の情報又はこれに関連する内容であること。

ハ　非火災報放送のメッセージは女声によるものとし、自動火災報知設備の感知器の作動は非火災報であつた旨の情報又はこれに関連する内容であること。

㈣　音声警報音はサンプリング周波数8kHz以上及び再生周波数帯域3kHz以上のAD‐PCM符号化方式による音声合成音又はこれと同等以上の音質を有するものであること。

四　放送設備の音声警報音による放送は、次に定めるところによる。

㈠　放送の構成は、次によること。

イ　感知器発報放送は、第1シグナル、感知器発報放送のメッセージ、1秒間の無音状態の順に連続する放送を1単位として、これを連続して2回以上繰り返すものであること。

ロ　火災放送は、第1シグナル、火災放送のメッセージ、1秒間の無音状態、第1シグナル、火災放送のメッセージ、1秒間の無音状態、第2シグナルの順に連続する放送を1単位として、これを10分以上連続して繰り返すものであること。

ハ　非火災報放送は、第1シグナル、非火災報放送のメッセージ、1秒間の無音状態の順に連続する放送を1単位として、これを連続して2回以上繰り返すものであること。

㈡　放送の機能は、次によること。

イ　自動火災報知設備の感知器が作動した旨の信号（火災表示をすべき火災情報信号を含む。以下同じ。）により起動する場合は、次によること。

㈡　自動的に感知器発報放送を行うこと。

㈣　感知器が作動した旨の信号を受信した後、次のいずれかの信号を受信した場合、自動的に火災放送を行うこと。

a　発信機又は非常電話からの信号

　　　b　火災信号を感知器ごとに区分できる自動火災報知設備にあつて
　　　　は、第1報の感知器以外の感知器が作動した旨の信号

　　　c　その他火災が発生した旨又は火災が発生した可能性が高い旨の
　　　　信号

　　ロ　発信機又は非常電話により起動する場合は、自動的に感知器発報放
　　　送を行った後、直ちに、かつ、自動的に火災放送を行うこと。ただし、
　　　防火対象物の用途、規模、防火管理体制を勘案して感知器発報放送を
　　　省略して、直接、火災放送を行うことができる。

　　ハ　感知器発報放送を手動により起動した後、次の信号を受信した場
　　　合、自動的に火災放送を行うこと。

　　(イ)　発信機又は非常電話からの信号

　　(ロ)　感知器が作動した旨の信号

　　(ハ)　その他火災が発生した旨又は火災が発生した可能性が高い旨の信
　　　号

　　ニ　感知器発報放送、火災放送及び非火災報放送は、簡単な操作により
　　　起動できること。

　　ホ　音声警報音による放送中にマイクロホンによる放送を行う場合は、
　　　自動的に音声警報音を停止できるものであること。

五　放送設備のスピーカーの種別、構造及び性能は、次に定めるところによ
　る。

　(一)　スピーカーの音圧又は音響パワーレベルは、三、(二)、ホに定める第2
　　シグナルを定格電圧で入力して、次により測定すること。

　　イ　音圧は、無響室においてスピーカーの中心から前方1m離れた地点
　　　で測定すること。

　　ロ　音響パワーレベルは、JIS Z 8732（無響室又は半無響室における音
　　　響パワーレベル測定方法）又は JIS Z 8734（残響室における音響パ
　　　ワーレベル測定方法）の例により測定すること。

　(二)　スピーカーは、80℃の気流中に30分間投入した場合、機能に異常を
　　生じないものであること。

　(三)　スピーカーには、接続する入力端子ごとに、スピーカーの種別に対応
　　した接続方法を表示すること。

六　放送設備の増幅器及び操作部の構造及び性能は、次に定めるところによる。

(一)　主電源の両極を同時に開閉することができる電源スイッチを内部に設けること。

(二)　主電源回路の両線並びに増幅器及び操作部から外部負荷に電力を供給する回路には、ヒューズ、ブレーカーその他の保護装置を設けること。

(三)　放送箇所の階別を明示する表示灯（以下「階別作動表示灯」という。）を設けること。

(四)　起動装置から火災信号を受信した際自動的に点灯し、かつ、発信箇所の階別を明示する表示灯（以下「出火階表示灯」という。）を設けること。

(五)　前面に主回路の電源電圧を監視できる装置及びモニター用スピーカー又はレベル計を設けること。

(六)　前面に感知器発報放送、火災放送又は非火災報放送の別を明示する表示灯を設けること。

(七)　必要な階ごとに放送できるものであること。

(八)　各階の配線が短絡しても機能に異常を生じないものであり、かつ、短絡した旨の表示ができるものであること。

(九)　保持機構を有する非常警報用スイッチを設け、かつ、当該スイッチに非常警報用である旨の表示がなされていること。

(十)　増幅器及び操作部の外箱は、厚さ0.8mm以上の鋼板又はこれと同等以上の強度を有するもので作り、かつ、難燃性を有するものであること。

(十一)　増幅器からの出力のピーク値は、1kHz正弦波による定格出力のピーク値に対して90%以上110%以下であること。

(十二)　定格電圧が60Vを超える増幅器及び操作部の金属製外箱には、接地端子を設けること。

(十三)　充電部と金属製外箱との間及び電源変圧器の線路相互の間の絶縁抵抗は、直流500Vの絶縁抵抗計で測定した値が20MΩ以上であること。

(十四)　充電部と金属製外箱との間及び電源変圧器の線路相互の間の絶縁耐力は、50Hz又は60Hzの正弦波に近い実効電圧500V（定格電圧が60Vを超え150V以下のものにあつては1,000V、定格電圧が150Vを超えるものにあつては定格電圧に2を乗じて得た値に1,000Vを加えた値）の交

　　　流電圧を加えた場合、1分間これに耐えるものであること。

七　放送設備に遠隔操作器を設ける場合は、次に定めるところによる。

　㈠　電源の開閉器、放送区域の選択解除、音声警報音の操作及び誘導放送
　　を行うための操作機能を設けること。

　㈡　遠隔操作器は、次の表示装置を設けること。

　・イ　階別作動表示灯

　　ロ　出火階表示灯

　　ハ　火災灯

　　ニ　主電源を監視できる装置。ただし、中央管理室（建築基準法施行令
　　　（昭和25年政令第338号）第20条の2第二号に規定するものをいう。
　　　以下同じ。）に設けるものにあつては、非常電源の電圧を確認できる装置

　　ホ　スピーカー回路の短絡（中央管理室に設けるものにあつては、階別
　　　の短絡）の有無を表わす表示装置

　㈢　放送を直接確認できるモニタースピーカーを設けること。ただし、放
　　送設備のスピーカーが設けられた室に設けるものにあつては、この限り
　　でない。

第五　表　示

　　非常警報設備には、次に掲げる事項をその見やすい箇所に容易に消えない
ように表示するものとする。

　　この場合において、第六号に掲げる事項については、ケースに入れた下げ
札等に表示することができる。

一　製造者名又は商標

二　製造年

三　型式番号

四　起動装置にあつては、起動装置である旨の表示とその使用方法

五　通話装置にあつては、通話装置である旨の表示とその使用方法

六　非常ベル及び自動式サイレンの音響装置にあつては定格電圧における音
　圧、放送設備のスピーカーにあつては消防法施行規則第25条の2第2項
　第三号イに掲げる種類又は第四、五、㈠ロに定めるところにより測定した
　音響パワーレベル

七　取扱方法の概要及び注意事項

10. 誘導灯及び誘導標識の基準

$$\left(\begin{array}{l}\text{平成 11 年 3 月 17 日}\\\text{消防庁告示第 2 号}\end{array}\right)$$

改正　平成13年　8月17日消防庁告示第39号
　　　同　18年　3月29日　　同　　第 5 号
　　　同　21年　9月30日　　同　　第21号
　　　同　22年　8月26日　　同　　第13号
　　　同　23年　6月17日　　同　　第 6 号
　　　同　27年　3月16日　　同　　第 3 号
　　　令和元年　6月28日　　同　　第 2 号

第一　趣　旨

　この告示は、消防法施行規則（昭和 36 年自治省令第 6 号。以下「規則」という。）第 28 条の 2 第 1 項第三号ハ及び第 2 項第五号並びに第 28 条の 3 第 3 項第一号ハ、第 4 項第三号の二及び第十号並びに第 6 項の規定に基づき、誘導灯及び誘導標識の基準を定めるものとする。

第二　用語の意義

　この基準において、次の各号に掲げる用語の意義は、それぞれ当該各号に定めるところによる。

一　中輝度蓄光式誘導標識　JIS（産業標準化法（昭和 24 年法律第 185 号）第 20 条第 1 項の日本産業規格をいう。以下同じ。）Z 8716 の常用光源蛍光ランプ D65（第五第三号（四）において「蛍光ランプ」という。）により照度 200lx の外光を 20 分間照射し、その後 20 分経過した後における表示面（次号において「照射後表示面」という。）が 24mcd/m^2 以上 100mcd/m^2 未満の平均輝度を有する蓄光式誘導標識（規則第 28 条の 2 第一項第三号ハに規定する蓄光式誘導標識をいう。以下同じ。）をいう。

二　高輝度蓄光式誘導標識　照射後表示面が 100mcd/m^2 以上の平均輝度を有する蓄光式誘導標識をいう。

第三　避難口誘導灯の設置を要しない居室の要件

一　規則第 28 条の 2 第 1 項第三号ハの消防庁長官が定める避難口誘導灯の設置を要しない居室に設置する蓄光式誘導標識の設置及び維持に関する技術上の基準の細目は、次に定めるところによる。

消防法関係

㈠　蓄光式誘導標識は、高輝度蓄光式誘導標識とすること。

㈡　規則第 28 条の 3 第 3 項第一号イからニまでに掲げる避難口の上部又はその直近の避難上有効な箇所に設けること。

㈢　性能を保持するために必要な照度が採光又は照明により確保されている箇所に設けること。

㈣　蓄光式誘導標識の周囲には、蓄光式誘導標識とまぎらわしい又は蓄光式誘導標識を遮る広告物、掲示物等を設けないこと。

二　規則第 28 条の 3 第 3 項第一号ハの消防庁長官が定める居室は、室内の各部分から当該居室の出入口を容易に見とおし、かつ、識別することができるもので、床面積が 100 m²（主として防火対象物の関係者及び関係者に雇用されている者の使用に供するものにあっては、400 m²）以下であるものとする。

第三の二　通路誘導灯を補完するために設けられる蓄光式誘導標識の設置及び維持に関する技術上の基準の細目

規則第 28 条の 2 第 2 項第五号並びに第 28 条の 3 第 4 項第三号の二及び第十号の消防庁長官が定める通路誘導灯を補完するために設けられる蓄光式誘導標識の設置及び維持に関する技術上の基準の細目は、次に定めるところによる。ただし、光を発する帯状の標示を設けることその他の方法によりこれと同等以上の避難安全性が確保されている場合にあっては、この限りでない。

一　蓄光式誘導標識は、高輝度蓄光式誘導標識とすること。

二　床面又はその直近の箇所に設けること。

三　廊下及び通路の各部分から一の蓄光式誘導標識までの歩行距離が 7.5 m 以下となる箇所及び曲がり角に設けること。

四　性能を保持するために必要な照度が採光又は照明により確保されている箇所に設けること。

五　蓄光式誘導標識の周囲には、蓄光式誘導標識とまぎらわしい又は蓄光式誘導標識を遮る広告物、掲示物等を設けないこと。

第四　非常電源の容量を 60 分間とする防火対象物の要件

規則第 28 条の 2 第 2 項第五号及び第 28 条の 3 第 4 項第十号の消防庁長官が定める要件は、次の各号のいずれかに該当することとする。

一　消防法施行令（昭和 36 年政令第 37 号）別表（以下「令別表」という。）

第一㈠項から（十六）項までに掲げる防火対象物で、次のいずれかを満たすこと。

㈠　延べ面積5万m²以上

㈡　地階を除く階数が15以上であり、かつ、延べ面積3万m²以上

二　令別表第一（十六の二）項に掲げる防火対象物で、延べ面積1,000m²以上であること。

三　令別表第一㈩項又は（十六）項に掲げる防火対象物（同表（十六）項に掲げる防火対象物にあっては、同表第一㈩項に掲げる防火対象物の用途に供される部分が存するものに限る。）で、乗降場が地階にあり、かつ、消防長（消防本部を置かない市町村においては、市町村長）又は消防署長が避難上必要があると認めて指定したものであること。

第五　構造及び性能

規則第28条の3第6項の規定に基づき、誘導灯及び誘導標識の構造及び性能は、次に定めるところによる。

一　誘導灯の構造は、JIS C 8105-1及びJIS C 8105-3に定めるところによるほか、次に定めるところによること。

㈠　表示面及び照射面に用いる材料は、JIS C 8105-1の耐炎性に適合するものであること。

㈡　次に掲げる温度は、それぞれにおいて定める温度に適合するものであること。

　イ　誘導灯の表面及び器具に内蔵する巻線の点灯時の温度は、定格電圧の110%の電圧を加えた場合において、JIS C 8105-1に定める温度以下であること。

　ロ　器具に内蔵するインバーターの表面の点灯時の温度は、最大使用電圧を加えた場合において、135℃以下であること。

㈢　光源は、次に定める切替動作特性に適合するものであるとともに、非常電源に切り替えられた場合において、即時点灯性を有するものであること。

　イ　ランプを平常時の点灯状態にした後、電圧を降下させた場合において、電圧が定格電圧の85%の電圧以上であるときにあっては非常点灯に切り替わらず、40%の電圧以上85%の電圧未満であるときにあって

消防法関係

は非常点灯に切り替わること。

　　ロ　ランプを平常時の点灯状態にした後、入力回路を遮断してから 0.5
　　　秒以内に非常点灯に切り替わり、かつ、遮断してから 1 分後に入力回
　　　路を投入したときに常用電源に切り替わること。

　㈣　誘導灯に内蔵する蓄電池設備（イ及びロにおいて「蓄電池設備」とい
　　う。）は、JIS C 8705 若しくは国際電気標準会議規格 61951-2 に該当す
　　るもの又はこれらと同等以上の構造及び性能を有するほか、次に定める
　　ところによること。

　　イ　蓄電池設備の充電装置の入力端子に定格電圧の 110％の電圧を加え
　　　た場合に次に適合するものであること。

　　　㈠　トリクル充電により常時充電する場合にあっては、充電を行うた
　　　　めの電流値が蓄電池の定格容量に 0.05 を乗じた値以下であること。

　　　㈡　急速充電により充電する場合にあっては、急速充電を行うための
　　　　電流値が蓄電池の定格容量に 0.1 を乗じた値以上であり、かつ、急
　　　　速充電終了後又は急速充電設定時間後に、蓄電池の定格容量に 0.02
　　　　を乗じた値以下のトリクル充電に切り替わること。

　　ロ　点灯装置の入力端子（点灯装置がない誘導灯にあっては、ランプの
　　　入力端子）に接続された蓄電池設備の電圧は、連続非常点灯可能時間
　　　（蓄電池設備により連続して非常点灯できる時間をいう。以下同じ。）
　　　以上、放電基準電圧以上であること。

　㈤　床面に設ける通路誘導灯は、次によること。

　　イ　角の部分に質量 225±5g の鋼球を 2m の高さから落下させ衝撃を
　　　加えた場合に、外枠及び表示板にひび、われ及びその他使用上支障の
　　　ある異常が生じないこと。

　　ロ　9,800N の静荷重を加えた場合に、外枠及び表示板にひび、われ及
　　　びその他使用上支障のある異常が生じないこと。

　㈥　表示面のシンボル、文字及び色彩は、次によること。

　　イ　避難口誘導灯にあっては、緑色の地に避難口であることを示す別図
　　　第 1 のシンボル（避難の方向を示す別図第 2 のシンボル又は別図第 3
　　　の文字を併記したものを含む。）とすること。ただし、避難口誘導灯の
　　　うち C 級のものにあっては、避難の方向を示す別図第 2 のシンボルを

併記してはならない。

ロ　通路誘導灯（階段に設けるものを除く。）にあっては、白色の地に避
難の方向を示す別図第2のシンボル（避難口であることを示す別図第
1のシンボル又は別図第3の文字を併記したものを含む。）とするこ
と。

ハ　表示面に用いる緑色は、別図第4に示す色相のものであること。

㈦　表示面の形状は、正方形又は縦寸法を短辺とする長方形であること。

㈧　点滅機能を有する誘導灯のせん光光源は、主光源と兼用することがで
きること。

㈨　音声誘導機能を有する誘導灯には、音圧を調節する装置を設けること
ができること。

㈩　避難口誘導灯及び通路誘導灯には、次のイからヘまでに定めるところ
により、標識灯（別図第1から別図第3までのシンボル又は文字以外の
事項を表示する灯火をいう。以下同じ。）を附置することができること。

イ　標識灯は、㈠から㈤までの規定の例によること。

ロ　誘導灯と標識灯の表示面は、明確に区分されていること。

ハ　標識灯の表示面の縦寸法は、誘導灯の表示面の縦寸法以下であるこ
と。

ニ　標識灯の表示する事項は、誘導灯の誘導効果に支障を与えるおそれ
のないものであること。

ホ　標識灯の地色は、別図第4に示す緑色又は赤色の色相以外のもので
あること。

ヘ　標識灯の表示面の平均輝度は、誘導灯の表示面の平均輝度以下であ
ること。

二　誘導灯の性能は、次に定めるところによること。

㈠　誘導灯の表示面の光特性は、次のイ又はロに定めるところによるこ
と。

イ　表示面の形状が正方形の誘導灯にあっては次によること。

(ｲ)　常時点灯時における表示面の最大輝度と最小輝度との比が、次の
a又はbに適合すること。

a　避難口誘導灯にあっては、表示面の緑色部分が9以下で、か

つ、白色部分が7以下であること。

　　b　通路誘導灯にあっては、表示面の緑色部分が7以下で、かつ、白色部分が9以下であること。

　㈹　常時点灯時における表示面の白色部分と緑色部分が接する箇所の輝度対比が、0.7以上0.9以下であること。この場合において、輝度対比は次の式により算出された値とすること。

$$輝度対比 = \frac{Lw - Lg}{Lw}$$

　　Lw は、緑色部分に接する白色部分についての輝度

（単位　cd/m²）

　　Lg は、白色部分に接する緑色部分についての輝度

（単位　cd/m²）

ロ　表示面の形状が縦寸法を短辺とする長方形の誘導灯にあっては次によること。

　㈤　表示面全面を白色とした場合において、常時点灯時における当該表示面の平均輝度と最小輝度との比が7以下であること。

　㈹　常時点灯時における表示面の白色部分と緑色部分が接する箇所の輝度対比が、0.65以上であること。この場合において、輝度対比はイ㈹に規定する式により算出された値とすること。

㈡　誘導灯の表示面は、次の表の左欄に掲げる電源の別及び中欄に掲げる誘導灯の区分に応じ、同表の右欄に掲げる平均輝度を有すること。

電源の別	誘導灯の区分		平均輝度（cd/m²）
常用電源	避難口誘導灯	A 級	350 以上 800 未満
		B 級	250 以上 800 未満
		C 級	150 以上 800 未満
	通路誘導灯	A 級	400 以上 1,000 未満
		B 級	350 以上 1,000 未満
		C 級	300 以上 1,000 未満
非常電源	避難口誘導灯		100 以上 300 未満
	通路誘導灯		150 以上 400 未満

㈢　点滅機能を有する誘導灯の点滅周期は、2Hz±0.2Hz であること。

㈣　音声誘導機能を有する誘導灯の音響装置は、次のイからヘまでによること。

　　イ　音声誘導音は、シグナル、メッセージ、1秒間の無音状態の順に連続するものを反復するものであること。

　　ロ　シグナルは、基本周波数の異なる2の周期的複合波をつなぎ合わせたものを2回反復したものとすること。

　　ハ　メッセージは女声によるものとし、避難口に誘導する内容のものであること。

　　ニ　音声誘導音は、サンプリング周波数8kHz 以上及び再生周波数帯域3kHz 以上の AD-PCM 符号化方式による音声合成音又はこれと同等以上の音質を有するものであること。

　　ホ　音響装置の音圧は、シグナルを定格電圧で入力した場合、音響装置の中心軸上から1m 離れた位置で 90dB 以上であること。

　　ヘ　音圧を調節する装置が設けられている場合にあっては、最低調整音圧は音響装置の中心軸上から1m 離れた位置で 70dB 以上であること。

三　誘導標識（中輝度蓄光式誘導標識及び高輝度蓄光式誘導標識を含む。以下この号において同じ。）の構造及び性能は、次に定めるところによること。

㈠　材料は、堅ろうで耐久性のあるものであること。

㈡　電気エネルギーにより光を発する誘導標識の構造は、第一号㈠から㈤までに定めるところによるほか、次に定めるところによること。

　　イ　規則第24条第3号の規定の例により電源を設けること。

　　ロ　電気工作物に係る法令の規定により配線を設けること。

㈢　表示面のシンボル、文字及び色彩は、次によること。

　　イ　避難口に設ける誘導標識にあっては、緑色の地に避難口であることを示す別図第一のシンボル（避難の方向を示す別図第二のシンボル又は別図第三の文字を併記したものを含む。）とすること。

　　ロ　廊下又は通路に設ける誘導標識にあっては、白色の地に避難の方向を示す別図第二のシンボル（避難口であることを示す別図第一のシン

消防法関係

　　　ボル又は別図第三の文字を併記したものを含む。）とすること。

　　ハ　表示面に用いる緑色は、別図第四に示す色相のものであること。

　㈣　表示面の形状は、正方形又は縦寸法を短辺とする長方形であること。

　㈤　表示面の大きさは、正方形のものにあっては一辺の長さが12cm以上とし、長方形のものにあっては短辺の長さが10cm以上かつ面積が300cm^{2}以上とすること。ただし、廊下又は通路に設ける高輝度蓄光式誘導標識のうち、蛍光ランプにより照度100lxの外光を20分間照射し、その後20分間経過した後における表示面が150mcd/m^{2}以上の平均輝度を有するものにあっては、短辺の長さ8.5cm以上かつ面積が217cm^{2}以上とすることができる。

第六　表　示

　誘導灯及び電気エネルギーにより光を発する誘導標識には、次に掲げる事項をその見やすい箇所に容易に消えないように表示するものとする。

一　製造者名又は商標

二　製造年

三　種類

四　蓄電池設備を内蔵するものにあっては、その旨

五　連続非常点灯可能時間が60分以上のものにあっては、その旨

別図第2　避難の方向を示すシンボル

(1) 避難口誘導灯又は避難口に設ける誘導標識に用いるもの

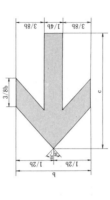

備考1　シンボルの色彩は、白色とする。

2　bは $\frac{1}{5}$ h以上 $\frac{4}{5}$ h以下とし、cは $\frac{1}{5}$ h以上 $\frac{13}{10}$ h以下とする。

3　hは、誘導灯又は誘導標識の表示面の短辺の長さを表すものとする。

(2) 通路誘導灯又は廊下若しくは通路に設ける誘導標識に用いるもの

備考1　シンボルの色彩は、緑色とする。

2　bは $\frac{3}{10}$ h以上 $\frac{4}{5}$ h以下とし、cは $\frac{4}{10}$ h以上 $\frac{13}{10}$ h以下とする。

3　hは、誘導灯又は誘導標識の表示面の短辺の長さを表すものとする。

別図第1　避難口であることを示すシンボル

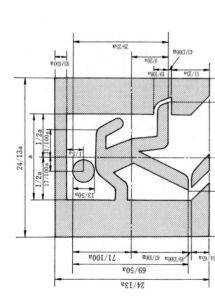

備考1　シンボルの色彩は緑色とし、シンボルの地の色彩は白色とする。

2　aは、$\frac{2}{5}$ h（通路誘導灯又は廊下若しくは通路に設ける誘導標識に用いるものにあっては $\frac{1}{8}$ h）以上 $\frac{13}{24}$ h以下とする。

3　hは、誘導灯又は誘導標識の表示面の短辺の長さを表すものとする。

消防法関係

別図第3　避難口であることを示す文字

(1)　避難口誘導灯又は避難口に設ける誘導標識に用いるもの

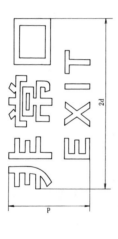

備考1　文字の色彩は、白色とする。

2　d は、$\frac{1}{10}$ h 以上 $\frac{1}{3}$ h 以下とする。

3　h は、誘導灯又は誘導標識の表示面の短辺の長さを表すものとする。

(2)　通路誘導灯又は廊下若しくは通路に設ける誘導標識に用いるもの

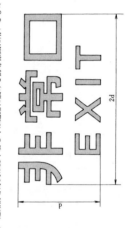

備考1　文字の色彩は、緑色とする。

2　d は、$\frac{13}{100}$ h 以上 $\frac{1}{3}$ h 以下とする。

3　h は、誘導灯又は誘導標識の表示面の短辺の長さを表すものとする。

11．キュービクル式非常電源専用受電設備の基準

$$\left(\begin{array}{l}\text{昭和 50 年 5 月 28 日}\\\text{消防庁告示第 7 号}\end{array}\right)$$

改正　昭和55年 6月 9日消防庁告示第3号
　　　平成10年12月24日　　同　　　第8号
　　　同 12年 5月31日　　同　　　第8号
　　　令和元年 6月28日　　同　　　第2号

　消防法施行規則（昭和 36 年自治省令第 6 号）第 12 条第四号イ㈡⑴の規定に基づき、高圧又は特別高圧で受電するキュービクル式非常電源専用受電設備の基準を次のとおり定める。

第一　趣　旨

　この告示は、消防法施行規則（昭和 36 年自治省令第 6 号）第 12 条第 1 項第四号イ㈡⑴に規定する高圧又は特別高圧で受電するキュービクル式非常電源専用受電設備の基準を定めるものとする。

第二　種　類

　キュービクル式非常電源専用受電設備の種類は、次のとおりとする。

一　専用キュービクル式非常電源専用受電設備　非常電源専用の受電設備（電力需給用計器用変成器及び主遮断装置並びにこれらの付属機器をいう。以下同じ。）、変電設備（変圧器及びこれの付属装置をいう。以下同じ。）その他の機器及び配線を一の箱（以下「外箱」という。）に収納したもの

二　共用キュービクル式非常電源専用受電設備　非常電源と他の電源と共用の受電設備、変電設備その他の機器及び配線を外箱に収納したもの

第三　構造及び性能

　キュービクル式非常電源専用受電設備の構造及び性能は、次に定めるところによるものとする。

一　外箱（次号に掲げるものに係るものを除く。）は、JIS（産業標準化法（昭和 24 年法律第 185 号）第 20 条第 1 項の日本産業規格をいう。）A 1311 の防火 A 種 2S の例によるものであり、かつ、耐食性を有しない材質のものにあっては，耐食加工を施したものであること。

二　外箱には、次のイからホまで（屋外用のキュービクル式非常電源専用受

消防法関係

電設備にあってはイからハまで）に掲げるもの以外のものが外部に露出して設けられていないこと。

　イ　表示灯（カバーを不燃性又は難燃性の材料としたものに限る。）

　ロ　電線の引込み口及び引出し口

　ハ　第七号の換気装置

　ニ　電圧計、電流計、周波数計その他操作等に必要な計器類（電圧回路に係るものにあってはヒューズ等で保護されたものに、電流回路に係るものにあっては変流器に接続しているものに限る。）

　ホ　計器用切替スイッチ（不燃性又は難燃性の材料としたものに限る。）

三　外箱は、建築物の床に容易かつ堅固に固定できるものであること。

四　外箱に収納する受電設備、変電設備その他の機器及び配線は、電気設備に関する技術基準を定める省令（平成 9 年通商産業省令第 52 号）の規定によるほか、次に定めるところにより設けられていること。

　イ　外箱、フレーム等に堅固に固定されていること。

　ロ　外箱の底面からの高さが、次の表の左欄に掲げる機器及び配線の区分に応じ、それぞれ当該右欄に定める高さ以上の位置に収納されていること。

機 器 及 び 配 線 の 区 分		高 さ
試験端子・端子台等の充電部		15cm
その他のもの	屋外用のキュービクル式非常電源専用受電設備に係るもの	10cm
	屋内用のキュービクル式非常電源専用受電設備に係るもの	5cm

五　共用キュービクル式非常電源専用受電設備にあっては、非常電源回路と他の電気回路（非常電源回路に用いる開閉器又は遮断器から電線引出し口までの間に限る。）とが不燃材料（建築基準法（昭和 25 年法律第 201 号）第 2 条第九号に規定する不燃材料をいう。）で区画されていること。

六　電線の引出し口は、金属管又は金属製可とう電線管を容易に接続できるものであること。

七　キュービクル式非常電源専用受電設備には、次に定めるところにより換気装置が設けられていること。

イ　換気装置は、外箱の内部が著しく高温にならないよう空気の流通が十分に行えるものであること。

ロ　自然換気口の開口部の面積の合計は、外箱の一の面について、当該面の面積の1/3以下であること。

ハ　自然換気口によっては十分な換気が行えないものにあっては、機械換気設備が設けられていること。

ニ　換気口には、金網、金属製がらり、防火ダンパーを設ける等の防火措置及び雨水等の浸入防止措置（屋外用のキュービクル式非常電源専用受電設備に限る。）が講じられていること。

第四　接続方法

キュービクル式非常電源専用受電設備の接続方法は、一の非常電源回路が他の非常電源回路及び他の電気回路の開閉器又は遮断器によって遮断されないものとするほか、別図の例によるものとする。

第五　表　示

キュービクル式非常電源専用受電設備の表示は、次に定めるところによるものとする。

一　外箱には、次に掲げる事項がその見やすい箇所に容易に消えないよう表示されていること。

イ　専用キュービクル式非常電源専用受電設備又は共用キュービクル式非常電源専用受電設備の区別

ロ　製造者名又は商標

ハ　製造年

ニ　型式

ホ　製造番号

二　共用キュービクル式非常電源専用受電設備にあっては、非常電源に係る部分と他の電源に係る部分とが容易に判別できる措置が講じられていること。

三　キュービクル式非常電源専用受電設備の前面扉の裏面には、接続図及び主要機器一覧表が貼付されていること。

消防法関係

別図

その1 CB形 (キュービクル引込口の電源側に地絡継電装置があるもの)

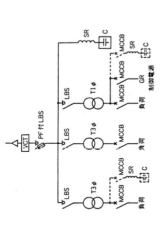

その2 CB形 (キュービクル引込口の電源側に地絡継電装置がないもの)

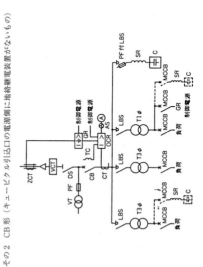

その3 PF・S形 (キュービクル引込口の電源側に地絡継電装置があるもの)

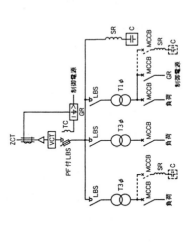

その4 PF・S形 (キュービクル引込口の電源側に地絡継電装置がないもの)

備考1　専用キュービクル式非常電源専用受電設備にあっては、すべての負荷が非常電源回路に供されるものであり、共用キュービクル式非常電源専用受電設備にあっては、負荷のいずれかを他の電気回路に供されるものであること。

2　Tの一次側の開閉器は、省略することができること。

3　VTを設置する場合にあっては、VTに取り付けるヒューズは限流ヒューズを使用すること。

4　キュービクル引込口の電源側に存するGR及びTの一次側に存するGRの制御電源を、VT又はTの二次側から供給する場合にあっては、専用の開閉器（保護装置付）を設けること。

5　略号の名称は、次のとおりとすること。

略　号	名　　　称
VCT	電力需給用計器用変成器
DS	断路器
PF	限流ヒューズ
CB	遮断器
TC	引外しコイル
LBS	高圧交流負荷開閉器
ZCT	零相変流器
GR	地絡継電器
OCR	過電流継電器
CT	変流器
VT	計器用変圧器
A	電流計
AS	電流計切替スイッチ
T	変圧器
SR	直列リアクトル
C	進相コンデンサ
MCCB	配線用遮断器

消防法関係

12. 配電盤及び分電盤の基準

$$\left(\begin{array}{c}\text{昭和 56 年 12 月 22 日}\\\text{消防庁告示第 10 号}\end{array}\right)$$

改正　平成12年 5月31日消防庁告示第8号
　　　令和元年 6月28日　　同　　第2号
　　　同　 5年 5月31日　　同　　第9号

第一　趣　旨

　この告示は、消防法施行規則（昭和36年自治省令第6号）第12条第四号イ㈱に規定する低圧で受電する非常電源専用受電設備の第1種配電盤及び第1種分電盤（以下「第1種配電盤等」という。）並びに第2種配電盤及び第2種分電盤（以下「第2種配電盤等」という。）の基準を定めるものとする。

第二　第1種配電盤等及び第2種配電盤等の種類

　第1種配電盤等及び第2種配電盤等の種類は、次のとおりとする。

一　専用配電盤　非常電源専用の開閉器、過電流保護器、計器その他の配線用機器及び配線並びにこれらを収納する箱（以下「キヤビネット」という。）から構成されたもの

二　共用配電盤　非常電源回路と他の電源回路と共用の開閉器、過電流保護器、計器その他の配線用機器及び配線並びにキヤビネットから構成されたもの

三　専用分電盤　非常電源専用の分岐開閉器、分岐過電流保護器その他の配線用機器及び配線並びにキヤビネットから構成されたもの

四　共用分電盤　非常電源回路と他の電源回路と共用の分岐開閉器、分岐過電流保護器その他の配線用機器及び配線並びにキヤビネットから構成されたもの

第三　キヤビネットの構造

一　第1種配電盤等のキヤビネットの構造は、次に定めるところによること。

　㈠　キヤビネットの材料は、鋼板とし、かつ、その板厚は、1.6mm（前面板及び扉にあつては2.3mm）以上であること。

㈡　キヤビネットは、防火塗料等を施した繊維混入ケイ酸カルシウム板（板厚が埋込む部分にあつては 12 mm 以上、露出する部分にあつては 15 mm 以上のものに限る。）又はこれと同等以上の耐熱性及び断熱性を有する材料で内張りしたものとし、かつ、当該内張り部分は、熱又は振動により容易にはく離しないものであること。

㈢　キヤビネットには、次に掲げる以外のものが外部に露出して設けられていないこと。

　　イ　表示灯（カバーに不燃性又は難燃性の材料を用いたものに限る。）

　　ロ　電線の引込口及び引出口

　　ハ　扉用把手及びかぎ

㈣　共用配電盤又は共用分電盤にあつては、非常電源回路に使用する配線用機器及び配線と他の電源回路に使用する配線用機器及び配線とが不燃材料（建築基準法（昭和 25 年法律第 201 号）第 2 条第九号に規定する不燃材料をいう。）で区画されていること。

㈤　キヤビネットは、金属管又は金属製可とう電線管を容易に接続することができ、かつ、当該接続部分に断熱措置を容易に講ずることができるものであること。

㈥　キヤビネットは、建築物の壁又は床に容易に、かつ、堅固に固定することができるものであること。

二　第 2 種配電盤等のキヤビネットの構造は、前号㈣から㈥まで及び次に定めるところによること。

　㈠　キヤビネットの材料は、鋼板とし、かつ、その板厚は、1.0 mm（前面板の面積が 1,000 cm² を超え 2,000 cm² 以下のキヤビネットにあつては 1.2 mm、2,000 cm² を超えるキヤビネットにあつては 1.6 mm）以上であること。

　㈡　キヤビネットには、前号㈢、イからハまでに掲げる以外のもの及び 120℃ の温度を加えた場合において破壊されない電圧計又は電流計以外のものが露出して設けられていないこと。

第四　第 1 種配電盤等及び第 2 種配電盤等の性能

一　第 1 種配電盤等の性能は、次に定めるところによること。

　㈠　キヤビネットは、次に定める耐火試験に合格するものであること。

消防法関係

イ　加熱炉は、次によること。

　(イ)　構造は、別図第1の例に準ずるものであること。

　(ロ)　熱源は、ガス事業法（昭和29年法律第51号）又は液化石油ガス
　　　　の保安の確保及び取引の適正化に関する法律（昭和42年法律第149
　　　　号）の適用を受けるガスを用いたものであること。

　(ハ)　キヤビネットを取り付けた状態で加熱したとき、840℃±84℃の
　　　　温度を30分間以上保つことができるものであり、かつ、炉内に極端
　　　　な温度むらを生じないものであること。

ロ　加熱方法は、キヤビネットを別図第2に示す位置に取り付け、産業
　　標準化法（昭和24年法律第185号）第20条第1項に規定する日本産
　　業規格（以下「JIS」という。）A 1304（建築構造部分の耐火試験方法）
　　に定める標準加熱曲線Bに準じて30分間加熱すること。

ハ　温度測定は、次によること。

　(イ)　温度は、JIS C1602（熱電対）に規定する素線の線径が1mmの
　　　　0.75級以上の性能を有するCA裸熱電対及び自動記録計を用いて、
　　　　埋込式のキヤビネットにあっては別図第3に示すA点及びB点で
　　　　測定し、露出式のキヤビネットにあっては同図に示すA点、B点及
　　　　びC点で測定すること。

　(ロ)　温度制御は、埋込式のキヤビネットにあっては別図第3に示すA
　　　　点で行い、露出式のキヤビネットにあっては同図に示すA点及びC
　　　　点で行い、かつ、C点の温度はA点の温度の±10%以内となるよう
　　　　にすること。

ニ　試験結果の判定は、別図第3に示すB点の温度が280℃以下である
　　こと。

㈡　非常電源回路に使用する配線用機器及び配線（以下「配線用機器等」
　　という。）は、次に定める耐熱試験に合格するものであること。

イ　加熱炉は、次によること。

　(イ)　構造は、別図第5の例に準ずるものであること。

　(ロ)　熱源は、電気を用いたものであること。

　(ハ)　加熱したとき、280℃±28℃の温度（㈠ニの試験結果において、別
　　　　図第3に示すB点の温度が105℃以下である場合に使用する配線用

　　　機器等に係る耐熱試験にあつては、105℃±10.5℃の温度）を30分間以上保つことができるものであり、かつ、炉内に極端な温度むらを生じないものであること。

　ロ　加熱方法は、配線用機器等を収納した厚さ1.5mmの鋼板製の箱を別図第5に示す位置に取り付け、JIS A 1304（建築構造部分の耐火試験方法）に定める標準加熱曲線Bの1/3の加熱曲線（㈠ニの試験結果において、別図第3に示すB点の温度が105℃以下であるものにあつては、標準加熱曲線Bの1/8の加熱曲線）に準じて30分間加熱すること。

　ハ　温度は、JIS C 1602（熱電対）に規定する素線の線径が0.65mmの0.75級以上の性能を有するCA裸熱電対及び自動記録計を用いて、別図第6に示すA点、B点、C点及びD点で測定し、かつ、制御を行い、A点、B点及びD点の温度がC点の温度の±10%以内となるようにすること。

　ニ　試験結果の判定は、次によること。

　　㈤　加熱中に耐熱定格電流を通電したときに、支障がないものであること。

　　㈥　過電流保護器として、遮断器を使用するものにあつては耐熱定格遮断電流を加熱した直後に通電したときに、開閉器及び電磁接触器を使用するものにあつては加熱したときに、機能に異常を生じないものであること。

　　㈦　絶縁抵抗は、加熱直後に直流500Vの絶縁抵抗計で測定した値が0.2MΩ（定格電圧が300Vを超える配線用機器等にあつては0.4MΩ）以上であること。

　　㈧　配線用機器等の機能に有害な影響を及ぼすおそれのある著しい変形、軟化、ふくれ、ひび割れ等を生じないものであること。

　㈢　一の非常電源回路は、他の非常電源回路又は他の電源回路の開閉器若しくは遮断器によって遮断されないものであること。

　㈣　各充電部相互の間及び充電部とキヤビネットとの間の絶縁抵抗は、直流500Vの絶縁抵抗計で測定した値が5MΩ以上であること。

二　第2種配電盤等の性能は、前号㈢及び㈣並びに次に定めるところによる

消防法関係

こと。

㈠　キヤビネットは、次に定める耐火試験に合格するものであること。

　　イ　加熱炉は、前号㈠、イ、⑷及び⑻によるほか、キヤビネットを取り
　　　付けた状態で加熱したとき、280℃±28℃の温度を 30 分間以上保つこ
　　　とができるものであり、かつ、炉内に極端な温度むらを生じないこと。

　　ロ　加熱方法は、キヤビネットを別図第 2 に示す位置に取り付け、JIS A
　　　1304（建築構造部分の耐火試験方法）に定める標準加熱曲線 B の 1/3
　　　の加熱曲線に準じて 30 分間加熱すること。

　　ハ　加熱炉内の温度測定は、JIS C 1602（熱電対）に規定する素線の線
　　　径が 1mm の 0.75 級以上の性能を有する CA 裸熱電対及び自動記録
　　　計を用いて、別図第 4 に示す A 点及び B 点で行い、かつ、A 点で温
　　　度制御を行うこと。

　　ニ　試験結果の判定は、別図第 4 に示す B 点の温度が 105℃以下である
　　　こと。

㈡　配線用機器等は、前号㈡、ハ及びニ並びに次に定める耐熱試験に合格
　するものであること。

　　イ　加熱炉は、前号㈡、イ、⑷及び⑻によるほか、加熱したとき、120℃
　　　±12℃の温度を 30 分間以上保つことができるものであり、かつ、炉内
　　　に極端な温度むらを生じないこと。

　　ロ　加熱方法は、配線用機器等を収納した厚さ 1.5mm の鋼板製の箱を
　　　別図第 5 に示す位置に取り付け、JIS A 1304（建築構造部分の耐火試
　　　験方法）に定める標準加熱曲線 B の 1/8 の加熱曲線に準じて 30 分間
　　　加熱すること。

第五　そ の 他

　第 1 種配電盤等及び第 2 種配電盤等は、JIS C 8480（キヤビネット形分電盤）
に適合するものとする。

第六　表 　 示

　第 1 種配電盤等及び第 2 種配電盤等の表示は、次に定めるところによるも
のとする。

一　キヤビネットには、次に掲げる事項がその見やすい箇所に容易に消えな
　いように表示されていること。

㈠ 第1種配電盤若しくは第2種配電盤又は第1種分電盤若しくは第2種分電盤の別

㈡ 専用配電盤若しくは共用配電盤又は専用分電盤若しくは共用分電盤の別

㈢ 埋込式又は露出式の別（第1種配電盤等に限る。）

㈣ 製造者名又は商標

㈤ 製造年

㈥ 型　式

㈦ 製造番号

二　共用配電盤又は共用分電盤にあつては、非常電源に係る部分と他の電源回路に係る部分とが容易に判別することができる措置が講じられていること。

三　非常電源回路の配線用機器には、次に掲げる事項がその見やすい箇所に容易に消えないように表示されていること。

㈠ 耐熱型である旨の表示

㈡ 耐熱定格電流

㈢ 耐熱定格遮断電流（過電流保護器として遮断器を有するものに限る。）

消防法関係

別図第3　第1種配電盤等のキャビネットの温度測定点

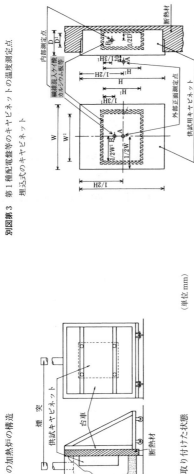

別図第1　キャビネット用の加熱炉の構造

別図第2　キャビネットを取り付けた状態

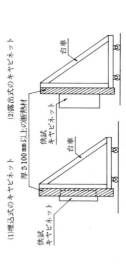

(1)埋込式のキャビネット　　　(2)露出式のキャビネット

別図第6　配線用機器等の耐熱試験に用いる箱の温度測定点　　（単位 mm）

別図第4　第2種配電盤等のキャビネットの温度測定点　　（単位 mm）

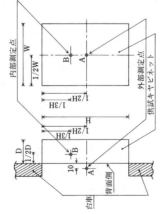

別図第5　配線用機器等用の加熱炉の構造　　（単位 mm）

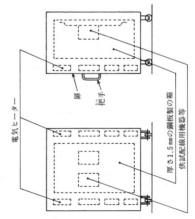

13. ガス漏れ検知器並びに液化石油ガスを検知対象とするガス漏れ火災警報設備に使用する中継器及び受信機の基準

$$\left(\begin{array}{l}\text{昭和 56 年 6 月 20 日}\\\text{消 防 庁 告 示 第 2 号}\end{array}\right)$$

改正　平成20年 7月 2日消防庁告示第8号
　　　令和元年 6月28日　　同　　第2号

第一　趣　旨

　　消防法施行規則（昭和36年自治省令第6号。以下「規則」という。）第24条の2の3第2項に規定するガス漏れ検知器（以下「検知器」という。）並びに液化石油ガスを検知対象とするガス漏れ火災警報設備に使用する中継器及び受信機の構造及び性能の基準を定めるものとする。

第二　規則第24条の2の3第1項第一号イ(イ)に定める燃焼器等

一　規則第24条の2の3第1項第一号イ(イ)の消防庁長官が定める燃焼器は、次に掲げるものとする。

　イ　消防法施行令（昭和36年政令第37号。以下「令」という。）第21条の2第1項第三号に掲げる防火対象物で令別表第一（一）項から（四）項まで、（五）項イ、（六）項又は（九）項イに掲げるものの地階で、床面積の合計が1,000m²以上のものに存する燃焼器

　ロ　令第21条の2第1項第三号に掲げる防火対象物で令別表第一（十六）項イに掲げるものの地階のうち、床面積の合計が1,000m²以上で、かつ、同表（一）項から（四）項まで、（五）項イ、（六）項又は（九）項イに掲げるものの用途に供される部分の床面積の合計が500m²以上のものに存する燃焼器

二　前号の規定は、規則第24条の2の3第1項第一号イ(イ)の消防庁長官が定める部分及び同項第四号イ(イ)の消防庁長官が定める部分について準用する。この場合において、同号中「ものに存する燃焼器」とあるのは「もの」と読み替えるものとする。

第三　検知器の構造及び性能

一　検知器（液化石油ガスを検知対象とするものを除く。以下第二において

同じ。）の構造の基準は、次に定めるところによる。

（一） 確実に作動し、かつ、取扱い及び保守点検が容易にでき、長時間の使用に耐えること。

（二） 不燃性又は難燃性の外箱で覆われていること。

（三） 外箱、ブザー、変圧器等に使用される金属は、耐食性のある材料又は表面に耐食処理を施したものであること。

（四） 壁、天井等に確実に固定でき、かつ、容易に交換できる構造であること。

（五） 通常の使用状態において、水滴が浸入しにくい構造であること。

（六） ガス漏れの発生を音響により警報する機能（以下「警報機能」という。）を有するものにあっては、通電状態にあることを容易に確認できる通電表示灯を有すること。

（七） 警報機能を有するものにあっては、信号を発した旨を容易に確認できる装置を有すること。

（八） 警報機能を有するものにあっては、その警報音の音圧は、前方 1m 離れた箇所で 70dB 以上であること。

（九） 調整機能を有する部分は、調整後変動しないような措置が講じられており、かつ、露出しないような構造であること。

（十） 検知部は、防爆性能を有する構造であること。

（十一） 充電部と非充電部との間の絶縁抵抗は、直流 500V の電圧がかかったときに 5MΩ 以上であること。

（十二） 充電部と非充電部との間の絶縁耐力は、定格電圧が 60V 以下のものにあっては 500V、60V を超え 150V 以下のものにあっては 1,000V、150V を超えるものにあっては定格電圧に 2 を乗じて得た値に 1,000V を加えた値の交流電圧が 1 分間かかったときに、十分なものであること。

（十三） 電流が通過する部分（電線を除く。）で、すべりの部分又は可動軸の部分には、接触不良を起こさないための適切な措置が講じられていること。

（十四） 充電部に人が容易に触れるおそれのある場合には、当該充電部が外部から十分保護されていること。

（十五） 定格電圧が 150V を超えるものの金属製外箱には、接地端子が設けら

れていること。

　㈥　電磁継電器の接点は、密閉構造で、かつ、外部負荷と兼用されていな
　　いこと。

　㈦　電源変圧器は、産業標準化法（昭和 24 年法律第 185 号）第 20 条第 1
　　項に定める日本産業規格 G 6436（電子機器用小型電源変圧器）に準ずる
　　ものであり、かつ、最大使用電流に連続して耐える容量を有すること。

　㈧　電流電圧が定格電圧の 90% から 110% までの範囲で変動したとき、機
　　能に異常を生じないこと。

　㈨　通常の使用状態において発生する衝撃電圧により、機能に異常を生じ
　　ないこと。

　㈩　通常の使用状態において、零下 10℃から 50℃までの温度変化により、
　　機能に異常を生じないこと。

　㈡　通常の使用状態において、温度が 35℃から 40℃までの間で、かつ、相
　　対湿度が 85% 以上の状態にさらされたとき、機能に異常を生じないこ
　　と。

　㈢　通常の使用状態における衝撃及び輸送中に加えられる振動に耐えるこ
　　と。

　㈣　通常の使用環境において発生する腐食性のガスにより、機能に異常を
　　生じないこと。

　㈤　通常の使用環境において発生する粉じんにより、機能に異常を生じな
　　いこと。

　二　検知器の性能の基準は、次に定めるところによること。

　㈠　ガスの濃度が爆発下限界の 1/4 以上（規則第 24 条の 2 の 3 第 1 項第
　　一号イ㈹又は同号ロ㈹に定めるところにより設ける場合にあっては、1/
　　10。以下同じ。）のときに確実に作動し、1/200 以下のときに作動しない
　　こと。

　㈡　爆発下限界の 1/4 以上の濃度のガスにさらされているときは、継続し
　　て作動すること。

　㈢　信号を発する濃度のガスに断続的にさらされたとき、機能に異常を生
　　じないこと。

　㈣　通常の使用状態において、調理等の際に発生する湯気、油煙、アル

コール、廃ガス等により容易に信号（警報機能を有するものにあっては、信号及び警報）を発しないこと。

㈤ 信号を発する濃度のガスに接したとき、60秒以内に信号（警報機能を有するものにあっては、信号及び警報）を発すること。

㈥ 規則第24条の2の3第1項第一号イ㈺又は同号ロ㈺に定めるところにより設けるものにあっては、ガスの濃度を指示するための装置を設けるとともに、当該指示された値を校正することができること。

三 本体に次に掲げる事項が容易に消えないように表示されていること。

㈠ 型式名又は型式番号（型式名又は型式番号を有するものに限る。）

㈡ 製造年月

㈢ 製造番号

㈣ 製造事業者の氏名又は名称

㈤ 適用すべきガス

㈥ 定格電圧

㈦ 定格周波数

㈧ 定格消費電力

㈨ 標準遅延時間

㈩ 出力信号の種類

(十一) 取扱方法の概要及び取扱いに当たっての注意事項

第四 液化石油ガスを検知対象とする検知器、中継器及び受信機

一 液化石油ガスを検知対象とするガス漏れ火災警報設備の検知器は、液化石油ガス器具等の検定等に関する省令（昭和43年通商産業省令第23号）第44条に定める技術上の基準に適合するものであること。

二 液化石油ガスを検知対象とするガス漏れ火災警報設備の中継器は、中継器に係る技術上の規格を定める省令（昭和56年自治省令第18号）に規定する技術上の基準に適合するものであること。

三 液化石油ガスを検知対象とするガス漏れ火災警報設備の受信機は、受信機に係る技術上の規格を定める省令（昭和56年自治省令第19号）に規定する技術上の基準に適合するものであること。

14．　火災通報装置の基準

$$\left(\begin{array}{c}\text{平 成 8 年 2 月 16 日}\\\text{消防庁告示第 1 号}\end{array}\right)$$

改正　平成20年12月26日消防庁告示第29号
　　　同　26年10月16日　　同　　　第24号
　　　同　28年 2月24日　　同　　　第 6号

第一　趣　旨

　この告示は、消防法施行規則（昭和36年自治省令第6号）第25条第3項第一号の規定に基づき、火災通報装置の基準を定めるものとする。

第二　用語の定義

　この告示において、次の各号に掲げる用語の意義は、それぞれ当該各号に定めるところによる。

一　火災通報装置　火災が発生した場合において、手動起動装置を操作すること又は自動火災報知設備の感知器の作動と連動することにより、電話回線を使用して消防機関を呼び出し、蓄積音声情報により通報するとともに、通話を行うことができる装置をいう。

一の二　特定火災通報装置　スピーカー及びマイクを用いて、送受話器を取り上げることなく通話ができる機能（以下「ハンズフリー通話機能」という。）を有する火災通報装置のうち、消防法施行令（昭和36年政令第37号）別表第一（六）項イ(1)から(3)まで及びロに掲げる防火対象物で、延べ面積が500m² 未満のものに設けるものをいう。

二　手動起動装置　火災通報専用である一の押しボタン、通話装置、遠隔起動装置等をいう。

三　蓄積音声情報　あらかじめ音声で記憶させている火災通報に係る情報をいう。

四　通報信号音　火災通報装置からの通報であることを示す信号音をいう。

五　連動起動機能　火災通報装置が自動火災報知設備の感知器の作動と連動することにより作動し、消防機関への通報を自動的に開始する機能をいう。

第三　火災通報装置の構造、性能等

火災通報装置の構造、性能等は、次に定めるところによる。

一　手動起動装置は、次によること。

　㈠　手動で操作することにより作動し、消防機関への通報を自動的に開始
　　　すること。

　㈡　誤操作を防止するための措置が講じられていること。

一の二　手動起動装置が操作されたこと又は自動火災報知設備の感知器の作
　　　動と連動して作動したことを可視的又は可聴的に表示すること。

二　発信の際、火災通報装置が接続されている電話回線が使用中であった場
　　合には、強制的に発信可能の状態にすることができるものであること。

三　選択信号（119番）は、10パルス／秒若しくは20パルス／秒のダイヤル
　　パルス又は押しボタンダイヤル信号のいずれかで送出できること。

四　蓄積音声情報は、選択信号送出後、自動的に送出されるし、蓄積音声情
　　報の送出は、常に冒頭から始まること。ただし、1区切りの蓄積音声情報を
　　全て聞き取ることができるよう措置されているときは、この限りでない。

四の二　連動起動機能により蓄積音声情報を送出している間に手動起動装置
　　　が操作された場合に、直ちに又は一区切りの蓄積音声情報が送出された
　　　後、次号（二）イ及び（三）イの蓄積音声情報を送出すること。

五　蓄積音声情報は、次によること。

　㈠　通報信号音と音声情報により構成されるものであること。

　㈡　通報信号音は、次のイ又はロに掲げる場合に応じ、当該イ又はロに定
　　　めるところによること。

　　イ　手動起動装置が操作されたことにより起動された場合　基本周波数
　　　　が概ね800Hzの単音を3音連続したものを2回反復したものとする
　　　　こと。

　　ロ　連動起動機能により起動された場合　基本周波数が440Hz以上の
　　　　単音を2音連続したもの（第2音の周波数が第1音の周波数の概ね6
　　　　分の5であるものに限る。）を2回反復したものとすること。

　㈢　音声情報は、次のイ又はロに掲げる場合に応じ、当該イ又はロに定め
　　　るところによること。

　　イ　手動起動装置が操作されたことにより起動された場合　火災である

旨並びに防火対象物の所在地、建物名及び電話番号の情報その他これに関連する内容とすること。

ロ　連動起動機能により起動された場合　自動火災報知設備が作動した旨並びに防火対象物の所在地、建物名及び電話番号の情報その他これに関連する内容とすること。

㈣　一区切りの蓄積音声情報は、30秒以内とすること。

㈤　音声は電子回路により合成した女声とし、発声が明瞭で語尾を明確に強調した口調とすること。

㈥　蓄積音声情報は、ROM等に記憶させること。

六　蓄積音声情報等の送出の確認は、次によること。

㈠　選択信号を電話回線に送出している間、その信号音をモニター用スピーカーで確認できること。

㈡　蓄積音声情報を電話回線に送出している間、その音声等をモニター用スピーカーで確認できること。

七　通報先の消防機関が通話中の場合、自動的に再呼出しすること。

八　火災通報装置（特定火災通報装置を除く。）の通話機能等は、次によること。

㈠　一区切りの蓄積音声情報を送出した後、自動的に10秒間電話回線を開放し、その間に消防機関側の操作により電話局交換機から呼返し信号が送出された場合又は電気通信設備の有する機能により自動的に呼返し信号が送出された場合に、これを受信し可聴的に表示するとともに、当該呼返しに対し、応答し通話することができること。

なお、呼返し信号が送出されなかった場合にあっては、蓄積音声情報を繰り返し送出できるものであること。

㈡　蓄積音声情報送出中において、手動操作により、電話回線を送受話器側と切換えて通話できること。

㈢　通話が終了した後、自動的に10秒間電話回線を開放し、その間に消防機関側の操作により電話局交換機から呼返し信号が送出された場合又は電気通信設備の有する機能により自動的に呼返し信号が送出された場合に、これを受信し可聴的に表示するとともに、当該呼返しに対し、応答し通話することができること。

八の二　特定火災通報装置の通話機能等は、次によること。

　㈠　蓄積音声情報を送出した後、自動的にハンズフリー通話機能による通話に切替わることとする。

　㈡　蓄積音声情報送出中においても、手動操作により、ハンズフリー通話機能による通話ができること。

　㈢　通話中に電話回線が開放されないよう措置されていること。

九　火災通報装置には、火災通報機能に有害な影響を及ぼすおそれのある附属装置を設けてはならないこと。

十　常用電源を監視できる装置が、前面の見やすい箇所に設けられていること。

十一　電源回路には、適切な過電流保護回路が設けられていること。

十二　予備電源は、次によること。

　㈠　常用電源が停電した場合、待機状態を60分間継続した後において、10分間以上火災通報を行うことができる容量を有すること。

　㈡　常用電源が停電したときは、自動的に常用電源から予備電源に切り替えられ、常用電源が復旧したときは、自動的に予備電源から常用電源に切り替えられるものであること。

　㈢　予備電源は、密閉型蓄電池とすること。

十三　電源電圧が次に掲げる範囲で変動した場合、機能に異常を生じないものであること。

　㈠　常用電源にあっては、定格電圧の90%以上110%以下

　㈡　予備電源にあつては、端子電圧が定格電圧の85%以上110%以下

十四　定格電圧が60Ｖを超える金属製外箱には、接地端子を設けること。

十五　電話回線を捕捉することなく、選択信号の送出及び蓄積音声情報の内容をモニター用スピーカーで確認できる機能を有すること。

十六　IP電話回線（インターネットプロトコルを用いて音声伝送を行う電話回線をいう。以下この号並びに次号において読み替えて準用する第九号及び第十二号（一）において同じ。）を使用する場合は、予備電源が設けられた回線終端装置等（回線終端装置その他のIP電話回線を使用するために必要な装置をいう。次号及び同号において読み替えて準用する消防法施行規則第25条第3項第四号ロにおいて同じ。）を介して使用すること。

消防法関係

十七　前号の場合において、第九号から第十三号までの規定は回線終端装置
　　等の構造、性能等について、消防法施行規則第25条第3項第四号の規定
　　は回線終端装置等に設ける電源について、それぞれ準用する。この場合に
　　おいて、第九号中「火災通報機能」とあるのは「IP電話回線を使用する
　　ために必要な機能」と、第十二号（一）中「火災通報を行う」とあるのは
　　「IP電話回線を使用するために必要な機能を維持する」と、同令第25条
　　第3項第四号イ中「ただし、令別表第一（六）項イ(1)から(3)まで及びロに
　　掲げる防火対象物で、延べ面積が500m² 未満のものに設けられる火災通
　　報装置の」とあるのは「ただし、」と、同号ロ中「火災通報装置用」とあ
　　るのは「火災通報装置に係る回線終端装置等用」と読み替えるものとする。

十八　表示は、次によること。

　（一）　火災通報装置には、次の事項を見やすい箇所に容易に消えないように
　　　　表示すること。

　　　イ　装置の名称

　　　ロ　型式記号

　　　ハ　製造者名又は略号

　　　ニ　製造年

　　　ホ　定格電圧

　　　ヘ　予備電源の品名、容量

　　　ト　取扱い方法の概要及び注意事項

　　　チ　特定火災通報装置にあっては、特定火災通報装置である旨

　（二）　火災通報装置の操作部分にあっては、その名称及び操作内容を、当該
　　　　部分又はその周辺部分に容易に消えないように表示すること。

第四　その他の火災通報装置に係る基準の特例

　　新たな技術開発等に係る火災通報装置について、その構造、性能等が第三
　　に規定する火災通報装置と同等以上の構造、性能等を有し、火災が発生した
　　場合において、消防機関への火災通報を確実に行うことができるものである
　　と認められる場合にあっては、第三に掲げる基準によらないことができる。

15．燃料電池設備の基準

$$\left(\begin{array}{c}\text{平成18年3月29日}\\\text{消防庁告示第 8 号}\end{array}\right)$$

改正　平成30年 3月29日消防庁告示第 7号

第一　趣　旨

　この告示は、消防法施行規則（昭和36年自治省令第6号）第12条第1項第四号ニ(ロ)に規定する燃料電池設備の構造及び性能の基準を定めるものとする。

第二　構造及び性能

一　燃料電池設備の構造及び性能は、次に定めるところによる。

(一)　外部から容易に人が触れるおそれのある充電部及び高温部は、安全上支障のないように保護されていること。

(二)　常用電源が停電してから電圧確立及び投入までの所要時間は、40秒以内であること。

(三)　常用電源が停電した場合、燃料電池設備に係る負荷回路と他の回路とを自動的に切り離すことができるものであること。ただし、停電の際燃料電池設備に係る負荷回路を他の回路から自動的に切り離すことができる常用の電源回路に接続するものにあつては、この限りではない。

(四)　発電出力を監視できる電圧計及び電流計を設けること。

(五)　定格負荷における連続運転可能時間以上出力できるものであること。

(六)　燃料電池設備の運転により発生する熱及びガスを適切に処理するための措置を講じているものであること。

(七)　燃料電池への燃料供給は、次のいずれかによるものであること。

イ　定格負荷における連続運転可能時間に消費される量以上の燃料が燃料容器に保有されるものであること。

ロ　ガス事業法（昭和29年法律第51号）第2条第12項に規定するガス事業者により供給されるガスを燃料とする燃料電池にあつては、次に定める方法により、燃料が安定して供給されるものであること。

消防法関係

(イ)　地表面水平加速度 400 ガルの地震動が加えられた後であつても、燃料が安定して供給されるものであること。

(ロ)　導管が建築物の外壁を貫通する場合にあつては、次に定める緊急ガス遮断装置（危急の場合に建築物の外壁を貫通する箇所の付近で直ちにガスの供給を遮断することができるものをいう。）が設置されていること。

　　a　当該導管の最高使用圧力を加えたときに漏れが生じない遮断性能を有するものであること。

　　b　ガスの供給を停止せずに点検することができる措置が講じられているものであること。

(八)　燃料電池、改質器その他の機器及びこれらの配線を 1 又は 2 以上の箱（以下「外箱」という。）に収納したものであること。

(九)　外箱の構造は、次に定めるところによること。

イ　外箱（コンクリート造又はこれと同等以上の耐火性能を有する床に設置するものの床面部分を除く。）の材料は、鋼板とし、その厚板は、屋外用のものにあつては 2.3mm 以上、屋内用のものにあつては 1.6mm 以上又はこれと同等以上の防火性能及び耐食性を有するものであること。

ロ　外箱の開口部（へに掲げるものに係るものを除く。）には、防火戸（建築基準法（昭和 25 年法律第 201 号）第 2 条第九号の二ロに規定する防火設備であるものに限る。）が設けられていること。

ハ　外箱は、建築物の床に容易かつ堅固に固定できるものであること。

ニ　外箱は、屋外に通じる排気筒を容易に取付けられるものであること。

ホ　外箱からの電線引出し口は、金属管又は金属製可とう電線管を容易に接続できるものであること。

ヘ　外箱には、次に掲げるもの以外のものが外部に露出して設けられていないこと。

(イ)　表示灯（カバーに難燃性の材料を用いたもの又は防火上有効な措置を講じたものに限る。）

(ロ)　冷却水及び温水の出し入れ口

  ㈢　水を抜く管

  ㈣　電線引出し口

  ㈤　燃料配管

  ㈥　㈡に定める換気装置

  ㈦　排気筒

㈩　外箱の内部の構造は、次に定めるところによること。

 イ　燃料電池、改質器及び制御装置等は、外箱の底面から 10 cm 以上の位置に収納されているか、又はこれと同等以上の防水措置が講じられたものであること。

 ロ　機器及び配線類は、燃料電池及び改質器等から発生する熱の影響を受けないように断熱処理され、かつ、堅固に固定されていること。

 ハ　ガス漏れ検知器及び警報装置が設けられていること。

㈡　燃料電池設備には、次に定めるところにより換気装置が設けられていること。

 イ　換気装置は、外箱の内部が著しく高温にならないよう空気の流通が十分に行えるものであること。

 ロ　自然換気口の開口部の面積の合計は、外箱の1の面について、当該面の面積の3分の1以下であること。

 ハ　自然換気口によつて十分な換気が行えないものにあつては、機械換気設備が設けられていること。

 ニ　換気口には、金網、金属製がらり、防火ダンパーを設ける等の防火措置及び雨水等の浸水防止措置（屋外用燃料電池設備に限る。）が講じられていること。

㈢　定格負荷における連続運転可能時間以上出力するために必要な量の冷却水を保有する冷却水タンク又はこれと同等以上の性能を有する冷却塔、熱交換器その他これらに類するものを設けること。

㈣　改質器は、燃料を改質する時に発生する圧力、振動及び熱により機能に異常を生じないものであり、かつ、腐食するおそれがある場合は有効な防食処理を施した材料で造られたものであること。

㈤　制御装置には、手動により燃料電池設備を停止させる装置が設けられていること。

消防法関係

　二　電力を常時供給する燃料電池設備の構造及び性能は、前号の規定による
　　ほか、電力を常時供給するための燃料の供給が断たれたときに、自動的に
　　非常電源用の燃料が供給されるものであること。ただし、前号㈦ロに定め
　　る方法により燃料が安定して供給されるものにあつては、この限りでな
　　い。

第三　表　示

　　燃料電池設備には、次に掲げる事項をその見やすい箇所に容易に消えない
　ように表示するものとする。

　一　製造者名又は商標

　二　製造年

　三　定格出力

　四　型式番号

　五　燃料消費量

　六　定格負荷における連続運転可能時間

省エネ法関係法規
（抄）

Ⅰ　エネルギーの使用の合理化及び非化石エネルギーへの転換等に関する法律（抄）

$$\begin{pmatrix} \text{昭和 54 年 6 月 22 日} \\ \text{法 律 第 4 9 号} \end{pmatrix}$$

改正

昭和58年12月10日法律第 83号
平成 5年 3月31日 同 第 17号
同 5年11月12日 同 第 89号
同 9年 4月 9日 同 第 33号
同 10年 6月 5日 同 第 96号
同 11年12月22日 同 第160号
同 14年 6月 7日 同 第 59号
同 14年12月11日 同 第145号
同 17年 6月17日 同 第 61号
同 17年 7月26日 同 第 87号
同 17年 8月10日 同 第 93号
同 18年 6月 2日 同 第 50号
同 20年 5月30日 同 第 47号
同 25年 5月31日 同 第 25号
同 26年 6月13日 同 第 69号
同 26年 6月18日 同 第 72号
同 27年 7月 8日 同 第 53号
同 27年 9月 9日 同 第 65号
同 30年 6月13日 同 第 45号
令和 2年 6月12日 同 第 49号
同 3年 5月19日 同 第 37号
同 4年 5月20日 同 第 46号
同 4年 6月17日 同 第 68号

省エネ法関係

第1章　総　　則

（目　的）

第1条　この法律は、我が国で使用されるエネルギーの相当部分を化石燃料が
　占めていること、非化石エネルギーの利用の必要性が増大していることその
　他の内外におけるエネルギーをめぐる経済的社会的環境に応じたエネルギー
　の有効な利用の確保に資するため、工場等、輸送、建築物及び機械器具等に
　ついてのエネルギーの使用の合理化及び非化石エネルギーへの転換に関する
　所要の措置、電気の需要の最適化に関する所要の措置その他エネルギーの使
　用の合理化及び非化石エネルギーへの転換等を総合的に進めるために必要な
　措置等を講ずることとし、もつて国民経済の健全な発展に寄与することを目
　的とする。

（定　義）

第2条　この法律において「エネルギー」とは、化石燃料及び非化石燃料並び
　に熱（政令で定めるものを除く。以下同じ。）及び電気をいう。

2　この法律において「化石燃料」とは、原油及び揮発油、重油その他経済産
　業省令で定める石油製品、可燃性天然ガス並びに石炭及びコークスその他経
　済産業省令で定める石炭製品であつて、燃焼その他の経済産業省令で定める
　用途に供するものをいう。

3　この法律において「非化石燃料」とは、前項の経済産業省令で定める用途
　に供する物であつて水素その他の化石燃料以外のものをいう。

4　この法律において「非化石エネルギー」とは、非化石燃料並びに化石燃料
　を熱源とする熱に代えて使用される熱（第5条第2項第二号ロ及びハにおい
　て「非化石熱」という。）及び化石燃料を熱源とする熱を変換して得られる
　動力を変換して得られる電気に代えて使用される電気（同号ニにおいて「非
　化石電気」という。）をいう。

5　この法律において「非化石エネルギーへの転換」とは、使用されるエネル
　ギーのうちに占める非化石エネルギーの割合を向上させることをいう。

6　この法律において「電気の需要の最適化」とは、季節又は時間帯による電気
　の需給の状況の変動に応じて電気の需要量の増加又は減少をさせることをいう。

第2章 基本方針等

（基本方針）

第3条 経済産業大臣は、工場又は事務所その他の事業場（以下「工場等」という。）、輸送、建築物、機械器具等に係るエネルギーの使用の合理化及び非化石エネルギーへの転換並びに電気の需要の最適化を総合的に進める見地から、エネルギーの使用の合理化及び非化石エネルギーへの転換等に関する基本方針（以下「基本方針」という。）を定め、これを公表しなければならない。

2 基本方針は、エネルギーの使用の合理化及び非化石エネルギーへの転換のためにエネルギーを使用する者等が講ずべき措置に関する基本的な事項、電気の需要の最適化を図るために電気を使用する者等が講ずべき措置に関する基本的な事項、エネルギーの使用の合理化等の促進のための施策に関する基本的な事項その他エネルギーの使用の合理化及び非化石エネルギーへの転換等に関する事項について、エネルギー需給の長期見通し、電気その他のエネルギーの需給を取り巻く環境、エネルギーの使用の合理化及び非化石エネルギーへの転換に関する技術水準その他の事情を勘案して定めるものとする。

3 経済産業大臣が基本方針を定めるには、閣議の決定を経なければならない。

4 経済産業大臣は、基本方針を定めようとするときは、あらかじめ、輸送に係る部分、建築物に係る部分（建築材料の品質の向上及び表示に係る部分並びに建築物の外壁、窓等を通しての熱の損失の防止の用に供される建築材料の熱の損失の防止のための性能の向上及び表示に係る部分を除く。）及び自動車の性能に係る部分については国土交通大臣に協議しなければならない。

5 経済産業大臣は、第2項の事情の変動のため必要があるときは、基本方針を改定するものとする。

6 第1項から第4項までの規定は、前項の規定による基本方針の改定に準用する。

（エネルギー使用者の努力）

第4条 エネルギーを使用する者は、基本方針の定めるところに留意して、エネルギーの使用の合理化及び非化石エネルギーへの転換に努めるとともに、電気の需要の最適化に資する措置を講ずるよう努めなければならない。

省エネ法関係

第3章　工場等に係る措置等

第1節　工場等に係る措置

第1款　総　　　則

（事業者の判断の基準となるべき事項等）

第5条　主務大臣は、工場等におけるエネルギーの使用の合理化の適切かつ有効な実施を図るため、次に掲げる事項並びにエネルギーの使用の合理化の目標（エネルギーの使用の合理化が特に必要と認められる業種において達成すべき目標を含む。）及び当該目標を達成するために計画的に取り組むべき措置に関し、工場等においてエネルギーを使用して事業を行う者の判断の基準となるべき事項を定め、これを公表するものとする。

一　工場等であつて専ら事務所その他これに類する用途に供するものにおけるエネルギーの使用の方法の改善、第149条第1項に規定するエネルギー消費性能等が優れている機械器具の選択その他エネルギーの使用の合理化に関する事項

二　工場等（前号に該当するものを除く。）におけるエネルギーの使用の合理化に関する事項であつて次に掲げるもの

イ　化石燃料及び非化石燃料の燃焼の合理化

ロ　加熱及び冷却並びに伝熱の合理化

ハ　廃熱の回収利用

ニ　熱の動力等への変換の合理化

ホ　放射、伝導、抵抗等によるエネルギーの損失の防止

ヘ　電気の動力、熱等への変換の合理化

2　経済産業大臣は、工場等における非化石エネルギーへの転換の適切かつ有効な実施を図るため、次に掲げる事項並びに非化石エネルギーへの転換の目標及び当該目標を達成するために計画的に取り組むべき措置に関し、工場等においてエネルギーを使用して事業を行う者の判断の基準となるべき事項を定め、これを公表するものとする。

一　工場等であつて専ら事務所その他これに類する用途に供するものにおけ

　　　る非化石エネルギーを使用する設備の設置その他非化石エネルギーへの転

　　　換に関する事項

　　二　工場等（前号に該当するものを除く。）における非化石エネルギーへの

　　　転換に関する事項であつて次に掲げるもの

　　　イ　燃焼における非化石燃料の使用

　　　ロ　加熱及び冷却における非化石熱の使用

　　　ハ　非化石熱を使用した動力等の使用

　　　ニ　非化石電気を使用した動力、熱等の使用

3　経済産業大臣は、工場等において電気を使用して事業を行う者による電気

　の需要の最適化に資する措置の適切かつ有効な実施を図るため、次に掲げる

　事項その他当該者が取り組むべき措置に関する指針を定め、これを公表する

　ものとする。

　　一　電気需要最適化時間帯（電気の需給の状況に照らし電気の需要の最適化

　　　を推進する必要があると認められる時間帯として経済産業大臣が指定する

　　　時間帯をいう。以下同じ。）における電気の使用から化石燃料若しくは非

　　　化石燃料若しくは熱の使用への転換又は化石燃料若しくは非化石燃料若し

　　　くは熱の使用から電気の使用への転換

　　二　電気需要最適化時間帯を踏まえた電気を消費する機械器具を使用する時

　　　間の変更

4　第1項及び第2項に規定する判断の基準となるべき事項並びに前項に規定

　する指針は、エネルギー需給の長期見通し、電気その他のエネルギーの需給

　を取り巻く環境、エネルギーの使用の合理化及び非化石エネルギーへの転換

　に関する技術水準、業種別のエネルギーの使用の合理化の状況その他の事情

　を勘案して定めるものとし、これらの事情の変動に応じて必要な改定をする

　ものとする。

5　第1項及び第2項に規定する判断の基準となるべき事項は、エネルギーの

　使用の合理化に関する事項及び非化石エネルギーへの転換に関する事項の相

　互の間の調和が保たれたものでなければならない。

　（指導及び助言）

第6条　主務大臣は、工場等におけるエネルギーの使用の合理化若しくは非化

　　石エネルギーへの転換の適確な実施又は電気の需要の最適化に資する措置の

省エネ法関係

適確な実施を確保するため必要があると認めるときは、工場等においてエネルギーを使用して事業を行う者に対し、前条第1項若しくは第2項に規定する判断の基準となるべき事項を勘案して、同条第1項各号若しくは第2項各号に掲げる事項の実施について必要な指導及び助言をし、又は工場等において電気を使用して事業を行う者に対し、同条第3項に規定する指針を勘案して、同項各号に掲げる事項の実施について必要な指導及び助言をすることができる。

第2款　特定事業者に係る措置

（特定事業者の指定）

第7条　経済産業大臣は、工場等を設置している者（連鎖化事業者（第19条第1項に規定する連鎖化事業者をいう。第4項第三号において同じ。）、認定管理統括事業者（第31条第2項に規定する認定管理統括事業者をいう。第6項において同じ。）及び管理関係事業者（第31条第2項第二号に規定する管理関係事業者をいう。第6項において同じ。）を除く。第3項において同じ。）のうち、その設置している全ての工場等におけるエネルギーの年度（4月1日から翌年3月31日までをいう。以下同じ。）の使用量の合計量が政令で定める数値以上であるものをエネルギーの使用の合理化又は非化石エネルギーへの転換を特に推進する必要がある者として指定するものとする。

2　前項のエネルギーの年度の使用量は、政令で定めるところにより算定する。

3　工場等を設置している者は、その設置している全ての工場等の前年度における前項の政令で定めるところにより算定したエネルギーの使用量の合計量が第1項の政令で定める数値以上であるときは、経済産業省令で定めるところにより、その設置している全ての工場等の前年度におけるエネルギーの使用量その他エネルギーの使用の状況に関し、経済産業省令で定める事項を経済産業大臣に届け出なければならない。ただし、同項の規定により指定された者（以下「特定事業者」という。）については、この限りでない。

4　特定事業者は、次の各号のいずれかに掲げる事由が生じたときは、経済産業省令で定めるところにより、経済産業大臣に、第1項の規定による指定を取り消すべき旨の申出をすることができる。

一　その設置している全ての工場等につき事業の全部を行わなくなつたと

き。

　二　その設置している全ての工場等における第2項の政令で定めるところに
　　　より算定したエネルギーの年度の使用量の合計量について第1項の政令で
　　　定める数値以上となる見込みがなくなつたとき。

　三　連鎖化事業者となつたとき。

5　経済産業大臣は、前項の申出があつた場合において、その申出に理由があ
　ると認めるときは、遅滞なく、第1項の規定による指定を取り消すものとす
　る。前項の申出がない場合において、当該者につき同項各号のいずれかに掲
　げる事由が生じたと認められるときも、同様とする。

6　経済産業大臣は、特定事業者が認定管理統括事業者又は管理関係事業者と
　なつたときは、当該特定事業者に係る第1項の規定による指定を取り消すも
　のとする。

7　経済産業大臣は、第1項の規定による指定又は前2項の規定による指定の
　取消しをしたときは、その旨を当該者が設置している工場等に係る事業を所
　管する大臣に通知するものとする。

　　（エネルギー管理統括者）

第8条　特定事業者は、経済産業省令で定めるところにより、第15条第1項又
　は第2項の中長期的な計画の作成事務、並びにその設置している工場等にお
　けるエネルギーの使用の合理化に関し、エネルギーを消費する設備の維持、
　エネルギーの使用の方法の改善及び監視その他経済産業省令で定める業務を
　統括管理する者（以下この条及び次条第1項において「エネルギー管理統括
　者」という。）を選任しなければならない。

2　エネルギー管理統括者は、特定事業者が行う事業の実施を統括管理する者
　をもつて充てなければならない。

3　特定事業者は、経済産業省令で定めるところにより、エネルギー管理統括
　者の選任又は解任について経済産業大臣に届け出なければならない。

　　（エネルギー管理企画推進者）

第9条　特定事業者は、経済産業省令で定めるところにより、次に掲げる者の
　うちから、前条第1項に規定する業務（第15条第2項の中長期的な計画の
　作成事務を除く。）に関し、エネルギー管理統括者を補佐する者（以下この
　条において「エネルギー管理企画推進者」という。）を選任しなければなら

省エネ法関係

ない。

一　経済産業大臣又はその指定する者（以下「指定講習機関」という。）が経済産業省令で定めるところにより行うエネルギーの使用の合理化に関し必要な知識及び技能に関する講習の課程を修了した者

二　エネルギー管理士免状（第55条に規定するエネルギー管理士免状をいう。以下この節において同じ。）の交付を受けている者

2　特定事業者は、前項第一号に掲げる者のうちからエネルギー管理企画推進者を選任した場合には、経済産業省令で定める期間ごとに、当該エネルギー管理企画推進者に経済産業大臣又は指定講習機関が経済産業省令で定めるところにより行うエネルギー管理企画推進者の資質の向上を図るための講習を受けさせなければならない。

3　特定事業者は、経済産業省令で定めるところにより、エネルギー管理企画推進者の選任又は解任について経済産業大臣に届け出なければならない。

（第一種エネルギー管理指定工場等の指定等）

第10条　経済産業大臣は、特定事業者が設置している工場等のうち、第7条第2項の政令で定めるところにより算定したエネルギーの年度の使用量が政令で定める数値以上であるものをエネルギーの使用の合理化を特に推進する必要がある工場等として指定するものとする。

2　特定事業者のうち前項の規定により指定された工場等（次条第1項及び第13条第1項において「第一種エネルギー管理指定工場等」という。）を設置している者（次条及び第12条第1項において「第一種特定事業者」という。）は、当該工場等につき次の各号のいずれかに掲げる事由が生じたときは、経済産業省令で定めるところにより、経済産業大臣に、前項の規定による指定を取り消すべき旨の申出をすることができる。

一　事業を行わなくなつたとき。

二　第7条第2項の政令で定めるところにより算定したエネルギーの年度の使用量について前項の政令で定める数値以上となる見込みがなくなつたとき。

3　経済産業大臣は、前項の申出があつた場合において、その申出に理由があると認めるときは、遅滞なく、第1項の規定による指定を取り消すものとする。前項の申出がない場合において、当該工場等につき同項各号のいずれか

に掲げる事由が生じたと認められるときも、同様とする。

4　経済産業大臣は、第1項の規定による指定又は前項の規定による指定の取消しをしたときは、その旨を当該工場等に係る事業を所管する大臣に通知するものとする。

第11条　第一種特定事業者は、経済産業省令で定めるところにより、その設置している第一種エネルギー管理指定工場等ごとに、政令で定める基準に従つて、エネルギー管理士免状の交付を受けている者のうちから、第一種エネルギー管理指定工場等におけるエネルギーの使用の合理化に関し、エネルギーを消費する設備の維持、エネルギーの使用の方法の改善及び監視その他経済産業省令で定める業務を管理する者（次項において「エネルギー管理者」という。）を選任しなければならない。ただし、第一種エネルギー管理指定工場等のうち次に掲げるものについては、この限りでない。

一　第一種エネルギー管理指定工場等のうち製造業その他の政令で定める業種に属する事業の用に供する工場等であつて、専ら事務所その他これに類する用途に供するもののうち政令で定めるもの

二　第一種エネルギー管理指定工場等のうち前号に規定する業種以外の業種に属する事業の用に供する工場等

2　第一種特定事業者は、経済産業省令で定めるところにより、エネルギー管理者の選任又は解任について経済産業大臣に届け出なければならない。

第12条　第一種特定事業者のうち前条第1項各号に掲げる工場等を設置している者（以下この条において「第一種指定事業者」という。）は、経済産業省令で定めるところにより、その設置している当該工場等ごとに、第9条第1項各号に掲げる者のうちから、前条第1項各号に掲げる工場等におけるエネルギーの使用の合理化に関し、エネルギーを消費する設備の維持、エネルギーの使用の方法の改善及び監視その他経済産業省令で定める業務を管理する者（以下この条において「エネルギー管理員」という。）を選任しなければならない。

2　第一種指定事業者は、第9条第1項第一号に掲げる者のうちからエネルギー管理員を選任した場合には、経済産業省令で定める期間ごとに、当該エネルギー管理員に経済産業大臣又は指定講習機関が経済産業省令で定めるところにより行うエネルギー管理員の資質の向上を図るための講習を受けさせ

省エネ法関係

なければならない。

3　第一種指定事業者は、経済産業省令で定めるところにより、エネルギー管理員の選任又は解任について経済産業大臣に届け出なければならない。

（第二種エネルギー管理指定工場等の指定等）

第13条　経済産業大臣は、特定事業者が設置している工場等のうち第一種エネルギー管理指定工場等以外の工場等であつて第7条第2項の政令で定めるところにより算定したエネルギーの年度の使用量が同条第1項の政令で定める数値を下回らない数値であつて政令で定めるもの以上であるものを第一種エネルギー管理指定工場等に準じてエネルギーの使用の合理化を特に推進する必要がある工場等として指定するものとする。

2　特定事業者のうち前項の規定により指定された工場等（第4項及び次条第1項において「第二種エネルギー管理指定工場等」という。）を設置している者（同条において「第二種特定事業者」という。）は、当該工場等につき次の各号のいずれかに掲げる事由が生じたときは、経済産業省令で定めるところにより、経済産業大臣に、前項の規定による指定を取り消すべき旨の申出をすることができる。

一　事業を行わなくなつたとき。

二　第7条第2項の政令で定めるところにより算定したエネルギーの年度の使用量について前項の政令で定める数値以上となる見込みがなくなつたとき。

3　経済産業大臣は、前項の申出があつた場合において、その申出に理由があると認めるときは、遅滞なく、第1項の規定による指定を取り消すものとする。前項の申出がない場合において、当該工場等につき同項各号のいずれかに掲げる事由が生じたと認められるときも、同様とする。

4　経済産業大臣は、第二種エネルギー管理指定工場等における第7条第2項の政令で定めるところにより算定したエネルギーの年度の使用量が第10条第1項の政令で定める数値以上となつた場合であつて、当該工場等を同項の規定により指定するときは、当該工場等に係る第1項の規定による指定を取り消すものとする。

5　経済産業大臣は、第1項の規定による指定又は前2項の規定による指定の取消しをしたときは、その旨を当該工場等に係る事業を所管する大臣に通知

するものとする。

第14条 第二種特定事業者は、経済産業省令で定めるところにより、その設置している第二種エネルギー管理指定工場等ごとに、第９条第１項各号に掲げる者のうちから、第二種エネルギー管理指定工場等におけるエネルギーの使用の合理化に関し、エネルギーを消費する設備の維持、エネルギーの使用の方法の改善及び監視その他経済産業省令で定める業務を管理する者（以下この条において「エネルギー管理員」という。）を選任しなければならない。

2　第二種特定事業者は、第９条第１項第一号に掲げる者のうちからエネルギー管理員を選任した場合には、経済産業省令で定める期間ごとに、当該エネルギー管理員に経済産業大臣又は指定講習機関が経済産業省令で定めるところにより行うエネルギー管理員の資質の向上を図るための講習を受けさせなければならない。

3　第二種特定事業者は、経済産業省令で定めるところにより、エネルギー管理員の選任又は解任について経済産業大臣に届け出なければならない。

　（中長期的な計画の作成）

第15条 特定事業者は、経済産業省令で定めるところにより、定期に、その設置している工場等について第５条第１項に規定する判断の基準となるべき事項において定められたエネルギーの使用の合理化の目標に関し、その達成のための中長期的な計画を作成し、主務大臣に提出しなければならない。

2　特定事業者（その設置している全ての工場等における第７条第２項の政令で定めるところにより算定したエネルギーの年度の使用量から他の者に供給された熱又は電気を発生させるために使用された化石燃料及び非化石燃料の使用量を除いたエネルギーの年度の使用量の合計量が同条第１項の政令で定める数値未満である者を除く。）は、経済産業省令で定めるところにより、定期に、その設置している工場等について第５条第２項に規定する判断の基準となるべき事項において定められた非化石エネルギーへの転換（他の者に熱又は電気を供給する者にあつては、当該熱又は電気を発生させるために使用される化石燃料及び非化石燃料に係る部分を除く。）の目標に関し、その達成のための中長期的な計画を作成し、主務大臣に提出しなければならない。

3　主務大臣は、特定事業者による前２項の計画の適確な作成に資するため、

省エネ法関係

それぞれ必要な指針を定めることができる。

4　主務大臣は、前項の指針を定めた場合には、これを公表するものとする。

（定期の報告）

第16条　特定事業者は、毎年度、経済産業省令で定めるところにより、その設置している工場等におけるエネルギーの使用量その他エネルギーの使用の状況（エネルギーの使用の効率及びエネルギーの使用に伴つて発生する二酸化炭素の排出量に係る事項を含む。）並びにエネルギーを消費する設備及びエネルギーの使用の合理化に関する設備の設置及び改廃の状況に関し、経済産業省令で定める事項を主務大臣に報告しなければならない。

2　経済産業大臣は、前項の経済産業省令（エネルギーの使用に伴つて発生する二酸化炭素の排出量に係る事項に限る。）を定め、又はこれを変更しようとするときは、あらかじめ、環境大臣に協議しなければならない。

（合理化計画に係る指示及び命令）

第17条　主務大臣は、特定事業者が設置している工場等におけるエネルギーの使用の合理化の状況が第5条第1項に規定する判断の基準となるべき事項に照らして著しく不十分であると認めるときは、当該特定事業者に対し、当該特定事業者のエネルギーを使用して行う事業に係る技術水準、同条第3項に規定する指針に従つて講じた措置の状況その他の事情を勘案し、その判断の根拠を示して、エネルギーの使用の合理化に関する計画（以下「合理化計画」という。）を作成し、これを提出すべき旨の指示をすることができる。

2　主務大臣は、合理化計画が当該特定事業者が設置している工場等に係るエネルギーの使用の合理化の適確な実施を図る上で適切でないと認めるときは、当該特定事業者に対し、合理化計画を変更すべき旨の指示をすることができる。

3　主務大臣は、特定事業者が合理化計画を実施していないと認めるときは、当該特定事業者に対し、合理化計画を適切に実施すべき旨の指示をすることができる。

4　主務大臣は、前3項に規定する指示を受けた特定事業者がその指示に従わなかつたときは、その旨を公表することができる。

5　主務大臣は、第1項から第3項までに規定する指示を受けた特定事業者が、正当な理由がなくてその指示に係る措置をとらなかつたときは、審議会

等（国家行政組織法（昭和23年法律第120号）第8条に規定する機関をいう。以下同じ。）で政令で定めるものの意見を聴いて、当該特定事業者に対し、その指示に係る措置をとるべきことを命ずることができる。

第3款　特定連鎖化事業者に係る措置

（非化石エネルギーへの転換に関する勧告等）

第18条　主務大臣は、第15条第2項に規定する特定事業者が設置している工場等における同項に規定する非化石エネルギーへの転換の状況が第5条第2項に規定する判断の基準となるべき事項に照らして著しく不十分であると認めるときは、当該特定事業者に対し、当該特定事業者のエネルギーを使用して行う事業に係る技術水準、同条第3項に規定する指針に従つて講じた措置の状況その他の事情を勘案し、その判断の根拠を示して、非化石エネルギーへの転換に関し必要な措置をとるべき旨の勧告をすることができる。

2　主務大臣は、前項に規定する勧告を受けた特定事業者がその勧告に従わなかつたときは、その旨を公表することができる。

（特定連鎖化事業者の指定）

第19条　経済産業大臣は、定型的な約款による契約に基づき、特定の商標、商号その他の表示を使用させ、商品の販売又は役務の提供に関する方法を指定し、かつ、継続的に経営に関する指導を行う事業であつて、当該約款に、当該事業に加盟する者（以下「加盟者」という。）が設置している工場等におけるエネルギーの使用の条件に関する事項であつて経済産業省令で定めるものに係る定めがあるもの（以下「連鎖化事業」という。）を行う者（以下「連鎖化事業者」という。）のうち、当該連鎖化事業者が設置している全ての工場等及び当該加盟者が設置している当該連鎖化事業に係る全ての工場等における第7条第2項の政令で定めるところにより算定したエネルギーの年度の使用量の合計量が同条第1項の政令で定める数値以上であるものをエネルギーの使用の合理化又は非化石エネルギーへの転換を特に推進する必要がある者として指定するものとする。

2　連鎖化事業者は、その設置している全ての工場等及び当該連鎖化事業者が行う連鎖化事業の加盟者が設置している当該連鎖化事業に係る全ての工場等の前年度における第7条第2項の政令で定めるところにより算定したエネルギーの使用量の合計量が同条第1項の政令で定める数値以上であるときは、

　経済産業省令で定めるところにより、その設置している全ての工場等及び当該連鎖化事業者が行う連鎖化事業の加盟者が設置している当該連鎖化事業に係る全ての工場等の前年度におけるエネルギーの使用量その他エネルギーの使用の状況に関し、経済産業省令で定める事項を経済産業大臣に届け出なければならない。ただし、前項の規定により指定された者（以下「特定連鎖化事業者」という。）については、この限りでない。

（第3〜5項省略）

　　（エネルギー管理統括者）

第20条　特定連鎖化事業者（当該特定連鎖化事業者が認定管理統括事業者（第31条第2項に規定する認定管理統括事業者をいう。）又は管理関係事業者（同項第二号に規定する管理関係事業者をいう。）である場合を除く。以下この款第49条及び第52条第2項において同じ。）は、経済産業省令で定めるところにより、第27条第1項又は第2項の中長期的な計画の作成事務並びにその設置している工場等及び当該特定連鎖化事業者が行う連鎖化事業の加盟者が設置している当該連鎖化事業に係る工場等におけるエネルギーの使用の合理化に関し、エネルギーを消費する設備の維持、エネルギーの使用の方法の改善及び監視その他経済産業省令で定める業務を統括管理する者（以下この条及び次条第1項において「エネルギー管理統括者」という。）を選任しなければならない。

2　エネルギー管理統括者は、特定連鎖化事業者が行う事業の実施を統括管理する者をもつて充てなければならない。

3　特定連鎖化事業者は、経済産業省令で定めるところにより、エネルギー管理統括者の選任又は解任について経済産業大臣に届け出なければならない。

　　（エネルギー管理企画推進者）

第21条　特定連鎖化事業者は、経済産業省令で定めるところにより、第9条第1項各号に掲げる者のうちから、前条第1項に規定する業務（第27条第2項の中長期的な計画の作成事務を除く。）に関し、エネルギー管理統括者を補佐する者（以下この条において「エネルギー管理企画推進者」という。）を選任しなければならない。

（第2項省略）

3　特定連鎖化事業者は、経済産業省令で定めるところにより、エネルギー管理企画推進者の選任又は解任について経済産業大臣に届け出なければならない。

（第一種連鎖化エネルギー管理指定工場等の指定等）

第22条 経済産業大臣は、特定連鎖化事業者が設置している工場等のうち、第7条第2項の政令で定めるところにより算定したエネルギーの年度の使用量が第10条第1項の政令で定める数値以上であるものをエネルギーの使用の合理化を特に推進する必要がある工場等として指定するものとする。

（第2〜4項省略）

第23条 第一種特定連鎖化事業者は、経済産業省令で定めるところにより、その設置している第一種連鎖化エネルギー管理指定工場等ごとに、第11条第1項の政令で定める基準に従つて、エネルギー管理士免状の交付を受けている者のうちから、第一種連鎖化エネルギー管理指定工場等におけるエネルギーの使用の合理化に関し、エネルギーを消費する設備の維持、エネルギーの使用の方法の改善及び監視その他経済産業省令で定める業務を管理する者（次項において「エネルギー管理者」という。）を選任しなければならない。ただし、第一種連鎖化エネルギー管理指定工場等のうち次に掲げるものについては、この限りでない。

一 第一種連鎖化エネルギー管理指定工場等のうち第11条第1項第一号の政令で定める業種に属する事業の用に供する工場等であつて、専ら事務所その他これに類する用途に供するもののうち政令で定めるもの

二 第一種連鎖化エネルギー管理指定工場等のうち前号に規定する業種以外の業種に属する事業の用に供する工場等

2 第一種特定連鎖化事業者は、経済産業省令で定めるところにより、エネルギー管理者の選任又は解任について経済産業大臣に届け出なければならない。

第24条 第一種特定連鎖化事業者のうち前条第1項各号に掲げる工場等を設置している者（以下この条において「第一種指定連鎖化事業者」という。）は、経済産業省令で定めるところにより、その設置している当該工場等ごとに、第9条第1項各号に掲げる者のうちから、前条第1項各号に掲げる工場等におけるエネルギーの使用の合理化に関し、エネルギーを消費する設備の維持、エネルギーの使用の方法の改善及び監視その他経済産業省令で定める業務を管理する者（以下この条において「エネルギー管理員」という。）を選任しなければならない。

（第2項省略）

3　第一種指定連鎖化事業者は、経済産業省令で定めるところにより、エネル
ギー管理員の選任又は解任について経済産業大臣に届け出なければならない。

（第二種連鎖化エネルギー管理指定工場等の指定等）

第25条　経済産業大臣は、特定連鎖化事業者が設置している工場等のうち第一種
連鎖化エネルギー管理指定工場等以外の工場等であつて第7条第2項の政令で
定めるところにより算定したエネルギーの年度の使用量が同条第1項の政令で
定める数値を下回らない数値であつて第13条第1項の政令で定めるもの以上
であるものを第一種連鎖化エネルギー管理指定工場等に準じてエネルギーの使
用の合理化を特に推進する必要がある工場等として指定するものとする。

（第2〜5項省略）

第26条　第二種特定連鎖化事業者は、経済産業省令で定めるところにより、その
設置している第二種連鎖化エネルギー管理指定工場等ごとに、第9条第1項各
号に掲げる者のうちから、第二種連鎖化エネルギー管理指定工場等におけるエ
ネルギーの使用の合理化に関し、エネルギーを消費する設備の維持、エネル
ギーの使用の方法の改善及び監視その他経済産業省令で定める業務を管理する
者（以下この条において「エネルギー管理員」という。）を選任しなければな
らない。

（第2項省略）

3　第二種特定連鎖化事業者は、経済産業省令で定めるところにより、エネル
ギー管理員の選任又は解任について経済産業大臣に届け出なければならない。

（中長期的な計画の作成）

第27条　特定連鎖化事業者は、経済産業省令で定めるところにより、定期に、そ
の設置している工場等及び当該特定連鎖化事業者が行う連鎖化事業の加盟者が
設置している当該連鎖化事業に係る工場等について第5条第1項に規定する判
断の基準となるべき事項において定められたエネルギーの使用の合理化の目標
に関し、その達成のための中長期的な計画を作成し、主務大臣に提出しなけれ
ばならない。

（第2、3、4項省略）

（定期の報告）

第28条　特定連鎖化事業者は、毎年度、経済産業省令で定めるところにより、そ
の設置している工場等及び当該特定連鎖化事業者が行う連鎖化事業の加盟者が

設置している当該連鎖化事業に係る工場等におけるエネルギーの使用量その他エネルギーの使用の状況（エネルギーの使用の効率及びエネルギーの使用に伴つて発生する二酸化炭素の排出量に係る事項を含む。）並びにエネルギーを消費する設備及びエネルギーの使用の合理化に関する設備の設置及び改廃の状況に関し、経済産業省令で定める事項を主務大臣に報告しなければならない。

（第2項省略）

（合理化計画に係る指示及び命令）

第29条 主務大臣は、特定連鎖化事業者が設置している工場等及び当該特定連鎖化事業者が行う連鎖化事業の加盟者が設置している当該連鎖化事業に係る工場等におけるエネルギーの使用の合理化の状況が第5条第1項に規定する判断の基準となるべき事項に照らして著しく不十分であると認めるときは、当該特定連鎖化事業者に対し、当該特定連鎖化事業者のエネルギーを使用して行う事業に係る技術水準、同条第2項に規定する指針に従つて講じた措置の状況その他の事情を勘案し、その判断の根拠を示して、合理化計画を作成し、これを提出すべき旨の指示をすることができる。

（第2～5項省略）

第4款 認定管理統括事業者に係る措置

（認定管理統括事業者）

第31条 工場等を設置している者は、自らが発行済株式の全部を有する株式会社その他の当該工場等を設置している者と密接な関係を有する者として経済産業省令で定める者であつて工場等を設置しているもの（以下この項及び次項第二号において「密接関係者」という。）と一体的に工場等におけるエネルギーの使用の合理化又は非化石エネルギーへの転換を推進する場合には、経済産業省令で定めるところにより、次の各号のいずれにも適合していることにつき、経済産業大臣の認定を受けることができる。

一　その認定の申請に係る密接関係者と一体的に行うエネルギーの使用の合理化のための措置を統括して管理している者として経済産業省令で定める要件に該当する者であること。

二　当該工場等を設置している者及びその認定の申請に係る密接関係者が設置している全ての工場等の前年度における第7条第2項の政令で定めるところにより算定したエネルギーの使用量の合計量が同条第1項の政令で定

省エネ法関係

　　める数値以上であること。

（第2、3項省略）

（エネルギー管理統括者）

第32条　認定管理統括事業者は、経済産業省令で定めるところにより、第39条第1項又は第2項の中長期的な計画の作成事務並びにその設置している工場等（当該認定管理統括事業者が特定連鎖化事業者である場合にあつては、当該者が行う連鎖化事業の加盟者が設置している当該連鎖化事業に係る工場等を含む。以下この款において同じ。）及びその管理関係事業者が設置している工場等（当該管理関係事業者が特定連鎖化事業者である場合にあつては、当該者が行う連鎖化事業の加盟者が設置している当該連鎖化事業に係る工場等を含む。以下この款において同じ。）におけるエネルギーの使用の合理化に関し、エネルギーを消費する設備の維持、エネルギーの使用の方法の改善及び監視その他経済産業省令で定める業務を統括管理する者（以下この条及び次条第1項において「エネルギー管理統括者」という。）を選任しなければならない。

2　エネルギー管理統括者は、認定管理統括事業者が行う事業の実施を統括管理する者をもつて充てなければならない。

3　認定管理統括事業者は、経済産業省令で定めるところにより、エネルギー管理統括者の選任又は解任について経済産業大臣に届け出なければならない。

（エネルギー管理企画推進者）

第33条　認定管理統括事業者は、経済産業省令で定めるところにより、第9条第1項各号に掲げる者のうちから、前条第1項に規定する業務（第39条第2項の中長期的な計画の作成事務を除く。）に関し、エネルギー管理統括者を補佐する者（以下この条において「エネルギー管理企画推進者」という。）を選任しなければならない。

（第2項省略）

3　認定管理統括事業者は、経済産業省令で定めるところにより、エネルギー管理企画推進者の選任又は解任について経済産業大臣に届け出なければならない。

（第一種管理統括エネルギー管理指定工場等の指定等）

第34条　経済産業大臣は、認定管理統括事業者が設置している工場等のうち、第7条第2項の政令で定めるところにより算定したエネルギーの年度の使用量が

第10条第1項の政令で定める数値以上であるものをエネルギーの使用の合理化を特に推進する必要がある工場等として指定するものとする。

（第2〜4項省略）

第35条 第一種認定管理統括事業者は、経済産業省令で定めるところにより、その設置している第一種管理統括エネルギー管理指定工場等ごとに、第11条第1項の政令で定める基準に従つて、エネルギー管理士免状の交付を受けている者のうちから、第一種管理統括エネルギー管理指定工場等におけるエネルギーの使用の合理化に関し、エネルギーを消費する設備の維持、エネルギーの使用の方法の改善及び監視その他経済産業省令で定める業務を管理する者（次項において「エネルギー管理者」という。）を選任しなければならない。ただし、第一種管理統括エネルギー管理指定工場等のうち次に掲げるものについては、この限りでない。

　一　第一種管理統括エネルギー管理指定工場等のうち第11条第1項第一号の政令で定める業種に属する事業の用に供する工場等であつて、専ら事務所その他これに類する用途に供するもののうち政令で定めるもの

　二　第一種管理統括エネルギー管理指定工場等のうち前号に規定する業種以外の業種に属する事業の用に供する工場等

2　第一種認定管理統括事業者は、経済産業省令で定めるところにより、エネルギー管理者の選任又は解任について経済産業大臣に届け出なければならない。

第36条 第一種認定管理統括事業者のうち前条第1項各号に掲げる工場等を設置している者（以下この条において「第一種指定管理統括事業者」という。）は、経済産業省令で定めるところにより、その設置している当該工場等ごとに、第9条第1項各号に掲げる者のうちから、前条第1項各号に掲げる工場等におけるエネルギーの使用の合理化に関し、エネルギーを消費する設備の維持、エネルギーの使用の方法の改善及び監視その他経済産業省令で定める業務を管理する者（以下この条において「エネルギー管理員」という。）を選任しなければならない。

（第2項省略）

3　第一種指定管理統括事業者は、経済産業省令で定めるところにより、エネルギー管理員の選任又は解任について経済産業大臣に届け出なければならない。

省エネ法関係

（第二種管理統括エネルギー管理指定工場等の指定等）

第37条　経済産業大臣は、認定管理統括事業者が設置している工場等のうち第一種管理統括エネルギー管理指定工場等以外の工場等であつて第7条第2項の政令で定めるところにより算定したエネルギーの年度の使用量が同条第1項の政令で定める数値を下回らない数値であつて第13条第1項の政令で定めるもの以上であるものを第一種管理統括エネルギー管理指定工場等に準じてエネルギーの使用の合理化を特に推進する必要がある工場等として指定するものとする。

（第2～5項省略）

第38条　第二種認定管理統括事業者は、経済産業省令で定めるところにより、その設置している第二種管理統括エネルギー管理指定工場等ごとに、第9条第1項各号に掲げる者のうちから、第二種管理統括エネルギー管理指定工場等におけるエネルギーの使用の合理化に関し、エネルギーを消費する設備の維持、エネルギーの使用の方法の改善及び監視その他経済産業省令で定める業務を管理する者（以下この条において「エネルギー管理員」という。）を選任しなければならない。

（第2項省略）

3　第二種認定管理統括事業者は、経済産業省令で定めるところにより、エネルギー管理員の選任又は解任について経済産業大臣に届け出なければならない。

（中長期的な計画の作成）

第39条　認定管理統括事業者は、経済産業省令で定めるところにより、定期に、その設置している工場等及びその管理関係事業者が設置している工場等について第5条第1項に規定する判断の基準となるべき事項において定められたエネルギーの使用の合理化の目標に関し、その達成のための中長期的な計画を作成し、主務大臣に提出しなければならない。

（第2、3、4項省略）

（定期の報告）

第40条　認定管理統括事業者は、毎年度、経済産業省令で定めるところにより、その設置している工場等及びその管理関係事業者が設置している工場等におけるエネルギーの使用量その他エネルギーの使用の状況（エネルギーの使用の効率及びエネルギーの使用に伴つて発生する二酸化炭素の排出量に係る事項を含

む。）並びにエネルギーを消費する設備及びエネルギーの使用の合理化に関する設備の設置及び改廃の状況に関し、経済産業省令で定める事項を主務大臣に報告しなければならない。

（第2項省略）

（合理化計画に係る指示及び命令）

第41条 主務大臣は、認定管理統括事業者が設置している工場等（当該認定管理統括事業者が特定連鎖化事業者である場合にあつては、当該者が行う連鎖化事業の加盟者が設置している当該連鎖化事業に係る工場等を含む。次項及び次条第1項において同じ。）及びその管理関係事業者が設置している工場等におけるエネルギーの使用の合理化の状況が第5条第1項に規定する判断の基準となるべき事項に照らして著しく不十分であると認めるときは、当該認定管理統括事業者に対し、当該認定管理統括事業者のエネルギーを使用して行う事業に係る技術水準、同条第3項に規定する指針に従つて講じた措置の状況その他の事情を勘案し、その判断の根拠を示して、合理化計画を作成し、これを提出すべき旨の指示をすることができる。

（第2～5項省略）

（非化石エネルギーへの転換に関する勧告等）

第42条 主務大臣は、第39条第2項に規定する認定管理統括事業者が設置している工場等及びその管理関係事業者が設置している工場等における同項に規定する非化石エネルギーへの転換の状況が第5条第2項に規定する判断の基準となるべき事項に照らして著しく不十分であると認めるときは、当該認定管理統括事業者に対し、当該認定管理統括事業者のエネルギーを使用して行う事業に係る技術水準、同条第3項に規定する指針に従つて講じた措置の状況その他の事情を勘案し、その判断の根拠を示して、非化石エネルギーへの転換に関し必要な措置をとるべき旨の勧告をすることができる。

2 主務大臣は、前項に規定する勧告を受けた認定管理統括事業者がその勧告に従わなかつたときは、その旨を公表することができる。

第5款 管理関係事業者に係る措置

（第一種管理関係エネルギー管理指定工場等の指定等）

第43条 経済産業大臣は、管理関係事業者が設置している工場等のうち、第7条第2項の政令で定めるところにより算定したエネルギーの年度の使用量が第

省エネ法関係

10条第1項の政令で定める数値以上であるものをエネルギーの使用の合理化を特に推進する必要がある工場等として指定するものとする。

（第2〜4項省略）

第44条　第一種管理関係事業者は、経済産業省令で定めるところにより、その設置している第一種管理関係エネルギー管理指定工場等ごとに、第11条第1項の政令で定める基準に従つて、エネルギー管理士免状の交付を受けている者のうちから、第一種管理関係エネルギー管理指定工場等におけるエネルギーの使用の合理化に関し、エネルギーを消費する設備の維持、エネルギーの使用の方法の改善及び監視その他経済産業省令で定める業務を管理する者（次項において「エネルギー管理者」という。）を選任しなければならない。ただし、第一種管理関係エネルギー管理指定工場等のうち次に掲げるものについては、この限りでない。

一　第一種管理関係エネルギー管理指定工場等のうち第11条第1項第一号の政令で定める業種に属する事業の用に供する工場等であつて、専ら事務所その他これに類する用途に供するもののうち政令で定めるもの

二　第一種管理関係エネルギー管理指定工場等のうち前号に規定する業種以外の業種に属する事業の用に供する工場等

2　第一種管理関係事業者は、経済産業省令で定めるところにより、エネルギー管理者の選任又は解任について経済産業大臣に届け出なければならない。

第45条　第一種管理関係事業者のうち前条第1項各号に掲げる工場等を設置している者（以下この条において「第一種指定管理関係事業者」という。）は、経済産業省令で定めるところにより、その設置している当該工場等ごとに、第9条第1項各号に掲げる者のうちから、前条第1項各号に掲げる工場等におけるエネルギーの使用の合理化に関し、エネルギーを消費する設備の維持、エネルギーの使用の方法の改善及び監視その他経済産業省令で定める業務を管理する者（以下この条において「エネルギー管理員」という。）を選任しなければならない。

（第2項省略）

3　第一種指定管理関係事業者は、経済産業省令で定めるところにより、エネルギー管理員の選任又は解任について経済産業大臣に届け出なければならない。

（第二種管理関係エネルギー管理指定工場等の指定等）

第46条　経済産業大臣は、管理関係事業者が設置している工場等のうち第一種管理関係エネルギー管理指定工場等以外の工場等であつて第7条第2項の政令で定めるところにより算定したエネルギーの年度の使用量が同条第1項の政令で定める数値を下回らない数値であつて第13条第1項の政令で定めるもの以上であるものを第一種管理関係エネルギー管理指定工場等に準じてエネルギーの使用の合理化を特に推進する必要がある工場等として指定するものとする。

（第2〜5項省略）

第47条　第二種管理関係事業者は、経済産業省令で定めるところにより、その設置している第二種管理関係エネルギー管理指定工場等ごとに、第9条第1項各号に掲げる者のうちから、第二種管理関係エネルギー管理指定工場等におけるエネルギーの使用の合理化に関し、エネルギーを消費する設備の維持、エネルギーの使用の方法の改善及び監視その他経済産業省令で定める業務を管理する者（以下この条において「エネルギー管理員」という。）を選任しなければならない。

（第2項省略）

3　第二種管理関係事業者は、経済産業省令で定めるところにより、エネルギー管理員の選任又は解任について経済産業大臣に届け出なければならない。

第6款　雑　　則

（エネルギー管理者等の義務）

第48条　第11条第1項、第23条第1項、第35条第1項及び第44条第1項に規定するエネルギー管理者（次項において単に「エネルギー管理者」という。）並びに第12条第1項、第14条第1項、第24条第1項、第26条第1項、第36条第1項、第38条第1項、第45条第1項及び前条第1項に規定するエネルギー管理員（次項において単に「エネルギー管理員」という。）は、その職務を誠実に行わなければならない。

2　第8条第1項、第20条第1項及び第32条第1項に規定するエネルギー管理統括者は、エネルギー管理者又はエネルギー管理員（次項において「エネルギー管理者等」という。）のその職務を行う工場等におけるエネルギーの使用の合理化に関する意見を尊重しなければならない。

3　エネルギー管理者等が選任された工場等の従業員は、これらの者がその職務

省エネ法関係

を行う上で必要であると認めてする指示に従わなければならない。

　（連携省エネルギー計画の認定）

第50条　工場等を設置している者は、他の工場等を設置している者と連携して工場等におけるエネルギーの使用の合理化を推進する場合には、共同で、その連携して行うエネルギーの使用の合理化のための措置（以下「連携省エネルギー措置」という。）に関する計画（以下「連携省エネルギー計画」という。）を作成し、経済産業省令で定めるところにより、これを経済産業大臣に提出して、その連携省エネルギー計画が適当である旨の認定を受けることができる。

2　連携省エネルギー計画には、次に掲げる事項を記載しなければならない。

　一　連携省エネルギー措置の目標

　二　連携省エネルギー措置の内容及び実施期間

　三　連携省エネルギー措置を行う者が設置している工場等（当該者が連鎖化事業者である場合にあつては当該者が行う連鎖化事業の加盟者が設置している当該連鎖化事業に係る工場等を含み、当該者が認定管理統括事業者である場合にあつてはその管理関係事業者が設置している工場等（当該管理関係事業者が連鎖化事業者である場合にあつては、当該者が行う連鎖化事業の加盟者が設置している当該連鎖化事業に係る工場等を含む。）を含む。）において当該連携省エネルギー措置に関してそれぞれ使用したこととされるエネルギーの量の算出の方法

（第3項省略）

4　経済産業大臣は、第1項の認定の申請があつた場合において、当該申請に係る連携省エネルギー計画が次の各号のいずれにも適合するものであると認めるときは、その認定をするものとする。

　一　第2項各号に掲げる事項が前項の指針に照らして適切なものであること。

　二　第2項第二号に掲げる事項が確実に実施される見込みがあること。

　（連携省エネルギー計画の変更等）

第51条　前条第1項の認定を受けた者は、当該認定に係る連携省エネルギー計画を変更しようとするときは、経済産業省令で定めるところにより、共同で、経済産業大臣の認定を受けなければならない。ただし、経済産業省令で定める軽微な変更については、この限りでない。

2　前条第1項の認定を受けた者は、前項ただし書の経済産業省令で定める軽微な変更をしたときは、経済産業省令で定めるところにより、共同で、遅滞なく、その旨を経済産業大臣に届け出なければならない。

（第3、4項省略）

第53条　第50条第1項の認定を受けた者（特定事業者、特定連鎖化事業者及び認定管理統括事業者を除く。）は、毎年度、経済産業省令で定めるところにより、当該認定に係る連携省エネルギー措置に係るその設置している工場等において使用したエネルギーの量及び同条第2項第三号に規定する算出の方法により当該連携省エネルギー措置に関して当該工場等において使用したこととされるエネルギーの量その他の連携省エネルギー措置の実施の状況に関し、経済産業省令で定める事項を主務大臣に報告しなければならない。

第4節　登録調査機関

（登録調査機関の調査を受けた場合の特例）

第84条　特定事業者は、経済産業省令で定めるところにより、その設置している工場等におけるエネルギーの使用量その他エネルギーの使用の状況（エネルギーの使用の効率及びエネルギーの使用に伴つて発生する二酸化炭素の排出量に係る事項を含む。）並びにエネルギーを消費する設備及びエネルギーの使用の合理化に関する設備の設置及び改廃の状況について、経済産業大臣の登録を受けた者（以下「登録調査機関」という。）が行う調査（以下「確認調査」という。）を受けることができる。ただし、第17条第1項の規定による指示を受けた特定事業者は、当該指示を受けた日から3年を経過した後でなければ、当該確認調査を受けることができない。

2　登録調査機関は、確認調査をした特定事業者が設置している全ての工場等におけるエネルギーの使用の合理化の状況が、経済産業省令で定めるところにより、第5条第1項に規定する判断の基準となるべき事項に適合していると認めるときは、その旨を示す書面を交付しなければならない。

（第3項省略）

4　第2項の書面の交付を受けた特定事業者については、当該書面の交付を受けた日の属する年度においては、第16条第1項（第52条第1項の規定により読み替えて適用する場合を含む。）及び第17条の規定は、適用しない。

省エネ法関係

（第5項省略）

第85条　特定連鎖化事業者（当該特定連鎖化事業者が認定管理統括事業者又は
管理関係事業者である場合を除く。以下この項、次項及び第4項において同
じ。）は、経済産業省令で定めるところにより、その設置している工場等及
び当該特定連鎖化事業者が行う連鎖化事業の加盟者が設置している当該連鎖
化事業に係る工場等におけるエネルギーの使用量その他エネルギーの使用の
状況（エネルギーの使用の効率及びエネルギーの使用に伴つて発生する二酸
化炭素の排出量に係る事項を含む。）並びにエネルギーを消費する設備及び
エネルギーの使用の合理化に関する設備の設置及び改廃の状況について、確
認調査を受けることができる。ただし、第29条第1項の規定による指示を
受けた特定連鎖化事業者は、当該指示を受けた日から3年を経過した後でな
ければ、当該確認調査を受けることができない。

2　　登録調査機関は、確認調査をした特定連鎖化事業者が設置している全ての
工場等及び当該特定連鎖化事業者が行う連鎖化事業の加盟者が設置している
当該連鎖化事業に係る全ての工場等におけるエネルギーの使用の合理化の状
況が、経済産業省令で定めるところにより、第5条第1項に規定する判断の
基準となるべき事項に適合していると認めるときは、その旨を示す書面を交
付しなければならない。

（第3項省略）

4　　第2項の書面の交付を受けた特定連鎖化事業者については、当該書面の交
付を受けた日の属する年度においては、第28条第1項（第52条第2項の規
定により読み替えて適用する場合を含む。）及び第29条の規定は、適用しな
い。

（第5項省略）

第86条　認定管理統括事業者は、経済産業省令で定めるところにより、その設
置している工場等（当該認定管理統括事業者が特定連鎖化事業者である場合
にあつては、当該者が行う連鎖化事業の加盟者が設置している当該連鎖化事
業に係る工場等を含む。）及びその管理関係事業者が設置している工場等（当
該管理関係事業者が特定連鎖化事業者である場合にあつては、当該者が行う
連鎖化事業の加盟者が設置している当該連鎖化事業に係る工場等を含む。）
におけるエネルギーの使用量その他エネルギーの使用の状況（エネルギーの

使用の効率及びエネルギーの使用に伴つて発生する二酸化炭素の排出量に係る事項を含む。）並びにエネルギーを消費する設備及びエネルギーの使用の合理化に関する設備の設置及び改廃の状況について、確認調査を受けることができる。ただし、第41条第1項の規定による指示を受けた認定管理統括事業者は、当該指示を受けた日から3年を経過した後でなければ、当該確認調査を受けることができない。

2　登録調査機関は、確認調査をした認定管理統括事業者が設置している全ての工場等（当該認定管理統括事業者が特定連鎖化事業者である場合にあつては、当該者が行う連鎖化事業の加盟者が設置している当該連鎖化事業に係る全ての工場等を含む。）及びその管理関係事業者が設置している全ての工場等（当該管理関係事業者が特定連鎖化事業者である場合にあつては、当該者が行う連鎖化事業の加盟者が設置している当該連鎖化事業に係る全ての工場等を含む。）におけるエネルギーの使用の合理化の状況が、経済産業省令で定めるところにより、第5条第1項に規定する判断の基準となるべき事項に適合していると認めるときは、その旨を示す書面を交付しなければならない。

（第3項省略）

4　第2項の書面の交付を受けた認定管理統括事業者については、当該書面の交付を受けた日の属する年度においては、第40条第1項（第52条第3項の規定により読み替えて適用する場合を含む。）及び第41条の規定は、適用しない。

（第5項省略）

第87条　第50条第1項の認定を受けた者（特定事業者、特定連鎖化事業者及び認定管理統括事業者を除く。次項及び第4項において同じ。）は、経済産業省令で定めるところにより、その設置している工場等におけるエネルギーの使用量その他の連携省エネルギー措置の実施の状況について、確認調査を受けることができる。

2　登録調査機関は、確認調査をした第46条第1項の認定を受けた者の当該認定に係る連携省エネルギー措置に係る工場等におけるエネルギーの使用の合理化の状況が、経済産業省令で定めるところにより、第5条第1項に規定する判断の基準となるべき事項に適合していると認めるときは、その旨を示

す書面を交付しなければならない。

（第3項省略）

4　第2項の書面の交付を受けた第50条第1項の認定を受けた者については、当該書面の交付を受けた日の属する年度においては、第53条の規定は、適用しない。

第5章　建築物に係る措置

第147条　次に掲げる者は、基本方針の定めるところに留意して、建築物の外壁、窓等を通しての熱の損失の防止及び建築物に設ける空気調和設備その他の政令で定める建築設備（第四号において「空気調和設備等」という。）に係るエネルギーの効率的利用のための措置及び建築物において消費されるエネルギーの量に占める非化石エネルギーの割合を増加させるための措置を適確に実施することにより、建築物に係るエネルギーの使用の合理化及び非化石エネルギーへの転換に資するよう努めるとともに、建築物に設ける電気を消費する機械器具に係る電気の需要の最適化に資する電気の利用のための措置を適確に実施することにより、電気の需要の最適化に資するよう努めなければならない。

一　建築物の建築をしようとする者

二　建築物の所有者（所有者と管理者が異なる場合にあつては、管理者）

三　建築物の直接外気に接する屋根、壁又は床（これらに設ける窓その他の開口部を含む）の修繕又は模様替をしようとする者

四　建築物への空気調和設備等の設置又は建築物に設けた空気調和設備等の改修をしようとする者

第6章　機械器具等に係る措置

第1節　機械器具に係る措置

（エネルギー消費機器等製造事業者等の努力）

第148条　エネルギー消費機器等（エネルギー消費機器（エネルギーを消費す

る機械器具をいう。以下同じ。）又は関係機器（エネルギー消費機器の部品として又は専らエネルギー消費機器とともに使用される機械器具であつて、当該エネルギー消費機器の使用に際し消費されるエネルギーの量に影響を及ぼすものをいう。以下同じ。）をいう。以下同じ。）の製造又は輸入の事業を行う者（以下「エネルギー消費機器等製造事業者等」という。）は、基本方針の定めるところに留意して、その製造又は輸入に係るエネルギー消費機器等につき、エネルギー消費性能（エネルギー消費機器の一定の条件での使用に際し消費されるエネルギーの量を基礎として評価される性能をいう。以下同じ。）又はエネルギー消費関係性能（関係機器に係るエネルギー消費機器のエネルギー消費性能に関する当該関係機器の性能をいう。以下同じ。）の向上を図ることにより、エネルギー消費機器等に係るエネルギーの使用の合理化に資するよう努めなければならない。

2　エネルギー消費機器の製造又は輸入の事業を行う者は、基本方針の定めるところに留意して、非化石エネルギーを使用する機械器具の製造又は輸入その他の措置を行うことにより、エネルギー消費機器に係る非化石エネルギーへの転換に資するよう努めなければならない。

3　電気を消費する機械器具（電気の需要の最適化に資するための機能を付加することが技術的及び経済的に可能なものに限る。以下この項において同じ。）の製造又は輸入の事業を行う者は、基本方針の定めるところに留意して、その製造又は輸入に係る電気を消費する機械器具につき、電気の需要の最適化に係る性能の向上を図ることにより、電気を消費する機械器具に係る電気の需要の最適化に資するよう努めなければならない。

（エネルギー消費機器等製造事業者等の判断の基準となるべき事項）

第149条　エネルギー消費機器等のうち、自動車（エネルギー消費性能の向上を図ることが特に必要なものとして政令で定めるものに限る。以下同じ。）その他我が国において大量に使用され、かつ、その使用に際し相当量のエネルギーを消費するエネルギー消費機器であつてそのエネルギー消費性能の向上を図ることが特に必要なものとして政令で定めるもの（以下「特定エネルギー消費機器」という。）及び我が国において大量に使用され、かつ、その使用に際し相当量のエネルギーを消費するエネルギー消費機器に係る関係機器であつてそのエネルギー消費関係性能の向上を図ることが特に必要なものとして政令で定める

省エネ法関係

もの（以下「特定関係機器」という。）については、経済産業大臣（自動車及び
これに係る特定関係機器にあつては、経済産業大臣及び国土交通大臣。以下こ
の章及び第166条第10項において同じ。）は、特定エネルギー消費機器及び特
定関係機器（以下「特定エネルギー消費機器等」という。）ごとに、そのエネ
ルギー消費性能又はエネルギー消費関係性能（以下「エネルギー消費性能等」
という。）の向上に関しエネルギー消費機器等製造事業者等の判断の基準とな
るべき事項を定め、これを公表するものとする。

（第2項省略）

（性能の向上に関する勧告及び命令）

第150条　経済産業大臣は、エネルギー消費機器等製造事業者等であつてその
製造又は輸入に係る特定エネルギー消費機器等の生産量又は輸入量が政令で
定める要件に該当するものが製造し、又は輸入する特定エネルギー消費機器
等につき、前条第1項に規定する判断の基準となるべき事項に照らしてエネ
ルギー消費性能等の向上を相当程度行う必要があると認めるときは、当該エ
ネルギー消費機器等製造事業者等に対し、その目標を示して、その製造又は輸
入に係る当該特定エネルギー消費機器等のエネルギー消費性能等の向上を図
るべき旨の勧告をすることができる。

2　経済産業大臣は、前項に規定する勧告を受けたエネルギー消費機器等製造
事業者等がその勧告に従わなかつたときは、その旨を公表することができ
る。

3　経済産業大臣は、第1項に規定する勧告を受けたエネルギー消費機器等製
造事業者等が、正当な理由がなくてその勧告に係る措置をとらなかつた場合
において、当該特定エネルギー消費機器等に係るエネルギーの使用の合理化
を著しく害すると認めるときは、審議会等で政令で定めるものの意見を聴い
て、当該エネルギー消費機器等製造事業者等に対し、その勧告に係る措置を
とるべきことを命ずることができる。

（表　示）

第151条　経済産業大臣は、特定エネルギー消費機器等（家庭用品品質表示法
（昭和37年法律第104号）第2条第1項第一号に規定する家庭用品であるも
のを除く。以下この条及び次条において同じ。）について、特定エネルギー消
費機器等ごとに、次に掲げる事項を定め、これを告示するものとする。

一　次のイ又はロに掲げる特定エネルギー消費機器等の区分に応じ、それぞれイ又はロに定める事項

　　イ　特定エネルギー消費機器　エネルギー消費効率（特定エネルギー消費機器のエネルギー消費性能として経済産業省令（自動車にあつては、経済産業省令・国土交通省令）で定めるところにより算定した数値をいう。以下同じ。）に関しエネルギー消費機器等製造事業者等が表示すべき事項

　　ロ　特定関係機器　寄与率（特定関係機器のエネルギー消費関係性能として経済産業省令（自動車に係る特定関係機器にあつては、経済産業省令・国土交通省令）で定めるところにより算定した数値をいう。以下同じ。）に関しエネルギー消費機器等製造事業者等が表示すべき事項

二　表示の方法その他エネルギー消費効率又は寄与率の表示に際してエネルギー消費機器等製造事業者等が遵守すべき事項

第7章　電気事業者に係る措置

（開　示）

第158条　電気事業者（電気事業法（昭和39年法律第170号）第2条第1項第三号に規定する小売電気事業者、同項第九号に規定する一般送配電事業者及び同法第27条の19第1項に規定する登録特定送配電事業者をいう。以下この条において同じ。）は、その供給する電気を使用する者から、当該電気を使用する者に係る電気の使用の状況に関する情報として経済産業省令で定める情報であつて当該電気事業者が保有するもの（個人情報の保護に関する法律（平成15年法律第57号）第16条第4項に規定する保有個人データを除く。）の開示を求められたときは、当該電気を使用する者（当該電気を使用する者が指定する者を含む。）に対し、経済産業省令で定める方法により、遅滞なく、当該情報を開示しなければならない。ただし、開示することにより、当該電気事業者の業務の適正な実施に著しい支障を及ぼすおそれがある場合として経済産業省令で定める場合は、その全部又は一部を開示しないことができる。

省エネ法関係

（計画の作成及び公表）

第159条　電気事業者（電気事業法第2条第1項第三号に規定する小売電気事業者、同項第九号に規定する一般送配電事業者、同項第十一号の三に規定する配電事業者及び同項第十三号に規定する特定送配電事業者をいい、経済産業省令で定める要件に該当する者を除く。次項において同じ。）は、基本方針の定めるところに留意して、次に掲げる措置その他の電気を使用する者による電気の需要の最適化に資する取組の効果的かつ効率的な実施に資するための措置の実施に関する計画を作成しなければならない。

一　その供給する電気を使用する者による電気の需要の最適化に資する取組を促すための電気の料金その他の供給条件の整備

二　その供給する電気を使用する者の一定の時間ごとの電気の使用量の推移その他の電気の需要の最適化に資する取組を行う上で有効な情報であつて経済産業省令で定めるものの取得及び当該電気を使用する者（当該電気を使用する者が指定する者を含む。）に対するその提供を可能とする機能を有する機器の整備

三　前号に掲げるもののほか、その供給する電気の需給の実績及び予測に関する情報を提供するための環境の整備

2　電気事業者は、前項の規定により計画を作成したときは、遅滞なく、これを公表しなければならない。これを変更したときも、同様とする。

第8章　雑　　　則

（一般消費者への情報の提供）

第165条　一般消費者に対するエネルギーの供給の事業を行う者、エネルギー消費機器等及び熱損失防止建築材料の小売の事業を行う者その他その事業活動を通じて一般消費者が行うエネルギーの使用の合理化及び非化石エネルギーへの転換につき協力を行うことができる事業者は、消費者のエネルギーの使用状況に関する通知、エネルギー消費性能等の表示、熱損失防止建築材料の熱の損失の防止のための性能の表示その他一般消費者が行うエネルギーの使用の合理化に資する情報を提供するよう努めなければならない。

2　建築物の販売又は賃貸の事業を行う者、電気を消費する機械器具の小売の

事業を行う者その他その事業活動を通じて一般消費者が行う電気の需要の最
適化に資する措置につき協力を行うことができる事業者は、建築物に設ける
電気を消費する機械器具に係る電気の需要の最適化に資する電気の利用のた
めに建築物に必要とされる性能の表示、電気を消費する機械器具（電気の需
要の最適化に資するための機能を付加することが技術的及び経済的に可能な
ものに限る。）の電気の需要の最適化に係る機能の表示その他一般消費者が
行う電気の需要の最適化に資する措置の実施に資する情報を提供するよう努
めなければならない。

（報告及び立入検査）

第166条　経済産業大臣は、第7条第1項及び第5項、第10条第1項及び第3項、
第13条第1項及び第3項、第19条第1項及び第4項、第22条第1項及び
第3項、第25条第1項及び第3項、第34条第1項及び第3項、第37条第1
項及び第3項、第43条第1項及び第3項並びに第46条第1項及び第3項の
規定の施行に必要な限度において、政令で定めるところにより、工場等にお
いてエネルギーを使用して事業を行う者に対し、その設置している工場等に
おける業務の状況に関し報告させ、又はその職員に、工場等に立ち入り、エ
ネルギーを消費する設備、帳簿、書類その他の物件を検査させることができ
る。

2　経済産業大臣は、第8条第1項、第9条第1項、第11条第1項、第12条第1項、
第14条第1項、第20条第1項、第21条第1項、第23条第1項、第24条第1項、
第26条第1項、第32条第1項、第33条第1項、第35条第1項、第36条第1項、
第38条第1項、第44条第1項、第45条第1項及び第47条第1項の規定の
施行に必要な限度において、政令で定めるところにより、特定事業者、特定
連鎖化事業者、認定管理統括事業者又は管理関係事業者に対し、その設置し
ている工場等における業務の状況に関し報告させ、又はその職員に、工場等
に立ち入り、エネルギーを消費する設備、帳簿、書類その他の物件を検査さ
せることができる。

3　主務大臣は、（第7条第1項及び第5項、第8条第1項、第9条第1項、
第10条第1項及び第3項、第11条第1項、第12条第1項、第13条第1項
及び第3項、第14条第1項、第19条第1項及び第4項、第20条第1項、
第21条第1項、第22条第1項及び第3項、第23条第1項、第24条第1項、

省エネ法関係

第25条第1項及び第3項、第26条第1項、第32条第1項、第33条第1項、第34条第1項及び第3項、第35条第1項、第36条第1項、第37条第1項及び第3項、第38条第1項、第43条第1項及び第3項、第44条第1項、第45条第1項、第46条第1項及び第3項、第47条第1項並びに第54条を除く。）の規定の施行に必要な限度において、政令で定めるところにより、特定事業者、特定連鎖化事業者、認定管理統括事業者、管理関係事業者又は第50条第1項の認定を受けた者（特定事業者、特定連鎖化事業者、認定管理統括事業者及び管理関係事業者を除く。）に対し、その設置している工場等（特定連鎖化事業者にあつては、当該特定連鎖化事業者が行う連鎖化事業の加盟者が設置している当該連鎖化事業に係る工場等を含む。）における業務の状況に関し報告させ、又はその職員に、当該工場等に立ち入り、エネルギーを消費する設備、帳簿、書類その他の物件を検査させることができる。ただし、当該特定連鎖化事業者が行う連鎖化事業の加盟者が設置している当該連鎖化事業に係る工場等に立ち入る場合においては、あらかじめ、当該加盟者の承諾を得なければならない。

（第4〜9項省略）

10　経済産業大臣は、第6章の規定の施行に必要な限度において、政令で定めるところにより、エネルギー消費機器等製造事業者等若しくは熱損失防止建築材料製造事業者等に対し、特定エネルギー消費機器等若しくは特定熱損失防止建築材料に係る業務の状況に関し報告させ、又はその職員に、特定エネルギー消費機器等製造事業者等若しくは特定熱損失防止建築材料製造事業者等の事務所、工場若しくは倉庫に立ち入り、特定エネルギー消費機器等若しくは特定熱損失防止建築材料、帳簿、書類その他の物件を検査させることができる。

11　前各項の規定により立入検査をする職員は、その身分を示す証明書を携帯し、関係人に提示しなければならない。

12　第1項から第10項までの規定による立入検査の権限は、犯罪捜査のために認められたものと解釈してはならない。

（経過措置の命令への委任）

第170条　この法律に基づき命令を制定し、又は改廃する場合においては、その命令で、その制定又は改廃に伴い合理的に必要と判断される範囲内におい

て、所要の経過措置（罰則に関する経過措置を含む。）を定めることができる。

　（主務大臣等）

第171条　第3章第1節（第5条第1項を除く。）及び第4節並びに第166条第3項における主務大臣は、経済産業大臣並びに当該者が設置している工場等及び当該者が行う連鎖化事業に係る事業を所管する大臣とする。

2　第5条第1項における主務大臣は、エネルギーの使用の合理化が特に必要と認められる業種において達成すべき目標に係る部分については経済産業大臣及び当該業種に属する事業を所管する大臣とし、その他の部分については経済産業大臣とする。

3　第4章第1節第2款及び第166条第9項における主務大臣は、経済産業大臣及び当該荷主の事業を所管する大臣とする。

（第4〜6項省略）

第9章　罰　　　則

第172条　第56条第2項又は第67条第1項の規定に違反してその職務に関して知り得た秘密を漏らした者は、1年以下の拘禁刑又は100万円以下の罰金に処する。

2　次の各号のいずれかに該当する場合には、当該違反行為をした者は、1年以下の拘禁刑又は100万円以下の罰金に処する。

　一　第97条の規定に違反してその職務に関して知り得た秘密を漏らしたとき。

　二　第100条の規定による確認調査の業務の停止の命令に違反したとき。

第174条　次の各号のいずれかに該当する場合には、当該違反行為をした者は、100万円以下の罰金に処する。

　一　第8条第1項、第9条第1項、第11条第1項、第12条第1項、第14条第1項、第20条第1項、第21条第1項、第23条第1項、第24条第1項、第26条第1項、第32条第1項、第33条第1項、第35条第1項、第36条第1項、第38条第1項、第44条、第45条第1項又は第47条第1項の規定に違反して選任しなかつたとき。

省エネ法関係

二　第17条第5項、第29条第5項、第41条第5項、第108条第4項、第
116条第4項、第120条第4項、第132条第4項、第137条第4項、第
146条第4項、第150条第3項、第152条第3項、第155条第3項又は第
157条第3項の規定による命令に違反したとき。

第175条　次の各号のいずれかに該当する場合には、当該違反行為をした者は、
50万円以下の罰金に処する。

一　第7条第3項、第19条第2項、第105条第2項、第113条第2項、第
129条第2項又は第143条第3項の規定による届出をせず、又は虚偽の届
出をしたとき。

二　第15条第1項若しくは第2項、第27条第1項若しくは第2項、第39
条第1項若しくは第2項、第106条第1項若しくは第2項、第114条第1
項若しくは第2項、第118条第1項若しくは第2項、第130条第1項若し
くは第2項、第135条第1項若しくは第2項又は第144条第1項若しくは
第2項の規定による提出をしなかつたとき。

三　第16条第1項（第52条第1項の規定により読み替えて適用する場合を
含む。）、第28条第1項（第52条第2項の規定により読み替えて適用する
場合を含む。）、第40条第1項（第52条第3項の規定により読み替えて適
用する場合を含む。）、第53条、第107条第1項（第140条第1項の規定
により読み替えて適用する場合を含む。）、第115条第1項（第123条第
1項の規定により読み替えて適用する場合を含む。）、第119条第1項（第
123条第2項の規定により読み替えて適用する場合を含む。）、第124条、
第131条第1項（第140条第2項の規定により読み替えて適用する場合を
含む。）、第136条第1項（第140条第3項の規定により読み替えて適用す
る場合を含む。）、第141条、第145条第1項若しくは第166条第1項から
第3項まで若しくは第5項から第10項までの規定による報告をせず、若
しくは虚偽の報告をし、又は同条第1項から第3項まで若しくは第5項か
ら第10項までの規定による検査を拒み、妨げ、若しくは忌避したとき。

四　第95条の規定による届出をしないで業務の全部若しくは一部を休止し、
若しくは廃止し、又は虚偽の届出をしたとき。

五　第101条第1項の規定に違反して帳簿を備えず、帳簿に記載せず、若し
くは帳簿に虚偽の記載をし、又は同条第2項の規定に違反して帳簿を保存

しなかつたとき。

第177条 法人の代表者又は法人若しくは人の代理人、使用人その他の従業者が、その法人又は人の業務に関し、第172条第2項、第174条又は第175条の違反行為をしたときは、行為者を罰するほか、その法人又は人に対して各本条の罰金刑を科する。

第178条 次の各号のいずれかに該当する者は、20万円以下の過料に処する。

一　第8条第3項、第9条第3項、第11条第2項、第12条第3項、第14条第3項、第20条第3項、第21条第3項、第23条第2項、第24条第3項、第26条第3項、第32条第3項、第33条第3項、第35条第2項、第36条第3項、第38条第3項、第44条第2項第45条第3項又は第47条第3項の規定による届出をせず、又は虚偽の届出をした者

二　第96条第1項の規定に違反して財務諸表等を備え置かず、財務諸表等に記載すべき事項を記載せず、若しくは虚偽の記載をし、又は正当な理由がないのに同条第2項各号の規定による請求を拒んだ者

II エネルギーの使用の合理化及び非化石エネルギーへの転換等に関する法律施行令（抄）

$$\left(\begin{array}{l}\text{昭和54年9月29日}\\\text{政 令 第 2 6 7 号}\end{array}\right)$$

改正

昭和56年 3月25日政令第 38号	平成17年 6月29日政令第228号
同 59年 2月21日 同 第 17号	同 18年 3月17日 同 第 44号
同 59年 2月21日 同 第 19号	同 20年 6月18日 同 第197号
同 62年 3月20日 同 第 49号	同 20年12月19日 同 第386号
平成元年 3月22日 同 第 59号	同 21年 3月18日 同 第 40号
同 3年 3月25日 同 第 49号	同 21年 6月19日 同 第162号
同 5年 7月 9日 同 第248号	同 23年 4月20日 同 第103号
同 6年 3月24日 同 第 77号	同 25年 2月20日 同 第 36号
同 6年 4月18日 同 第129号	同 25年10月25日 同 第303号
同 6年 9月 7日 同 第286号	同 25年12月27日 同 第370号
同 8年 3月 6日 同 第 29号	同 26年11月28日 同 第380号
同 9年 3月24日 同 第 67号	同 27年 9月 9日 同 第319号
同 10年 8月28日 同 第293号	同 28年 3月31日 同 第103号
同 11年 3月31日 同 第132号	同 28年11月30日 同 第364号
同 11年12月22日 同 第415号	同 29年 2月24日 同 第 27号
同 12年 3月24日 同 第 98号	同 30年11月30日 同 第329号
同 12年 6月 7日 同 第311号	同 31年 4月 3日 同 第144号
同 13年12月28日 同 第437号	令和元年 6月28日 同 第 44号
同 14年 6月 7日 同 第200号	同 元年12月13日 同 第183号
同 14年12月27日 同 第404号	同 2年 1月24日 同 第 10号
同 15年 7月30日 同 第338号	同 4年 1月 4日 同 第 6号
同 16年 3月24日 同 第 57号	同 5年 3月23日 同 第 68号
同 16年 6月23日 同 第210号	同 6年 3月29日 同 第102号
同 16年10月 6日 同 第302号	

省エネ法関係

（定　義）

第1条　エネルギーの使用の合理化及び非化石エネルギーへの転換等に関する
　法律（昭和54年法律第49号。以下「法」という。）第2条第1項の政令で定
　める熱は、自然界に存する熱（地熱、太陽熱及び雪又は氷を熱源とする熱の
　うち、給湯、暖房、冷房その他の発電以外の用途に利用するための施設又は
　設備を介したもの（次条第2項において「集約した地熱等」という。）を除く。）
　及び原子力基本法（昭和30年法律第186号）第3条第二号に規定する核燃
　料物質が原子核分裂の過程において放出する熱とする。

（特定事業者の指定に係るエネルギーの使用量）

第2条　法第7条第1項のエネルギーの年度の使用量の合計量についての政令
　で定める数値は、次項により算定した数値で1,500kℓとする。

2　法第7条第2項の政令で定めるところにより算定するエネルギーの年度の
　使用量は、当該年度において使用した化石燃料及び非化石燃料の量並びに当
　該年度において使用した熱（当該年度において他人から供給された熱以外の
　熱にあつては化石燃料又は非化石燃料を熱源とする熱及び前条に規定する熱
　を除き、集約した地熱等にあつてはその熱量を測定できるものに限る。）及
　び電気（当該年度において他人から供給された電気以外の電気にあつては、
　化石燃料又は非化石燃料を熱源とする熱を変換して得られる動力を変換して
　得られる電気を除く。）の量をそれぞれ経済産業省令で定めるところにより
　原油の数量に換算した量を合算した量（以下「原油換算エネルギー使用量」
　という。）とする。

（第一種エネルギー管理指定工場等の指定に係るエネルギーの使用量）

第3条　法第10条第1項のエネルギーの年度の使用量についての政令で定める
　数値は、原油換算エネルギー使用量の数値で3,000kℓとする。

（エネルギー管理者の選任基準）

第4条　法第11条第1項の政令で定める基準は、次のとおりとする。

一　コークス製造業、電気供給業、ガス供給業又は熱供給業に属する工場等
　　（法第3条第1項に規定する工場等をいう。以下同じ。）については、次の
　　表の左欄に掲げる前年度における原油換算エネルギー使用量の区分に応
　　じ、同表の右欄に掲げる数のエネルギー管理者をエネルギー管理士免状の
　　交付を受けている者のうちから選任すること。

100,000kℓ 未満	1人
100,000kℓ 以上	2人

　二　前号に規定する工場等以外の工場等については、次の表の左欄に掲げる
　　前年度における原油換算エネルギー使用量の区分に応じ、同表の右欄に掲
　　げる数のエネルギー管理者をエネルギー管理士免状の交付を受けている者
　　のうちから選任すること。

20,000kℓ 未満	1人
20,000kℓ 以上 50,000kℓ 未満	2人
50,000kℓ 以上 100,000kℓ 未満	3人
100,000kℓ 以上	4人

（第一種指定事業者等の要件）

第5条　法第11条第1項第一号の政令で定める業種は、次のとおりとする。
　一　製造業（物品の加工修理業を含む。）
　二　鉱業
　三　電気供給業
　四　ガス供給業
　五　熱供給業
2　法第11条第1項第一号、第23条第1項第一号、第35条第1項第一号及
　び第44条第1項第一号の政令で定めるものは、事務所の用途に供する工場
　等とする。

（第二種エネルギー管理指定工場等の指定に係るエネルギーの使用量）

第6条　法第13条第1項のエネルギーの年度の使用量についての政令で定め
　る数値は、原油換算エネルギー使用量の数値で1,500kℓとする。

（空気調和設備等）

第17条　法第147条の政令で定める建築設備は、次のとおりとする。
　一　空気調和設備その他の機械換気設備

省エネ法関係

二　照明設備

三　給湯設備

四　昇降機

（特定エネルギー消費機器）

第18条　法第 149 条第 1 項の政令で定めるエネルギー消費機器は、次のとおり
とする。

一　乗用自動車（揮発油、軽油又は液化石油ガスを燃料とするもの及び電気
を動力源とするもの（化石燃料又は非化石燃料を使用するものを除く。）
に限り、二輪のもの（側車付きのものを含む。）、無限軌道式のものその他
経済産業省令、国土交通省令で定めるものを除く。次条において同じ。）

二　エアコンディショナー（暖房の用に供することができるものを含み、冷
房能力が 50.4kW を超えるもの及び水冷式のものその他経済産業省令で
定めるものを除く。）

三　照明器具（安定器又は制御装置を有するものに限り、防爆型のものその
他経済産業省令で定めるものを除く。）

四　テレビジョン受信機（交流の電路に使用されるものに限り、産業用のも
のその他経済産業省令で定めるものを除く。）

五　複写機（乾式間接静電式のものに限り、日本産業規格A列 2 番（第 24
号及び第 25 号において「Ａ 2 判」という。）以上の大きさの用紙に出力す
ることができるものその他経済産業省令で定めるものを除く。）

六　電子計算機（演算処理装置、主記憶装置、入出力制御装置及び電源装置が
いずれも多重化された構造のものその他経済産業省令で定めるものを除く。）

七　磁気ディスク装置（記憶容量が 1 ギガバイト以下のものその他経済産業
省令で定めるものを除く。）

八　貨物自動車（揮発油又は軽油を燃料とするものに限り、二輪のもの（側
車付きのものを含む。）、無限軌道式のものその他経済産業省令、国土交通
省令で定めるものを除く。）

九　ビデオテープレコーダー（交流の電路に使用されるものに限り、産業用
のものその他経済産業省令で定めるものを除く。）

十　電気冷蔵庫（冷凍庫と一体のものを含み、熱電素子を使用するものその
他経済産業省令で定めるものを除く。）

十一　電気冷凍庫（熱電素子を使用するものその他経済産業省令で定めるものを除く。）

十二　ストーブ（ガス又は灯油を燃料とするものに限り、開放式のものその他経済産業省令で定めるものを除く。）

十三　ガス調理機器（ガス炊飯器その他経済産業省令で定めるものを除く。）

十四　ガス温水機器（貯蔵式湯沸器その他経済産業省令で定めるものを除く。）

十五　石油温水機器（バーナー付風呂釜（ポット式バーナーを組み込んだものに限る。）その他経済産業省令で定めるものを除く。）

十六　電気便座（他の給湯設備から温水の供給を受けるものその他経済産業省令で定めるものを除く。）

十七　自動販売機（飲料を冷蔵又は温蔵して販売するためのものに限り、専ら船舶において用いるためのものその他経済産業省令で定めるものを除く。）

十八　変圧器（定格一次電圧が600Vを超え、7,000V以下のものであつて、かつ、交流の電路に使用されるものに限り、絶縁材料としてガスを使用するものその他経済産業省令で定めるものを除く。）

十九　ジャー炊飯器（産業用のものその他経済産業省令で定めるものを除く。）

二十　電子レンジ（ガスオーブンを有するものその他経済産業省令で定めるものを除く。）

二十一　ディー・ブイ・ディー・レコーダー（交流の電路に使用されるものに限り、産業用のものその他経済産業省令で定めるものを除く。）

二十二　ルーティング機器（電気通信信号を送受信する機器であつて、電気通信信号を送信するに当たり、宛先となる機器に至る経路のうちから、経路の状況等に応じて最も適切と判断したものに電気通信信号を送信する機能を有するもの（専らインターネットの用に供するものに限り、通信端末機器を電話の回線を介してインターネットに接続するに際し、インターネット接続サービスを行う者に電話をかけて当該通信端末機器をインターネットに接続するために使用するものその他経済産業省令で定めるものを除く。）をいう。）

二十三　スイッチング機器（電気通信信号を送受信する機器であつて、電気通信信号を送信するに当たり、当該機器が送信することのできる二以上の経路のうちから、宛先ごとに一に定められた経路に電気通信信号を送信す

る機能を有するもの（専らインターネットの用に供するものに限り、無線
通信を行う機能を有するものその他経済産業省令で定めるものを除く。）
をいう。）

二十四　複合機（複写の機能に加えて、印刷、ファクシミリ送信又はスキャ
ンのうち一以上の機能を有する機械及び印刷の機能に加えて、複写、ファ
クシミリ送信又はスキャンのうち一以上の機能を有する機械（いずれも乾
式間接静電式のものに限り、Ａ２判以上の大きさの用紙に出力することが
できるものその他経済産業省令で定めるものを除く。）をいう。）

二十五　プリンター（乾式間接静電式のものに限り、Ａ２判以上の大きさの
用紙に出力することができるものその他経済産業省令で定めるものを除
く。）

二十六　電気温水機器（ヒートポンプ（二酸化炭素を冷媒として使用するも
のに限る。）を用いるものに限り、暖房の用に供することができるものその
他経済産業省令で定めるものを除く。）

二十七　交流電動機（籠形三相誘導電動機に限り、防爆型のものその他経済
産業省令で定めるものを除く。）

二十八　電球（安定器又は制御装置を有するもの及び白熱電球に限り、定格
電圧が50Ｖ以下のものその他経済産業省令で定めるものを除く。）

二十九　ショーケース（冷蔵又は冷凍の機能を有しないものその他経済産業
省令で定めるものを除く。）

**（特定エネルギー消費機器等のエネルギー消費機器等製造事業者等に係る生
産量又は輸入量の要件）**

第19条　法第150条第１項の政令で定める要件は、年間の生産量又は輸入量（国
内向け出荷に係るものに限る。）が次の表の左欄に掲げる特定エネルギー消
費機器等の区分に応じ、それぞれ同表の右欄に掲げる数量以上であることと
する。

一　乗用自動車	2,000台（乗車定員11人以上のものにあつては、350台）
二　エアコンディショナー	500台
三　照明器具	50,000台

四　テレビジョン受信機	10,000 台
五　複写機	500 台
六　電子計算機	200 台
七　磁気ディスク装置	5,000 台
八　貨物自動車	2,000 台
九　ビデオテープレコーダー	5,000 台
十　電気冷蔵庫	2,000 台（家庭用以外のものにあつては、100 台）
十一　電気冷凍庫	300 台（家庭用以外のものにあつては、100 台）
十二　ストーブ	300 台
十三　ガス調理機器	5,000 台
十四　ガス温水機器	3,000 台
十五　石油温水機器	600 台
十六　電気便座	2,000 台
十七　自動販売機	300 台
十八　変圧器	100 台
十九　ジャー炊飯器	6,000 台
二十　電子レンジ	3,000 台
二十一　ディー・ブイ・ディー・レコーダー	4,000 台
二十二　ルーティング機器	2,500 台
二十三　スイッチング機器	1,500 台
二十四　複合機	500 台
二十五　プリンター	700 台
二十六　電気温水機器	500 台
二十七　交流電動機	1,500 台
二十八　電球	200,000 個（エル・イー・ディーランプにあつては、25,000 個）
二十九　ショーケース	100 台

省エネ法関係

（報告及び立入検査）

第23条　経済産業大臣は、法第166条第1項の規定により、工場等においてエ
ネルギーを使用して事業を行う者に対し、その設置している工場等につき、
次の事項に関し報告させることができる。

一　当該事業に係る生産数量及び生産能力

二　エネルギーの使用量及び使用見込量

三　エネルギーを消費する設備の状況

四　定型的な約款による契約に基づき、特定の商標、商号その他の表示を使
用させ、商品の販売又は役務の提供に関する方法を指定し、かつ、継続的
に経営に関する指導を行う事業を行う者の当該約款の内容

2　経済産業大臣は、法第166条第1項の規定により、その職員に、工場等に
立ち入り、エネルギーを消費する設備及びその関連施設、使用する化石燃料
及び非化石燃料並びに帳簿その他の関係書類を検査させることができる。

第24条　経済産業大臣は、法第166条第2項の規定により、特定事業者、特定
連鎖化事業者、認定管理統括事業者又は管理関係事業者に対し、その設置し
ている工場等につき、次の事項に関し報告させることができる。

一　エネルギー管理統括者又はエネルギー管理企画推進者の選任の状況

二　エネルギー管理者又はエネルギー管理員の選任の状況

三　エネルギーの使用量

四　エネルギーを消費する設備の状況

2　経済産業大臣は、法第166条第2項の規定により、その職員に、特定事業
者又は特定連鎖化事業者が設置している工場等に立ち入り、エネルギーを消
費する設備及びその関連施設、使用する化石燃料及び非化石燃料並びに帳簿
その他の関係書類を検査させることができる。

第25条　主務大臣は、法第166条第3項の規定により、特定事業者、特定連鎖
化事業者、認定管理統括事業者、管理関係事業者又は法第50条第1項の認
定を受けた者（特定事業者、特定連鎖化事業者、認定管理統括事業者及び管
理関係事業者を除く。）（次項並びに第32条第3項及び第4項において「特
定事業者等」という。）に対し、その設置している工場等（特定連鎖化事業
者にあつては、当該特定連鎖化事業者が行う連鎖化事業の加盟者が設置して
いる当該連鎖化事業に係る工場等を含む。次項において同じ。）につき、次の

事項に関し報告させることができる。

一　エネルギーの使用量その他エネルギーの使用の状況

二　エネルギーを消費する設備の状況

三　エネルギーの使用の合理化及び非化石エネルギーへの転換に関する設備
　　の状況その他エネルギーの使用の合理化に関する事項

2　主務大臣は、法第166条第3項の規定により、その職員に、特定事業者等
　が設置している工場等に立ち入り、エネルギーを消費する設備及びエネル
　ギーの使用の合理化に関する設備並びにこれらの関連施設、使用する化石燃
　料及び非化石燃料並びに帳簿その他の関係書類を検査させることができる。

第30条　経済産業大臣（自動車にあつては、経済産業大臣及び国土交通大臣。
　以下この条において同じ。）は、法第166条第10項の規定により、特定エネ
　ルギー消費機器等製造事業者等（特定エネルギー消費機器等の製造又は輸入
　の事業を行う者をいう。次項において同じ。）に対し、その製造又は輸入に係
　る特定エネルギー消費機器等につき、次の事項に関し報告させることができ
　る。

一　生産数量又は輸入数量及び国内向け出荷数量

二　エネルギー消費効率又は寄与率及びその向上に関する事項

三　エネルギー消費効率又は寄与率に関する表示の状況

2　経済産業大臣は、法第162条第10項の規定により、その職員に、特定エ
　ネルギー消費機器等製造事業者等の事務所、工場又は倉庫に立ち入り、その
　製造又は輸入に係る特定エネルギー消費機器等、当該特定エネルギー消費機
　器等の製造のための設備、当該特定エネルギー消費機器等のエネルギー消費
　効率又は寄与率の測定のための設備及び関係帳簿書類を検査させることができ
　る。

3　経済産業大臣は、法第162条第10項の規定により、特定熱損失防止建築
　材料製造事業者等（特定熱損失防止建築材料の製造、加工又は輸入の事業
　を行う者をいう。次項において同じ。）に対し、その製造、加工又は輸入に
　係る特定熱損失防止建築材料につき、次の事項に関し報告させることができ
　る。

一　生産数量又は輸入数量及び国内向け出荷数量

二　熱損失防止性能及びその向上に関する事項

省エネ法関係

三　熱損失防止性能に関する表示の状況

4　経済産業大臣は、法第162条第10項の規定により、その職員に、特定熱損失防止建築材料製造事業者等の事務所、工場又は倉庫に立ち入り、その製造、加工又は輸入に係る特定熱損失防止建築材料、当該特定熱損失防止建築材料の製造又は加工のための設備、当該特定熱損失防止建築材料の熱損失防止性能の測定のための設備及び関係帳簿書類を検査させることができる。

Ⅲ　エネルギーの使用の合理化及び非化石エネルギーへの転換等に関する法律施行規則（抄）

$$\left(\begin{array}{l}\text{昭和54年9月29日}\\\text{通商産業省令第74号}\end{array}\right)$$

改正

昭和59年 3月 9日通商産業省令第14号			
平成 5年 7月30日	同	第 42号	
同 5年12月13日	同	第 91号	
同 6年 4月18日	同	第 35号	
同 6年 9月 7日	同	第 61号	
同 8年 1月25日	同	第 4号	
同 8年 3月 6日	同	第 8号	
同 9年 2月26日	同	第 6号	
同 9年 4月 9日	同	第 73号	
同 10年 3月30日	同	第 34号	
同 11年 1月25日	同	第 3号	
同 11年 3月31日	同	第 47号	
同 11年12月22日	同	第120号	
同 12年11月20日	同	第349号	
同 13年12月28日経済産業省令第246号			
同 14年 3月27日	同	第 54号	
同 14年12月27日	同	第123号	
同 15年 2月 3日	同	第 9号	
同 15年 2月24日	同	第 14号	
同 15年 3月31日	同	第 43号	
同 16年10月 6日	同	第101号	
同 18年 3月29日	同	第 19号	
同 18年 9月19日	同	第 88号	
同 19年11月26日	同	第 74号	
同 21年 3月31日	同	第 20号	
同 21年 5月12日	同	第 30号	
同 21年 7月 1日	同	第 39号	
同 22年 2月18日	同	第 2号	
同 22年 3月19日	同	第 11号	
同 25年 3月 1日	同	第 7号	

平成25年11月 1日経済産業省令第56号			
同 25年12月27日	同	第 66号	
同 26年11月28日	同	第 60号	
同 27年 1月16日	同	第 1号	
同 27年 5月22日	同	第 46号	
同 28年 3月 1日	同	第 12号	
同 28年 3月28日	同	第 41号	
同 28年 3月30日	同	第 56号	
同 28年 5月27日	同	第 71号	
同 29年 2月24日	同	第 10号	
同 29年 3月30日	同	第 29号	
同 29年 3月31日	同	第 34号	
同 30年 3月30日	同	第 16号	
同 30年11月29日	同	第 67号	
同 31年 3月29日	同	第 20号	
同 31年 4月12日	同	第 46号	
令和元年 7月 1日	同	第 17号	
同 元年12月13日	同	第 49号	
同 2年 3月31日	同	第 25号	
同 2年 4月28日	同	第 42号	
同 2年12月28日	同	第 92号	
同 3年 3月31日	同	第 33号	
同 3年 4月19日	同	第 42号	
同 3年 5月14日	同	第 47号	
同 3年 6月30日	同	第 57号	
同 4年 3月31日	同	第 24号	
同 5年 3月28日	同	第 11号	
同 6年 3月15日	同	第 14号	
同 6年 3月15日	同	第 15号	

省エネ法関係

　（定　義）

第1条　この省令で使用する用語は、エネルギーの使用の合理化及び非化石エ
　ネルギーへの転換等に関する法律（昭和54年法律第49号。以下「法」とい
　う。）及びエネルギーの使用の合理化及び非化石エネルギーへの転換等に関
　する法律施行令（昭和54年政令第267号。以下「令」という。）において使
　用する用語の例による。

　（化石燃料の種類）

第2条　法第2条第2項の経済産業省令で定める石油製品は、ナフサ、灯油、
　軽油、石油アスファルト、石油コークス及び石油ガス（液化したものを含む。
　以下同じ。）とする。

2　法第2条第2項の経済産業省令で定める石炭製品は、コールタール、コーク
　ス炉ガス、高炉ガス及び転炉ガスとする。

第3条　法第2条第2項の経済産業省令で定める用途は、燃焼及び燃料電池に
　よる発電とする。

　（換算の方法）

第4条　令第2条第2項に規定する使用した化石燃料及び非化石燃料（以下
　この条において「燃料」という。）の量の原油の数量への換算は、次のとお
　りとする。

　一　別表第一の上欄に掲げる燃料にあつては、同欄に掲げる数量をそれぞ
　　れ同表の下欄に掲げる発熱量として換算した後、発熱量1ギガジュール
　　を原油0.0258kℓとして換算すること。（ただし、換算係数に相当する係
　　数で当該非化石燃料の発熱量を算定する上で適切と認められるものを求
　　めることができるときは、換算係数に代えて当該係数を用いることがで
　　きるものとする。）

　二　前号に規定する燃料以外の燃料にあつては、発熱量1ギガジュールを原
　　油0.0258kℓとして換算すること。

2　令第2条第2項に規定する熱の量の原油の数量への換算は、次のとおりと
　する。

　一　他人から供給された熱にあつては、別表第二の上欄に掲げる熱の種類ご
　　との熱量に、それぞれ同表の下欄に掲げる当該熱を発生させるために使用
　　された燃料の発熱量に換算する係数（以下この項において「換算係数」と

いう。）を乗じた後、発熱量1ギガジュールを原油0.0258kℓとして換算すること。（ただし、換算係数に相当する係数で当該熱を発生させるために使用された燃料の発熱量を算定する上で適切と認められるものを求めることができるときは、換算係数に代えて当該係数を用いることができるものとする。）

　二　燃料を熱源とする熱以外の熱（前号に掲げるものを除く。）にあつては、発熱量1ギガジュールを原油0.0258kℓとして換算すること。

3　令第2条第2項に規定する電気の量の原油の数量への換算は、次のとおりとする。

　一　燃料を熱源とする熱を変換して得られる動力を変換して得られる電気に代えて使用される電気であつて、事業者自らが使用するため又は特定の需要家の需要に応じて発電されたものにあつては、電気の量1,000kW/hを熱量3.60ギガジュールとして換算した後、熱量1ギガジュールを原油0.0258kℓとして換算すること。（ただし、換算係数に相当する係数で当該電気の熱量を算定する上で適切と認められるものを求めることができるときは、換算係数に代えて当該係数を用いることができるものとする。）

　二　前号に規定する電気以外の電気にあつては、電気の量1,000kW/hに8.64ギガジュールとして換算した後、熱量1ギガジュールを原油0.0258kℓとして換算すること。

第5条　法第7条第3項の規定による届出は、毎年度5月末日までに、様式第1による届出書1通を提出してしなければならない。ただし、災害その他やむを得ない事由により当該期限までに提出してすることが困難であるときは、経済産業大臣が当該事由を勘案して定める期限までに提出してしなければならない。

第6条　法第7条第3項の経済産業省令で定める事項は、工場等を設置している者が設置している全ての工場等の前年度におけるエネルギーの使用量の合計量（次年度以降におけるエネルギーの使用量が令第2条第1項の数値以上にならないことが明らかである場合にあつては、その旨及びその理由並びに前年度のエネルギーの使用量）及びその設置しているそれぞれの工場等（前年度におけるエネルギーの使用量が令第6条の数値以上のものに限る。）の前年度におけるエネルギーの使用量（次年度以降におけるエネルギーの使用

省エネ法関係

量が令第6条の数値以上にならないことが明らかである場合にあつては、その旨及びその理由並びに前年度のエネルギーの使用量）とする。

（エネルギー管理統括者の選任）

第8条　法第8条第1項、第20条第1項又は第32条第1項の規定によるエネルギー管理統括者の選任は、次に定めるところによりしなければならない。

一　エネルギー管理統括者を選任すべき事由が生じた日以後遅滞なく選任すること。

二　エネルギー管理統括者若しくはエネルギー管理企画推進者又はエネルギー管理者若しくはエネルギー管理員に選任されている者以外の者から選任すること。

2　特定事業者は、法第15条第1項又は第2項の中長期的な計画の作成事務、その設置している工場等におけるエネルギーの使用の合理化に関し、エネルギーを消費する設備の維持、エネルギーの使用の方法の改善及び監視並びに次条に定める業務を統括管理する上で支障がないと認められる場合であつて、経済産業大臣（当該特定事業者の主たる事務所が一の経済産業局の管轄区域内のみにある場合は、その主たる事務所の所在地を管轄する経済産業局長。）の承認を受けた場合には、前項第二号の規定にかかわらず、エネルギー管理統括者若しくはエネルギー管理企画推進者又はエネルギー管理者若しくはエネルギー管理員に選任されている者をエネルギー管理統括者として選任することができる。

3　特定連鎖化事業者（当該特定連鎖化事業者が認定管理統括事業者又は管理関係事業者である場合を除く。以下同じ。）は、法第27条第1項又は第2項の中長期的な計画の作成事務、その設置している工場等及び当該特定連鎖化事業者が行う連鎖化事業の加盟者が設置している当該連鎖化事業に係る工場等におけるエネルギーの使用の合理化に関し、エネルギーを消費する設備の維持、エネルギーの使用の方法の改善及び監視並びに第10条に定める業務を統括管理する上で支障がないと認められる場合であつて、経済産業大臣（当該特定連鎖化事業者の主たる事務所が一の経済産業局の管轄区域内のみにある場合は、その主たる事務所の所在地を管轄する経済産業局長。）の承認を受けた場合には、第1項第二号の規定にかかわらず、エネルギー管理統括者若しくはエネルギー管理企画推進者又はエネルギー管理者若しくはエネ

ルギー管理員に選任されている者をエネルギー管理統括者として選任することができる。

4　認定管理統括事業者は、法第39条第1項又は第2項の中長期的な計画の作成事務、その設置している工場等（当該認定管理統括事業者が特定連鎖化事業者である場合にあつては、当該者が行う連鎖化事業の加盟者が設置している当該連鎖化事業に係る工場等を含む。）及びその管理関係事業者が設置している工場等（当該管理関係事業者が特定連鎖化事業者である場合にあつては、当該者が行う連鎖化事業の加盟者が設置している当該連鎖化事業に係る工場等を含む。）におけるエネルギーの使用の合理化に関し、エネルギーを消費する設備の維持、エネルギーの使用の方法の改善及び監視並びに第11条に定める業務を統括管理する上で支障がないと認められる場合であつて、経済産業大臣（当該認定管理統括事業者の主たる事務所が一の経済産業局の管轄区域内のみにある場合は、その主たる事務所の所在地を管轄する経済産業局長。）の承認を受けた場合には、第1項第二号の規定にかかわらず、エネルギー管理統括者若しくはエネルギー管理企画推進者又はエネルギー管理者若しくはエネルギー管理員に選任されている者をエネルギー管理統括者として選任することができる。

（第5項省略）

（エネルギー管理統括者の業務）

第9条　法第8条第1項（法第19条の2第1項において準用する場合を含む。）の経済産業省令で定める業務は、次のとおりとする。

一　特定事業者が設置している工場等におけるエネルギーを消費する設備の新設、改造又は撤去に関すること

二　特定事業者が設置している工場等におけるエネルギーの使用の合理化に関する設備の維持及び新設、改造又は撤去に関すること

三　エネルギー管理者及びエネルギー管理員等に対する指導等

四　第36条の報告書の作成事務及び法第166条第3項の報告書類の作成事務に関すること

第10条　法第19条第1項の経済産業省令で定める業務は、次のとおりとする。

一　特定連鎖化事業者が設置している工場等及び当該特定連鎖化事業者が行う連鎖化事業の加盟者が設置している当該連鎖化事業に係る工場等におけ

るエネルギーを消費する設備の新設、改造又は撤去に関すること

二　特定連鎖化事業者が設置している工場等及び当該特定連鎖化事業者が行
う連鎖化事業の加盟者が設置している当該連鎖化事業に係る工場等におけ
るエネルギーの使用の合理化に関する設備の維持及び新設、改造又は撤去
に関すること

三　エネルギー管理者及びエネルギー管理員等に対する指導等

四　第36条の報告書の作成事務及び法第166条第3項の報告の作成事務に
関すること

第11条　法第32条第1項の経済産業省令で定める業務は、次のとおりとする。

一　認定管理統括事業者が設置している工場等（当該認定管理統括事業者が
特定連鎖化事業者である場合にあつては、当該者が行う連鎖化事業の加盟
者が設置している当該連鎖化事業に係る工場等を含む。次号において同
じ。）及びその管理関係事業者が設置している工場等（当該管理関係事業
者が特定連鎖化事業者である場合にあつては、当該者が行う連鎖化事業の
加盟者が設置している当該連鎖化事業に係る工場等を含む。次号において
同じ。）におけるエネルギーを消費する設備の新設、改造又は撤去に関す
ること

二　認定管理統括事業者が設置している工場等及びその管理関係事業者が設
置している工場等におけるエネルギーの使用の合理化に関する設備の維持
及び新設、改造又は撤去に関すること

三　エネルギー管理者及びエネルギー管理員等に対する指導等

四　第36条の報告書の作成事務及び法第166条第3項の報告の作成事務に
関すること

　　（エネルギー管理統括者の選任又は解任の届出）

第12条　法第8条第3項、第20条第3項又は第32条第3項の規定による届出は、
エネルギー管理統括者の選任又は解任があつた日後の最初の7月末日までに、
様式第4による届出書1通を提出してしなければならない。ただし、災害そ
の他やむを得ない事由により当該期限までに提出してすることが困難である
ときは、経済産業大臣が当該事由を勘案して定める期限までに提出してしな
ければならない。

（エネルギー管理企画推進者の選任）

第13条　法第9条第1項、第21条第1項又は第33条第1項の規定によるエネルギー管理企画推進者の選任は、次に定めるところによりしなければならない。

　一　エネルギー管理企画推進者を選任すべき事由が生じた日から6月以内に選任すること。ただし、災害その他やむを得ない事由により当該期間内に選任することが困難であるときは、経済産業大臣が当該事由を勘案して定める期間内に選任すること。

　二　エネルギー管理統括者若しくはエネルギー管理企画推進者又はエネルギー管理者若しくはエネルギー管理員に選任されている者以外の者から選任すること。

2　特定事業者等は、法第8条第1項、第20条第1項又は第32条第1項に規定する業務に関し、エネルギー管理統括者を補佐する上で支障がないと認められる場合であつて、経済産業大臣の承認を受けた場合には、前項第二号の規定にかかわらず、エネルギー管理統括者若しくはエネルギー管理企画推進者又はエネルギー管理者若しくはエネルギー管理員に選任されている者をエネルギー管理企画推進者として選任することができる。

3　前項の承認を受けようとする特定事業者等は、様式第3に次の書類を添えて、経済産業大臣に提出しなければならない。

　一　前項の選任を必要とする理由を記載した書類

　二　前項の規定により選任するエネルギー管理企画推進者の執務に関する説明書

第15条　法第9条第3項、第21条第3項又は第33条第3項の規定による届出は、エネルギー管理企画推進者の選任又は解任があつた日後の最初の七月末日までに、様式第四による届出書一通を提出してしなければならない。ただし、災害その他やむを得ない事由により当該期限までに提出してすることが困難であるときは、経済産業大臣が当該事由を勘案して定める期限までに提出してしなければならない。

（エネルギー管理者の選任）

第17条　法第11条第1項、第23条第1項、第35条第1項又は第44条第1項の規定によるエネルギー管理者の選任は、次に定めるところによりしなけ

省エネ法関係

ればならない。

一　エネルギー管理者を選任すべき事由が生じた日から6月以内に選任すること。

二　エネルギー管理統括者若しくはエネルギー管理企画推進者又はエネルギー管理者若しくはエネルギー管理員に選任されている者以外の者から選任すること。

2　第一種特定事業者は、その設置している第一種エネルギー管理指定工場等におけるエネルギーの使用の合理化に関し、エネルギーを消費する設備の維持、エネルギーの使用の方法の改善及び監視並びに次条に定める業務を管理する上で支障がないと認められる場合であつて、経済産業大臣（当該第一種特定事業者の主たる事務所が一の経済産業局の管轄区域内のみにある場合は、その主たる事務所の所在地を管轄する経済産業局長。）の承認を受けた場合には、前項第二号の規定にかかわらず、エネルギー管理統括者若しくはエネルギー管理企画推進者又はエネルギー管理者若しくはエネルギー管理員に選任されている者をエネルギー管理者として選任することができる。

3　第一種特定連鎖化事業者は、その設置している第一種連鎖化エネルギー管理指定工場等におけるエネルギーの使用の合理化に関し、エネルギーを消費する設備の維持、エネルギーの使用の方法の改善及び監視並びに第19条に定める業務を管理する上で支障がないと認められる場合であつて、経済産業大臣（当該第一種特定連鎖化事業者の主たる事務所が一の経済産業局の管轄区域内のみにある場合は、その主たる事務所の所在地を管轄する経済産業局長。）の承認を受けた場合には、第1項第二号の規定にかかわらず、エネルギー管理統括者若しくはエネルギー管理企画推進者又はエネルギー管理者若しくはエネルギー管理員に選任されている者をエネルギー管理者として選任することができる。

4　第一種認定管理統括事業者は、その設置している第一種管理統括エネルギー管理指定工場等におけるエネルギーの使用の合理化に関し、エネルギーを消費する設備の維持、エネルギーの使用の方法の改善及び監視並びに第20条に定める業務を管理する上で支障がないと認められる場合であつて、経済産業大臣（当該第一種認定管理統括事業者の主たる事務所が一の経済産業局の管轄区域内のみにある場合は、その主たる事務所の所在地を管轄する

経済産業局長。）の承認を受けた場合には、第１項第二号の規定にかかわらず、エネルギー管理統括者若しくはエネルギー管理企画推進者又はエネルギー管理者若しくはエネルギー管理員に選任されている者をエネルギー管理者として選任することができる。

5 　第一種管理関係事業者は、その設置している第一種管理関係エネルギー管理指定工場等におけるエネルギーの使用の合理化に関し、エネルギーを消費する設備の維持、エネルギーの使用の方法の改善及び監視並びに第21条に定める業務を管理する上で支障がないと認められる場合であつて、経済産業大臣（当該第一種管理関係事業者の主たる事務所が一の経済産業局の管轄区域内のみにある場合は、その主たる事務所の所在地を管轄する経済産業局長。）の承認を受けた場合には、第１項第二号の規定にかかわらず、エネルギー管理統括者若しくはエネルギー管理企画推進者又はエネルギー管理者若しくはエネルギー管理員に選任されている者をエネルギー管理者として選任することができる。

6 　前４項の承認を受けようとする第一種特定事業者、第一種特定連鎖化事業者、第一種認定管理統括事業者又は第一種管理関係事業者（以下「第一種特定事業者等」という。）は、様式第６に次の書類を添えて、経済産業大臣（当該第一種特定事業者等の主たる事務所が一の経済産業局の管轄区域内のみにある場合は、その主たる事務所の所在地を管轄する経済産業局長。）に提出しなければならない。

一　前４項の選任を必要とする理由を記載した書類

二　前４項の規定により選任するエネルギー管理者の執務に関する説明書

（エネルギー管理者の業務）

第18条 　法第11条第１項の経済産業省令で定める業務は、次のとおりとする。

一　第一種エネルギー管理指定工場等におけるエネルギーの使用の合理化に関する設備の維持に関すること

二　第36条の報告書に係る書類の作成及び法第166条第３項の報告に係る書類の作成

第19条 　法第23条第１項の経済産業省令で定める業務は、次のとおりとする。

一　第一種連鎖化エネルギー管理指定工場等におけるエネルギーの使用の合理化に関する設備の維持に関すること

省エネ法関係

　二　第 36 条の報告書に係る書類の作成及び法第 162 条第 3 項の報告に係る
　　書類の作成

第20条　法第 35 条第 1 項の経済産業省令で定める業務は、次のとおりとする。

　一　第一種管理統括エネルギー管理指定工場等におけるエネルギーの使用の
　　合理化に関する設備の維持に関すること

　二　第 36 条の報告書に係る書類の作成及び法第 162 条第 3 項の報告に係る
　　書類の作成

第21条　法第 44 条第 1 項の経済産業省令で定める業務は、次のとおりとする。

　一　第一種管理関係エネルギー管理指定工場等におけるエネルギーの使用の
　　合理化に関する設備の維持に関すること

　二　第 36 条の報告書に係る書類の作成及び法第 166 条第 3 項の報告に係る
　　書類の作成

　　（エネルギー管理者の選任又は解任の届出）

第22条　法第 11 条第 2 項、第 23 条第 2 項、第 35 条第 2 項又は第 44 条第 2
　項の規定による届出は、エネルギー管理者の選任又は解任があつた日後の最
　初の 7 月末日までに、様式第 7 による届出書 1 通を提出してしなければなら
　ない。ただし、災害その他やむを得ない事由により当該期限までに提出して
　することが困難であるときは、経済産業大臣が当該事由を勘案して定める期
　限までに提出してしなければならない。

　　（エネルギー管理員の選任）

第23条　法第 12 条第 1 項、第 14 条第 1 項、第 24 条第 1 項、第 26 条第 1 項、
　第 36 条第 1 項、第 38 条第 1 項、第 45 条第 1 項又は第 47 条第 1 項の規定
　によるエネルギー管理員の選任は、次に定めるところによりしなければなら
　ない。

　一　エネルギー管理員を選任すべき事由が生じた日から 6 月以内に選任する
　　こと。ただし、災害その他やむを得ない事由により当該期間内に選任する
　　ことが困難であるときは、経済産業大臣が当該事由を勘案して定める期間
　　内に選任すること。

　二　エネルギー管理統括者若しくはエネルギー管理企画推進者又はエネル
　　ギー管理者若しくはエネルギー管理員に選任されている者以外の者から選
　　任すること。

2 　第一種指定事業者は、その設置している第一種エネルギー管理指定工場等におけるエネルギーの使用の合理化に関し、エネルギーを消費する設備の維持、エネルギーの使用の方法の改善及び監視並びに次条に定める業務を管理する上で支障がないと認められる場合であつて、経済産業大臣（当該第一種指定事業者の主たる事務所が一の経済産業局の管轄区域内のみにある場合は、その主たる事務所の所在地を管轄する経済産業局長。）の承認を受けた場合には、前項第二号の規定にかかわらず、エネルギー管理統括者若しくはエネルギー管理企画推進者又はエネルギー管理者若しくはエネルギー管理員に選任されている者をエネルギー管理員として選任することができる。

3 　第二種特定事業者は、その設置している第二種エネルギー管理指定工場等におけるエネルギーの使用の合理化に関し、エネルギーを消費する設備の維持、エネルギーの使用の方法の改善及び監視並びに第25条に定める業務を管理する上で支障がないと認められる場合であつて、経済産業大臣（当該第二種特定事業者の主たる事務所が一の経済産業局の管轄区域内のみにある場合は、その主たる事務所の所在地を管轄する経済産業局長。）の承認を受けた場合には、第1項第二号の規定にかかわらず、エネルギー管理統括者若しくはエネルギー管理企画推進者又はエネルギー管理者若しくはエネルギー管理員に選任されている者をエネルギー管理員として選任することができる。

4 　第一種指定連鎖化事業者は、その設置している第一種連鎖化エネルギー管理指定工場等におけるエネルギーの使用の合理化に関し、エネルギーを消費する設備の維持、エネルギーの使用の方法の改善及び監視並びに第26条に定める業務を管理する上で支障がないと認められる場合であつて、経済産業大臣（当該第一種指定連鎖化事業者の主たる事務所が一の経済産業局の管轄区域内のみにある場合は、その主たる事務所の所在地を管轄する経済産業局長。）の承認を受けた場合には、第1項第二号の規定にかかわらず、エネルギー管理統括者若しくはエネルギー管理企画推進者又はエネルギー管理者若しくはエネルギー管理員に選任されている者をエネルギー管理員として選任することができる。

5 　第二種特定連鎖化事業者は、その設置している第二種連鎖化エネルギー管理指定工場等におけるエネルギーの使用の合理化に関し、エネルギーを消費する設備の維持、エネルギーの使用の方法の改善及び監視並びに第27条に

定める業務を管理する上で支障がないと認められる場合であつて、経済産業
大臣（当該第二種特定連鎖化事業者の主たる事務所が一の経済産業局の管轄
区域内のみにある場合は、その主たる事務所の所在地を管轄する経済産業局
長。）の承認を受けた場合には、第1項第二号の規定にかかわらず、エネル
ギー管理統括者若しくはエネルギー管理企画推進者又はエネルギー管理者若
しくはエネルギー管理員に選任されている者をエネルギー管理員として選任
することができる。

6　第一種指定管理統括事業者は、その設置している第一種管理統括エネル
ギー管理指定工場等におけるエネルギーの使用の合理化に関し、エネルギー
を消費する設備の維持、エネルギーの使用の方法の改善及び監視並びに第
28条に定める業務を管理する上で支障がないと認められる場合であつて、
経済産業大臣（当該第一種指定管理統括事業者の主たる事務所が一の経済産
業局の管轄区域内のみにある場合は、その主たる事務所の所在地を管轄する
経済産業局長。）の承認を受けた場合には、第1項第二号の規定にかかわら
ず、エネルギー管理統括者若しくはエネルギー管理企画推進者又はエネル
ギー管理者若しくはエネルギー管理員に選任されている者をエネルギー管理
員として選任することができる。

7　第二種認定管理統括事業者は、その設置している第二種管理統括エネル
ギー管理指定工場等におけるエネルギーの使用の合理化に関し、エネルギー
を消費する設備の維持、エネルギーの使用の方法の改善及び監視並びに第
29条に定める業務を管理する上で支障がないと認められる場合であつて、
経済産業大臣（当該第二種認定管理統括事業者の主たる事務所が一の経済産
業局の管轄区域内のみにある場合は、その主たる事務所の所在地を管轄する
経済産業局長。）の承認を受けた場合には、第1項第二号の規定にかかわら
ず、エネルギー管理統括者若しくはエネルギー管理企画推進者又はエネル
ギー管理者若しくはエネルギー管理員に選任されている者をエネルギー管理
員として選任することができる。

8　第一種指定管理関係事業者は、その設置している第一種管理関係エネル
ギー管理指定工場等におけるエネルギーの使用の合理化に関し、エネルギー
を消費する設備の維持、エネルギーの使用の方法の改善及び監視並びに第
30条に定める業務を管理する上で支障がないと認められる場合であつて、

経済産業大臣（当該第一種指定管理関係事業者の主たる事務所が一の経済産業局の管轄区域内のみにある場合は、その主たる事務所の所在地を管轄する経済産業局長。）の承認を受けた場合には、第1項第二号の規定にかかわらず、エネルギー管理統括者若しくはエネルギー管理企画推進者又はエネルギー管理者若しくはエネルギー管理員に選任されている者をエネルギー管理員として選任することができる。

9　第二種管理関係事業者は、その設置している第二種管理関係エネルギー管理指定工場等におけるエネルギーの使用の合理化に関し、エネルギーを消費する設備の維持、エネルギーの使用の方法の改善及び監視並びに第31条に定める業務を管理する上で支障がないと認められる場合であつて、経済産業大臣（当該第二種管理関係事業者の主たる事務所が一の経済産業局の管轄区域内のみにある場合は、その主たる事務所の所在地を管轄する経済産業局長。）の承認を受けた場合には、第1項第二号の規定にかかわらず、エネルギー管理統括者若しくはエネルギー管理企画推進者又はエネルギー管理者若しくはエネルギー管理員に選任されている者をエネルギー管理員として選任することができる。

10　前8項の承認を受けようとする第一種指定事業者、第二種特定事業者、第一種指定連鎖化事業者、第二種特定連鎖化事業者、第一種指定管理統括事業者、第二種認定管理統括事業者、第一種指定管理関係事業者又は第二種管理関係事業者（以下「第一種指定事業者等」という。）は、様式第6に次の書類を添えて、経済産業大臣（当該第一種指定事業者等の主たる事務所が一の経済産業局の管轄区域内のみにある場合は、その主たる事務所の所在地を管轄する経済産業局長。）に提出しなければならない。

一　前8項の選任を必要とする理由を記載した書類

二　前8項の規定により選任するエネルギー管理員の執務に関する説明書

第24条　法第12条第1項の経済産業省令で定める業務は、次のとおりとする。

一　第一種エネルギー管理指定工場等におけるエネルギーの使用の合理化に関する設備の維持に関すること

二　第36条の報告書に係る書類の作成及び法第166条第3項の報告に係る書類の作成

第25条　法第14条第1項の経済産業省令で定める業務は、次のとおりとする。

省エネ法関係

　　一　第二種エネルギー管理指定工場等におけるエネルギーの使用の合理化に
　　　関する設備の維持に関すること

　　二　第36条の報告書に係る書類の作成及び法第166条第3項の報告に係る
　　　書類の作成

第26条　法第24条第1項の経済産業省令で定める業務は、次のとおりとする。

　　一　第一種連鎖化エネルギー管理指定工場等におけるエネルギーの使用の合
　　　理化に関する設備の維持に関すること

　　二　第36条の報告書に係る書類の作成及び法第166条第3項の報告に係る
　　　書類の作成

第27条　法第26条第1項の経済産業省令で定める業務は、次のとおりとする。

　　一　第二種連鎖化エネルギー管理指定工場等におけるエネルギーの使用の合
　　　理化に関する設備の維持に関すること

　　二　第36条の報告書に係る書類の作成及び法第162条第3項の報告に係る
　　　書類の作成

第28条　法第36条第1項の経済産業省令で定める業務は、次のとおりとする。

　　一　第一種管理統括エネルギー管理指定工場等におけるエネルギーの使用の
　　　合理化に関する設備の維持に関すること

　　二　第36条の報告書に係る書類の作成及び法第162条第3項の報告に係る
　　　書類の作成

第29条　法第38条第1項の経済産業省令で定める業務は、次のとおりとする。

　　一　第二種管理統括エネルギー管理指定工場等におけるエネルギーの使用の
　　　合理化に関する設備の維持に関すること

　　二　第36条の報告書に係る書類の作成及び法第162条第3項の報告に係る
　　　書類の作成

第30条　法第45条第1項の経済産業省令で定める業務は、次のとおりとする。

　　一　第一種管理関係エネルギー管理指定工場等におけるエネルギーの使用の
　　　合理化に関する設備の維持に関すること

　　二　第36条の報告書に係る書類の作成及び法第162条第3項の報告に係る
　　　書類の作成

第31条　法第47条第1項の経済産業省令で定める業務は、次のとおりとする。

　　一　第二種管理関係エネルギー管理指定工場等におけるエネルギーの使用の

合理化に関する設備の維持に関すること

二　第 36 条の報告書に係る書類の作成及び法第 162 条第 3 項の報告に係る
書類の作成

（エネルギー管理員の選任又は解任の届出）

第33条　法第 12 条第 3 項、第 14 条第 3 項、第 24 条第 3 項、第 26 条第 3 項、
第 36 条第 3 項、第 38 条第 3 項、第 45 条第 3 項又は第 47 条第 3 項の規定
による届出は、エネルギー管理員の選任又は解任があつた日後の最初の 7 月
末日までに、様式第 7 による届出書 1 通を提出してしなければならない。た
だし、災害その他やむを得ない事由により当該期限までに提出してすること
が困難であるときは、経済産業大臣が当該事由を勘案して定める期限までに
提出してしなければならない。

（中長期的な計画の提出）

第35条　法第 15 条第 1 項及び第 2 項、第 27 条第 1 項及び第 2 項又は第 39
条第 1 項及び第 2 項の規定による計画（次項において単に「計画」という。）
の提出は、毎年度 7 月末日までに、様式第 8 による計画書 1 通により行わな
ければならない。ただし、災害その他やむを得ない事由により当該期限まで
に行うことが困難であるときは、経済産業大臣が当該事由を勘案して定める
期限までに行わなければならない。

2　前項の規定にかかわらず、法第 15 条第 1 項、第 27 条第 1 項又は第 39 条
第 1 項の規定による計画（以下この項において単に「計画」という。）を提
出しようとする年度（4 月 1 日から翌年 3 月 31 日までをいう。以下同じ。）
の 4 月 1 日前に終了した直近の年度（以下この項において「申請前年度」と
いう。）において申請前年度を含めて過去 2 年度以上継続して次に掲げる要
件のいずれかを満たす者は、当該要件のいずれかを満たしている限りにおい
て、計画を最後に提出した日から起算して 5 年を超えない範囲内で特定事業
者等が定める期間の終期の属する年度の 7 月末日までに、様式第 8 による計
画書 1 通を提出すればよい。ただし、災害その他やむを得ない事由により当
該期限までに提出することが困難であるときは、経済産業大臣が当該事由を
勘案して定める期限までに提出すればよい。

一　エネルギーの使用の効率（その効率を算定しようとする年度に係るエネ
ルギーの使用の合理化に関する法第 5 条第 1 項に規定する判断の基準（以

下「エネルギーの使用の合理化に関する判断基準」という。）に定めるエ
ネルギー消費原単位を当該年度の4年度前の年度に係るエネルギー消費原
単位で除して得た割合を4乗根して得た割合又は当該年度に係るエネル
ギーの使用の合理化に関する判断基準に定める電気需要最適化評価原単位
を当該年度の4年度前の年度に係る電気需要最適化評価原単位で除して得
た割合を4乗根して得た割合をいう。第37条第7号において同じ。）が
99パーセント以下であること。

二　エネルギーの使用の合理化に関する法第5条第1項に規定する判断の基
準（以下「判断基準」という。）に定めるベンチマーク指標に基づき算出
される値が判断基準に掲げる目指すべき水準を達成していること（当該特
定事業者等が行う事業のうち、判断基準に掲げる目指すべき水準を達成し
ている事業におけるエネルギーの年度の使用量が当該特定事業者等が設置
している全ての工場等（特定連鎖化事業者にあつては、当該特定連鎖化事
業者が行う連鎖化事業の加盟者が設置している当該連鎖化事業に係る工場
等を含み、認定管理統括事業者にあつては、その管理関係事業者が設置し
ている工場等を含む。）におけるエネルギーの年度の使用量の過半を占め
ている場合に限る。）。

3　第1項の規定にかかわらず、法第15条第2項、第27条第2項又は第39
条第2項の規定による計画（以下この項において単に「計画」という。）の
内容が、計画を提出しようとする年度の4月1日前に終了した直近の年度か
ら変更がないときは、計画を最後に提出した日から起算して5年を超えない
範囲内で特定事業者等が定める期間の終期の属する年度の7月末日までに、
様式第8による計画書1通を提出すればよい。

（定期の報告）

第36条　法第16条第1項、第28条第1項又は第40条第1項の規定による報
告は、毎年度7月末日までに、様式第9による報告書1通を提出してしなけ
ればならない。ただし、災害その他やむを得ない事由により当該期限までに
提出してすることが困難であるときは、経済産業大臣が当該事由を勘案して
定める期限までに提出してしなければならない。

第37条　法第16条第1項、第28条第1項又は第40条第1項の経済産業省令
で定める事項は、前年度における次に掲げる事項とする。

一　エネルギーの種類別の使用量及び販売した副生エネルギーの量並びにそれらの合計量

二　前年度のエネルギーの使用量が令第6条で定める数値以上の工場等（第一種エネルギー管理指定工場等、第二種エネルギー管理指定工場等、第一種連鎖化エネルギー管理指定工場等、第二種連鎖化エネルギー管理指定工場等、第一種管理統括エネルギー管理指定工場等、第二種管理統括エネルギー管理指定工場等、第一種管理関係エネルギー管理指定工場等又は第二種管理関係エネルギー管理指定工場等を除く。）にあつては、その使用量

三　エネルギーを消費する設備の新設、改造又は撤去の状況及び稼働状況

四　エネルギーの使用の合理化に関する設備の新設、改造又は撤去の状況及び稼働状況

五　判断基準の遵守状況及び電気の需要の最適化に資する措置に関する法第5条第3項に規定する指針に従つて講じた措置の状況その他のエネルギーの使用の合理化等に関し実施した措置

六　生産数量（これに相当する金額を含む。）又は建物延床面積その他のエネルギーの使用量と密接な関係をもつ値

七　エネルギーの使用の効率

八　判断基準に定めるベンチマーク指標に基づき算出される値

九　非化石エネルギーの使用状況

（特定連鎖化事業者の指定に係るエネルギーの使用の条件に関する事項）

第39条　法第19条第1項に規定する経済産業省令で定めるものは、次の各号のいずれにも該当するものとする。

一　定型的な約款による契約に基づき、特定の商標、商号その他の表示を使用させ、商品の販売又は役務の提供に関する方法を指定し、かつ、継続的に経営に関する指導を行う事業を行う者（以下この条において「事業者」という。）が、加盟者の設置している工場等のエネルギーの使用の状況を報告させることができる定め

二　事業者が、加盟者の設置している工場等に関し次の(1)から(4)のいずれかを指定している定め

　(1)　空気調和設備の機種、性能又は使用方法

　(2)　冷凍機器又は冷蔵機器の機種、性能又は使用方法

省エネ法関係

(3)　照明器具の機種、性能又は使用方法

(4)　調理用機器又は加熱用機器の機種、性能又は使用方法

2　事業者と加盟者との間で締結した約款以外の契約書又は事業者が定めた方
針、行動規範若しくはマニュアルに前二号の定めが記載され、当該契約書又
は方針、行動規範若しくはマニュアルを遵守するものとする定めが約款にあ
る場合には、約款に前二号の定めがあるものとみなす。

（特定連鎖化事業者の指定に係るエネルギーの使用の状況に関する届出）

第40条　法第 19 条第 2 項の規定による届出は、毎年度 5 月末日までに、様
式第 1 による届出書 1 通を提出してしなければならない。ただし、災害そ
の他やむを得ない事由により当該期限までに提出してすることが困難である
ときは、経済産業大臣が当該事由を勘案して定める期限までに提出してしな
ければならない。

第41条　法第 19 条第 2 項の経済産業省令で定める事項は、連鎖化事業者が
設置している全ての工場等及び当該連鎖化事業者が行う連鎖化事業の加盟
者が設置している当該連鎖化事業に係る全ての工場等の前年度におけるエ
ネルギーの使用量の合計量（次年度以降におけるエネルギーの使用量が令
第 2 条第 1 項の数値以上にならないことが明らかである場合にあつては、
その旨及びその理由並びに前年度のエネルギーの使用量）並びに連鎖化事
業者が設置しているそれぞれの工場等（前年度におけるエネルギーの使用
量が令第 6 条の数値以上のものに限る。）の前年度におけるエネルギーの
使用量（次年度以降におけるエネルギーの使用量が令第 6 条の数値以上に
ならないことが明らかである場合にあつては、その旨及びその理由並びに
前年度のエネルギーの使用量）とする。

（密接関係者の要件）

第43条　法第 31 条第 1 項に規定する経済産業省令で定める者は、次の各号の
いずれかに該当するものとする。

一　自らが発行済株式の全部を有する株式会社又はこれに類する法人等

二　会社法（平成 17 年法律第 86 号）第 2 条第三号に規定する子会社又はこ
れに類する法人等

三　財務諸表等の用語、様式及び作成方法に関する規則（昭和 38 年大蔵省
令第 59 号）第 8 条第 5 項に規定する関連会社又はこれに類する法人等

（認定管理統括事業者の認定）

第44条　法第31条第1項の規定による認定を受けようとする工場等を設置している者（以下この条において「申請者」という。）は、様式第10による申請書及びその写し各1通を経済産業大臣に提出しなければならない。

2　　経済産業大臣は、法第31条第1項の規定により申請者から前項の申請書の提出を受けた場合において、速やかに同条第2項の定めに照らしてその内容を審査し、認定管理統括事業者の認定をするときは、その提出を受けた日から原則として1月以内に、当該認定に係る申請書の正本に次のように記載し、これに記名押印し、これを認定書として申請者に交付するものとする。

　「エネルギーの使用の合理化等に関する法律第29条第1項の規定に基づき認定する。」

（第3項省略）

（密接関係者と一体的に行うエネルギーの使用の合理化のための措置を統括して管理している要件）

第46条　法第31条第1項第一号に規定する経済産業省令で定める要件は、密接関係者との間に次に掲げるエネルギー管理等に関する取決めを行っていることとする。

　一　工場等におけるエネルギーの使用の合理化及び非化石エネルギーへの転換の取組方針

　二　工場等におけるエネルギーの使用の合理化及び非化石エネルギーへの転換を行うための体制

　三　工場等におけるエネルギーの使用の合理化に関するエネルギー管理の手法

（連携省エネルギー計画の認定の申請）

第47条　法第50条第1項の規定により連携省エネルギー計画の認定を受けようとする工場等を設置している者及び他の工場等を設置している者（次条において「申請者」という。）は、共同で、様式第13による申請書及びその写し各1通を、経済産業大臣又は経済産業局長に提出しなければならない。

（連携省エネルギー計画の認定）

第48条　経済産業大臣は、法第50条第1項の規定により連携省エネルギー計画の提出を受けた場合において、速やかに同条第4項の定めに照らしてその

省エネ法関係

内容を審査し、当該連携省エネルギー計画の認定をするときは、その提出を受けた日から原則として1月以内に、当該認定に係る申請書の正本に次のように記載し、これに記名押印し、これを認定書として申請者に交付するものとする。

　「エネルギーの使用の合理化及び非化石エネルギーへの転換等に関する法律第50条第4項の規定に基づき認定する。」

（第2項省略）

（軽微な変更）

第50条　法第51条第1項の経済産業省令で定める軽微な変更は、次に掲げるものとする。

　一　法第50条第4項の認定を受けた者の名称又は住所の変更

　二　前号に掲げるもののほか、連携省エネルギー計画の実施に支障がないと経済産業大臣が認める変更

2　法第51条第2項の規定により認定連携省エネルギー計画の軽微な変更に係る届出をしようとする認定者は、様式第17による届出書を提出して行わなければならない。

（定期の報告）

第52条　法第53条の規定による報告は、毎年度7月末日までに、様式第19による報告書1通を提出してしなければならない。ただし、災害その他やむを得ない事由により当該期限までに提出してすることが困難であるときは、経済産業大臣が当該事由を勘案して定める期限までに提出してしなければならない。

第53条　法第53条の経済産業省令で定める事項は、前年度における次に掲げる事項とする。

　一　エネルギーの種類別の使用量及び販売した副生エネルギーの量並びにそれらの合計量（法第50条第4項（法第51条第4項にて準用する場合を含む。）の認定に係る連携省エネルギー措置に係る部分に限る。）

　二　生産数量（これに相当する金額を含む。）又は建物延床面積その他のエネルギーの使用量と密接な関係をもつ値（法第50条第4項（法第51条第4項にて準用する場合を含む。）の認定に係る連携省エネルギー措置に係る部分に限る。）

三　エネルギーの使用の効率（法第 50 条第 4 項（法第 51 条第 4 項にて準用する場合を含む。）の認定に係る連携省エネルギー措置に係る部分に限る。）

（エネルギー消費効率）

第93条　法第 151 条第一号イに規定する特定エネルギー消費機器のエネルギー消費効率は、別表第四の左欄に掲げる特定エネルギー消費機器について同表の右欄に掲げる数値とする。

（開　示）

第96条　法第 158 条の経済産業省令で定める情報は、一定の時間ごとの電気の使用量とする。

第97条　法第 158 条の経済産業省令で定める方法は、インターネットの利用による方法、書面の交付による方法及び電磁的方法により提供する方法とする。ただし、当事者間に開示の方法の合意がある場合は、この限りでない。

第98条　法第 158 条の経済産業省令で定める業務の適正な実施に著しい支障を及ぼすおそれのある場合は、社会通念上適切でないと認められる短期間に大量の情報の開示を求められる場合及び同一の電気を使用する者から複雑な対応を要する同一内容について繰り返し開示の求めがあり、事実上問い合わせ窓口が占有されることによって他の問い合わせ対応業務が立ち行かなくなる場合とする。

（計画の作成及び公表）

第99条　法第 159 条第 1 項で定める要件は、小売電気事業者のうち前事業年度におけるその供給する電気が 5 億 kW/h 未満の者であることとする。

第99条の2　法第 159 条第 1 項第二号において経済産業省令で定める情報は、30 分ごとの電力量並びに測定の年月日及び時刻とする。

（立入検査の身分証明書）

第100条　法第 166 条第 11 項の証明書の様式は、様式第 41 によるものとする。

省エネ法関係

別表第一　（第 4 条関係）

原油　1kl	38.3 GJ
うちコンデンセート　1kl	34.8 GJ
揮発油　1kl	33.4 GJ
ナフサ　1kl	33.3 GJ
ジェット燃料油　1kl	36.3 GJ
灯油　1kl	36.5 GJ
軽油　1kl	38.0 GJ
重油	
イ　A 重油　1kl	38.9 GJ
ロ　B・C 重油　1kl	41.8 GJ
石油アスファルト　1t	40.0 GJ
石油コークス　1t	34.1 GJ
石油ガス	
イ　液化石油ガス（LPG）　1t	50.1 GJ
ロ　石油系炭化水素ガス　千 m³	46.1 GJ
可燃性天然ガス	
イ　液化天然ガス（LNG）（窒素、水分その他の不純物を分離して液化したものをいう。）　1t	54.7 GJ
ロ　その他可燃性天然ガス　千 m³	38.4 GJ
石炭　1t	
イ　原料炭	28.7 GJ
(1)　輸入原料炭	28.8 GJ
(2)　コークス用原料炭	28.9 GJ
(3)　吹込用原料炭	28.3 GJ
ロ　一般炭	25.7 GJ
(1)　輸入一般炭	26.1 GJ
(2)　国産一般炭	24.2 GJ
ハ　無煙炭	27.8 GJ
石炭コークス　1t	29.0 GJ
コールタール　1t	37.3 GJ
コークス炉ガス　千 m³	18.4 GJ
高炉ガス　千 m³	3.23 GJ
発電用高炉ガス　千 m³	3.45 GJ
転炉ガス　千 m³	8.41 GJ
黒液　1t	13.6 GJ

木材　1t	13.2 GJ
木質廃材　1t	17.1 GJ
バイオエタノール　1kl	23.4 GJ
バイオディーゼル　1kl	35.6 GJ
バイオガス　千m³	21.2 GJ
その他バイオマス　1t	13.2 GJ
RDF　1t	18.0 GJ
RPF　1t	26.9 GJ
廃タイヤ　1t	33.2 GJ
廃プラスチック　1t	29.3 GJ
廃油　1kl	40.2 GJ
廃棄物ガス　千m³	21.2 GJ
混合廃材　1t	17.1 GJ
水素　1t	142 GJ
アンモニア　1t	22.5 GJ

別表第二（第4条関係）

産業用蒸気	1.17
産業用以外の蒸気	1.19
温水	1.19
冷水	1.19

備考

　　この表において「産業用蒸気」とは、製造業に属する事業の用に供する工場
等であつて、専ら事務所その他これに類する用途に供する工場等以外の工場か
ら供給された蒸気をいう。

省エネ法関係

別表第四（第 93 条関係）

一　エアコンディショナー（家庭用エアコンディショナーを除く。）	一　冷房エネルギー消費効率は、経済産業大臣が定める方法により測定した冷房能力をワットで表した数値を、経済産業大臣が定める方法により測定した冷房消費電力をワットで表した数値で除して得られる数値 二　暖房エネルギー消費効率は、経済産業大臣が定める方法により測定した暖房能力をワットで表した数値を、経済産業大臣が定める方法により測定した暖房消費電力をワットで表した数値で除して得られる数値 三　冷暖房平均エネルギー消費効率は、冷房エネルギー消費効率と暖房エネルギー消費効率との和を 2 で除して得られる数値 四　通年エネルギー消費効率は、経済産業大臣が定める方法により測定した年間の冷房負荷及び暖房負荷をワット時で表した数値の和を、経済産業大臣が定める方法により測定した年間の冷房消費電力量及び暖房消費電力量をワット時で表した数値の和で除して得られる数値
二　照明器具	一　エネルギー消費効率は、経済産業大臣が定める方法により測定したランプの全光束をルーメンで表した数値を、経済産業大臣が定める方法により測定した消費電力をワットで表した数値で除して得られる数値 二　固有エネルギー消費効率は、以下の数値とする。 　（一）　蛍光灯器具にあつては、経済産業大臣が定める方法により測定したランプの全光束をルーメンで表した数値を、経済産業大臣が定める方法により測定した消費電力をワットで表した数値で除し、経済産業大臣が定める方法により測定した器具効率の数値を乗じて得られる数値 　（二）　エル・イー・ディー・電灯器具にあつては、経済産業大臣が定める方法により測定した定格光束をルーメンで表した数値を、経済産業大臣が定める方法により測定した定格消費電力をワットで表した数値で除して得られる数値
三　複写機	経済産業大臣が定める方法により測定した 1 時間当たりの消費電力量をワット時で表した数値
四　電子計算機	一　サーバ型電子計算機のエネルギー消費効率は、経済産業大臣が定める方法により測定した中央演算処理装置、主記憶装置及び補助記憶装置の性能を、経済産業大臣が定める方法により測定した消費電力をワットで表した数値で除して得られる数値 二　クライアント型電子計算機（サーバ型電子計算機以外の電子計算機をいう。）のエネルギー消費効率は、経済産業大臣が定める方法により測定した年間消費電力量をキロワット時毎年で表した数値
五　磁気ディスク装置	経済産業大臣が定める方法により測定した消費電力をワットで表した数値を、記憶容量をギガバイトで表した数値で除して得られる数値
六　ビデオテープレコーダー	経済産業大臣が定める方法により測定した消費電力をワットで表した数値
七　電気冷蔵庫（家庭用品品質表示法施行令別表第三号（六）の電気冷蔵庫を除く。）	経済産業大臣が定める方法により測定した年間消費電力量をキロワット時毎年で表した数値

八 電気冷凍庫	経済産業大臣が定める方法により測定した年間消費電力量をキロワット時毎年で表した数値
九 ストーブ	経済産業大臣が定める方法により測定した熱効率をパーセントで表した数値
十 ガス調理機器	一 こんろ部エネルギー消費効率は、経済産業大臣が定める方法により測定した熱効率をパーセントで表した数値 二 グリル部エネルギー消費効率及びオーブン部エネルギー消費効率は、経済産業大臣が定める方法により測定したガス消費量をワット時で表した数値
十一 ガス温水機器	経済産業大臣が定める方法により測定した熱効率をパーセントで表した数値
十二 石油温水機器	経済産業大臣が定める方法により測定した熱効率をパーセントで表した数値
十三 電気便座	経済産業大臣が定める方法により測定した年間消費電力量をキロワット時毎年で表した数値
十四 自動販売機	経済産業大臣が定める方法により測定した年間消費電力量をキロワット時毎年で表した数値
十五 変圧器	経済産業大臣が定める方法により測定した全損失をワットで表した数値
十六 ディー・ブイ・ディー・レコーダー	経済産業大臣が定める方法により測定した年間消費電力量をキロワット時毎年で表した数値
十七 ルーティング機器	経済産業大臣が定める方法により測定した消費電力をワットで表した数値
十八 スイッチング機器	経済産業大臣が定める方法により測定した消費電力をワットで表した数値を、経済産業大臣が定める方法により測定した伝送速度をギガビット毎秒で表した数値で除して得られる数値
十九 複合機	経済産業大臣が定める方法により測定した年間消費電力量をキロワット時毎年で表した数値
二十 プリンター	経済産業大臣が定める方法により測定した年間消費電力量をキロワット時毎年で表した数値
二十一 電気温水機器	経済産業大臣が定める方法により測定した熱量をメガジュールで表した数値を、経済産業大臣が定める方法により測定した年間消費電力量をキロワット時毎年で表した数値を熱量に換算してメガジュールで表した数値で除して得られる数値
二十二 交流電動機	経済産業大臣が定める方法により測定した入力及び全損失をワットで表した数値の差を、経済産業大臣が定める方法により測定した入力をワットで表した数値で除して得られる数値
二十三 電球	経済産業大臣が定める方法により測定した全光束をルーメンで表した数値を、経済産業大臣が定める方法により測定した消費電力をワットで表した数値で除して得られる数値
二十四 ショーケース	経済産業大臣が定める方法により測定した年間消費電力量をキロワット時毎年で表した数値

電気技術者のための
電 気 関 係 法 規
2024 年版

2024 年 7 月 20 日　発　行

定価：3,300 円
（本体 3,000 円＋税 10%）

発 行 所　　一般社団法人
日 本 電 気 協 会
〒100-0006 東京都千代田区有楽町1-7-1
電　話　(03) 3 2 1 6 － 0 5 5 5 (代表)

発 売 元　　株式会社 オ ー ム 社
〒101-8460 東京都千代田区神田錦町 3-1
電　話　(03) 3 2 3 3 － 0 6 4 1 (代表)
F A X　(03) 3 2 3 3 － 3 4 4 0

ISBN978-4-88948-388-8 C3054 ¥3000E 印 刷　音羽印刷株式会社